알기 쉬운 최신 PRESS DIE

프레스 금형설계 · 제작

최신 개정판

이종구 지음

세진사

Since 1976

머리말

우리나라 산업을 지속적으로 발전시킨 원동력 중의 하나는 생산기반기술의 한 분야인 금형 기술에 있었다고 해도 과언은 아닐 것이다. 그 중요함을 인식하고, 지난 20여 년 전부터 발전을 거듭하여 왔으나, 아직까지도 인식의 부족과 투자의 부족으로 영세함을 면치 못하고 있는 실정이다. 그러나 앞으로 자동차, 두주항공, 전기전자산업과 더불어 핵심기반기술로서 국가 주력산업으로 육성 발전시킬 계획이다.

부존자원의 혜택을 받지 못하는 국가는 기술 축척만이 국제 경쟁력을 높일 수 있고, 경제 대국이 될 수 있음을 우리는 이웃나라 일본을 통해서 알 수 있었고, 생산 가공기술을 국가 자원의 최우선으로 하는 스위스를 통해서 잘 알고 있을 것이다.

이제, 제조 기술의 방향도 절삭가공 방식에서 소성가공 방식으로의 전환이 현저하게 나타나고 있음을 우리는 잘 알고 있고, 그 대량 생산의 모체가 되는 가장 중요한 역할을 분담한 분야는 금형 기술이었음을 재고하여 업계는 물론 학계, 정부에서도 더욱더 금형 산업에 관심을 갖고, 지속적인 투자와 체계적으로 연구·발전시켜야 하리라 생각한다. 미흡하나마, 그동안 관련된 기초 이론과 실험 실습, 현장 경험, 금형 선진국의 자료 및 강의 준비자료를 토대로 이 책을 정리·준비하게 되었다.

본서는 프레스 금형에 관심을 가지고 짧은 기간 내에 금형의 기초를 습득할 수 있도록 내용을 요약하였고, 이해를 돕기 위해 그림과 사진을 첨부하였다. 공업계 고교생, 전문대학 및 대학 재학생들, 현장의 금형 관련 부서에 종사하는 기술인에게 조금이나마 참고가 되었으면 한다.

제1장에서는 금형의 개요, 제2장에서는 금형기술, 제3장에서는 소성가공, 제4장에서는 금형의 종류, 제5장은 금형의 전반적인 Process, 제6장 프레스 가공방법의 종류, 특징, 제7장은 전단금형, 제8장은 정밀전단 금형, 제9장은 프레스 기계, 제10장은 프로그레시브 및 트랜스퍼 금형설계, 제11장은 굽힘금형, 제12장은 드로잉금형, 제13장은 금형제작용 기계, 제14장은 금형 재료, 부록에는 각종 관련 도표 및 용어를 수록하였고, 각 장의 끝에 실제 금형설계 도면을 첨부하였다.

끝으로 이 책의 정리를 도와 준 김진희 선생님에게 고마움을 전하고 출판을 맡아 수고하신 세진사 사장님과 임직원 여러분께 감사드립니다.

저 자

차 례

CHAPTER 01

최신 프레스 금형설계·제작

금형의 개요

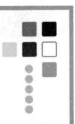

금형의 개요

01 금형의 정의

① 일반적 정의

금형(金型, Die & Mould)은 일반적으로 광의와 협의의 의미로 구분하여 정의한다. 광의의 금형은 재료의 소성(塑性, Plasticity), 전연성(展延性, Malleability, Ductility), 유동성(流動性, Fluidity) 등의 성질을 이용하여 재료를 가공성형, 제품을 생산하는 도구로 '틀' 또는 '형(型)'의 통칭이라 할 수 있으며 학술적 의미로도 사용되고 있다. 이에 반해 협의의 금형은 금속재료를 사용하여 만들어진 틀[型]을 말한다. 한편, 기술적 의미에서 금형이란 동일 규격의 제품을 대량으로 생산하기 위하여 만들어진 모체가 되는 틀을 말한다.

② 국제적 정의

우리나라에서 다이(Die)와 몰드(Mould)를 통칭하는 의미로서 사용되는 금형, 즉 틀을 일본에서는 금형(金型) 또는 형(型), 그리고 중국, 대만, 홍콩, 싱가포르 등 소위 중화경제권에 속하는 국가에서는 모구(模具)라 일컫고 있다. 또 영국을 비롯하여 독일, 프랑스, 미국 등 서방 선진국에서는 Special Tooling이라는 용어를 사용하고 있다. Special Tooling의 의미에는 Die, Mould, Pattern 외에도 Jig & Fixture와 Standard Part를 포함하여 Standard Tooling(절삭공구, 수공구, 측정공구)과 구별하고 있다.

국제금형협회(ISTMA ; Internatio- nal Special Tooling & Machi ning Association)에서는 몰드에 대하여 영국식 표기인 Mould로 통일하기로 하였다. 한편, 1992년 9월 한국금형공업협동조합을 비롯하여 일본, 중국 등 아시아 7개국의 금형관련 단체가 결성한 아시아금형협회(FADMA ; Federation of Asia Die & Mould Association)에서는 우리나라 영문판 디렉토리를 모토로 하여 '95년도 FANDOM 디렉토리를 발간하였는데, 이 책자에서도 사출금형에 대한 영문표기는 Mould로 통일하여 표기하였다.

금형의 종류는 일반적으로 가공품의 종류, 재질, 성형방법, 금형의 구조, 크기, 수량, 정밀도, 용도 등에 따라 다양하게 분류되고 있으며, 여기에서는 가장 널리 통용되고 있는 용도에 따른 금형 분류를 소개 하고자 한다.

표 금형의 분류 : 성형재료, 금형재질, 용도상 분류, 성형방법상 분류

금형의 분류		성형재료	금형재질
용도상 분류	성형방법상 분류		
프레스금형	전단가공금형	1. 금속관 (강관, 동판, 알루미늄 합금판, 청동판 등)	탄소공구강, 합금공구강,
	벤딩가공금형		고속도강, 기계구조용강,
	드로잉금형		회주철, 초경합금, 아연합금,
	성형가공금형	2. 비금속관 (종이, 코르크, 가죽 등)	Ferro-TiC 등
	압축가공금형		
플라스틱금형	사출성형금형	열가소성 수지	합금강, 알루미늄, 합금주철, 베릴륨강 등
	압축성형금형	열경화성 수지	
	이송성형금형	열경화성 수지	
	압출성형금형	열가소성 수지	
	블로성형금형	열가소성 수지	
	진공성형금형	열가소성 수지필름	
	압공성형금형	열가소성 수지필름	
	발포성형금형	열가소성 수지	
다이캐스팅 금형		아연합금, 알루미늄합금, 주석, 납 등	내열강
주조금형		금속	
단조금형		금속	
고무금형		고무, 실리콘	
분말야금금형		금속분말	
유리금형	압출성형금형	유리	합금공구강, 주철 등
	블로성형금형		
요업금형		요업분말	합금공구강, 초경합금 등

03 금형의 장점

① 생산제품, 부품의 치수 정밀도가 높다.
② 제품규격이 동일하여 호환성이 있고 조립 생산이 쉽다.
③ 제품생산시 금형을 이용하면 특수기술이나 숙련기술 없이도 제품을 만들 수 있다.

④ 제품의 외관이 깨끗하고 미려하다.

⑤ 신제품의 개발 또는 모델의 변경이 쉽다.

⑥ 제품의 생산시간이 단축된다.

⑦ 다른 생산 방법보다 종업원 수를 줄일 수 있어 인건비가 절약된다. 컴퓨터 등 자동화시스템을 이용하면 무인 생산 공장 운영도 가능하다.

⑧ 두께가 얇은 제품의 생산이 가능하고 무게도 줄일 수 있다.

⑨ 기존 생산시설이나 공장 면적도 줄일 수 있다.

⑩ 제품을 만들기 위한 재료가 절약된다.

⑪ 제품의 품질을 균일화시킬 수 있다.

⑫ 제품에 따라 조립, 용접 등 2차 가공을 생략할 수 있다.

⑬ 제품의 표면이 깨끗하여 도금, 페인팅을 생략할 수 있다.

⑭ 제품의 생산원가를 줄일 수 있다.

04 금형공업의 발달 과정

우리나라의 금형공업은 제조업의 성장발전에 따라 함께 성장해 왔다. 1962년 경제개발 5개년 계획이 시행되면서 범용공작기계가 생산되기 시작했고, 수입해서 사용하던 외국산 금형을 모방하여 설계도면을 작성하고 도면에 의한 작업방법이 정착하기 시작한 것은 1960년대 중반 이후이다. 이때부터 산업에 필요한 단순한 금형을 생산하기 시작하고 외국과의 기술제휴 등을 통하여 급속하게 발전한 시기로서 1965년부터 1970년까지를 금형기술의 발아기라고 볼 수 있다.

통계에 따르면 1960년 이전에 설립된 금형업체는 65개사에 불과했으나, 1960년대 이후 경제개발계획에 힘입어 1970년도에는 173개사로 증가하였으며, 1970년대 중반부터 전자공업 및 중화학공업이 발전되면서 정밀가공용 공작기계가 도입되어 프레스금형과 플라스틱금형 등이 생산되기 시작했다.

1980년대 들어서면서 방전가공기, NC기계 등 정밀가공기계가 일부 도입되기 시작하면서, 금형의 종류도 반도체금형, 전자, 전기용품 금형 등으로 다양화되었으며 금형에 대한 체계적인 교육을 위하여 대학, 전문대학, 기능대학 등에 금형관련학과가 개설되었다.

1980년 후반기부터 정부의 금형공업 육성시책에 힘입어 국내 금형공업은 양적, 질적으로 성장하는 전환기가 되었다. 이때부터 범용금형을 일본을 비롯한 동남아 각국에 수출하기 시작했고, 1991년 이후 CNC 공작기계와 CAD/CAM 시스템을 도입하기 시작하였으며, 1993년부터는 종업원 30명 이상의 업체에 첨단설비 및 시스템이 보급되고 있다.

연도	국가산업	금형공업		
		성장단계	생산수단	특　　징
'61이전		여명기		− 1957. 10 락희산업(현LG)이 서독에서
				금형제조설비 도입
				− 1958. 7 한진공업사
				(최초의 금형제조 독립업체)설립
'62~'66	제1차 경제개발	성장초기	소규모	− 소규모 가내공업 수준
	5개년 계획	단계	가내공업용 설비	− 스케치 도면과 기능인데 의한 생활용품
'67~'71	제2차 경제개발			금형제작
	5개년 계획			− 수입금형 수리
'72~'76	제3차 경제개발			− 1973. 3 한국직업훈련원 금형과 설치
	5개년 계획	국산화	범용 공작기계	− 1980. 3 한국금형공업협동조합 발족
'77~'81	제4차 경제개발	초기단계		− 1971. 11 국제 금형전시회 개최
	5개년 계획			
'82~'86	제5차 경제개발		NC 공작기계	− 1985. 6 금형업종 도시형업종 지정
	5개년 계획	성장기반	도입단계	− 1985. 11 금형공업 육성지원방안 확정
		조성단계		(제4회 기술진흥 심의회, 청와대 회의)
				− 1986 금형공장 품질관리 등급 지정
'87~'91	제6차 경제개발	성장단계	NC·CNC	
	5개년 계획		공작기계 보급기	
'92~'96	제7차 경제개발	기술선진화	CAD/CAM	− 반도체 금형, 모터 코어 등
	5개년 계획	진입단계	도입 및 보급단계	초정밀 금형 제작
			CAE/CAM	
			도입 초기단계	
'97이후	제8차 경제개발	기술 선진화		
	5개년 계획	단계		

05　금형의 용도

　　금형에 의해 만들어지는 제품의 종류는 매우 광범위하다. 즉, 자동차공업, 컴퓨터, TV, 오디오, 비디오 등 전기전자 제조업, 우주항공 산업부품, 시계 및 광학기계 관련 정밀기기산업, 사무용품, 주방용품, 스포츠용품, 완구용품, 카세트, 디스켓, CD, 신발류 등에 이르기까지 거의 대부분의 산업분야와 관련되어 있다. 즉 인간의 기능에 의존하여 극소수의 제품만을 생산하던 1차적 기능 형태에서, 대량생산이라는 2차적 기능으로 확산할 수 있게 된 것이다.

따라서 제품 생산의 모체가 되는 금형이 제품 원가 및 부가가치를 결정하여 주는 것은 물론, 일상 생활용품에서 첨단과학 기술 부품의 제조에 이르기까지 이들을 양산화하고, 또한 대외 경쟁력을 높이기 위한 필요 불가결한 기술로서, 보다 정밀하고, 우수한 설계 및 가공제작 기술이 필요하다.

:• 그림 1-1 금형에 의한 각종제품

문제 1 금형의 정의를 설명하시오.

문제 2 금형의 종류를 간단히 설명하시오.

문제 3 금형의 장점을 설명하시오.

문제 4 금형의 용도를 설명하시오.

CHAPTER

02

최신 프레스 금형설계·제작

금형 기술

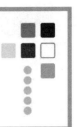

chapter 02
금형기술

"**좋은 금형**"으로서 만족하려면 그림에서 보는 바와 같이 三者일체 또는 3가지 기술이 조화를 잘 이룰 때 가능하다.

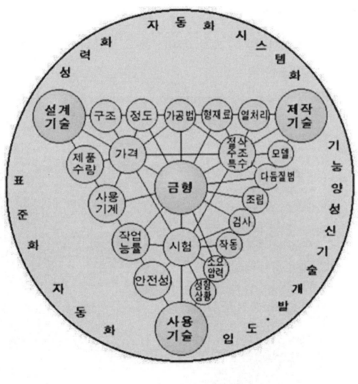

:: 금형기술

금형을 제작한 후 문제가 발생하는 금형의 대부분은 설계에 문제가 있으며 그 원인으로는 다음과 같다.

① 정보의 부족

설계 시점에서 결과를 정확히 예측 못하고 "아마", "…일 것이다"라는 식의 짐작 설계를 한 경우이다. 따라서 정보는 실제의 산 단계에서 정보 피드백(Feed Back)이 필요하다.

② 세심한 고려 부족

생각의 부족으로 "거기까지는 생각지 못했다"라는 식의 예이다. 따라서 전체적인 "계획도"에 대한 세심한 고려가 필요하다.

∙∙ 그림 2-1 금형 설계실

금 형 사 양 서

승 인			문서번호	
년　월　일			분류번호	

		수주자		발행일	년　월　일		
		발주자		결 재			
품명	프레스금형	수량		담당	계장	과장	부장
형식		납기	년　월　일				

아래 사양에 의거하여(견적, 설계, 제작)하겠습니다.
주 : 기재하지 않은 사항에 대하여서는 당사의 표준사양에 의거하겠습니다.

금형	명 칭				제품	도 번		
	도 번					명 칭		
	생 산 수 량	총 계(개/월)			치수	재 질		
가공조건	이송	방 식	자동, 수동 ( )				척 도	판두께()×폭()×길이()
		방 향	좌→우, 우→좌			제 품 도		
		피 치	Mm					
		사이드컷	유 (편 양) 무					
		미스검출						
	채 취 수							
	판 채 취 방 향							
	제 품 배 출				능력		톤	
	스 크 랩 처 리				메이커			
	벤 딩 방 향 지 점	유　　무			형식		Mm	
설계조건	다이셋	형 식	BB, CB, DB, FB기타		사용프레스	다이하이트		Mm
		가이드 포스트	압입식, 착탈식			행정길이		S.P.M
		가이드 부시	볼브시, 슬라이드 부시			행정수		
		금형 설치법	생크, 나사 ,클램프		볼스터	가로×세로		
	금 형 재 료	다이		펀치		구멍치수		
	경 도	다이 HR C		펀치 HR C	램	가로×세로		
	유 효 날 길 이	다이		펀치		구멍치수		
	강 공 방 법	다이		펀치	검수조건	검사데이터제출	개분	년　월　일
	클 리 어 런 스	(편측)				샘플제출	개	년　월　일
	펀 치 길 이	mm			입회	당 사	필불	년　월　일
	부 착 방 지 핀					발 주 처	필불	년　월　일
비고					승인도제출		필불	년　월　일
					기 타			

좋은 금형을 만드는 핵심은 "**가공 기술**"과 "**조립 기술**"이다. 따라서 생산 방식, 가공 설비, 가공상의 문제점과 대책, 안전 대책 등이 고려되어야 한다. 제작이 서투른 사람은 금형의 형태(Patten)를 파악하고, 조립 기술이 부족한 사람은 금형의 기능면을 파악해야 한다.

제품에 대한 기술로서는 ① 제품의 용도와 기능 ② 제품의 고유포인트(Point) ③ 제품사용의 용이성 ④ 제품 가공의 생산성 ⑤ 후가공의 용이성이 필요하며, 금형 부품의 가공 정도, 금형 가공 공정, 금형 부품 각 부의 기능, 조립 정도와 재현성 등도 고려해야 한다.

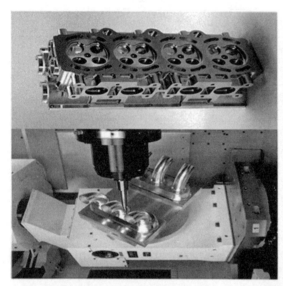
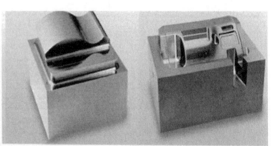

:: 그림 2-2 금형 가공 및 제작실 전경

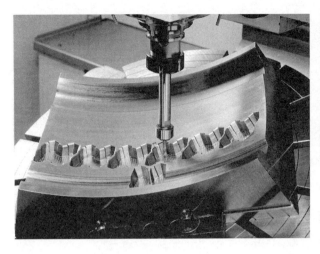

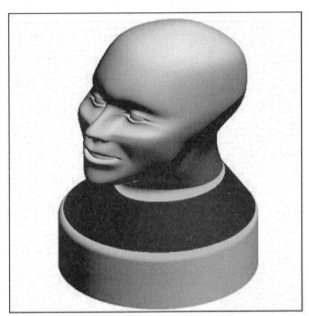

① 시험 가공(Try)

1) 목 적
① 제품의 상태(형상 및 치수)의 확인(Try 중에서 가장 중요)
② 금형 사용상 부적합의 해결(안전성 있고, 신뢰성이 높은 가공, 기능과 역할 확인)
③ 금형 설계의 정보 Feed back (설계 치수와 실치수와의 차를 조사)
④ 작업 조건의 설정(가압력, 쿠션 압력, 윤활유의 선정과 도포, 작업 방법, 작업 표준화 등), 설치 방법, 가공 조건

2) 방 법
시험 가공을 훌륭하게 하고 적은 횟수로 문제점을 확인하려면 사전준비가 중요하다.
① **기계의 선정** : 용량에 맞는 프레스 기계 선정
② **시험 가공 작업의 검토** : 시험 가공 순서 결정, 안전 작업
③ **부속 장치 및 공구의 준비**
④ **체크리스트 준비** : 필요한 항목을 모두 적어 놓은 것 사용
⑤ **입회자의 선정** : 금형설계부문, 제작부문, 사용하는 가공부문, 품질관리 부문 등

② 조정 및 수정

조정 및 수정은 새로운 금형을 만드는 경우에 필요하지만 적을수록 좋다. Try 후 조정 및 수정 작업으로는 다음과 같다.
① **맞춤 불량과 릴리프(Relief) 불량**
② **위치의 조정 및 수정** : 코킹(Cauking), 끼움쇄(Shim), 맞춤핀(Dowel pin), 위치 변경, WEDM에 의한 인서트(Insert), Bush에 의한 수정
③ **높이 조정** : 연삭 가공, 스페이서(Spacer)
④ **형상 수정** : 절삭 또는 연삭, WEDM에 의한 가공, 용접 등

:: 그림 2-3 금형 설치된 상태

:: 그림 2-4 시험가공장면

단원학습정리 🔍

좋은 금형을 만들려면 3가지 기술이 조화를 잘 이루어야 한다.

문제 1 설계기술 설명하시오.

문제 2 제작기술 설명하시오.

문제 3 사용기술 설명하시오.

최신 프레스 금형설계·제작

소 성 가 공
Plastic Working

chapter 03 소성가공 (Plastic Working)

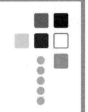

01 소성가공의 개요

재료가 갖는 가소성(전성, 연성 등)의 특성을 이용하여, 원하는 형상의 제품을 성형 가공하는 것을 **소성가공**이라 한다. 예를 들어 미술 공예 측면에서 「조소(彫塑)」라는 단어가 있다. 조(彫)는 조각을 말하며, 소(塑)라는 것은 소상(塑像), 즉 점토를 반죽하여 몸체의 형태를 만드는 것을 의미한다. 단 적으로 알기 쉽게 말하면 금속 재료를 마치 점토처럼 변형시켜 목적하는 모양의 제품을 만드는 것이라 할 수 있다.

일반적으로 재료는 외부로부터 힘을 받으면, 내부에 응력(Stress)이 발생되고 변형(STrain)이 된다. 이 변형량의 크고 작음에 따라 **탄성**(Elasticity)과 **소성**(Plasticty)으로 구분할 수 있다.

1 탄성(Elasticity)

탄성이란 변형량이 작고 가해진 힘을 제거하면 순간적으로 완전하게 원래의 상태로 복귀하는 성질을 말한다.

2 소성(Plasticity)

탄성한계, 즉 복원성의 한계를 넘어 원래의 상태로 복귀하지 못하고 변형이 잔류할 때를 소성변형(Plastic deformation)이라 하고, 이와 같은 성질을 이용하는 가공을 소성가공이라 한다. 따라서 재료의 탄성한도(그림 3-1)를 초과하여 파괴되지 않는 범위로 가압 성형하면 대부분의 금속재료는 변형 가공능이 크기 때문에 사용 목적에 따른 변형 가공을 소재에 줄 수 있고, 원하는 형상의 제품을 만들 수 있다.

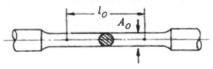

(a) 변형 전   (b) 변형 후

- 표점거리 : L=50mm
- 지름 : D=14mm
- 평행부의 길이 : P=약 60mm
- 국부의 반지름 : R=15mm 이상

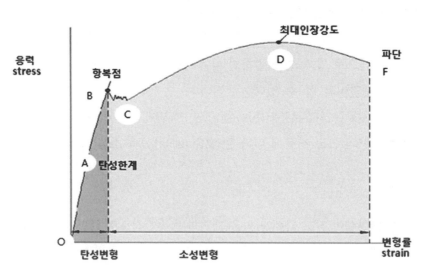

∴ 그림 3-1 응력-변형률 선도

변형량(ϵ)= $l - l_0$

l : 변형 후 길이
l_o : 기준점 간의 길이

응력(σ)= $\dfrac{P}{A_o}$

P : 가한 점
A_0 : 처음 단면적

위와 같이 응력-변형선도(Strain-strass curve)에서 연강재료에 응력이 30kgf/mm² 이하이면

(A)=외력을 제거하면 원점(O)으로 복귀

(B)=30kgf/mm²를 넘으면 탄성한 계곡선 AB를 따라 소성 병형이 진행되고, 40kgf/ mm²인 점(B)에서 외력을
    제거하면 OA에 평행한 BC를 따라 내려간다.

(D)=시험편의 일부가 가늘어지는 병목현상(Necking) 발생

(F)=균열발생 및 파단

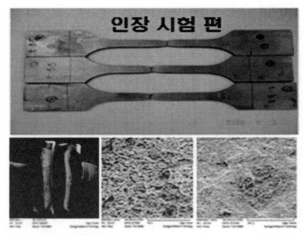
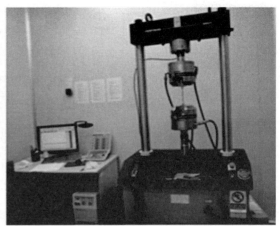

:• 그림 3-2 인장시험장치

:• 그림 3-3 조직검사 장치 및 결과

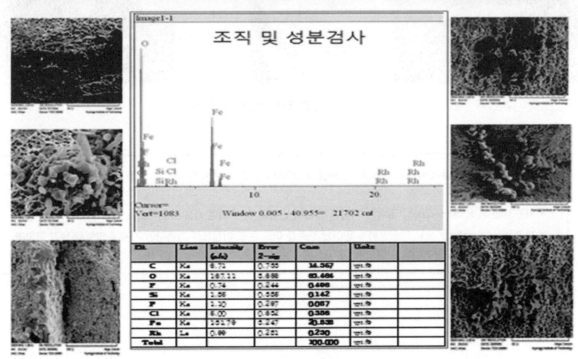

① 소성변형을 하더라도 체적 및 밀도는 변하지 않는다.

② 어느 방향으로 인장 응력에 의해 신장된 금속은 같은 방향으로 압축응력을 받으면 인장응력 보다 작은 절대 값의 압축응력으로서 소성변형을 시작한다. 이와 같은 것을 **바우싱거 효과**(Baus chinger's effect)라고 한다.

③ 냉간에서 소성변형을 하면 가공경화(Work-hardneing)와 이방성이 생긴다. 그 후 재결정시키면 다른 이방성이 생긴다. 냉간 소성변형에 의한 이방성과 재결정에 의한 이방성을 조합하여 등방성 재료나 디프 드로잉(Deep drawing)성이 좋은 등방성 재료를 제조할 수 있다.

④ 소성변형을 일으키기 위한 응력의 크기는 온도 및 변형속도에 따라 달라지는데 압력에는 거의 의존하지 않는다. 압력을 가하면서 변형시키면 기존 균열 및 기공 등을 없애거나 발생을 방지할 수 있다.

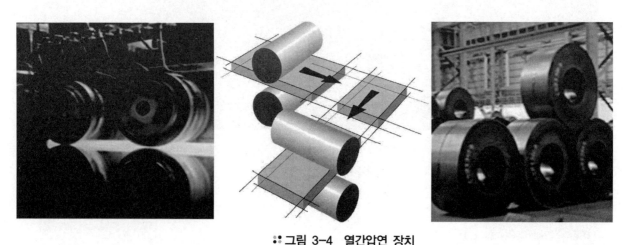

:: **그림 3-4　열간압연 장치**

- **바우-싱거 효과**(Baus-Chinger's effect) : 금속을 소성역까지 인장, 이후 하중 제거 후 압축 시 항복강도가 인장강도 보다 작아지는 경우
- **가공경화**(work hardening) : 금속이 가공에 의해서 변형을 하게 되면 경도가 증가하게 되고 여리게 되는 성질
- **재결정**(recrystallization) : 가공경화가 일어난 재료를 어느 온도 이상으로 가열하면 가공에 의해서 생긴 결함과 슬립선들이 없어지면서 새로운 결정이 생기는 것

03 소성 가공의 종류

금속의 소성가공에 있어서 온도의 높낮이에 따라 열간가공, 냉간가공 및 온간가공으로 구분된다.

① 열간가공

재결정온도 이상에서의 가공을 말한다.

1) 특징

① 변형 저항을 작게 하여 가공력을 낮게 할 수 있다(변형능 증대).

② 확산에 의한 잉곳(Ingot)의 편석을 재거시키기 위해 블로우 홀(Blow hole)이나 압착 작용에 의해 결정 입자를 냉각 중에 미세화 시켜 균일하게 해준다.

③ 주조조직보다 인성과 가공성이 좋은 치밀한 조직으로 변화시킬 수 있다.

④ 산화막이 발생하여 표면상태 및 두께치수의 정밀도가 좋지 않다.

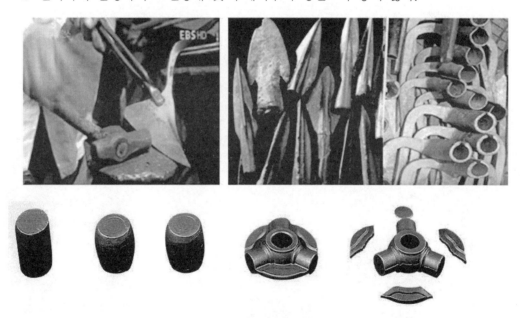

:•: 그림 3-5 열간가공 제품

② 냉간가공

재결정 온도 이하(상온)에서의 가공을 말한다.

1) 특징

① 열간 가공에 비해 가공력 및 변형 저항이 크다.

② 제품의 강도가 커 표면 및 두께 정밀도가 양호하다.

③ 가공 경화에 의해 강도는 증가하지만 신장은 감소한다.

④ 항복점 및 내구력이 급증한다.

⑤ 결정입자는 미세화, 전위 밀도와 결정격자 변형은 증대한다. 따라서 Press 가공의 대부분이 냉간 가공의 범위에 있다.

∴ 그림 3-6 냉간가공금형과 제품

③ 온간가공

열간 가공과 냉간가공 사이의 온도에서 가공하는 것을 말한다. 즉 철강에서의 청열취성(Blue shortness) 범위의 전위 밀도가 가공에 의해 급증, 파괴를 초래하기 때문에 청열취성을 방지하거나 이 영역을 피한 온도에서의 가공, 다시 말해서 변태점 이하에서의 가공이라 할 수 있다. 따라서 열간에서 냉간까지 동일한 오스테나이트(Austenite)상의 스테인레스강, 니켈합금강(인바, 엘린바) 등에서 크게 이용되고 있다.

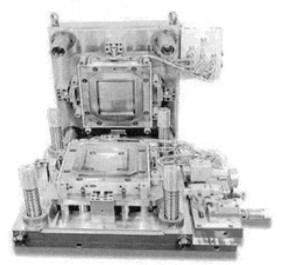

∴ 그림 3-7 온간가공 금형과 제품

표	각종 금속의 재결정 온도		
Fe : 500 ℃	Ni : 550~650 ℃	Mo : 900 ℃	W : 1,200 ℃
Cu : 200 ℃	Pt : 450 ℃	Au : 200 ℃	Ag : 200 ℃
Al : 150 ℃	Mg : 150 ℃	Zn : 15~50 ℃	Cd : 50 ℃
Pb : 0 ℃	Sn : 0 ℃		

※ 일반적으로 금속은 온도가 상승함에 따라 변형 저항이 저하하기 때문에 가공이 쉬워진다.

04 소성 가공의 장·단점

1) 장점

① 재료 이용률이 높다(90% 정도도 가능).

② 제품 한 개당 가공시간(Cycle time)이 짧아 가공비가 절감

③ 숙련공이 필요치 않다.

④ 작업의 성력화, 무인화가 비교적 용이하다.

2) 단점

① 가공 정밀도 향상이 어렵다.

② 가공 준비시간이 길다(다종 소량 생산에 부적합).

문제 1　소성가공의 개요를 설명하시오.

문제 2　탄성과 소성을 간단히 설명하시오.

문제 3　바우-싱거 효과(Baus-Chinger's effect)를 설명하시오.

문제 4　가공경화(Work-hardening)와 이방성을 설명하시오.

문제 5　열간가공과 그 특징을 설명하시오.

문제 6　냉간가공과 그 특징을 설명하시오.

문제 7　온간가공을 설명하시오.

문제 8　소성가공의 장·단점을 설명하시오.

최신 프레스 금형설계·제작

금형의 종류

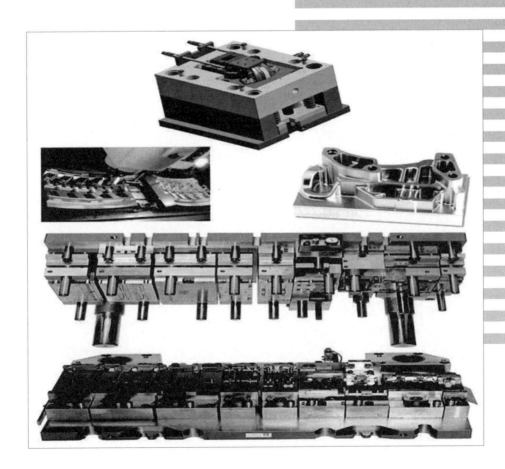

chapter 04 금형의 종류

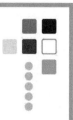

표 금형 종류별 정의

구분	분류	설 명
프레스금형	Progressive 금형	연속 대량생산 방식의 금형으로서 복잡한 형상의 제품을 단순한 다수 공정으로 분할하여 순차적으로 가공을 완료하는 것으로 금형 강도와 수명 향상을 목적으로 하고 있으며 다음의 특징이 있다. ① 생산성의 증대로 생산기간의 단축과 원가절감 ② 재고품의 감소 ③ 작업공간의 효율 증대 ④ 안전성 향상 ⑤ 복합가공의 가능 ⑥ 사내 기술수준의 향상
	Fine Blanking 금형	파인 블랭킹금형은 공구(금형), 기계(Press), 피가공재, 윤활유 등으로 구성되며, 단 1회의 전단공정으로 피가공판 두께 및 전단윤곽전체에 걸쳐 깨끗한 Blanking에서 가공이 곤란한 Coining, Counter sinking 등, 복잡한 형상의 복합가공을 할 수 있는 특징을 갖는 우수한 고부가가치 금형
	리드 프레임 금형	반도체 리드프레임 금형(Semiconductor Lead Frame Die) 반도체 패키지 내부와 외부를 연결해 주는 전기도선의 역할을 하는 부품으로서 칩(Chip)이 매우 작기 때문에 전기를 공급하기 어렵고 발열이 심하기 때문에 리드프레임이 전기공급뿐만 아니라 열발산을 용이하게 하여 반도체를 지지해주는 버팀대의 역할을 하는 전기전자 제품의 핵심부품이며, 이를 제조하는 금형으로서 초정밀 금형
	커넥터 금형	커넥터란 전원과 기기, 기기와 기기 또는 기기 내부의 Unit 사이를 전기적으로 연결하고, 장탈 조작을 간단하게 할 수 있도록 한 전자부품으로 제품의 안정성 및 정보전달에 필수적인 전자부품임. 이와 같은 핵심부품을 스템핑하는 정밀 금형
	Hemming 금형	비슷한 부품의 머리부를 해머로 치거나 압력을 가해서 굵고 짧게 하기 위한 일종의 단조 금형
	온도제어 프레스 금형	철강에서의 청열취성(Blue shortness) 범위의 전위 밀도가 가공에 의해 급증, 파괴를 초래하기 때문에 청열 취성을 방지하거나 이 영역을 피한 온도에서의 가공, 다시 말해서 변태점 이하에서의 가공이라 할 수 있다. 따라서 열간에서 냉간까지 동일한 오스테나이트(Austenite)상의 스테인리스강, 니켈합금강(인바, 엘린바) 등 성형이 힘든 소재에 크게 이용되고 있는 금형

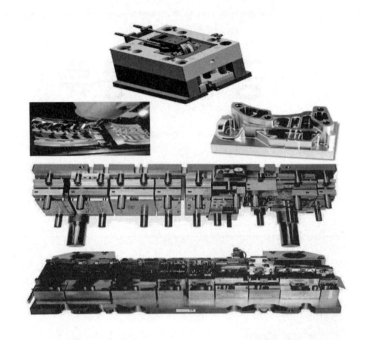

:: 자동차 금형

:: 프레스 금형

구분	분류	설　　　　명
플라스틱금형	Rotationary 금형	베이스트 상 또는 분말의 플라스틱 재료를 사용하여 중공 성형품을 얻는 성형방법으로 중공의 분할 금형 안에 분말 또는 베이스트상의 플라스틱 재료를 투입하여 밀폐한 다음 서로 직교하는 2개의 회전축의 주위에 금형을 360° 회전시키면서 화로 내부에서 가열하여 플라스틱 재료를 회전원심력으로 금형의 내벽에 균등한 두께로 부착시켜 용융하여 성형품을 만드는 금형으로서 대형용기 어망용 브이 등의 성형에 사용
	다물질 성형 금형	일명 금속 및 비금속 투입성형금형이라고도 하며 일반 사출 성형법과 같으나 처음부터 금속부품을 set하여 그 금구(金具) 혹은 insert시킨 물체의 주위에 수지를 감싸 사출성형하는 금형. 성형품 표면에 인쇄된 필름(film)을 삽입하여 필름에 인쇄된 것을 성형품의 표면에 인쇄되게 하는 성형법
	다색사출 금형	이색 성형금형이라고도 하며 재질(재료)은 같으나 색상을 다르게 하여 사출성형하여 제품을 만드는 방법 **예** ABS(백색)+ABS(흑색) (2)PS(자연색)+PS(투명색)
	엔지니어링 플라스틱 사출 금형	합성 능력의 감소나 분말형 충전제 첨가 수지를 성형할 때 분말형 충전제의 클로킹과 같은 불편함을 제거하고, 장섬유 충전수지를 성형할 때 장 섬유의 파단을 방지할 때 사용되며, 또한 증발가스를 방출하는 수지를 성형하도록 적용될 수 있고 다른 형상의 스크류 없이 매우 다양한 수지에 사용하는데 분말 사출성형이 사용된다. 분말사출성형은 고농도의 분말형 충전제가 첨가된 피드수지나 장섬유로 충전된 피드수지, 나무가루나 석탄재와 같은 많은 분말을 포함한 피드 수지를 용이하게 합성하는데 적합한 금형
주조금형	저압주조 금형 (Low Pressure Casting Mould)	공기나 불활성가스를 0.2kg/cm² 정도의 저압력을 가하여 중력과 반대방향으로 쇳물을 퍼올려 금형에 주입, 제품을 제조하는 금형을 말함
	정밀주조 금형(Lost Wax Casting Mould)	주조하려는 주물과 동일한 모형을 Wax, Paraffin 등으로 만들어 주형재에 파묻고 다진 후에 가열로에서 주형을 경화시킴과 동시에 모형재인 왁스, 파라핀을 녹여 유출시켜 주형을 완성하는 정밀주조법의 금형
기타금형	분말야금 금형 (Powd Metallurgy Mould)	금속 및 비금속(W, Mo, Al₂O₃) 분말을 금형에 넣어 고온 고압으로 원하는 형상의 제품을 성형하는 방법으로 일명 소결금형이라 함 •**성형재료** : 금속 및 비금속분말(Ag-W, Cu-W, C-Cu, Al₂O₃) 등 •**생산제품** : 각종 절삭공구, 기어, 오일리스 베어링, 자석, 세라믹, 초경금형공구, 방전가공 전극 등
	광학렌즈(비구면) 금형	공학업체, 전자부품 제조사의 광학기기의 렌즈, 카메라 렌즈, 콘택트렌즈 등을 제조하는 금형. 가공의 특수성 때문에 다이아몬드 공구를 이용한 초정밀 가공이 필수임
	마이크로 금형	Micro molding은 부품의 마이크로 형상가공 기술이 요구되는 분야이며 전기 물리적 및 화학적인 방법이 일부 사용되나 대부분 에너지빔 이용 가공기술이 요구되는 금형의 성형기술에 도금 및 전기적인 가공기술과 기계적 가공기술을 병행하여 사용한 것으로 성형방식에 있어서도 기존의 사출 및 Casting 방식으로는 형상 및 정밀도 유지가 어려워 Stamping(광 또는 열), Imprinting, Roll-to-Roll 방식 등이 동원되고 있는 금형기술로서 대표적인 제품은 LED에 사용하는 도광판 등

01 프레스 금형 (Press Die)

직선 왕복 운동을 하는 프레스 기계에 금형이라는 특수 공구를 설치하여 주로 금속 제품을 성형 가공하는 금형을 말한다.

그림 4-1 프레스 기계와 가공 스트립

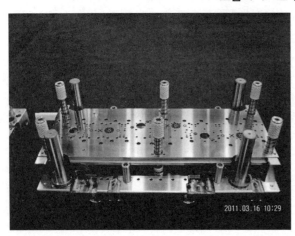

① 가공 원리

금형은 2개의 중요한 부분으로 구성되어 있다.(그림 4-3 참조). 일반적으로, 상형(上型)을 **펀치**(Punch), **하형**(下型)을 **다이**(Die)라고 한다. 이것들을 프레스기계 슬라이드의 램(Ram)과 볼스터(Bolster)에 고정하고, 그 사이에 피가공재를 넣고 강한 압력을 가하여 원하는 형상의 제품으로 가공하는 것이다. 다시 말해서, 프레스 기계 자체만으로는 단순 직선 왕복 운동만을 하지만, 금형을 사용함으로써 복잡 다양한 가공을 짧은 시간에 대량 생산할 수 있다.

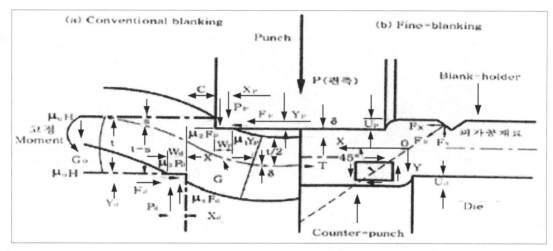

:: 그림 4-2 전단 메카니즘

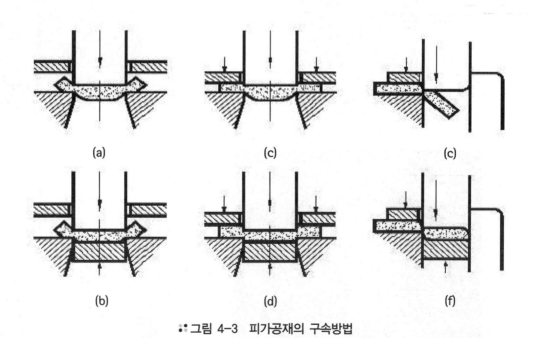

:: 그림 4-3 피가공재의 구속방법

사출금형은 고분자(플라스틱 합성 수지) 재료를 가열 용융 또는 반용융 상태에서 강한 압력을 가하여 코어(Core)와 캐비티(Cavity) 사이의 빈 공간에 주입 냉각시켜 성형품을 만드는 금형을 말한다.

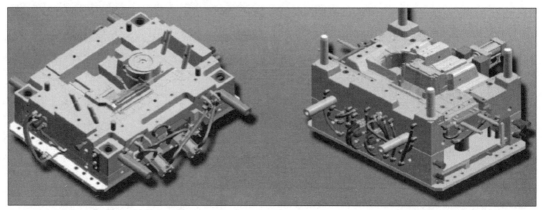

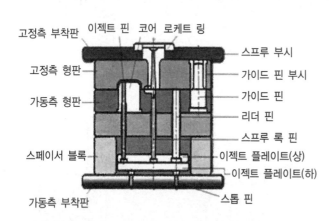

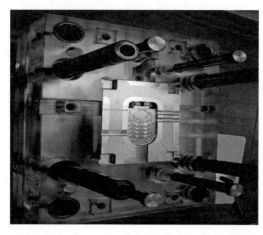

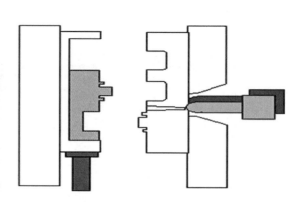

:: 그림 4-4 사출 금형

① 성형 재료

1) 열가소성 플라스틱 합성수지

ABS 수지, 폴리프로필렌(PP), 폴리에틸렌(PE), 폴리스틸렌(PS) 등

2) 열경화성 플라스틱 합성수지

폴리아미드(PA) 에폭시수지, 페놀수지, 멜라민수지 등

❖ 그림 4-5 플라스틱 제품용 수지

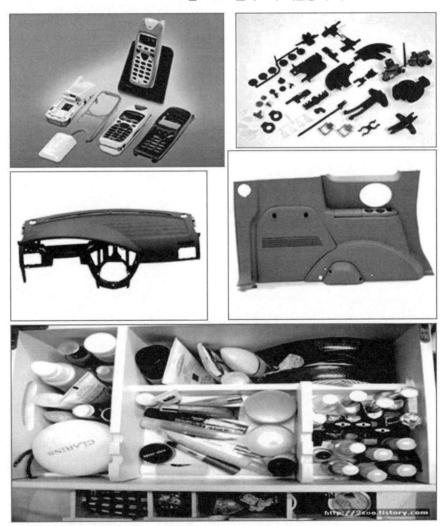

❖ 그림 4-6 사출성형 제품

저용용 금속인 Al, Zn, Mg 합금 등을 정밀한 형상의 금형에 고압 주입하여 제품을 생산하는 방법으로 원리는 사출금형과 유사하다.

∷ 그림 4-7 다이캐스팅 금형과 다이캐스팅 머신

1) 성형 재료

Al, Zn, Cu, Mg 등

2) 생산 제품

자동차 부품, 전기전자 통신기기 부품, 정밀기계, 가정용품, 항공기 부품, 완구, 스포츠용품 등

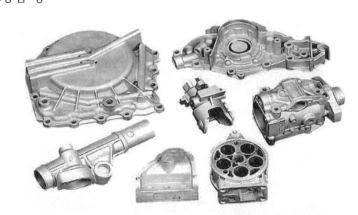

∷ 그림 4-8 다이캐스팅 금형에 의한 제품

04 단조 금형 (Forging Die)

공작물을 냉간 또는 가열한 상태에서 해머, 프레스 등으로 충격이나 압력을 가하여 원하는
형상으로 가공하는 금형이다.

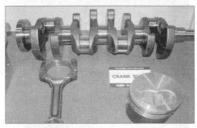

∴그림 4-9 단조 프레스 및 제품

∴그림 4-10 알프스 산악열차

고무 및 합성 고무 소재를 금형에 넣어 열과 압력을 가하여 고무 제품을 성형하는 금형으로 플라스틱의 압축 성형법과 유사하다.

1) 생산 제품

자동차 부품(타이어, 몰딩재), 신발, 구두, 골프공 등

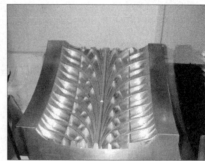

∷그림 4-11 고무 금형

∷그림 4-12 고무제품 성형기

06 유리 금형(Glass Mould)

유리의 원료를 금형에 넣고, 고온 고압으로 압력을 가하여 제품을 제조하거나, 공기의 압력으로 유리를 부풀게 하여 성형하는 가공법이다.

1) 금형용 소재 : 주철, 내열강

2) 성형 재료 : 유리

3) 생산 제품

- 각종 유리병, 컵, 유리용기, 브라운관, 자동차 전면 유리, 전구, 이화학용 기구 등

  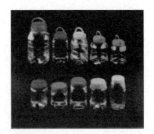

∴ 그림 4-13 유리금형 및 유리 제품

∴ 그림 4-14 블로금형 및 플라스틱 제품

금속 및 비금속(W, Mo, AL₂O₃)분말을 금형에 넣어 고온 고압으로 원하는 형상의 제품을 성형하는 방법으로 **일명 소결 금형**이라 한다.

1) 금형용 소재

- 합금공구강, 초경합금

2) 성형 재료

- 금속 및 비금속분말(Ag-W, Cu-W, C-Cu, AL₂O₃) 등

3) 생산 제품

- 각종 절삭공구, 기어, 오일리스 베어링, 자석, 세라믹, 초경금형, 방전가공 전극 등

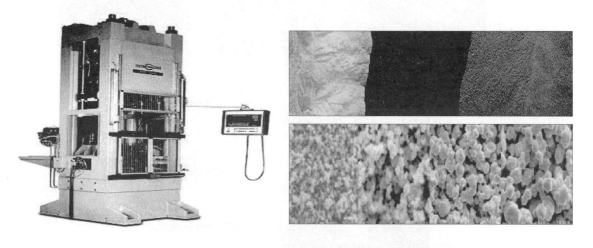

✦ 그림 4-15 분말 야금 프레스 및 세라믹 분말

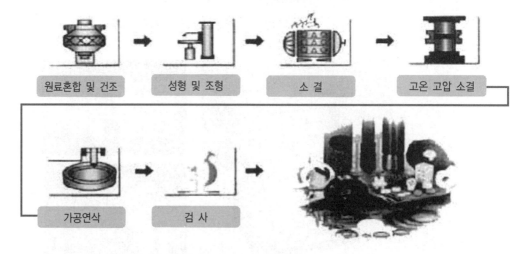

✦ 그림 4-18 분말야금 성형 순서

(a) 내열 부품

(b) 내식 및 내마모 부품　　　　　　　(c) 자동차용 부품

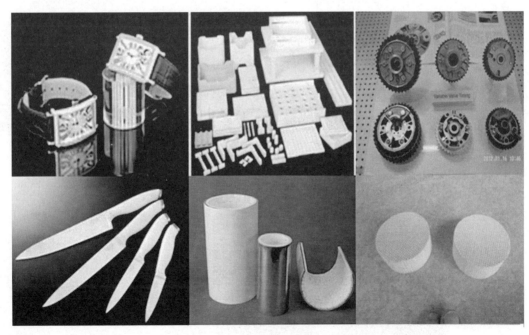

❖ 그림 4-17　분말야금 금형에 의한 제품

일반적으로 벽돌, 타일 등의 제품을 만드는 세라믹 성형용과 일명 사기그릇이라고 하는 접시, 찻잔, 인형 등을 제조하는 도자기형 등을 요업 금형이라고 한다.

1) 금형용 소재 : 합금공구강, 초경합금, 고속도강 등

2) 성형 재료 : 점토, 석고, 요업분말, AL_2O_3 분말 등

3) 생산 제품 : 각종식기, 도자기, 전기절연재(애자), 건축재(타일, 세면기 등)

(a) 이화학용 부품

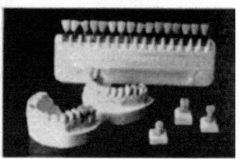
(b) 치과용 도재분말

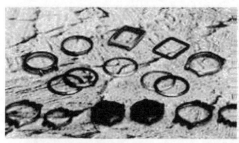

(c) 시계케이스

(d) 주방용품

(e) 비대

❖ 그림 4-18 요업금형에 의한 제품

09 주조형 금형 (Casting Mould)

주물사, 석고, 플라스틱, 알루미늄 등으로 주형을 제작하여 용융재료를 주입하여 제품을 생산하는 방법이다.

1) 주형용 소재 : 주물사, 주철, 강, 청동, Al 등

2) 성형 재료 : 주철, 구리합금, 알루미늄 등

3) 생산 제품

- 자동차 부품(엔진블록, 캠축), 공작기계 프레임, 구조가 복잡한 부품, 기계, 전기, 전자 부품 등

그림 4-19 주조금형에 의한 제품

① 회전 성형(Rotational Molding)

베이스트 상 또는 분말의 플라스틱 재료를 사용하여 중공성형 품을 얻는 성형방법으로 중공의 분할금형 안에 분말 또는 베이스트 상의 플라스틱 재료를 투입하여 밀폐한 다음 서로 직교하는 2개의 회전축의 주위에 금형을 360° 회전시키면서 화로 내부에서 가열하여 플라스틱 재료를 회전원심력으로 금형의 내벽에 균등한 두께로 부착시켜 용융하여 성형을 끝낸다. 대형 용기, 어망용 브이 등의 성형에 사용하는 성형 방법이다.

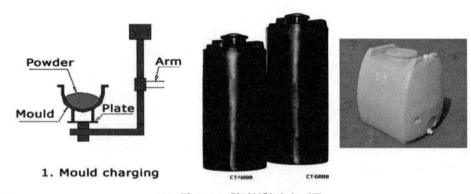

그림 4-20 회전성형법과 제품

② 다재질 성형(다물질 Molding) (금속 투입 성형금형)

성형일반의 사출 성형법과 같으나 처음부터 금속부품을 set하여 그 금구(金具) 혹은 insert시킨 물체의 주위에 수지를 감싸 사출성형하는 방법이다.

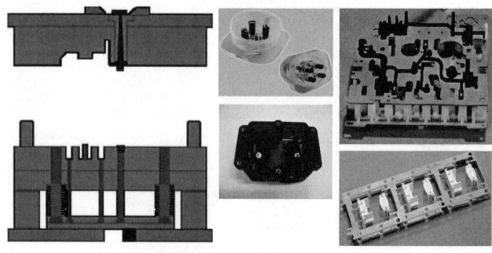

그림 4-21 다재질 성형법과 제품

③ 다재질 성형(다른 재질 투입성형 금형)

성형일반의 사출 성형법과 같으나 처음부터 재질이 다른 부품을 set하여 그 insert시킨 물체의 표면 위에 플라스틱의 수지를 감싸 성형하는 방법

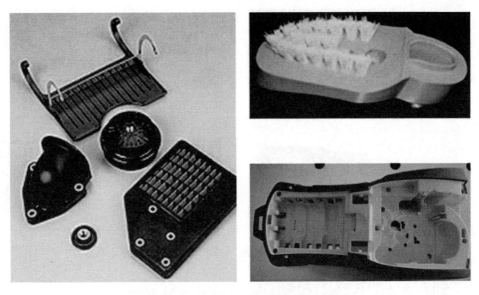

:: 그림 4-22 다른 재질 성형법의 제품

④ 다재질 성형[필름 투입 성형 금형(인몰드)]

성형품 표면에 인쇄된 필름(Film)을 삽입하여 필름에 인쇄된 것을 성형품의 표면에 인쇄되게 하는 성형방법이다.

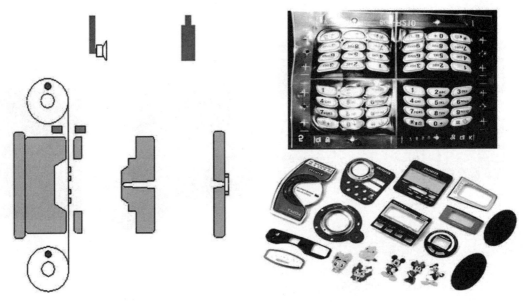

:: 그림 4-23 다재질 성형법의 제품

⑤ 다색 사출 성형(이색 성형 Molding)

재질(재료)는 같으나 색상을 다르게 하여 사출 성형하여 제품을 만드는 방법으로 예를 들어 (1)ABS(백색) + ABS(흑색) (2)PS(자연색) + PS(투명색) 등

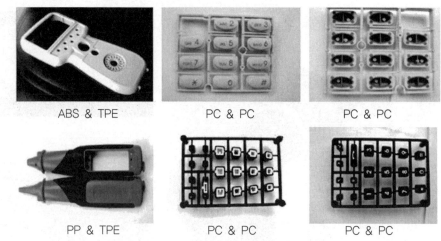

ABS & TPE   PC & PC   PC & PC

PP & TPE   PC & PC   PC & PC

:: 그림 4-24 다색 사출 성형의 제품

⑥ 초소형(나노) 성형(Micro injection Molding)

Micro molding은 부품 아이크로 형상 가공기술이 요구되는 분야이며 전기 물리적, 화학적인 방법이 일부 사용되나 대부분 에너지빔 이용 가공기술이 요구되는 금형으로 엄격히 말하면 금형의 성형기술에 도금 및 전기적인 가공기술과 기계적 가공기술 또한 일부 병행하여 사용한 것으로 성형방식에 있어서도 기존의 사출 및 Casting 방식으로는 형상 및 정밀도 유지가 어려워 Stamping(광 또는 열), Imprinting, Roll-to-Roll 방식 등이 동원되고 있다. 대표적인 제품은 LED에 사용되는 도광판 등이 있다.

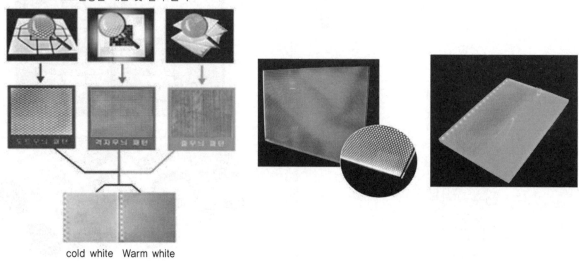

LED발광판 패턴 및 칼라 분석

cold white   Warm white

:: 그림 4-25 초소형(나노) 성형

특수 주조법에는 다음과 같은 종류들이 있다.

- 원심주조(Centrifugal Casting)
- 셀몰드법(Shell-moulding Process)
- 인베스트먼트법(Investment Casting) 또는 로스트왁스법(Lost wax)
- 연속주조법(Continuous casting)
- 이산화탄소법(CO_2 process)

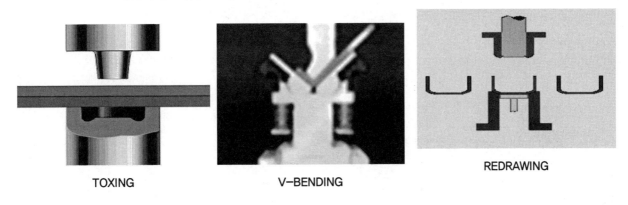

TOXING   V-BENDING   REDRAWING

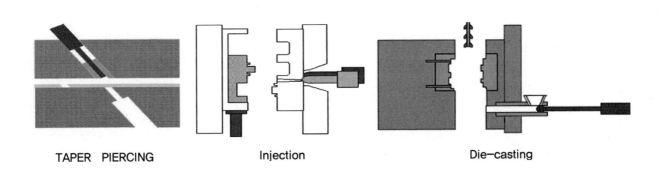

TAPER PIERCING   Injection   Die-casting

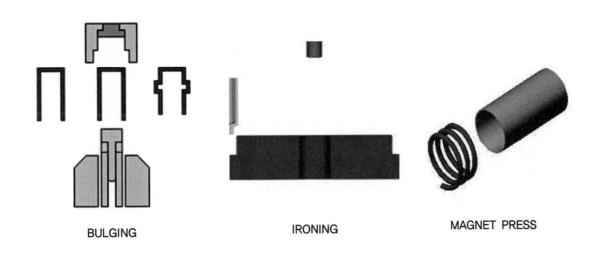

BULGING   IRONING   MAGNET PRESS

문제 1   금형의 종류 9가지를 간단히 설명하고, 생산 제품의 예를 드시오

문제 2   기타 금형을 설명하시오.

문제 3   특수주조법에 대하여 설명하시오.

최신 프레스 금형설계·제작

금 형 의
전반적인
Process

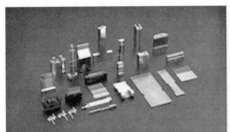
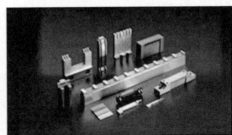
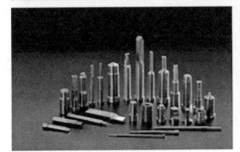

금형의 전반적인 Process

chapter
05

제품 디자인

사용하기 편리하고 여러 가지 기능이 있는 멋진 최신 휴대폰을 만들어 볼까? 그러면 먼저 시장 조사를 해야 하고 견적도 내야지,
또 생산계획 수립해야 하지

금형 설계

컴퓨터를 이용하여 설계도면을 그리고 금형 재료, 크기 가공방법 등도 설계 도면에 표시해야지, 정밀하게 만들려면 금형재료의 강도와 응력 계산을 하고 크기와 모양, 가공 방법도 결정하고 금형제작도 작성해야 한다.

금형 부품 가공

설계도면에 표시된 대로 금형부품을 정밀하게 가공하자. 금형재료, 각종 절삭공구를 준비하고 각종 공작기계, CNC밀링, 선반 등으로 거친 절삭가공 한 후 열처리와 다듬질 가공을 한다.

부품 조립 제작

가공된 금형 부품을 조립하여 만든 다음 시험가공한 후 문제가 없으면 이 금형으로 제품을 찍어 내면 된다.

고 객 (유 저)
제품도 및 금형 시방서 검토
(견적, 금형의 수량, 납기 검토)

프레스 작업 공정 설계

프레스 기계 선정

금형구상(수주의 검토)
(금형의 제작공정선정, 가공 단가의 결정 등)

도면 설계

도면 검토

출   도

금형 제작(시험직업 등 수정 보완)

∴ 금형의 전반적인 Process

01 제품도 및 금형 시방서 검토

제품도 접수와 함께 금형 설계에 필요한 각종 정보를 전달받아야 한다. 구체적으로, 제품도에 표기되지 않은 모든 것, 즉 제품(부품)의 기능, 상호 부품과의 상관관계, 끼워 맞춤 상태, 부품의 중요 치수, 일반 공차의 범 위 등은 물론, 사용 소재의 재질, 후처리까지도 제품 설계자로부터 정보를 받아야 하며, 또한 제품의 생산량(계획) 생산 장소 (부서 및 업체) 등을 알아야 한다. 그 다음 도면에 대한 검토에 착수한다. 이때에는, 도면상 에 표기된 작업이 곤란하거나 금형 제작상 곤란한 부분, 필요 이상의 공 정 증가 및 금형비 상승요인의 부분도 허용하는 범위 내에서 제품도 수정과 합의를 한다. 필요한 제품도 검토가 끝나면 다음은 프레스 작업 공정을 설계한다.

02 프레스 작업 공정 설계

프레스 금형은 한 개의 금형으로 제품을 완성하는 경우가 적고 대부분이 다수의 금형을 사용하여 작업하는 경우가 많다. 따라서, 제품도의 검토가 끝나면 작업 공정을 결정하여야 하며, 각 공정별로 별개의 금형을 제작하여야 하므로, 가장 최적의 설계가 이루어져야 하며, 그 공정 설계에 따라 금형의 형식, 구조 등이 변하므로, 충분하고, 신중한 고려가 필요하며, 이와 같은 공정설계는 많은 금형설계 경험과 프레스작업 지식을 필요로 한다. 공정의 검토가 되면, 이에 따른 공정도를 작성한다.

03 프레스 선정

프레스 작업 공정 설계에 따른 각 공정에 필요한 프레스 기계의 용량, 사양 및 양산 부서의 보유 기계 등을 고려하여, 양산 부서와 함께 프레스 기계를 선정하여야 한다. 이때 양산 부서의 요구 사항을 전달받는다.

04 금형 구상

지금까지의 제품 설계자, 공정 설계 사항, 양산 부서의 요구 사항 등 모든 정보를 기초로 하여 금형 구조를 구상한다. 예를 들면, 펀치의 재질, 고정 방법, Die의 재질, 형식, 분할 여부, 스트리퍼 (Stripper)의 형식, 펀치 고정판 유무, Die-set의 선정, Guide 형식 소재 이송 방식, 각 부품의 개략적인 크기, 열처리 유무, 부품 가공 방법 등을 고려하여 메모해둔다.

05 금형 설계 제도 작성

금형 설계도 작성은 하형(Die)의 평면도를 먼저 완성하고, 상·하형의 조립 단면도를 완성시킨다. 필요하면 상형 저면도, 조립 측면도 순으로 설계제도 한다. 도면 작도가 완료되면, 평면도, 정면도에 가능한 치수를 기입하고, 측면도는 보조 투상도 정도로 활용한다. 품번을 인출하고, 품번을 부여하며, 표제란을 작성하고, 부품표를 작성한다. 부품표의 치수는 가공 여유를 감안한 개략적인 치수를 기입하거나, 부품의 정치를 기입한다. 이는 회사별로 다르다(완성치수를 기입하는 것을 원칙으로) 부품의 재질 선정은 제품 설계자로부터 전달받은 생산수량, 형정도, 수명 등을 고려하여 적정한 것을 선정하는데, 회사에는 일반적으로 금형의 등급에 따라 수명, 생산수량, 부품의 재질, 고정방식, Guide Type, 형의구조 등이 표준화되어 있다.

06 검 토

완성된 금형 설계도를 금형 구상 시 메모된 각종 정보와 비교하여 누락 된 것이 없나 검토한다. 이상이 없으면 제품도 등과 치수 비교를 하여 이상 여부를 확인하며, 부품표 등에 오기된 것이 없는 가 살핀다. 도면에 대한 확인이 끝나면, 서명 날인하여 상급자에게 승인을 요청하고 승인을 얻으면 금형 제작 부서로 출도가 된다. 검토를 불 충분히 하여 도면이 출도 되어 금형 제작에 착수되면 그 다음 발견되는 사항은 불량 처리되고 큰 손실을 가져오게 되므로, 검토 과정은 충분한 시간을 가지고, 최초 금형 설계를 착수하는 단계부터 주도면밀하게 검토되어야 한다. 완전한 도면을 출도 시키는 사람이 곧 실력과 능력 있는 사람으로 평가받게 된다.

07 출 도

완성된 도면에서 부품표는 구매 부서로, 도면은 제작 부서로 출도 된다. 이때 설계자는 제작자에게 금형의 구조, Key Point 등 충분한 설명을 하여 도면에 대한 의문 사항이 없도록 해주어야 한다. 이렇게 하여 금형 설계자의 임무는 완수된 것이나, 금형이 제작되는 과정에도 충분한 관심을 기울여야 하며, 제품 부서에 시험 작업된 제품에 대한 승인이 있을 때까지는 금형설계자의 책임 한계가 된다.

08 금형 부품가공 제작

 금형 가공에 사용되는 기계는 가공물의 형상과 가공된 형태에 따라 선정된다. 가공의 형상에는 평판, 블록, 이형, 총형 등이 있다. 또한 가공의 형태에는 원형, 이형이 있고 각 요소에 있어서 가공물의 대소, 재질, 소재 가공이 주가공인 황삭 가공이나, 다듬질 가공이나, 다듬질면의 가공정도, 가공 Cost 등이 관련되므로 적소 적절한 공작기계를 이용하여 금형부품을 가공하여 조립 제작한다.

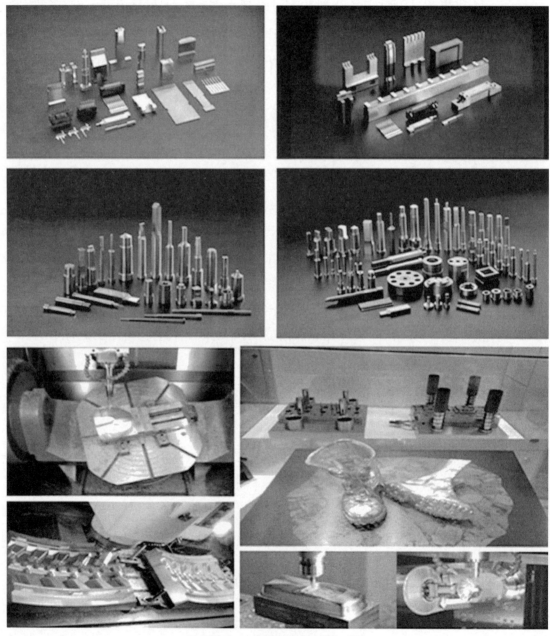

∷ 그림 5-1 금형부품의 가공 제작

■ 자동차 금형 제작 Process

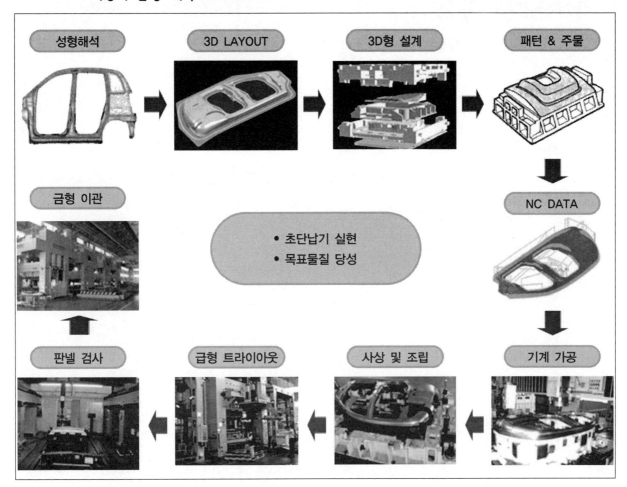

성형해석 → 3D LAYOUT → 3D형 설계 → 패턴 & 주물 → NC DATA → 기계 가공 → 사상 및 조립 → 급형 트라이아웃 → 판넬 검사 → 금형 이관

• 초단납기 실현
• 목표물질 당성

:• 그림 5-2 자동차금형 제작 PROCESS

문제 1 금형의 전반적인 Process를 설명하시오.

최신 프레스 금형설계·제작

프 레 스
가공방법의
종류, 특징

chapter 06 프레스 가공방법의 종류, 특징

01 전단 가공 그룹

전단기(Shearing machine)나 금형(Die)을 사용하여 재료에 파단 강도 이상의 압력을 가하여 잘라내는 가공을 말하며 그 종류는 다음과 같다.

1 전단(Shearing)

전단기(Shearing machine)로 소재의 일부를 전단하는 작업. 이중에서 스크랩이 거의 없게 규칙적인 배열로 전단하는 공정을 특히 컷오프(Cut-off) 작업이라 함.

∷그림 6-1 전단

2 블랭킹(Blanking)

소재로부터 정해진 형상을 절단해내어 그것을 제품으로 사용하는 작업

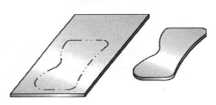

∷그림 6-2 블랭킹

3 피어싱(Piercing)

제품으로 사용하고자 하는 소재로부터 구멍을 뚫어내는 작업. 이 작업을 펀칭(Punching) 이라고도 한다.

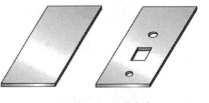

∷그림 6-3 피어싱

4 트리밍(Trimming)

성형된 제품의 불규칙한 가장자리부위를 절단하는 작업

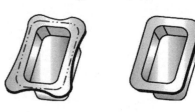

∷그림 6-4 트리밍

⑤ 노칭(Notching)

소재의 가장자리로부터 원하는 형상을 절단하는 것으로 전단선 윤곽이 폐곡선인 가공을 함.

∴그림 6-5 노칭

⑥ 슬로팅(Slotting)

판재의 중앙부에서 가늘고 긴 홈을 절단하는 작업으로 피어싱과 유사함

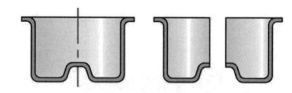

∴그림 6-6 슬로팅

⑦ 슬리팅(Slitting)

판재의 일부에 가는 절입선을 가공하는 작업 또는 넓은 판재를 일정한 간격의 좁은 코일 또는 스트립으로 가공하는 작업

⑧ 세퍼레이팅(Separating)

성형된 제품을 2개 이상으로 분리하는 작업

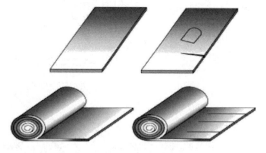

∴그림 6-7 슬리팅

∴그림 6-8 세퍼레이팅

⑨ 퍼퍼레이팅(Perforating)

판재상에 많은 구멍을 규칙적인 배열로 피어싱하는 작업

⑩ 셰이빙(Shaving)

앞 공정에서 전단된 블랭크재의 전단면을 평평하게 가공하기 위해 다시 한번 전단하는 작업

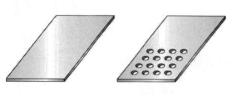

∴그림 6-9 퍼퍼레이팅

∴그림 6-10 셰이빙

가공 판재의 중립면(Neatural plane)을 기준으로 인장과 압축이 동시에 작용하는 가공법으로 재료에 힘을 가하여 굽힘 응력을 발생시켜 여러 가지 모양의 제품을 만드는 가공법으로 종류는 다음과 같다.

① 컬링(Curling)

판 또는 용기의 가장자리부에 원형 단면의 테두리를 만드는 가공

:: 그림 6-11 컬링

② 시밍(Seaming)

2장의 판재의 단부를 굽히면서 겹쳐 눌러 접합하는 가공

:: 그림 6-12 시밍

③ 벤딩(Bending)

굽힘 작업의 총칭으로 V형, U형, L형 굽힘, 채널 굽힘, 컬링, 시밍 등도 이에 속함

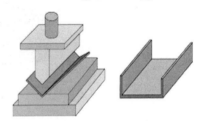

:: 그림 6-13 벤딩

④ 버링(Burring)

평판에 구멍을 뚫고 그 구멍보다 큰 직경을 가진 펀치를 밀어 넣어서 구멍에 플랜지를 만드는 가공

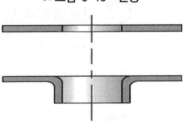

:: 그림 6-14 버링

⑤ 플랜징(Flanging)

소재의 단부를 직각으로 굽히는 작업으로 굽힘선의 형상에 따라 세가지로 분류된다.

① 스트레이트 플랜징(Straight flanging)
② 스트레치 플랜징(Stretch flanging)
③ 슈링크 플랜징(Shringk flanging)

:: 그림 6-15 스트레이트 플랜징

:: 그림 6-16 스트레치 플랜징

:: 그림 6-17 슈링크 플랜징

금속판 또는 소성이 큰 재료를 다이 속으로 끌고 들어가면서 이음매가 없는 컵, 그릇 모양의 용기를 주름(wrinkling)이나, 균열(crack)이 발생치 않게 성형하는 가공법으로서 그 종류는 다음과 같다.

① 드로잉(Drawing)

평판소재를 펀치가 다이 속으로 유입시키면서 펀치모양의 용기를 성형하는 가공으로 깊이가 깊을 때 특히 디프 드로잉이라 함.

② 재 드로잉(Redrawing)

1차 드로잉 된 용기의 직경을 감소시키면서 다시 한번 드로잉하면서 제품 깊이를 증가시키는 가공

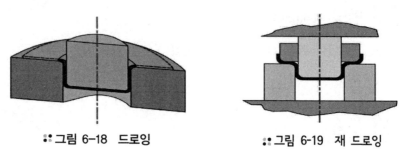

:: 그림 6-18 드로잉   :: 그림 6-19 재 드로잉

③ 리스트라이킹(Restriking)

전 공정에서 만들어진 제품의 형상이나 치수를 정확하게 하기 위해 변형된 부분을 밀어 교정하는 마무리 작업

④ 아이어닝(Ironing)

제품의 측벽 두께를 얇게 하면서 제품의 높이를 높게 하는 훑기 가공을 말함.

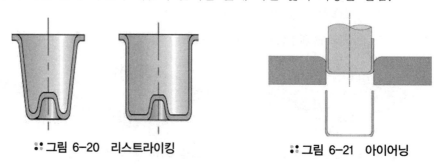

:: 그림 6-20 리스트라이킹   :: 그림 6-21 아이어닝

재료의 판 두께를 고의로 축소시키지 않으며, 금형의 상하형 사이에 넣고 압력을 가해 원하는 형상으로 만드는 가공법으로 재료 변형이 작은 그룹에 한정된다.

① 엠보싱(Embossing)

재료의 판 두께 변화는 일으키지 않으면서 국부적으로 돌기 형상의 소성 변형을 시켜 제품의 강성을 증가시키는 작업

:: 그림 6-22 엠보싱

② 비딩(Beading)

엠보싱과 마찬가지로 제품의 강성을 증가시키기 위한 것으로 대체로 형상 세장비가 큰 작업

:: 그림 6-23 비딩

③ 익스팬딩(Expanding)

원통의 단부 내경을 확대시키는 가공

:: 그림 6-24 익스팬딩

④ 벌징(Bulging)

원통형 부품의 내부에 고무 또는 유체를 이용하여 직경을 팽창시키는 가공

:: 그림 6-25 벌징

⑤ 네킹(Necking)

원통형 부품의 직경을 감소시키는 가공

:: 그림 6-26 네킹

⑥ 플래팅(Flatting)

소재의 표면을 평평하게 하는 작업으로 스트레이트닝(Straightening)이라고도 함

:: 그림 6-27 플래팅

재료에 강한 압축력을 가하여 소재변형을 일으키면서 금형 내부의 형상대로 제품이 성형되도록 하는 공정으로, 여기에는 압인가공(Coining), 마킹(Marking), 사이징(Sizing), 압입가공(Indenting Indenta tion), 업세팅(Upsetting), 스웨이징(Swaging), 헤딩(Heading), 단조(Forging), 압출(Extrusion), 충격 압출(Impact extrusion) 등이 있다.

① 압인(Coining)

재료를 밀폐된 금형 속에서 강하게 눌러 금형과 같은 모양을 재료의 표면에 만드는 정밀 단조 가공.

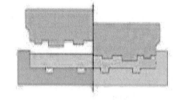

∷ 그림 6-28 압인

② 마킹(Marking)

재료의 일부분에만 마크 또는 문자를 각인하는 가공

∷ 그림 6-29 마킹

③ 업세팅(Upsetting)

재료를 상하 방향으로 압축하여 높이를 줄이고 단면을 넓히는 가공.

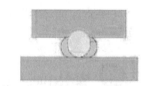

∷ 그림 6-30 업세팅

④ 스웨이징(Swaging)

재료를 반경 방향으로 압축하여 직경이나 두께를 줄여서 길이나 폭을 넓히는 가공.

∷ 그림 6-31 스웨이징

⑤ 헤딩(Heading)

원기둥 재료의 일부를 상하로 압축하여 볼트, 리벳 등과 같이 부품의 머리를 만드는 일종의 업 세팅 가공.

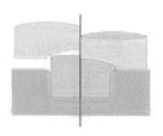

∷ 그림 6-32 헤딩

⑥ 압출(Extrusion)

다이 속에 재료를 넣고 펀치로 재료를 압축하면 다이의 구멍(전방 압출) 또는 펀치와 다이의 틈새(후방 압출)로 재료가 유동하여 원하는 형상을 만드는 가공

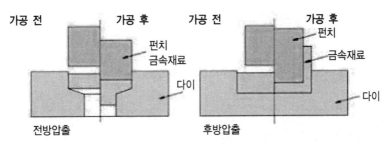

가공 전   가공 후   가공 전   가공 후

펀치
금속재료

다이

전방압출

펀치
금속재료

다이

후방압출

∷ 그림 6-33 압출

⑦ 충격 압출(Impact Extrusion)

치약 튜브와 같은 얇은 벽의 깊은 용기를 만들 때 적용되는 일종의 후방 압출 가공을 말한다. 다이에 경금속을 넣고 펀치가 고속으로 하강하면 재료는 그 충격으로 연신된다.

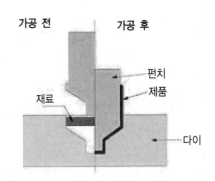

가공 전   가공 후

펀치
제품

재료

다이

∷ 그림 6-34 충격 압출

⑧ 기타 가공법(롤성형)

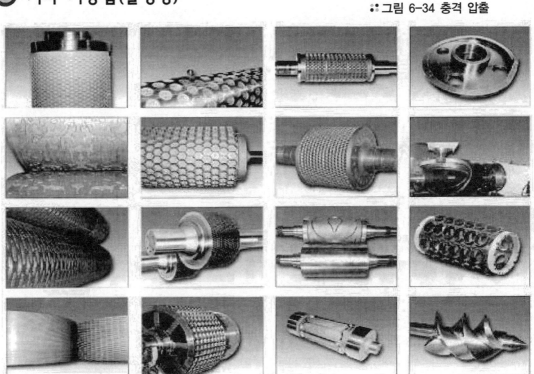

∷ 그림 6-35 기타 가공법(롤 성형)

문제 1   전단 가공그룹의 종류를 쓰시오.

문제 2   굽힘 가공그룹의 종류를 쓰시오.

문제 3   드로잉 가공그룹의 종류르 쓰시오.

문제 4   성형 가공그룹의 종류를 쓰시오.

문제 5   압축 가공그룹의 종류를 쓰시오.

최신 프레스 금형설계·제작

전단(Blanking) 금형

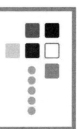

전단 금형

01 전단 금형의 종류

① 블랭킹 금형(Blanking Die)

1) 고정 스트리퍼판 방식

그림 7-1은 전단선 윤곽이 닫혀 있는 관통형 다이로서 고정 스트리퍼판 방식의 구조로 되어 있는 금형으로서 판 두께가 두꺼운 재료를 정밀하지 않은 부품 가공에 주로 사용되는 금형이다. 고정 스트리퍼판 방식의 금형 작업과정은 다음과 같다.

① 소재가 다이 윗면으로 이동된다.

② 프레스 램에 장착되어 있는 상형(펀치홀더, 펀치 등)이 하강한다.

③ 펀치에 의해 소재가 전단(블랭킹) 되면서 다이 속으로 침입한다.

④ 펀치가 펀치램과 함께 상승한다. 이때 펀치에 붙어 있는 소재(스크랩) 는 고정 스트리퍼판에 의해 분리되고, 다이 속에 있는 블랭킹 제품은 다이 밑으로 낙하된다.

⑤ ①~④의 과정이 계속 반복된다.

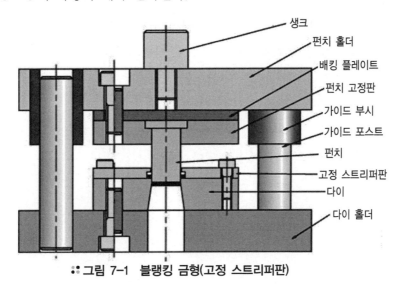

:: 그림 7-1 블랭킹 금형(고정 스트리퍼판)

2) 가동 스트리퍼판 방식

그림 7-2는 가동 스트리퍼판 방식의 블랭킹 금형으로서 평탄하고 정밀 한 부품 및 박판재를 전단 할 때 주로 사용하는 금형이다.

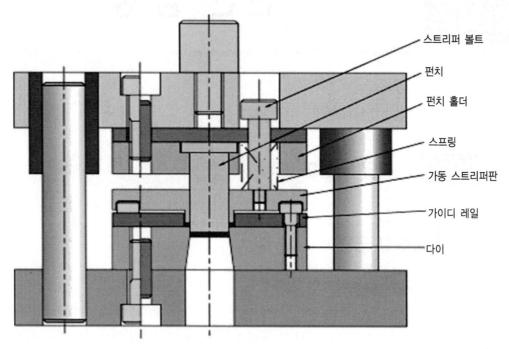

스트리퍼 볼트
펀치
펀치 홀더
스프링
가동 스트리퍼판
가이디 레일
다이

•:• 그림 7-2 블랭킹 금형(가동 스트리퍼판)

가동 스트리퍼판 방식의 금형 작동 방식은 고정 스트리퍼판 방식과 달리 스트리퍼판이 펀치 홀더에 장착되어 펀치와 함께 움직이면서 스프링에 의한 압력을 소재에 전달하는 것으로 다음의 작업 순서로 작동된다.

① 소재가 가이드 레일에 안내되어 다이 윗면으로 이동한다.

② 펀치, 가동 스트리퍼판, 펀치 홀더 등의 상형이 하강한다.

③ 가동 스트리퍼 판이 먼저 소재를 눌러, 소재를 평평하게 움직이지 못하게 한 상태에서 펀치가 순차적으로 내려오면서 소재를 블랭킹 한다.

④ 블랭킹된 소재는 다이 밑으로 낙하되어 추출되고, 펀치는 상승한다.

⑤ 초기의 펀치 상승구간에서는 스트리퍼 판이 소재를 누른 상태로 있으면서 펀치에 붙은 스크랩을 스트리핑하게 한다.

⑥ 스트리핑 후에 가동 스트리퍼 판도 펀치와 함께 상승한다.

⑦ ①~⑥의 과정이 반복된다.

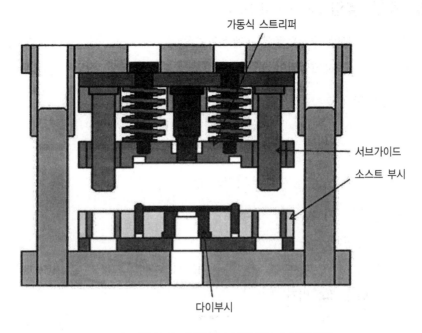

가동식 스트리퍼

서브가이드

소스트 부시

다이부시

:•: 그림 7-3　블랭킹 금형(가동 스트리퍼판)

② 피어싱 금형 (Piercing Die)

　그림 7-3은 가동식 스트리퍼판 방식의 피어싱 금형으로 판재에 주로 작은 구멍을 뚫는 작업으로, 전단 된 쪽이 스크랩이 되고, 나머지가 제품이 되도록 하는 금형이다.

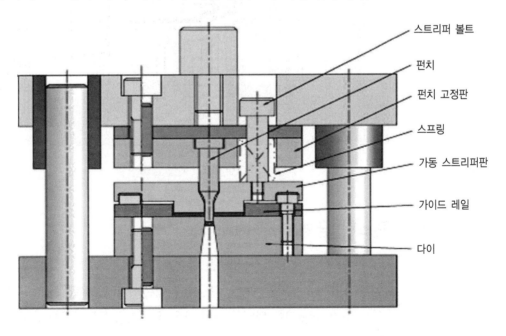

스트리퍼 볼트

펀치

펀치 고정판

스프링

가동 스트리퍼판

가이드 레일

다이

:•: 그림 7-4　피어싱 금형

③ 복합 금형(Compound Die)

그림 7-4는 복합 금형으로서 프레스의 1스트로크(stroke)에 둘 또는 그 이상의 가공 공정(블랭킹, 피어싱)이 동시에 이루어지도록 구성되어 있는 금형으로서 다음과 같은 장단점이 있다.

1) 장 점

① 제품의 평면도 정밀도가 우수하다

② 제품의 버 방향이 같다.

③ 소재 폭의 정밀도가 낮아도 된다.

2) 단 점

① 금형 구조가 복잡하다.

② 가능하면 다이세트(Die-set)를 사용해야 한다.

③ 금형 제작비가 비싸다.

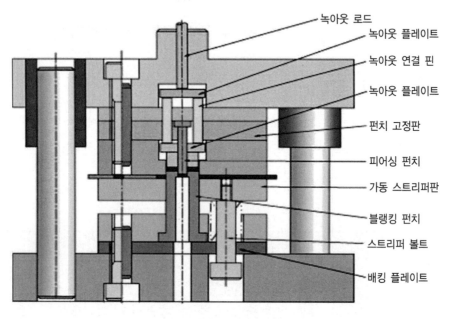

녹아웃 로드
녹아웃 플레이트
녹아웃 연결 핀
녹아웃 플레이트
펀치 고정판
피어싱 펀치
가동 스트리퍼판
블랭킹 펀치
스트리퍼 볼트
배킹 플레이트

:: 그림 7-5 복합 금형

④ 트랜스퍼 금형(Transfer Die)

연속 대량 생산 작업에 많이 사용되는 금형으로 각 공정 간의 금형 설계가 독립적이다. 즉 단공정 금형의 조합으로 생각할 수 있으며, 이 작업은 그림 7-5에서와 같이 바피더(bar feeder)에 장착되어 있는 핑거(finger)에 의해 부품이 다음 공정으로 이동되면서 단계적으로 성형되는 것으로 주로 중대형 부품의 성형작업에 이용된다. 이 작업은 전용의 트랜스퍼 이송 장치가 부착되어 있는 프레스가 필요하며 보통 작업속도는 30~60spm의 범위에 있다.

※ spm : 프레스의 1분당 스트로크 수를 의미함

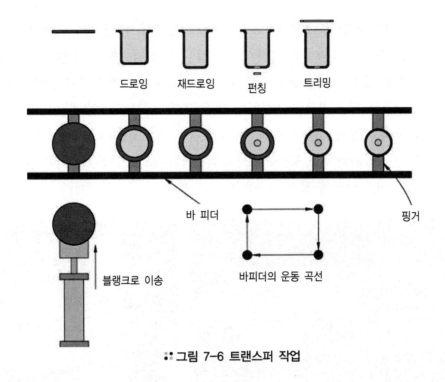

드로잉　　재드로잉　　펀칭　　트리밍

바 피더

블랭크로 이송

바피더의 운동 곡선

핑거

:: 그림 7-6 트랜스퍼 작업

⑤ 프로그레시브 금형(Progressive Die)

연속 대량생산 방식의 금형이라는 것은 트랜스퍼 금형과 비슷하지만 금형의 구성, 소재 이송방식 등에서는 아주 다른 특성이 있다. 이것은 복잡한 형상의 제품을 단순한 다수 공정으로 분할하여 순차적으로 가공을 완료하는 것으로 금형 강도와 수명 향상을 목적으로 하고 있으며 다음의 특징이 있다.

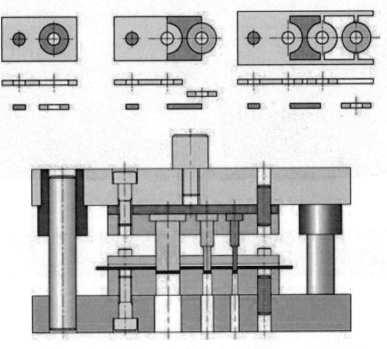

:: 그림 7-7　프로그레시브 금형(링 와셔의 제품의 가공 방식 사례)

① 스트립 소재로부터 점진적으로 전단, 드로잉 등을 한 단계씩 가공하면서 최종의 완성품을 만드는 금형이다. 그림 7-7과 같이 여러 경우의 작업 방식이 있을 수 있으며, 이중 첫째 방식의 공정에 대한 금형 조립도가 그림 7-7에 주어져 있다.

② 중소형 제품 가공에 적합하며 일반 프레스에서 작업이 가능하다.

③ 고속 가공이 가능한 것으로 국내에서는 최대 1,200spm까지 가능하다.

④ 각 공정 간의 위치 정밀도가 상호 의존적인 것으로 금형 가공시에 누적 공차가 발생할 수 있기 때문에 정밀 가공을 필요로 한다.

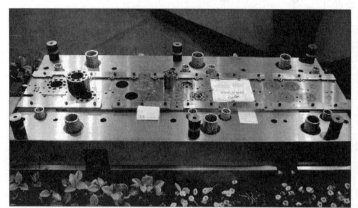

❖ 그림 7-8 프로그레시브 금형과 제품

상형   하형   스트립

금형부품

❖ 그림 7-9 프로그레시브 금형과 금형부품

1 전단 가공 단계

재료의 전단은 다음의 3단계 과정으로 이루어진다.

1) 소성변형 단계(Plastic deformation)

펀치가 재료에 닿으면서 재료의 탄성 한계를 넘어 소성 변형(굽힘)이 시작된다.

2) 전단 단계(Penetration)

펀치가 재료 속으로 더 침입하면 굽힘에 의한 눌림 후에 전단이 발생하기 시작한다.

3) 파단 단계(Fracture)

전단변형이 진행됨에 따라 펀치, 다이 날 끝의 응력 집중이 파단을 초래하고, 양날 끝에서의 균열이 서로 만나 소재가 분할된다.

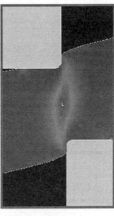
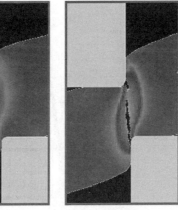
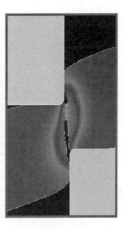

소성변형 단계   전단 단계   파단 단계

:: 그림 7-10 전단 가공 단계

② 절단면의 구성

그림 7-11은 절단면으로서 Roll-over(눌림면), Burnish(전단면), Fracture(파단면), Burr(버)로 구성된다.

1) 눌림면

재료 두께의 10~30%를 차지 함(틈새가 발생원인)

2) 전단면

보통 재료 두께의 20~50%를 차지함

3) 유효 전단면

Roll-over＋Burnish

4) 버

날끝의 무딘 정도와 소재의 연성에 비례하여 버 높이가 커지고 이 값이 금형 수정 시기의 판단 척도가 된다.

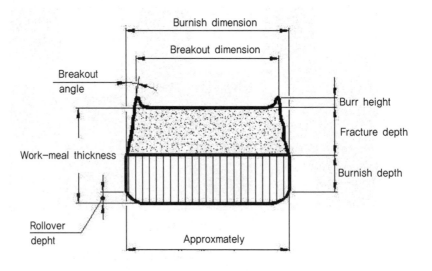

∵ 그림 7-11 절단면의 구성

| 표 | 버 한계 높이 |

재료 두께	버 높이		
	정밀 부품	표준	허용한계
~0.8	0.04	0.08	0.10
0.8~1.6	0.05	0.10	0.15
2.0~3.2	0.06	0.20	0.30

③ 틈새(Clearance)

1) 정의

펀치와 다이 사이의 편측 갭량을 나타내는 것으로 재료 두께의 상대적인 %로 표시한다. 예를 들면 1mm 두께강판의 틈새 10%라면 틈새는 0.1mm가 된다. 따라서 원형 블랭킹의 경우

다이직경＝펀치직경＋2×틈새

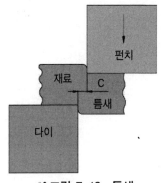

:: 그림 7-12 틈새

2) 재질별 적정 틈새(c/t %)

	재질	정밀 블랭킹 또는 극박판	일반 블랭킹 또는 박판, 중후판
금속	순철	2~4	4~8
	연강	2~5	5~10
	고 탄소강	4~8	8~13
	규소강판(T급)	5~6	7~12
	규소강판(B급)	4~5	6~10
	스테인리스강	3~6	7~11
	구리	1~3	3~7
	황동	1~4	4~9
	인청동	2~5	5~10
	양은	2~5	5~10
	알루미늄(연질)	1~3	4~8
비금속	에보나이트 셈룸로이트 베이클라이트	1~3	
	종이·천	0	

• 두께가 클수록, 정밀도가 낮을수록 큰 값을 선택한다.
• 아주 두꺼운 소재는 10~20% 범위에서 선택하는 것이 바람직하다.

④ 전단 하중 - 변위 선도

1) 절단위치별 하중 분포

절단면 위치에 따른 하중 변화는 주로 파단이 시작될 때 최대 하중을 표시하고, 파단 후의 하중선도는 재질의 연성, 틈새에 따라 다양한 경사를 나타낸다. 그림 7-13은 연성이 작은 재료의 하중-변위그래프를 나타내는 것으로 파단 후에는 하중이 거의 작용되지 않음을 알 수 있다.

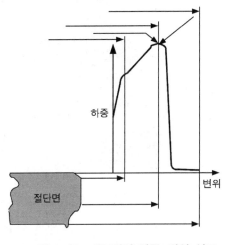

:: 그림 7-13 대표적인 하중-변위 선도

2) 재질, 틈새에 따른 하중 곡선의 변화

구분	재질	틈새
a	취성 재료	적정
b	연성 재료	적음
c	연성 재료	적정
d	연성 재료	과대

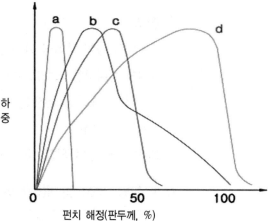

:• 그림7-14 재질, 틈새에 따른 하중 곡선

⑤ 틈새 변화 효과

1) 절단면 형상

① **틈새 과소인 경우** : 2차 전단면(secondary shear)이 발생한다.

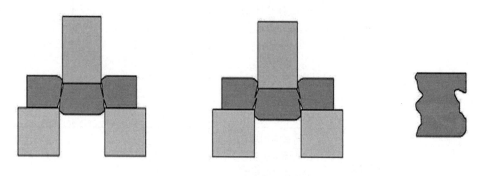

:• 그림 7-15 틈새에 따른 균열 발생 형태

② **틈새에 따른 절단면 형상**

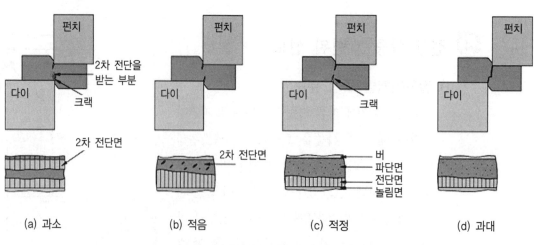

:• 그림 7-16 절단면의 틈새 효과

③ 절단면 구성비 비교

틈새가 클수록 눌림면과 버는 증가하고, 파단면은 감소한다.

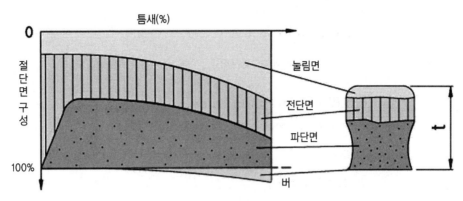

:: 그림 7-17 틈새에 따른 절단면 구성

2) 전단 저항 비교

① 틈새가 증가할수록 전단 저항이 감소한다.

② 고정식 스트리퍼판을 사용하면 전단 저항이 감소한다.

③ 공구각이 감소하면 전단 저항은 감소하지만 공구의 마모가 촉진된다.

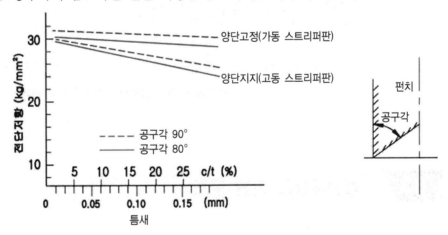

:: 그림 7-18 틈새에 따른 전단력(전단저항) 변화

3) 측방력(Side thrust)

① 전단 가공시 틈새에 의한 측방향 하중 발생

② 전단선 윤곽

- 폐곡선(Closed line cut) : 평형유지

- 개곡선(Open line cut) : 측방력 발생
  ➡ back up 장치 필요

③ Cut-off, notching, flanging 등에 적용

④ 일반적으로 측방력(F_1) = (0.08~0.15)P

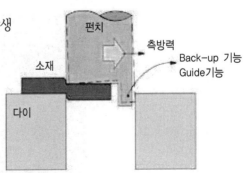

:: 그림 7-19 측방력 발생의 금형설계 대책

⑤ 틈새 3% 일 때의 $F_1=kP$에서 k값

- 강판 : 0.28~0.38
- 규소강판 : 0.17
- 황동 : 0.24
- 순수 알루미늄 : 0.08

4) 스트리핑력(Stripping force)

① 발생 원인 · 전단 초기의 눌림에 의한 스프링 백 현상측방력에 의한 냉간 압접 현상의 발생

② 스트리핑력(F_2)

- 재질이 강하고 얇을수록 스트리핑력이 적어진다.
- 일반적으로 $F_2=(0.05~0.2)P$ 또는$=0.1P$
- 제품의 평면도가 중요할 때 $F_2=(0.3~0.4)P$

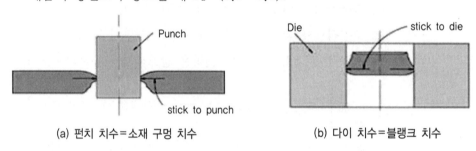

(a) 펀치 치수＝소재 구멍 치수   (b) 다이 치수＝블랭크 치수

∷ 그림 7-20 금형치수와 제품치수 관계

03 전단금형의 기본 구조

그림 7-21은 전단금형의 가장 기본적인 구조를 나타낸 것이다. 그림에 나타난 금형 부품들의 기능과 종류, 설계 방법 등은 다음절(04)에서 자세히 설명한다.

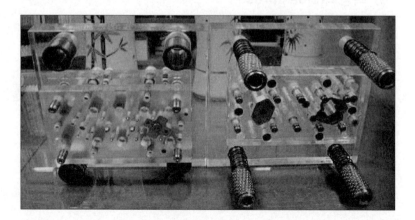

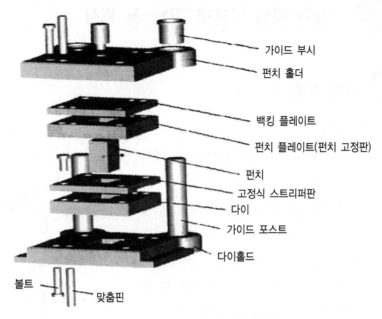

가이드 부시
펀치 홀더
백킹 플레이트
펀치 플레이트(펀치 고정판)
펀치
고정식 스트리퍼판
다이
가이드 포스트
다이홀드
볼트
맞춤핀

:: 그림 7-21 전단 금형의 기본 구조

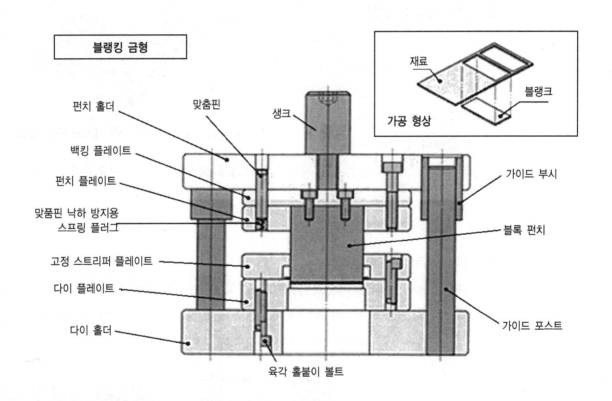

블랭킹 금형

펀치 홀더
맞춤핀
생크
가이드 부시

백킹 플레이트
펀치 플레이트
맞품핀 낙하 방지용
스프링 플러그
고정 스트리퍼 플레이트
다이 플레이트
다이 홀더
육각 홀붙이 볼트
블록 펀치
가이드 포스트

재료
블랭크
가공 형상

:: 그림 7-22 블랭킹 금형의 기본 구조

① 다이 세트(Die set)

1) 개요

다이세트란 금형의 상하형 즉, 펀치와 다이를 정확하게 고정하고 펀치 와 다이의 상대운동을 정밀하게 안내 할 수 있도록 만들어진 상하형의 홀더부분으로 그림 7-23 과 같이 펀치홀더, 다이 홀더, 가이드포스트, 가이드 부시, 생크로 구성되어 있다.

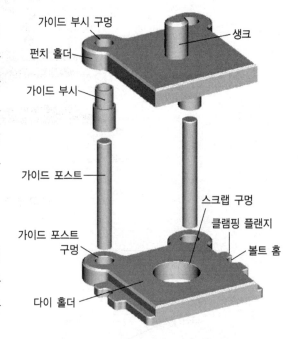

가이드 부시 구멍 — 생크
펀치 홀더 —
가이드 부시 —
가이드 포스트 —
스크랩 구멍
클램핑 플랜지
가이드 포스트 구멍 — 볼트 홈
다이 홀더 —

:: 그림 7-23 주철제 다이 세트의 구성 요소

2) 다이 세트의 장점

① 프레스 기계의 램에 약간의 유격이 있더라도 금형 부품들이 모두 제자리를 유지할 수 있도록 위치를 잡아준다.(정밀도 유지)

② 금형의 수명이 길어진다.

③ 금형이 하나의 단위체가 되므로 프레스에 설치시 시간이 단축된다.

④ 제작상, 조립상 편리하다.

⑤ 보관이 편리하다.

3) 다이 세트의 종류

① **BB형**(Back post Bushing type): 2개의 가이드 포스트가 세트의 뒤쪽에 위치하는 형식으로 재료를 전후좌우로 이동할 수 있다. 그러나 포스트가 세트의 뒤쪽에 위치하고 있어 작업 시 편심 하중에 주의해야 한다.

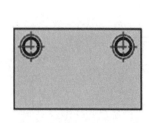
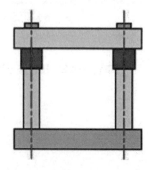

:: 그림 7-24 BB형 다이 세트

② **CB형**(Center post Bushing type) : 펀치 다이를 장치하는 위치와 가이드 포스트의 위치가 세트 중앙의 일직선상에 위치하는 형식으로 재료를 전후 방향으로 이송하기에 편리하고, 높은 정밀도의 제품을 가공하는데 쓰인다.

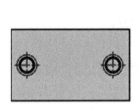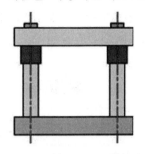

∷ 그림 7-25 CB형 다이 세트

③ **DB형**(Diagonal post Bushing type)

다이 세트의 대각선 위치에 가이드 포스트가 위치한 형식으로 BB형, CB형 의 결점을 보완한 형식으로 강성, 정밀도, 작업성이 우수하다. 가이드 포스트의 직경을 다르게 하여 조립을 쉽게 한다.

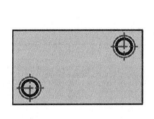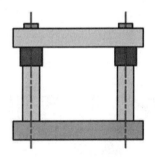

∷ 그림 7-26 DB형 다이 세트

④ **FB형**(Four post Bushing type)

홀더의 4 모서리에 가이드 포스트가 위치한 형식으로 강성이 크고, 정밀도가 높으므로 초경합금 금형, 대량생산용 금형의 제작에 적합하다.

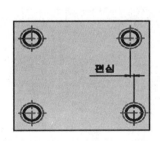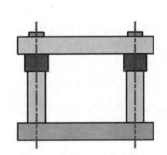

∷ 그림 7-27 FB형 다이 세트

⑤ **Multi post type** : Guide post가 6개 또는 8개 있는 것으로 대형 금형에 사용한다.

⑥ 앞에서와 같이 가이드 포스트와 가이드 부시에 의한 운동전달 보다 정밀도 높게 운동하기 위해 가이드 포스트와 가이드 부시 사이에 볼 리테이너를 삽입하고 표시 방법은 다이 세트 형식 뒤에 'R'을 다음과 같이 붙인다(그림 7-28 참조).

BR형, CR형, DR형, FR형 중 R은 볼리테이너(Ball Retainer) 가이드 방식을 뜻하며 대표적인 소형 다이 세트의 표준 치수가 종류에 따라 아래 표와 같다.

표   다이 세트(Die set)

BR형 BB형		CR형 CB형		DR형 DB형		FR형 FB형	
A 치수	B 치수	A 치수	B 치수	A 치수	B 치수	A 치수	B 치수
(60)	(60)	(60)	(60)	(60)	(60)	(125)	(125)
80	80	80	80	80	80	150	(100)
	(125)	100	80	100	80		150
100	80		100		100	180	125
	100	125	80	125	80		180
	(150)		100		100	210	100
125	80		125		125		150
	100	150	100	150	100		210
	125		150		150	250	125

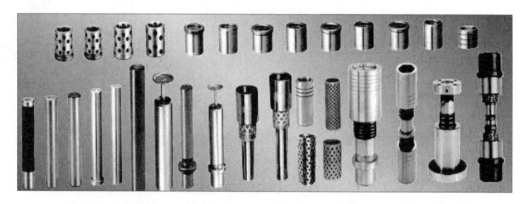

∷ 그림7-28 가이드 포스트 및 부시

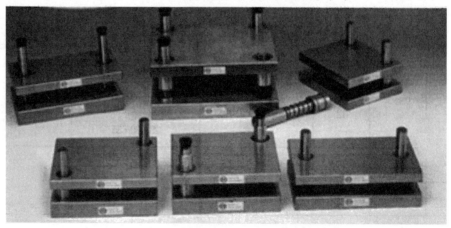

∷ 그림 7-29 스틸 다이 세트

4) 생크(Shank)

① **기능** : 금형의 상형을 프레스 기계의 램에 부착시키는 기능을 한다. 일반적으로 치수는 규격화되어 있다.

② **종류** : 스트레이트 형식과 언더컷 형식이 있다.

③ **재질** : 일반적으로 SM20C(SM45C)를 사용한다.

 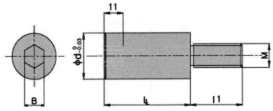

:: 그림 7-30   스트레이트 형 생크

 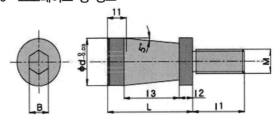

:: 그림 7-31   언더컷형 생크

표   스트레이트 형식의 규격

d	L	B	l_1	M
25	50	12	18 · 25 · 30 · 35 · 40	M18×P1.5
25.4			25 · 30 · 35	M18×P1.5
32		17	30 · 35 · 40	M22×P1.5
38	60		30 · 35 · 40 · 45	M22×P1.5
50	65		32 · 35 · 40 · 45 · 50	M22×P1.5

표   언더컷 형식의 규격

d	L	B	l_3	l_2	l_1	M
25	50	12	28	10	18 · 25 · 30 · 35 · 40	M18×P1.5 M22×P1.5
32					25 · 30 · 35	M22×P1.5 M25×P1.5
38	60	17	32	13	30 · 35 · 40	M22×P1.5 M25×P1.5
50	65			15	30 · 35 · 40 · 45	M22×P1.5 M30×P1.5

5) 가이드 포스트와 가이드 부시

① **평면 가이드 방식** : 가이드 포스트와 가이드 부시만의 미끄럼 운동에 의해 직선운동을 전달하는 것으로 범용 금형에 사용한다.

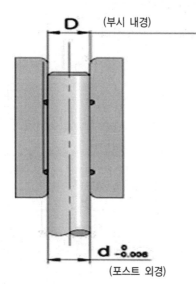

d	D		틈새(양측)
20	20		
22	22		
25	25	+0.006	+0.012
28	28	+0.002	+0.002
32	32		
38	38		
45	45	+0.009	+0.015
50	50	+0.005	+0.005

∴ 그림 7-32 평면 가이드

② **볼 가이드 방식** : 가이드 포스트와 가이드 부시 사이에 볼리테이너가 삽입되어 볼 운동에 의한 직선 운동을 전달하는 것으로 마찰이 적고 정밀도가 높은 형에 사용한다.

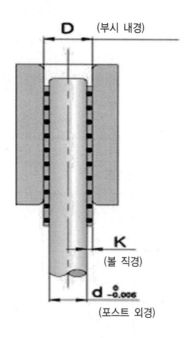

d	K	D		죔새(양측)
20		26		
22	3	28	− 0.016	−0.010 −0.020
25		31		
28	4	36	− 0.021	−0.015 −0.025
32		40		
38		48	− 0.026	−0.020 −0.030
45	5	55		
50		65	− 0.031	−0.025 −0.035

∴ 그림 7-33 볼 가이드

스트리퍼 가이드 핀부시   소형 부품   재료가이드리프터 관련부품   다이세트용 가이드포스트부시   홀더 가이드포스트 세트

리테이너   블록펀치&다이 리테이너   자동차 금형용 가이드 부품   캠 관련부품   무급유 슬라이드 플레이트

자동차 금형용 소형부품 가이드 리프터 부품   트랜스퍼 금형용 부품   코일 스프링   Gas 스프링   우레탄 스프링

그림 7-34 각종 가이드 및 표준부품

② 펀치(Punch)

1) 개요

펀치의 형식은 금형의 구조, 형식 등에 따라서 다르지만 필요한 것은 다이와 짝을 이루는 상관관계로서 제품의 모양을 만드는 부분이고, 제품은 펀치와 다이에 의해 가공되어지기 때문에 치수 정밀도 및 표면 거칠기가 좋은 것이 요구된다.

프레스 금형에 사용되는 각종 펀치는 제품 가공시 압축응력, 인장응력, 굽힘응력 등이 작용하여 반복충격 하중을 받으며 이 충격하중이 심하면 좌굴이나 파손을 초래하게 된다. 따라서 펀치 설계시에 다음과 같은 내용을 고려하여 설계하여야 한다.

2) 고려사항

① Stability or Buckling(치우침이나 좌굴이 없이 안정할 것)

② Location(정확한 위치나 적합한 맞춤 핀을 사용할 것)

③ 스크랩 제거력을 펀치력의 5~20% 적용할 것

3) 펀치의 길이 계산

펀치가 굽힘이나 파손 없이 사용할 수 있는 최대허용길이 계산은 오일러(Euler)의 좌굴 (buckling)식을 이용하여 계산 할 수 있지만, 계산 값이 아주 크기 때문에 실제 설계에서는 다음과 같이 경험 값으로 결정한다.

※ 펀치 길이=펀치 고정판 두께+스트리퍼판 두께+펀치가 다이 속의 침입 깊이+여유 길이

여기서 전단 가공시에는 침입깊이가 보통 재료두께의 2배 전후이고 여유길이는 10~30mm 범위 내에서 표준 길이를 선택한다. 드로잉 굽힘 등의 성형가공시에는 침입깊이가 제품의 성형 깊이가 된다.

$$L = \pi\sqrt{\frac{n \cdot E \cdot I}{Pmax}} = \sqrt{\frac{\pi^2 n \cdot E \cdot I}{Lt\tau}}$$

여기서, L=Punch의 길이(mm)

E=Punch 재료의 종탄성 계수(kg/mm²)

　　　Steel의 경우=2.1×10^4 kg/mm²

I=Punch의 단면 2차 Moment

　　Pmax=최대 Blanking force

n=계수(stripper가 있는 경우 2, 없는 경우=1)

- 원형 Punch $I = \frac{\pi d^4}{64}$　$L = \sqrt{\frac{\pi^2 nEI}{p}} = \frac{\sqrt{\pi^2 \times nE \times 0.05d^4}}{\pi d t \tau} = \sqrt{\frac{\pi \cdot n E \cdot 0.05 d^3}{t\tau}}$

- 각형 Punch $I = \frac{bh^3}{12}$　$L = \sqrt{\frac{\pi^2 nEI}{P}} = \sqrt{\frac{\pi^2 \cdot E \cdot b \cdot h^3}{24(b+h)t\tau}}$

$$L = \sqrt{\frac{n\pi^2 \cdot E \cdot I}{P}} = \sqrt{\frac{n\pi^2 \cdot E \cdot b \cdot h^3}{24(b+h)t\tau}}$$

① 원형펀치

　　예제 d=5mm, t=2.5mm, τ=50kg/mm² 일 때 L=?

- **스트리퍼가 없는 경우, n=1**

　sol) $L = \sqrt{\frac{n \cdot \pi^2 \cdot E \cdot I}{P}} = \sqrt{\frac{n \cdot \pi^2 \cdot E \cdot 0.05 d^4}{t \cdot \tau}}$　$\leftarrow I = \frac{\pi d^4}{64} = 0.05d^4$

　　$L = 57.43\text{mm} = \sqrt{\frac{n \cdot \pi^2 E \cdot 0.05 d^3}{\pi t \tau}}$

　　$L_1 = 0.75 \times L \fallingdotseq 43\text{mm} = \sqrt{\frac{1 \cdot \pi \cdot 21.000 \times 0.05 \times 5^3}{2.5 \times 50}}$

　　$L_2 = 0.25 \times L \fallingdotseq 14\text{mm} = \sqrt{\frac{1 \cdot \pi \cdot 21000 \times 0.05 \times 125}{125}}$

　　　　　　　$= \sqrt{\frac{412334.0}{125}} = \sqrt{3298.67} = 57.43\text{mm}$

■ 스트리퍼가 있는 경우 n=2 , 없는 경우 n=1

$L=81$mm, $L_1=61$mm, $L_2=20$mm

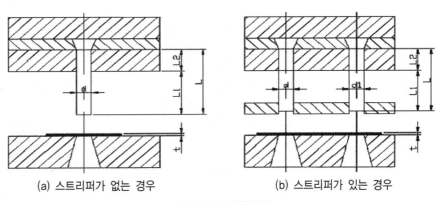

(a) 스트리퍼가 없는 경우   (b) 스트리퍼가 있는 경우

∷ 그림 7-35 원형펀치

② 각형펀치

> **예제** b=6mm, h=3mm, t=2.5mm, $\tau=35$kg/mm² 일 때 L=?

■ Stripper가 없는 경우 n=1

$$\text{sol)} \quad L=\sqrt{\frac{n\pi^2\cdot E\cdot I}{P}}=\sqrt{\frac{\pi^2\cdot E\cdot bh^3/12}{P}}=\sqrt{\frac{\pi^2\cdot E\cdot b\cdot h^3}{24(b+h)t\cdot\tau}}$$

$$=\sqrt{\frac{n\pi^2\times21000\times6\times3^3}{24(6+3)\cdot2.5\times35}}=\sqrt{\frac{33576394.17}{18900}}=\sqrt{1776.53}$$

$$\fallingdotseq 42.15\text{mm}$$

$$\therefore\ L=42\text{mm}\fallingdotseq43\text{mm}$$

$$L_1=0.75\times42=31.6\fallingdotseq32\text{mm},$$

$$L_2=0.25\times42=10.5\fallingdotseq11\text{mm}$$

- Stripper가 있을 경우 n=2

$$L=60(\text{mm}),\ L_1=45(\text{mm}),\ L_2=15(\text{mm})$$

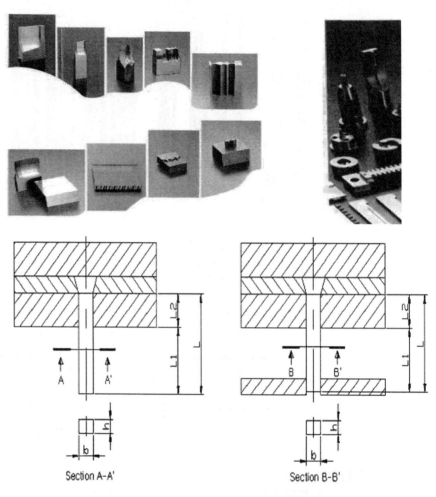

Section A-A'   Section B-B'

❖ 그림 7-36   각형 및 총형 펀치

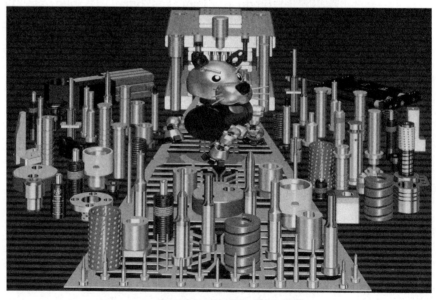

❖ 그림 7-37 각종 금형 부품

③ 펀치의 강도 계산

전단가공 중에 펀치 날 끝의 절손이나 플랜지부의 파손 등의 문제가 발생하는 경우가 있다. 이러한 문제의 원인은 표준부품에 대한 기술 데이터의 부족이나 전단 공구의 재질 및 형상의 선택오류에 의한 경우가 많은 것을 볼 수가 있다. 이러한 문제를 감소하기 위해서 공구강의 피로강도나 플랜지부의 응력 집중 등을 고려한 펀치의 적정사용 기준을 나타낸 것이다.

1) 전단력의 계산

■ 전단력 P[kgf]

$$p = lt\tau \quad \cdots\cdots\cdots\cdots\cdots\cdots\cdots\cdots\cdots\cdots\cdots (1)$$

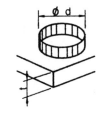

ℓ : 전단 윤곽길이[mm](원형의 경우 $\ell = \pi d$)

t : 재료의 판 두께[mm]

τ : 재료의 전단저항[kgf/mm²]($\tau \fallingdotseq 0.8 \times$인장강도 σ_B)

∷ 그림 7-38 각종 금형 부품

예제 1 판 두께 1.2의 고장력 강판(인장강도 80kgf/mm²)에 직경2.8의 원형 홀을 전단할 경우의 최대 전단력 P는?

$p = lt\tau$에 대해서

전단저항력 $\tau = 0.8 \times 80 = 64$[kgf/mm²]

$$P = 3.14 \times 2.8 \times 1.2 \times 64 = 675\text{kgf}$$

2) 펀치 날 끝의 파손

■ 펀치 날 끝에 가해지는 응력 σ[kgf/mm²]

$\sigma = P/A$

P : 전단력, A : 펀치날 끝의 단면적

(a) 솔더펀치의 경우

$$\sigma_s = 4t\tau/d \quad \cdots\cdots\cdots\cdots\cdots\cdots\cdots\cdots (2)$$

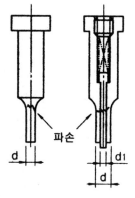

(b) 젝터펀치의 경우

$$\sigma_J = 4dt\tau/(d^2 - d_1^2) \quad \cdots\cdots\cdots\cdots\cdots (3)$$

∷ 그림 7-39 펀치 칼날 끈의 파손

예제 2 솔더펀치, 젝터펀치

d1 치수는 0.7를 사용할 때의 펀치칼날 끝의 파손 가능성을 구한다.
(전단조건은 예 1과 같다)

(a) 솔더펀치의 경우는 (2)식에서

$$\sigma_s = 4 \times 1.2 \times 64/2.8 = 110\text{[kgf/mm²]}$$

(b) 젝터펀치의 경우는 (3)식에서

$$\sigma_J = 4 \times 2.8 \times 1.2 \times 64 / (2.82 - 0.72) = 117 \text{kgf/mm}^2$$

그림 7-39[예 2]로부터 σ_s가 110kgf/mm²의 경우 SKD11의 펀치는 약 9,000회로 펀치의 날끝이 파손할 가능성이 있다. 또한, 재질을 SKH51로 바꾸면 4만회정도로 향상된다. 젝터 펀치도 같이 구하지만, 단면적이 적기 때문에 5,000회 정도에서 파손된다. 펀치에 가해지는 응력을 각각의 펀치 재질의 허용응력이하에서 사용하면 파손 되는 것은 없다.(금형정도, 금형구조, 피가공재의 편차, 펀치의 표면조도, 열처리 등의 조건에 의해 변하기 때문에 참고로 생각한다)

표 공구강의 피로 특성				
재 료	선단저항 τ(kgf.mm²)		인장강도 σ_B	
	연질	경질	연질	경질
납	2~3	–	2.5~4	–
주 석	3~4	–	4~5	–
알루미늄	7~11	13~16	8~12	17~22
두랄루민	22	38	26	48
아 연	12	20	15	25
납	18~22	25~30	22~28	30~40
황 동	22~30	36~40	28~35	40~60
청 동	32~40	40~60	40~50	50~75
양 은	28~36	45~56	35~45	55~70
은	19	–	26	–
열연강판(SPH1~8)	26 이상		28 이상	
냉연강판(SPC1~3)	26 이상		28 이상	
딥드로잉용강판	30~35		28~32	
구조용강판 (SS330)	27~36		33~44	
구조용강판 (SS400)	33~42		41~52	
동 0.1%C	25	32	32	40
〃 0.2%C	32	40	40	50
〃 0.3%C	36	48	45	60
〃 0.4%C	45	56	56	72
〃 0.6%C	56	72	72	90
동 0.8%C	72	90	90	110
〃 1.0%C	80	105	100	130
규소강판	45	56	55	65
스테인레스 강판	52	56	66~70	–
니켈	25	–	44~50	57~63
가죽	0.6~0.8		–	
운모 0.5mm 두께	8		–	
2mm 두께	5		–	
섬유	9~18		–	
자작나무	2		–	

*{N}=kgf×9.80665　　　　　　　　　　　　　　　　　　　　　　(Schuler사, Bliss사)

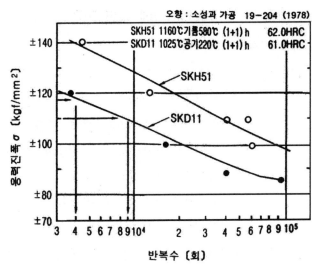

오항: 소성과 가공 19-204 (1978)

:: 그림 7-40   공구강의 피로특성

3) 최소 전단직경

- **최소 전단직경 d_min**

$d_{min} = 4t\tau/\sigma$

σ : 공구강의 피로강도[kgf/mm²]

> **예제 3** 판 두께 2mm의 SPCC에 SKH51의 펀치로 10만회 이상의 전단이 가능한 최소 전단직경은?

$$d_{min} = 4t\tau/\sigma \quad\cdots\cdots\cdots\cdots\cdots\cdots\cdots\cdots\cdots\cdots\cdots\cdots\cdots\cdots\cdots\cdots\cdots\cdots\cdots\cdots (3)$$

$$= 4 \times 2 \times 26 \times 97 \fallingdotseq 2.1mm$$

SKH51의 10만회의 피로강도 σ는 그림 7-41에서 97kgf/mm² τ는 표 1에서 26kgf/mm²

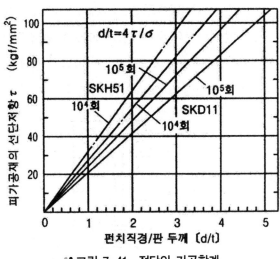

:: 그림 7-41   전단의 가공한계

4) 좌굴(座屈, Buckling)에 의한 파손

■ 좌굴하중 P[kgf]

$$P = n\pi^2 El/\ell^2 \cdots\cdots (4)$$

$$\ell = \sqrt{n\pi^2 El/p} \cdots\cdots (5)$$

> n : 계수   n=1 : 스트리퍼 가이드 없음, n=2 : 스트리퍼 가이드 있음
>
> l : 단면2차 모멘트[mm^4]   원형의 경우 $l = \pi d^4/64$
>
> ℓ : 펀치의 날끝길이[mm]
>
> E : 펀치재료의 종탄성계수[kgf/mm²]
>
> (SKD11 : 21000, SKH51 : 22000, HAP 40 : 23000, V30 : 56000)

이 오일러식으로부터 좌굴경도 P를 향상시키기 위해서는 스트리퍼 가이드를 사용하여 종탄성계수의 큰 재질(SKD → SKH → HAP)을 사용하여 날 끝의 길이를 짧게 하면 좋게 된다. 좌굴하중 P는 펀치가 좌굴하여 파손하는 경우의 값을 나타낸 것으로 펀치를 선정할 때에는 3~5의 안전계수를 고려하지 않으면 안 된다. 작은 홀 전단 시에는 특히, 좌굴하중과 펀치에 가해지는 응력에 주의하여 펀치를 선정할 필요가 있다.

예제 4 스테인리스강 SUS304(판 두께 1mm, 인장강도 σb=60kgf/mm²)에 ∅8의 홀을 합금공구강 펀치(SKD11)로 뚫어도 좌굴하지 않는 펀치 길이를 구하시오.

[풀이]

(5)식에서

$$L = \sqrt{n\pi^2 El/P}$$

$$= \sqrt{2 \times \pi^2 \times 21000 \times 201/1206}$$

$$= 262[mm]$$

> - 타발력
> $$P = \pi dt\tau$$
> $$= \pi \times 8 \times 1 \times 0.8 \times 60$$
> $$= 1206kgf$$
> - 단면 2차 모멘트
> $$I = \frac{\pi d^4}{64} = \frac{\pi 8^8}{64} = 201mm^4$$
> - 스트리퍼 가이드 : n=2

안전율은 3으로 하면 L=262/3=87mm, 또한 펀치 플레이트의 두께 T=20mm로 하면 전장 107mm 이하의 펀치를 사용함으로써 좌굴을 방지할 수 있다. 스트리퍼 기준(펀치 플레이트가 틈새에서 날 끝을 가이드 한다.)펀치의 경우는 전장 87mm 이하로 한다.

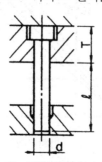
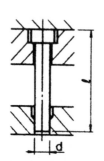

•: 그림 7-42 펀치플레이트기준의 경우   **•: 그림 7-43 스트리퍼 기준의 경우**

예제 5 SHAL5-60-P2.00-BC20펀치에서 스트리퍼 가이드를 사용하지 않을 때의 좌굴하중 P는?

$$P = n\pi^2 EI/\ell^2$$

$$= 1 \times \pi^2 \times 22000 \times 0.785/20^2 = 426 \mathrm{kgf}$$

안전율을 3으로 하면 P=426/3=142kgf

∴142kgf 이하의 전단력부터는 좌굴하지 않는다.

- 펀치재질 : SKH51

  $E = 22000 \mathrm{kgf/mm^2}$

  $I = \dfrac{\pi d^4}{64} = \dfrac{\pi 2^4}{64} = 0.785 \mathrm{mm^4}$

- 스트리퍼 가이드 없음 : n=1

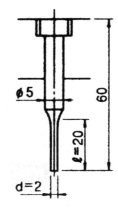

∷그림 7-42 펀치의 좌굴

5) 플랜지부 파손

    플랜지부의 파손원인은 그림 7-45에 나타난 것처럼 전단가공시에 발생하는 탄성파에 의한 인장력(브레이크스루 시에 전단하중에 상당하는 인장력이 펀치에 가해진다)과 응력집중에 의한 것으로 되어 있다.

    플랜지부의 파손방지법에는 등의 방법이 있지만 여기에서는 2의 방법으로 플랜지부가 파손되지 않는 최적의 샹크 직경을 구한다.

1. 응력집중을 완화하기 위하여 플랜지 밑 *R*을 크게 한다(두꺼운판 전단용 펀치의 사용).
2. 펀치 날 끝의 강도로 플랜지의 강도를 강하게 한다.

    ① 계산에 의한 방법

        펀치에 가해지는 전단하중 *P*는

        $P = \pi dt\,\tau$

        플랜지부의 허용응력 σ_w 은

        ㉠ 숄더펀치의 경우

            $\sigma_w = P\alpha/A_t = 4P\alpha/\pi D^2$

        ㉡ 젝터펀치의 경우

            $\sigma_{WJ} = 4P\alpha/\pi(D^2 - M^2)$

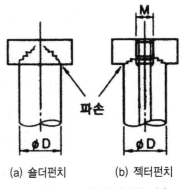

(a) 숄더펀치   (b) 젝터펀치

∷그림 7-45 플랜지부의 파손

전단 조건이 예1과 같은 경우의 플랜지부 강도를 구한다.

여기서, A_t : 플랜지부의 단면적[mm²]

㉠ 숄더펀치의 경우

$$A_t + \pi D^2/4$$

㉡ 젝터펀치의 경우

$$A_t + \pi(D^2 M^2)/4$$

D : 샹크직경 α : 응력집중계수

㉠ 숄더 펀치의 경우 $\alpha \fallingdotseq 3$

두꺼운 판용 펀치 $\alpha \fallingdotseq 2$

테이퍼 플랜지 펀치 $\alpha \fallingdotseq 1.6$

㉡ 젝터 펀치의 경우 $\alpha \fallingdotseq 5$

예제6 ㉠ **숄더펀치 SPAS6-50-P2.8의 경우**

$$\sigma_{WJ} = 4 \times 675 \times 3/\pi \cdot 6^2 = 71.6 \text{kgf/mm}^2$$

[예 2] 의 펀치 날 끝에 가해지는 응력 110kgf/mm²보다 작기 때문에 플랜지로부터 파손은 없다.

㉡ **젝터펀치 SJAS6-50-P2.8 의 경우**

$$\sigma_{WJ} = 4 \times 675 \times 5/\pi(62-63) = 159 \text{kgf/mm}^2$$

[예 2] 의 펀치 날 끝에 가해지는 응력 117kgf/mm²보다 크기 때문에 플랜지로부터 파손됩니다. 샹크 직경을 8mm로 하면 σ_{WJ}는 90kgf/mm²가 되어 플랜지로부터의 파손은 없다(공구강의 피로특성의 그림으로부터 판단하면 5만 쇼트 정도에서 파손).

---

② **그림으로 구하는 방법**

전단조건 펀치 날 끝 P=12.8, W=10.6을 ϕd 로 고치기 위해서는

$$\phi d = [2(P - W) + W\pi]/\pi$$

$$= [2(12.8 - 10.6) + 10.6\pi]/\pi$$

$$= 12mm$$

판 두께 t=4mm,

전단저항 τ=50kgf/mm²

총 전단 수 104쇼트의 경우의 샹크직경을 구하기 위해서는

펀치 날 끝의 내구성(파손)

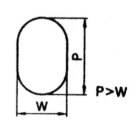

P>W

○ 판두께 t와 전단저항 τ의 교점 a를 구한다.

○ 교점 a로부터 왼쪽 또는 오른쪽으로 늘려서 펀치 날 끝 직경과의 교점 b를 구한다.

● 교점 b는 전단수 10^5의 선보다 밑이기 때문에 SKH, SKD 모두 105 외 이상의 전단에 견딜 수 있다는 것을 나타낸다.

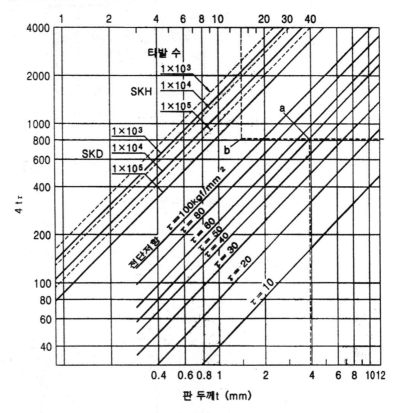

∴ 그림 7-46 펀치 날 끝의 내구성(파손)

6) 두꺼운판 전단용 펀치·테이퍼 플랜지 펀치란?

두꺼운 판(후판, 厚板)이나 고장력 강판 등의 전단에는 펀치의 날 끝 부분의 마모나 절손, 치핑(Chipping)이외에 플랜지부가 파손되는 경우가 가끔 발생합니다. 이 펀치의 플랜지부의 파손은 펀치 플랜지부에 발생하는 응력집중과 인장 충격력이 원인이다.

① 응력집중

펀치 플랜지부는 샹크부로부터 플랜지부에 걸쳐서 형상이 급격하게 변하기 때문에 응력집중이 발생하다. 그 때문에 날 끝 직경이나 샹크의 직경과의 조합에 따라서는 플랜지부에 날 끝보다도 큰 응력이 작용하여 파손하는 경우가 있다.

● 두꺼운판 전단용 펀치는 표준 펀치보다도 펀치의 플랜지 밑의 R을 크게 하면, 데드부 외경도 크게 되어 비용이나 부착공간의 면에 있어서 불리하기 때문에 과도하게 R을 크게 하는 것은 비현실적이다.

● 테이퍼 플랜지펀치는 후판 전단용 펀치와 같이 플랜지 밑의 R을 그대로 두고 플랜

그림 7-47은 응력집중 상황을 테이퍼 형상으로 함으로써 한층 더 응력집중을 방지한 것이다.

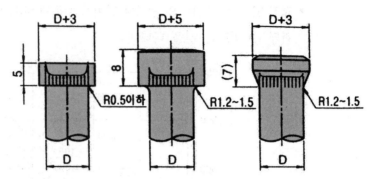

(a) 표준펀치   (b) 두꺼운판 전단용 펀치   (c) 테이퍼 플랜지 펀치

:: 그림 7-47 응력집중 상황

② **탄성파(彈性波)에 의한 인장력**

펀치는 전단시에 큰 압축력을 받습니다. 펀치가 재료를 전단 한 순간(Break Through)에는 급격하게 압축력이 개방되어 역으로 큰 인장의 충격력이 발생한다.

이 인장력은 경우에 따라서는 전단 하중에 필적하는 큰 힘으로 작용하여 이것이 플랜지부 파손의 원인이 된다.

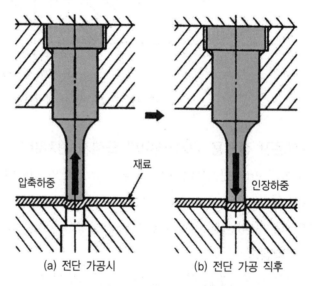

(a) 전단 가공시   (b) 전단 가공 직후

:: 그림 7-48 인장력 발생상황

7) 두꺼운판 전단용 펀치 · 테이퍼 플랜지 펀치의 특징

① 펀치 플랜지부 두께

펀치 플랜지부의 두께는 충격력으로부터 인장에 의한 전단 파괴를 방지하기 위하여 약간 두껍게 설정하였다.

- 두꺼운판 전단용 펀치 : 8mm

• 테이퍼 플랜지펀치

: 약 7mm(링과의 조합 플랜지두께 8mm)

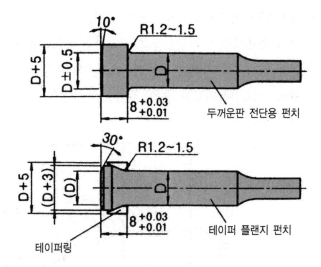

∴그림 7-49 펀치 형상

② **펀치 플랜지부의 외경과 플랜지 하부 R**

두꺼운판 전단용 펀치는 응력집중 완화
효과와 경제성을 고려하여 플랜지 밑
R을 1.2~1.5R, 플랜지부 외경을 D+
5mm(D : 펀치샹크 외경)으로 설정하
였다. 테이퍼 플랜지 핀은 플랜지 밑
R1.2~1.5R, 플랜지부 외경을 D+
3mm로 하여 테이퍼 링과 조합하여 사

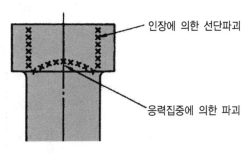

∴그림 7-50 펀치 플랜지부의 파괴

용하는 경우에 두꺼운판 전단용 펀치와 같은 외경(D+5)가 되도록 설정하였다.

③ **펀치 플랜지부 상면 외주**

펀치 상면의 외주는 경사면으로 되어 있다. 만일 펀치의 축심이 기울어져 있는 경우는
외주부근에 걸리는 벤딩 모멘트에 의한 파괴를 방지하는 위한 것이다.

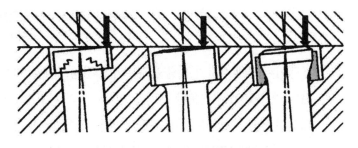

∴그림 7-51 벤딩 모멘트의 감소

8) 펀치 플랜지부의 강도

표준펀치의 플랜지부 인장강도를 1로 한 경우, 두꺼운판 전단용 펀치는 약1.5, 테이퍼 플랜펀치는 약 1.9의 인장강도가 있다.

펀치 플랜지부의 피로강도로 비교하면, 예를 들어 반복수 104로 비교하면 두꺼운판 전단용 펀치 플랜지부는 표준펀치의 1.8배의 응력에 견딜 수 있다. 또한 응력 784MPa [100kgf/mm²]와 비교한 경우, 두꺼운판 전단용 펀치 플랜지부는 표준펀치의 6배에 가까운 반복횟수를 견딥니다.

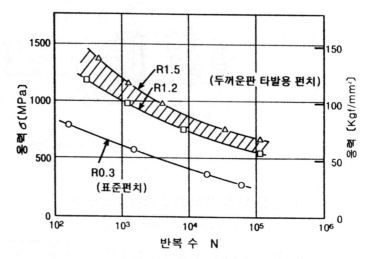

∷ 그림 7-52 두꺼운판용과 표준펀치의 피로강도(D=5, SKH51)

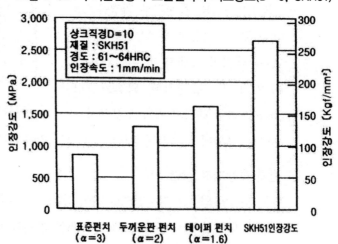

∷ 그림 7-53 각종펀치 플랜지부의 인장강도(D=10, SKH51)
α : 펀치 플랜지부의 응력지붕계수

테이퍼 플랜지펀치는 플랜지부의 인장강도가 두꺼운판 전단용 펀치보다도 20%정도 더 높기 때문에 두꺼운판 전단용 펀치이상의 피로강도가 있다고 추측할 수 있다. 그래서 테이퍼 플랜지펀치는 두꺼운판 전단용 펀치에서도 플랜지부 파손이 문제가 되는 용도 예를 들어 980MPa[100kgf/mm²]급 이상의 고장력강판이나 열처리강판의 전단 등에 적합한 펀치이다.

9) 결손, 절손, 이상 마모가 일어나기 쉬운 조건

요 인	조 건	날끌 결손을 일으킬 가능성			큰 마모를 일으킬 가능성			작은 펀치로 부러질 가능성		
		대	중	소	대	중	소	대	중	소
공구재료	열처리 경도가 너무 높다.	O					O	O		
	재질이 불균일(내부결함 등)	O				O		O		
	공구와피가공재가재질상유사 함	O				O		O		
피가공재	표면 산화 피막이 있다.			O	O					O
	경도가 높다.		O		O			O		
	연산율이 크고 점성이 있다.	O			O			O		
가공 조건 — 공구 형상	직경에 대해 현저히 길다.		O			O		O		
	펀치 어깨이 둥글기가 적다.		O				O			
	절삭 날에 날카로운 코너 부분이 있다.	O				O				O
	표면 마무리가 거칠다.	O					O			O
가공 조건 — 클리어 런스	아주 작다.	O			O			O		
	한쪽으로 치우쳐 있다.	O			O			O		
가공 조건 — 윤활	윤활이 없다.	O			O			O		
	윤활재가 적절하지 않다.		O			O			O	
가공 조건 — 산폭	불균일	O			O			O		
가공 조건 — 펀치 가이드	펀치 가이드가 없다.	O			O			O		
	펀치 가이드의 정밀도가 나쁘다.	O				O		O		
가공 조건 — 피가공재의 고정	판 고정 장치가 없다. (고정 스트레이퍼를 사용하는 경우)	O				O		O		
	판 고정력이 불충분	O				O				O
가공 조건 — 타발시의 이상	2중 펀치나 2매 펀치가 있다.	O			O			O		
프레스. 다이 세트	프레스의 강성이 낮다.	O			O				O	
	프레스의 정밀도가 낮다.	O			O				O	
	다이 세트의 정밀도가 낮다.	O			O			O		

※ 출처 : 프레스 가공 데이터 북 1980년 일간 공업신문사

④ 다이(Die)

1) 개요

다이는 펀치와 상대운동을 하는 부분으로서 그 형상은 제품의 모양, 수량, 정밀도, 금형의 종류에 따라서 다르지만, 평면모양의 것이 가장 많고 펀치가 가하는 하중에 변형 및 파손이 없도록 충분한 강도를 가져야 한다.

2) 다이의 종류

다이의 종류에는 날부분과 다이를 유지하는 플레이트가 일체로 되어 있는 일체형 다이, 2공정 이상의 복합가공에 적합한 부시형 다이, 복잡한 형상의 제품 및 프로그레시브(순차이송형)금형에 적합한 인서트 방식의 분할형 다이로 구분할 수 있다.

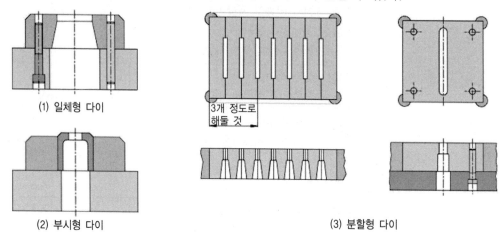

(1) 일체형 다이

3개 정도로 해둘 것

(2) 부시형 다이

(3) 분할형 다이

∴ 그림 7-54 다이의 종류

3) 다이의 분할방법

다이의 분할은 형상이 복잡하고 가공 공정수가 많은 프로그레시브 금형에 많이 적용되는 것으로, 가공하기 어렵고 열처리가 곤란하며, 최소한의 공구 재료를 필요로 하는 금형에 적합하며, 파손시 일부분만 수리 교환할 수 있는 특징이 있다. 따라서 다이를 분할할 때에는 다음과 같은 기본사항을 기초로 하여야 한다.

① 치수 정밀도의 측정이 쉽고, 확실하게 할 수 있을 것
② 분할부분은 확실하게 위치를 결정하고, 고정할 수 있을 것
③ 국부적으로 복잡한 요철이 없어야 하고, 요철이 있을 때에는 다이 인서트 방식으로 해야 한다.
④ 분할점에서의 분할선은 절단 윤곽에 직각이어야 한다.
⑤ 분할선에 날카로운 코너부를 만들지 말 것
⑥ 연삭 및 재가공이 쉽고 교환이 용이해야 한다.

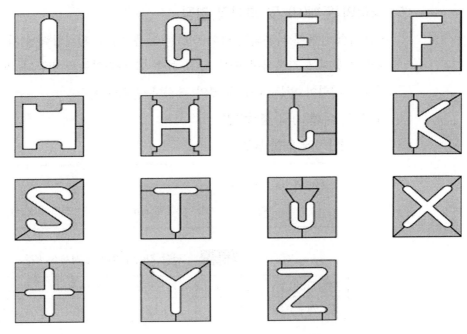

:•: 그림 7-55 다이의 분할 방법

4) 분할 다이의 조립 및 고정방법

① 쐐기방식

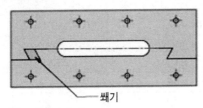

쐐기

② 맞춤핀 및 볼트 고정방식

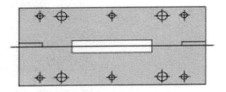

③ 포켓 끼워 넣기

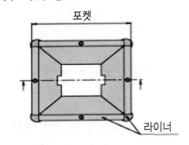

포켓

라이너

④ 수축 끼워 맞추기

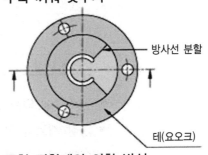

방사선 분할

테(요오크)

⑤ 크로스볼트의 의한 방식

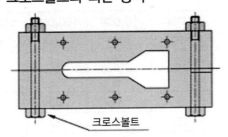

크로스볼트

⑥ 금형 접착제의 의한 방식

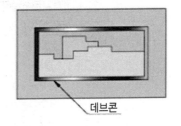

데브콘

:•: 그림 7-56 분할 다이의 조립 및 고정방법

5) 다이의 두께(H) 및 크기의 결정

프레스 금형에 사용되는 다이(Die)는 제품가공시 펀치압력에 의해 인장 응력과 압축 응력이 동시에 작용하여 반복 굽힘 하중 및 충격하중을 받는다. 따라서 굽힘 변형 및 파손의 위험이 없는 최소 두께의 결정이 필요하다.

① 다이 두께(H)의 결정방법

㉮ 전단력에 의한 방법

$$H = K\sqrt[3]{P}\,(\mathrm{mm})$$

여기서 H=다이 두께(mm), P=전단력(kgf), K=보정계수

표　전단 길이에 따른 보정계수 *K*값

전단길이(L)	50~75	75~150	150~300	300~500	500 이상
보정계수(K)	1.12	1.25	1.37	1.50	1.60

㉯ 전단 길이와 재료두께에 의한 방법

- 경질 재료를 작업할 때는 표 값에 +3.0이 되어야 한다.
- 연한 재료를 작업할 때는 표 값에 −3.0이 되어야 한다.

두께 / 전단길이 / 다이재질 재료두께	H					
	150 이하		150~300		300~600	
	STC3	STC3 STD11	STC3	STC3 STD11	STC3	STC3 STD11
0.8	22	16	27	19	32	22
0.8~1.6	27	19	32	22	37	27
1.6~3.0	32	22	37	27	42	32
3.0~5.0	37	27	42	32	47	37
5.0~6.5	42	32	47	37	52	43
6.5 이상	47	37	52	42	57	47

㉰ 제품 수량에 의한 방법

- 경질 재료를 작업할 때는 표 값에 +3.0이 되어야 한다.
- 연한 재료를 작업할 때는 표 값에 −3.0이 되어야 한다.

두께수량 / 전단길이	5,000 이하	25,000 이하	50,000 이하	100,000 이하	500,000 이하	500,000 이하
0.8	10	13	16	19	25	39
0.8~1.6	13	16	19	25	29	39
1.6~3.0	16	19	25	29	32	35
3.0~5.0	19	25	29	32	32	35
5.0~6.5	25	29	29	32	35	38
6.5 이상	32	32	32	35	38	38

② 다이의 외곽치수 크기의 결정

㉮ 체결 나사와 맞춤 핀을 고정시킬 치수를 고려한다.

㉯ 가이드 레일을 고정시킬 치수를 고려한다.

㉰ 스트리퍼판을 고정시킬 치수를 고려한다.

㉱ 프로그레시브 금형일 경우엔 작업공정도(스트립 레이아웃) 고려한다.

㉲ 금형 재질을 고려한다.

■ W1 ≤ 1.2H . W2 ≥ 1.5H * W3 ≥ 2H * a, c ≥ 2d

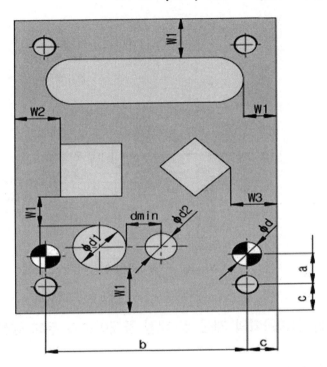

사용나사	최소거리	최대거리
M	15	50
M	25	70
M	40	90
M	60	115
M	80	150

b의 치수기준

∷ 그림 7-57 다이의 외곽크기

6) 플레이트 크기에 따른 각종 플레이트의 두께 설정 기준 자료

		100×1,000 *l*	150×1,500 *l*	180×1,800 *l*	250×2,500 *l*	355×3,550 *l*
펀치 홀더			25~32		30~40	40~50
펀치 플레이트		16~25	20~25		25~28	25~32
배킹 플레이트		5	8~10			10
스트리트파	고정식		10~16		16~20	
	가동식	16~25			25~28	
다이		16~25			25~32	
다이 홀더			28~40		40~50	

⑤ 배킹 플레이트(Backing plate)

1) 기능

배킹 플레이트가 없으면 가공 시에 반복충격하중에 의해 펀치가 장착되는 펀치홀더, 다이 인서트가 설치되는 다이 홀더 판면에 소성 변형되어 움푹 파고 들어가는 현상 (Sinking)이 발생하여 펀치의 손상은 물론 펀치홀더면의 재 연마, 제품의 정밀도 불량 등을 초래하게 되는데 이와 같은 현상을 방지하여 주는 열처리 경화된 부품이다.

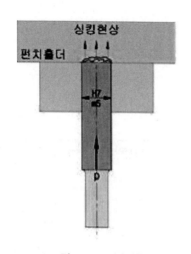

:: 그림 7-58 싱킹현상

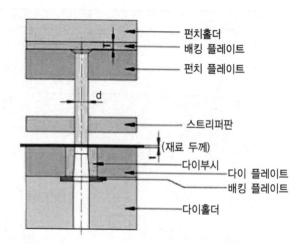

:: 그림 7-59 배킹 플레이트 사용 예

2) 펀치 머리부에 작용하는 압축응력의 계산 및 배킹 플레이트의 두께 결정

$$P = \frac{F}{A} (\mathrm{kgf/mm^2})$$

여기서, F=펀치 하중(kgf), A=펀치 머리부의 단면적

보통 계산된 P값이 4kgf/mm² 이상 일 때는 배킹 플레이트 사용을 추천한다. 배킹 플레이트의 길이에 따른 두께 선정방법은 다음의 표에 의해 구하는 방법과 다이 블록 두께의 30~40% 범위 내에서 구하는 방법이 있다.

두께 \ L	125	125~160	160~300
T	5~13	8~16	

:: 그림 7-60 배킹 플레이트의 두께

⑥ 펀치 고정판(Punch plate)

1) 기능

펀치 플레이트(Punch plate)는 각종 펀치를 다이 홀에 수직으로 작동 유지 될 수 있도록 고정하여 주는 기능을 한다.

2) 설계시 고려사항

① 펀치 플레이트의 두께(T)는 금형의 크기 및 작용하중에 영향을 받지만 일반적으로 펀치 길이의 30~40% 정도로 한다.(아래의 표 참조)

② 펀치 가이드 부는 펀치 직경(d)의 1.5배 이상으로 한다.

③ 펀치직경과 펀치고정판 구멍의 끼워 맞춤 공차는 보통 H7m5 끼워 맞춤으로 하고 정밀도가 높을 경우엔 H6m5 공차를 사용하기도 한다.

④ 다이블록 두께의 60~80% 정도로 한다.

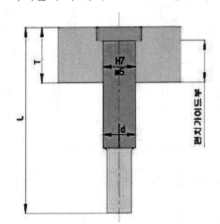

펀치 길이(L)	펀치 플레이트 두께
40	13~16
50	16~20
60	20~25
70	22~28
80	25~32

:: 그림 7-61 펀치 플레이트 사용 예

3) 펀치의 고정방법

① **플랜지 고정방식** : 일반시판 펀치의 표준 고정법으로 펀치 파손시 교환하기 쉽다.

② **나사 고정방식** : 플랜지 고정방식의 특징과 정밀도 및 신뢰성이 높고 금형 수명이 짧은 펀치 등을 사용하는 경우 손쉽게 교환 가능하다.

③ **데브콘 고정방식** : 데브콘 접착제를 사용한 소량 생산용 금형의 펀치 고정에 적합하며 값이 저렴하다.

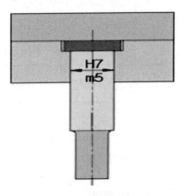

:: 그림 7-62 플랜지 고정방식

④ **볼록 고정방식** : 볼에 의해 고정되는 형식으로 펀치 교환빈도가 높은 금형에 사용되나 고정밀도 금형에는 적합하지 않다.

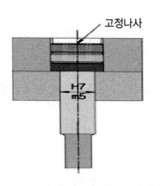

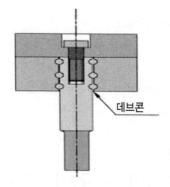

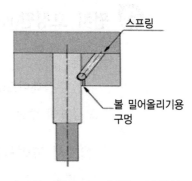

:: 그림 7-63 나사 고정방식   :: 그림 7-64 데브콘 고정방식   :: 그림 7-65 볼록 고정방식

4) 각종 펀치의 고정 방법 및 특징

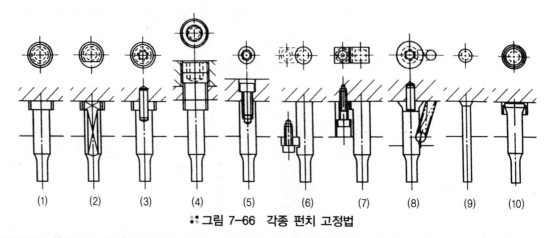

(1)   (2)   (3)   (4)   (5)   (6)   (7)   (8)   (9)   (10)

:: 그림 7-66 각종 펀치 고정법

	종 류	장 착 방 법	비 고
1.	프랜지고정	샹크부에서 위치와 수직을 유지하여 플랜지부에서 빠지지 않게 고정함.	원형펀치의 표준형, 이탈방비의 신뢰성이 있음.
2.	플랜지(비원형에 의한 위치결정)	샹크부에서 위치와 수직을 유지하여 플랜지부에서 빠지지 않게 고정함.	WEDM에서 가공한 홀에 비원형의 샹크부를 삽입하여 위치 결정을 함.
3.	맞춤핀으로 위치 결정	맞춤핀으로 위치와 수직을 유지하여 플랜지부에서 빠지지 않게 고정함.	맞춤핀 홀을 NC에서 가공하여 위치를 잡는 것이 용이하다. 자동차용 금형에 많이 사용되어 진다.
4.	조정핀에 의한 고정	샹크부에서 위치와 수직을 유지하여 플랜지부에서 빠지지 않게 고정함.	펀치의 교환이 용이함.
5.	나사고정(탭)	펀치플레이트에서 위치와 수직을 유지하여 플랜지부에서 빠지지 않게 고정함.	정밀도, 이탈방지의 신뢰성이 있음. 가는 펀치, 후판 타발에 적합하지 않음.
6.	키 고정	펀치의 홈 부를 키로 고정함.	펀치의 장착, 교환이 용이함. 스트리퍼 플레이트 지준의 정밀한 금형에 많이 사용됨.
7.	홀더 고정	펀치의 플랜지부를 홀더로 나사로 고정함.	강구를 핀으로 들어 올림으로써 원터치로 탈착 가능함. 자동차용 금형에 많이 사용됨.
8.	볼 로크	전용 리테이너 내의 강구가 펀치의 홈을 로크하여 고정함.	플랜지부를 롤링에서 제작하기 때문에 저렴하고 소경 펀치에 사용됨.
9.	케니퍼에 의한 이탈 방지	테이퍼부에서 이탈방지 함.	플랜지부를 롤링으로 제작하기 때문에 저렴하고 소경 펀치에 사용됨.
10.	테이퍼＋링	전용 리테이너로 테이퍼부를 지지함.	플랜지부 강도가 높은 테이퍼 플랜지 펀치의 장착을 전용링에서 용이하게 함.

2) 펀치의 지지 방법

① 펀치 플레이트 기준

가장 일반적인 방법으로 펀치를 펀치 플레이트에 압입하기 때문에 금형 제작이 용이하다. 펀치의 동축도나 펀치 플레이트의 홀가공의 정밀도가 나쁘면 펀치 & 다이의 클리어런스에 편차가 나기 쉽기 때문에 클리어런스가 작은 것에는 적합하지 않다.

② 스트리퍼 플레이트 기준

주로 얇은 판의 고정밀도 금형에 이용되어 지는 방법이다.

펀치 & 다이에 가까운 스트리퍼 플레이트에서 펀치 칼날 끝을 가이드하기 때문에 정밀도 오차를 최소화 하는 것이 가능하다. 펀치 플레이트에는 틈새블록으로 지지한다.

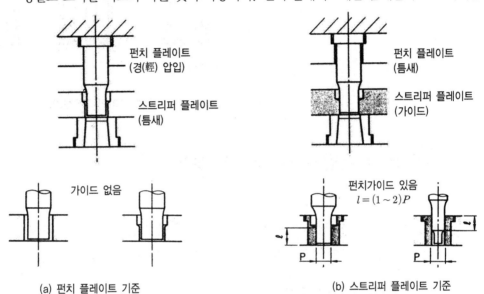

(a) 펀치 플레이트 기준   (b) 스트리퍼 플레이트 기준

❖ 그림 7-67 펀치의 지지 방법

3) 인서트 다이의 고정방법

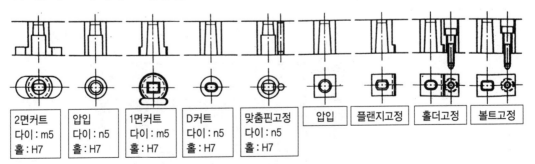

4) 펀치·다이의 조정방법

① 재연마시의 조정 : 펀치용 심, 스페이서, 다이 스페이서를 이용하면 재연마를 해도 펀치·다이의 높이를 변경하지 않아도 된다.

② **클리어런스 조정** : 심, 라이너 등의 사용으로 다이의 위치조정을 쉽게 할 수 있다.

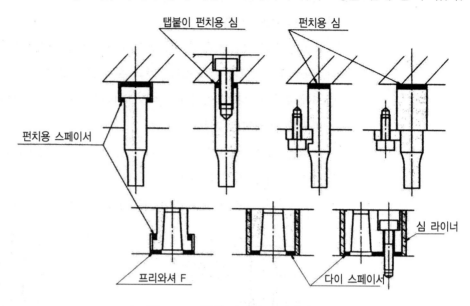

∵ 그림 7-69   펀치 다이의 조정방법

⑦ 스트리퍼판(Stripper plate)의 설계

1) 기능

스트리퍼판은 블랭킹, 피어싱 등의 전단 가공시에 피 가공 판재의 고정 및 위치 결정과 펀치로부터 스크랩제거 및 펀치의 안내와 보호 역할을 한다.

2) 스트리퍼의 종류

① **고정 스트리퍼**(Soild stripper) : 일반적으로 수동 이송 전단 가공과 피가공재의 판 두께가 두껍고 정밀 하지 않은 부품 가공에 주로 사용되는 형식으로 다이 플레이트에 고정된다.

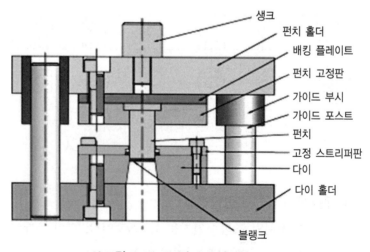

∵ 그림 7-70   고정 스트리퍼판

② **가동식 스트리퍼**(Spring stripper plate)

평탄하고 정밀한 제품과 박판재를 가공 할 때 소형 펀치의 휨이나 파손에 대한 염려가 있을 때 생산량을 증가시키는 작업일 때 주로 사용 하는 형식으로 펀치 홀더 쪽에 장착되며 코일 스프링, 우레탄 고무 등을 사용한다.

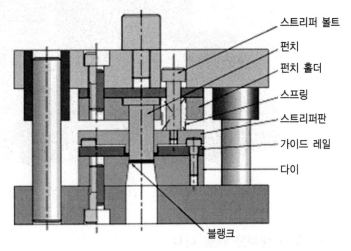

스트리퍼 볼트
펀치
펀치 홀더
스프링
스트리퍼판
가이드 레일
다이
블랭크

∷ 그림 7-71 가동 스트리퍼판

3) 스트리퍼판 설계시 고려사항

① 일반적으로 스트리퍼 압력은 전단하중의 5~20%를 적용한다.(보통 10%를 설계 기준으로 사용)

② 전단하중에 변형이 생기지 않도록 충분한 강도와 내마모성이 요구된다.(담금질 연마)

③ 스프링 압력이 균일하게 작용 되도록 배치하여야 한다.

④ 정밀도가 높은 제품 가공이나 고속 블랭킹, 피어싱을 할 때에는 부시 형식으로 하여 서브 가이드 포스트에 안내시킨다.

4) 가동 스트리퍼판에서의 스프링 장착법

① 그림 7-72(a)에서는 스트리퍼 볼트 고정방식으로 스프링과 스트리퍼 볼트를 사용하는 방법으로 일반적으로 많이 사용한다.

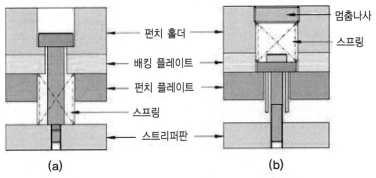

펀치 홀더
배킹 플레이트
펀치 플레이트
스프링
스트리퍼판

멈춤나사
스프링

(a)   (b)

∷ 그림 7-72 가동식 스트리퍼판용 스프링 장착법

② 그림 7-72(b)는 슬리브 고정방식으로 스프링을 펀치홀더에 장착 시키는 방법으로 각각의 스프링 압력을 조절할 수 있어서 결합성이 좋으나, 펀치홀더의 두께가 두꺼워지는 단점이 있다.

∷그림 7-73 금형스프링

③ 육각 렌치용 멈춤 나사

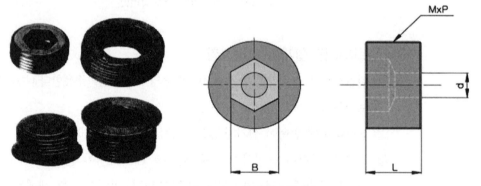

∷그림 7-74 육각렌치용 멈춤 나사

5) 재료 두께에 따른 스트리퍼판의 두께 기준

형식 재료 두께	125		125~160		160~300	
	가동	고정	가동	고정	가동	고정
0.6	13~16	13~16	16~20	16~20	20~25	16~20
0.6~1.2	16~20	13~16	20~25	16~20	25~30	20~25
1.2~2.0	15~20	16~20	25~30	20~25	25~30	20~25
2.0~3.2	20~25	16~20	25~30	20~25	25~30	20~25

6) 스트리퍼 볼트(Stripper bolt)의 종류

스트리퍼 볼트에는 Male Screw type과 Bushing type의 2종류가 주로 많이 사용된다.

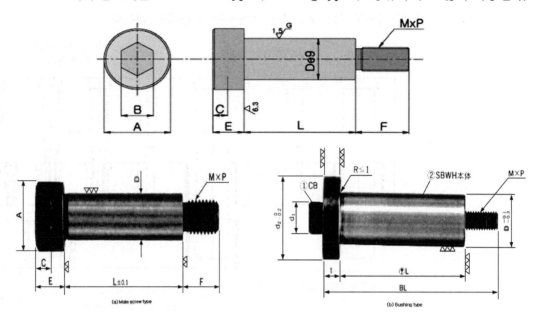

:: 그림 7-75 스트리퍼 볼트의 종류

7) 스트리퍼 가이드 플레이트 가공오차나 접착 틈새의 영향

금형 제작시 펀치 플레이트와 스트리퍼 플레이트 및 다이 플레이트의 가공오차가이드 부시의 접착틈새 등이 영향을 주어 펀치를 삽입할 때에 심이 틀어지는 것이 발생할 경우가 있다. 이와 같이 상태에서 펀치를 삽입하면 심이 틀어짐으로써 펀치는 변형하여 절손이나 이상마모의 원인이 된다. 그것들의 원인을 해결하기 위해서는 다음과 같은 방법이 있다.

① 펀치 가이드부시의 홀을 확대한다.

펀치 가이드의 홀을 확대하면, 스트리퍼 플레이트는 피가공재의 스트리핑 기능만 하게 된다.

② 펀치 가이드를 코어상태로 하여 조정한다.

조정이 용이하게 되지만, 비용이 높다.

③ 다이측을 조정한다.

블록 다이에 라이너나 심등을 이용하여 심이 틀어지는 것을 방지한다.

④ 기준 핀으로 조정한다.

기준 핀을 사용하여 록 타이트 접착 틈새의 편차를 조정한다.

⑤ 스트리퍼 가이드 부시의 부착 홀 정밀도를 미세 틈새로 한다.

가공오차가 없는 고정밀도의 금형의 경우에 접착틈새에 의해서 심이 틀어지는 것을 방지하기 위해서는 장착 홀과 부시의 클리어런스를 아주 작게 하는 방법이 있다. 그러나

이 경우 부시의 동축도, 진원도가 중요하게 되기 때문에 정밀급 부시를 사용한다. 부시를 압입하는 방법도 있다. 그러나 압입은 내경 수축에 의해서 왜곡의 발생, 장착강도의 약함 등의 이유로 고정밀도의 금형에서는 사용하지 않는다.

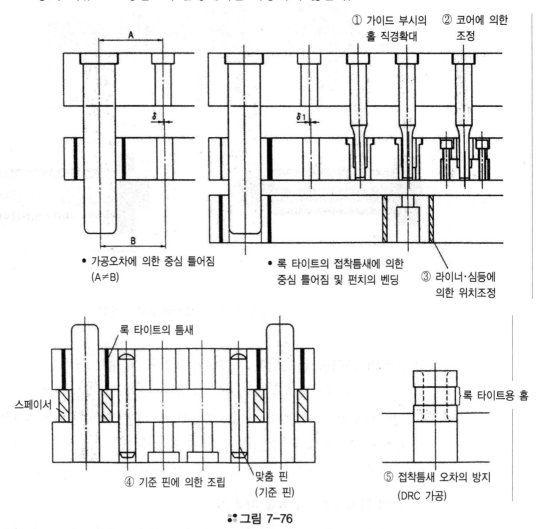

• 가공오차에 의한 중심 틀어짐
(A≠B)

• 록 타이트의 접착틈새에 의한 중심 틀어짐 및 펀치의 벤딩

① 가이드 부시의 홀 직경확대   ② 코어에 의한 조정
③ 라이너·심등에 의한 위치조정

록 타이트의 틈새

스페이서

④ 기준 핀에 의한 조립   맞춤 핀 (기준 핀)

록 타이트용 홈

⑤ 접착틈새 오차의 방지 (DRC 가공)

그림 7-76

8) 스트리퍼 가이드 핀의 조립

① 플랜지붙이형

㉮ 플랜지붙이형의 가이드핀은 슬라이드부를 도입하여 압입하기 때문에 압입의 오류가 작고 직각도를 연삭 틈새내기 쉽다(그림 7-77(a)).

㉯ 압입 후는 플레이트면으로부터 나와 있는 플랜지부를 연삭하여 플레이트 면과 동일하게 하는 것이 이상적이다(그림 7-77(b)).

플랜지 두께 공차가 5(0, −0.005)이므로 카운터보어 깊이에서 조정하는 것이 추가 가공에 의해 플랜지 두께(그림 7-77(a, b))

㉰ 플랜지부에 틈새가 있으면 사용 시의 조그마한 부딪힘이 직각도에 악영향을 준다(그림 7-74(c)).

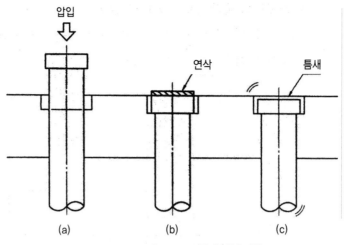

:• 그림 7-77 플랜지붙이형

② **스트레이트형**

㉮ 스트레이트형의 가이드 핀을 조립할 경우, 압입을 비스듬하게 압입하면, 슬라이딩 시에 직각도불량으로 인해 열로 마모되는 현상이 일어날 경우가 있다(그림 7-78(a)).

가이드를 이용하여 압입하면 직각도는 안정된다(그림 7-78(b)).

㉯ 나사 고저용의 경우 가이드 핀의 단면의 직각이 나오지 않으면 볼트의 체결에 의한 직각도 불량이 발생한다(그림 7-78(c)).

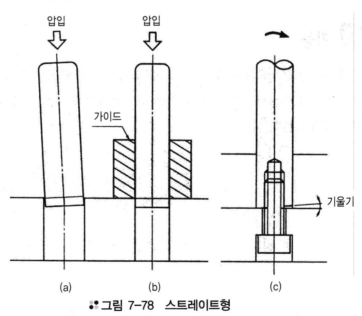

:• 그림 7-78 스트레이트형

③ **스트리퍼 가이드 핀의 길이**

㉮ 펀치플레이트의 가이드 핀의 압입부 길이 직각도를 내기 위해서는 가이드 핀 직경의 1.5~2배의 두께가 최적이다(그림 7-79(a)).

④ 스트리퍼 플레이트의 가이드 길이

가이드의 안정성이나 열로 눌러 붙는 것을 고려하면 가이드 핀의 직경의 1.5~2배의 두께가 최적이다(그림 7-79(b)).

$$T \geqq D, \ T = (1.5\sim2)D$$

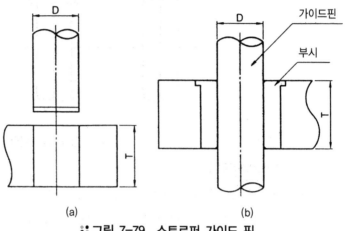

:: 그림 7-79   스트르퍼 가이드 핀

---

05 파일럿 핀(Pilot pin)의 설계

① 기능

파일럿 핀은 재료의 최종적인 위치를 정확하게 안내하는 기능을 하는 부품으로서 그림 7-80과 같이 주로 프로그레시브 금형에 사용되며 피어싱 펀치에 의해서 미리 뚫려있는 구멍에 파일럿 핀이 위치하게 된다.

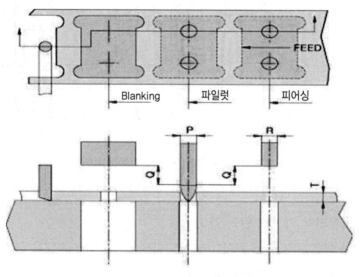

:: 그림 7-80   파일럿 핀의 사용 예

② 설계 전 고려사항

① 재료(스트립)를 정확한 위치에 고정시킬 수 있는 충분강도(Strength)
② 휨(Deflection)이나 부러짐이 없을 것
③ 가공할 제품의 안전한 위치에 설치 할 것
④ 분해(Demounting)하기 쉽고 교환이 용이 할 것

③ 파일럿 핀

형상 및 명칭 그림 7-81은 가장 일반적인 파일럿 핀의 형상이며, 각부의 명칭은 다음과 같다.

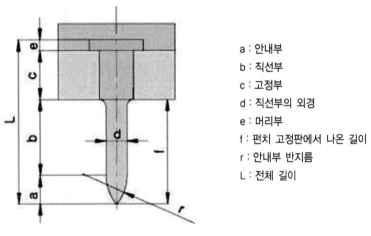

a : 안내부
b : 직선부
c : 고정부
d : 직선부의 외경
e : 머리부
f : 펀치 고정판에서 나온 길이
r : 안내부 반지름
L : 전체 길이

:∙ 그림 7-81 파일럿 형상 및 각부 명칭

④ 파일럿 핀의 고정 방식

일반적으로 파일럿 핀의 고정에는 펀치고정판 고정방식과 스트리퍼판 고정방식이 있다.
또한 모양에 따라서 스트레이트형과 단이진형이 있고, 파일럿 선단의 형상에 따라서 반경형,
테이퍼형 등 여러 가지 모양의 종류가 있다. 그림 7-82는 파일럿 핀 고정방식 및 종류를 나타낸다.

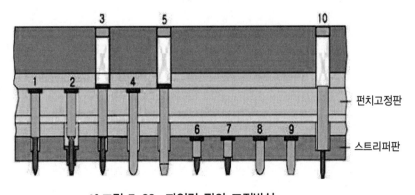

펀치고정판

스트리퍼판

:∙ 그림 7-82 파일럿 핀의 고정방식

⑤ 선단형상별 파일럿 종류

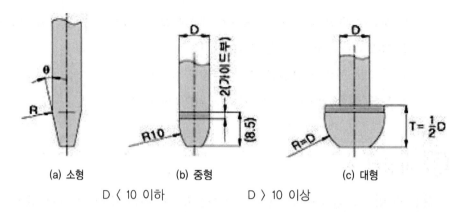

(a) 소형   (b) 중형   (c) 대형

D 〈 10 이하   D 〉 10 이상

e	용	도
10°	중소 지름용	박판의 연질 재료의 사용
15°	중소 지름용	일반 고속가공용의 사용
30°	중소 지름용	저속 가공용의 사용
45°	특수용	스트로크량이 작을 때 사용

∴ 그림 7-83 선단형상별 파일럿 핀의 종류

⑥ 파일럿 핀 과 피어싱 구멍의 틈새 관계

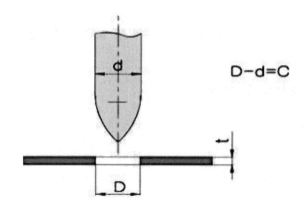

$$D-d=C$$

	t	0.2	0.3	0.5	0.8	1.0	1.2	1.5	2	3
C	정밀	0.01		0.02		0.02		0.03	0.04	0.05
	일반	0.02		0.03		0.04		0.05	0.06	0.07

∴ 그림 7-81 파일럿 핀과 피어싱 구멍의 치수 관계

06 맞춤핀(Dowel pin)의 설계

① 기능

맞춤핀은 위치결정 부품으로서 일명 열처리 핀이라고도 하며, 규격품을 주로 사용하고 다음과 같은 기능을 한다.

① 펀치플레이트와 배킹 플레이트, 펀치홀더의 정확한 위치를 결정하여 준다.

② 다이 및 다이 홀더의 정확한 위치를 결정하여 준다.

③ 측면압력 및 펀치축 방향의 충격을 흡수하여 준다.

④ 신속한 분해가 가능하고 재조립 시에도 정확한 위치를 결정하여 준다.

② 사용 재료

맞춤핀의 사용 재질은 탄소강 또는 합금강(STC3, STC5)을 열처리하여 내부는 로크웰경도(HRC 50~54)로 질긴 성질을, 외부는 (HRC 60~64)로 경하게 하여 변형 및 파손을 방지하도록 한다.

∷ 그림 7-85 각종 맞춤핀

③ 맞춤핀의 종류

1) 직선형

일반적으로 가장 많이 사용하는 형상으로 그림 7-86(a)는 보통급, 그림 7-86(b)는 고정밀도급에 사용한다.

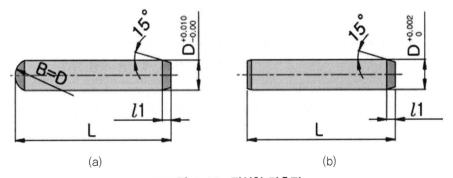

(a)   (b)

∷ 그림 7-86 직선형 맞춤핀

2) 계단형

낙하방지 및 수정이 편리할 때 사용되는 형상으로 그림 7-87(a)는 보통급, 그림 7-87(b)는 고정밀도급에 사용한다. 또한 분해가 쉽도록 한쪽에 나사를 가공 하였다.

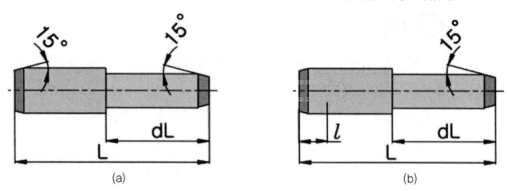

(a)   (b)

:: 그림 7-87 계단형 맞춤핀

④ 맞춤핀의 사용방법

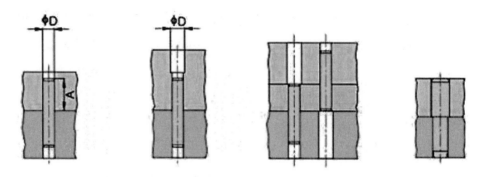

(a) 일반적인 고정방법 (b) 두꺼운 판의 고정방법 (c) 두 장 이상 고정방법 (d) 낙하방지용 고정방법

맞춤핀과 사용볼트	
사용볼트	맞춤핀
M4	Ø4
M5	Ø5
M6	Ø6
M8	Ø8
M10	Ø10

:: 그림 7-88 맞춤핀 사용 방법

금형에 사용되는 맞춤핀의 직경은 같은 판에 사용되는 나사의 직경과 같게 한다.

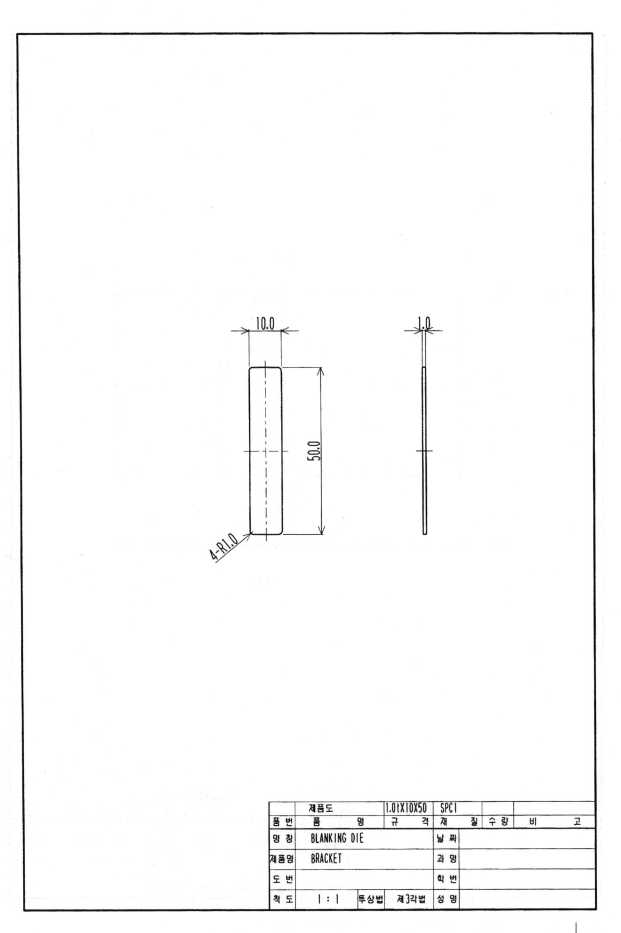

품 번	품 명	규 격	재 질	수 량	비 고
	제품도	1.0tX10X50	SPC1		
명 칭	BLANKING DIE		날 짜		
제품명	BRACKET		과 명		
도 번			학 번		
척 도	1 : 1	투상법 제3각법	성 명		

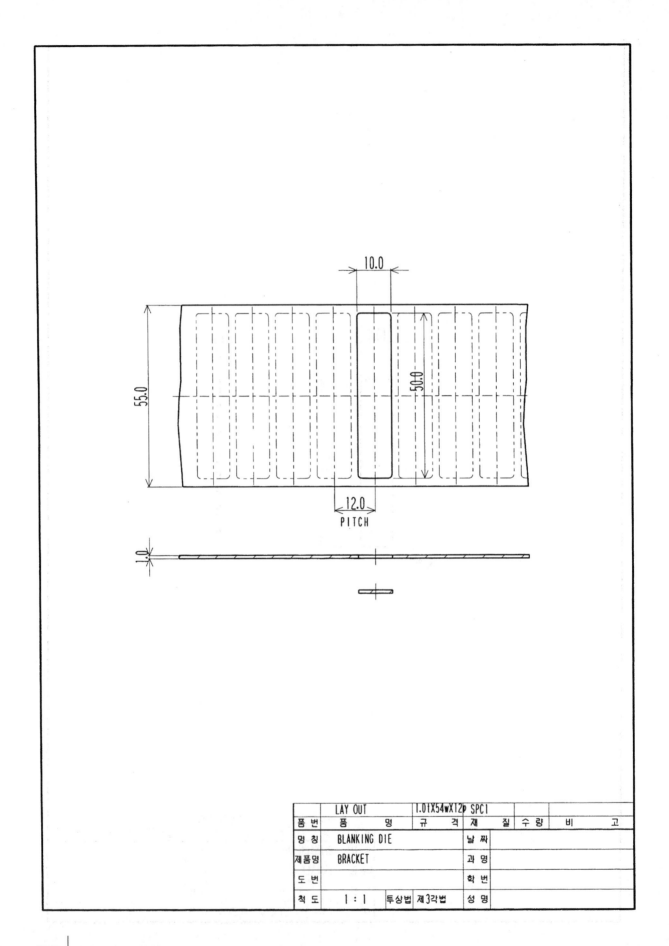

	LAY OUT	1.01X54wX12p SPC1				
품 번	품 명	규 격	재 질	수 량	비	고
명 칭	BLANKING DIE		날 짜			
제품명	BRACKET		과 명			
도 번			학 변			
척 도	1 : 1	투상법 제3각법	성 명			

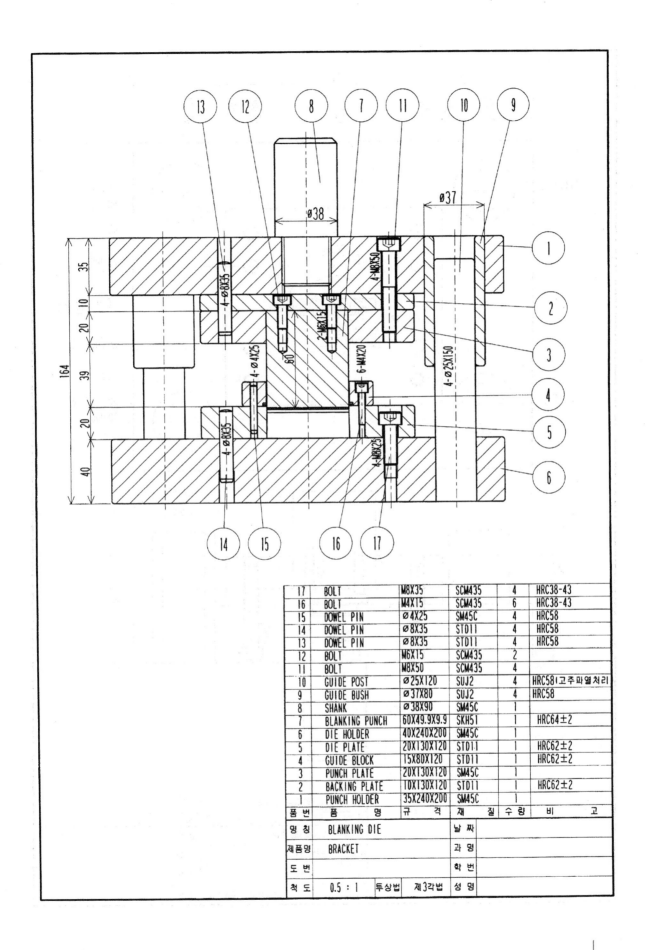

17	BOLT	M8X35	SCM435	4	HRC38-43
16	BOLT	M4X15	SCM435	6	HRC38-43
15	DOWEL PIN	Ø4X25	SM45C	4	HRC58
14	DOWEL PIN	Ø8X35	STD11	4	HRC58
13	DOWEL PIN	Ø8X35	STD11	4	HRC58
12	BOLT	M6X15	SCM435	2	
11	BOLT	M8X50	SCM435	4	
10	GUIDE POST	Ø25X120	SUJ2	4	HRC58(고주파열처리
9	GUIDE BUSH	Ø37X80	SUJ2	4	HRC58
8	SHANK	Ø38X90	SM45C	1	
7	BLANKING PUNCH	60X49.9X9.9	SKH51	1	HRC64±2
6	DIE HOLDER	40X240X200	SM45C	1	
5	DIE PLATE	20X130X120	STD11	1	HRC62±2
4	GUIDE BLOCK	15X80X120	STD11	1	HRC62±2
3	PUNCH PLATE	20X130X120	SM45C	1	
2	BACKING PLATE	10X130X120	STD11	1	HRC62±2
1	PUNCH HOLDER	35X240X200	SM45C	1	
품 번	품 명	규 격	재 질	수 량	비 고

명 칭	BLANKING DIE		날 짜	
제품명	BRACKET		과 명	
도 번			학 번	
척 도	0.5 : 1	투상법	제3각법	성 명	

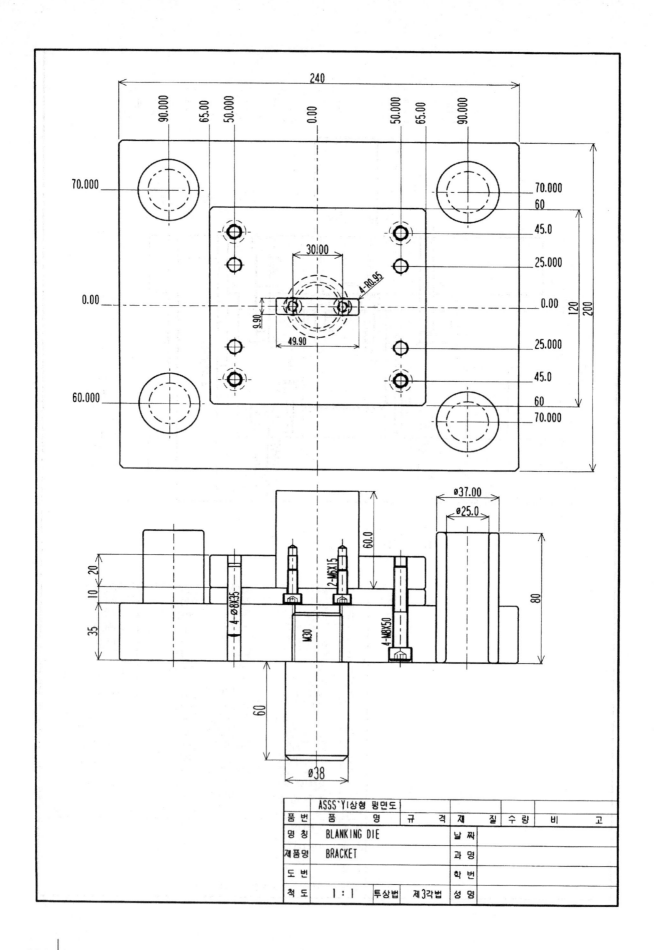

	ASSS`Y(상형 평면도)						
품 번	품 명	규 격	재 질	수 량	비 고		
명 칭	BLANKING DIE		날 짜				
제품명	BRACKET		과 명				
도 번			학 번				
척 도	1 : 1	투상법	제3각법	성 명			

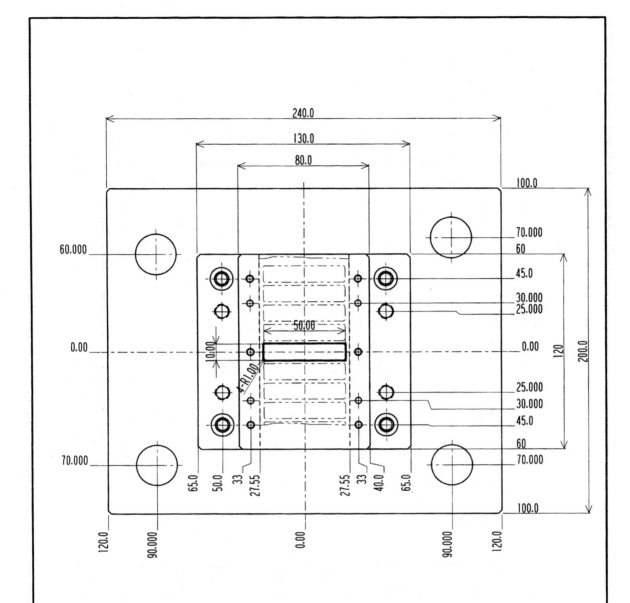

NOTE

1. 재료규격 : SPC1 1.0tX55wX12p

2. CLEARANCE : 편측 0.05t mm (1.0x0.05=0.05mm)

3. CLEARANCE는 PUNCH에 적용할 것.

	ASSS`Y(하형 평면도)						
품 번	품 명	규 격	재 질	수 량	비		고
명 칭	BLANKING DIE		날 짜				
제품명	BRACKET		과 명				
도 번			학 번				
척 도	0.5 : 1	투상법	제3각법	성 명			

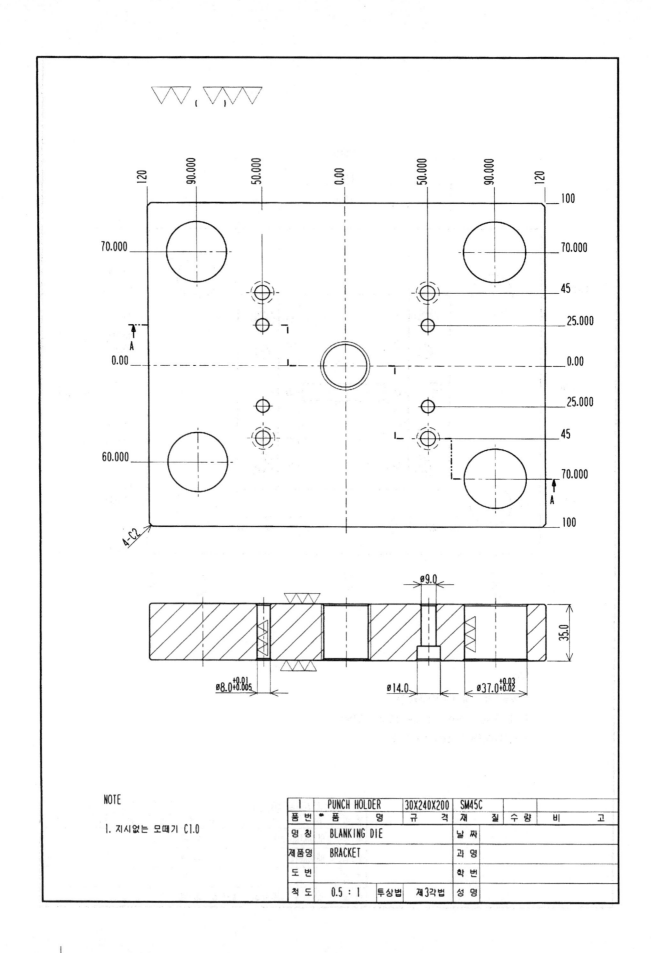

NOTE

1. 지시없는 모떼기 C1.0

l	PUNCH HOLDER	30X240X200	SM45C			
품 번	● 품 명	규 격	재 질	수 량	비	고
명 칭	BLANKING DIE		날 짜			
제품명	BRACKET		과 명			
도 번			학 번			
척 도	0.5 : l	투상법	제3각법	성 명		

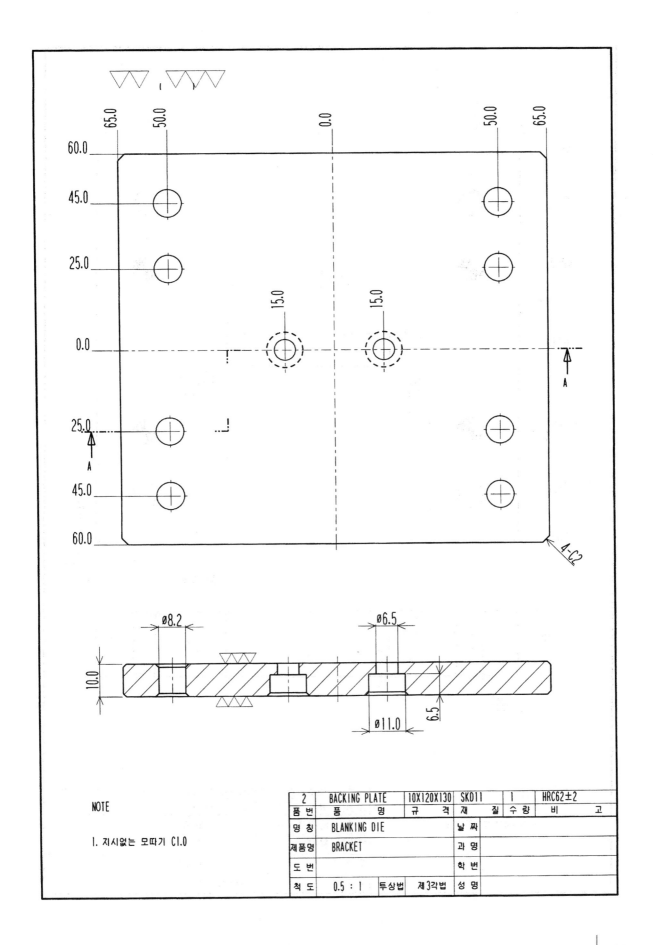

NOTE

1. 지시없는 모따기 C1.0

2	BACKING PLATE	10X120X130	SKD11		1	HRC62±2	
품 번	품 명	규 격	재	질	수 량	비	고
명 칭	BLANKING DIE		날 짜				
제품명	BRACKET		과 명				
도 번			학 번				
척 도	0.5 : 1	투상법	제3각법	성 명			

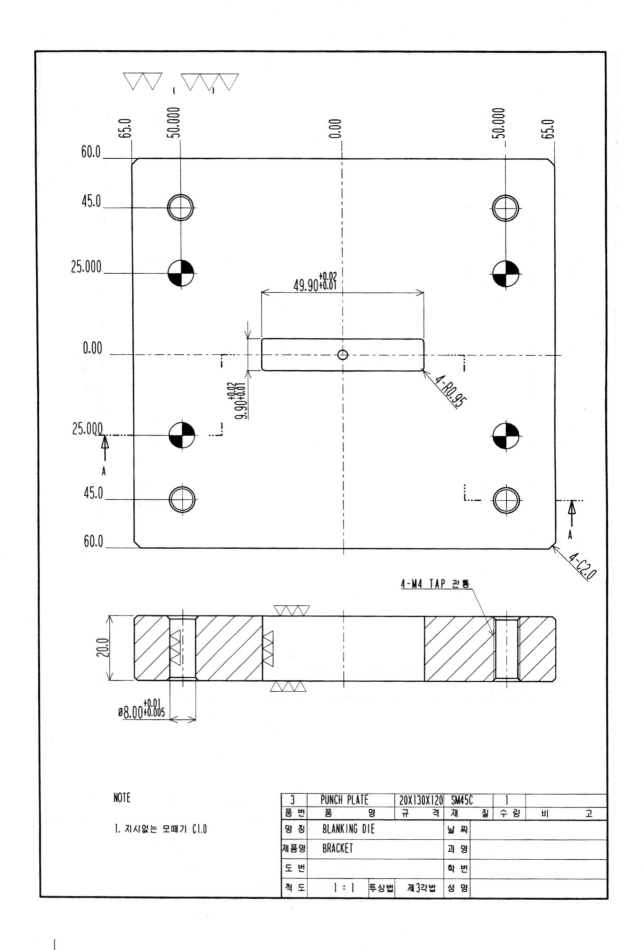

NOTE

1. 지시없는 모떼기 C1.0

3	PUNCH PLATE	20X130X120	SM45C	1		
품 번	품 명	규 격	재 질	수 량	비	고
명 칭	BLANKING DIE		날 짜			
제품명	BRACKET		과 명			
도 번			학 번			
척 도	1 : 1	투상법	제3각법	성 명		

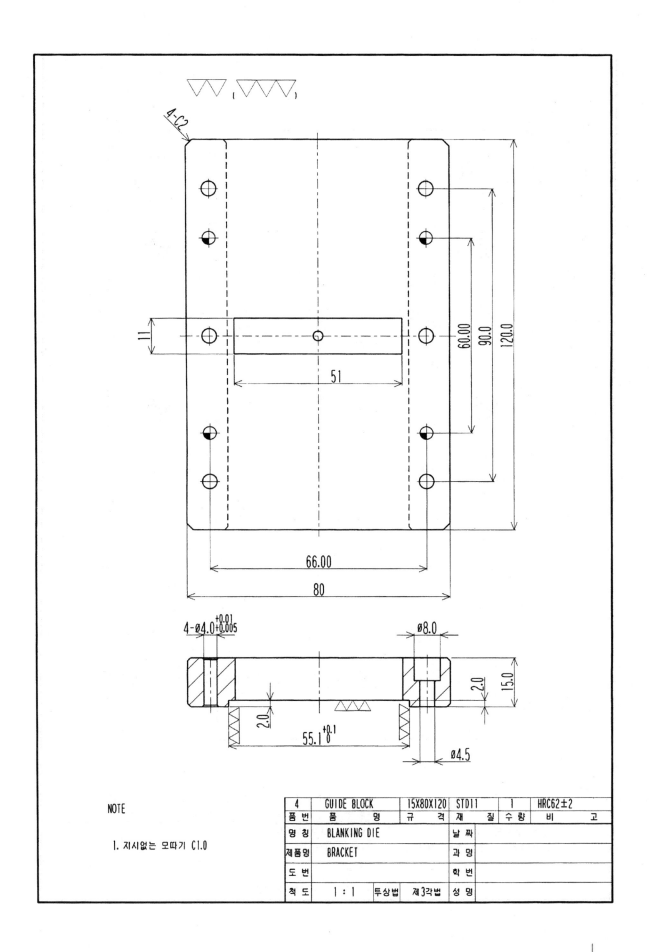

NOTE

1. 지시없는 모따기 C1.0

4	GUIDE BLOCK	15X80X120	STD11		1	HRC62±2	
품 번	품 명	규 격	재	질	수 량	비	고
명 칭	BLANKING DIE		날 짜				
제품명	BRACKET		과 명				
도 번			학 번				
척 도	1 : 1	투상법	제3각법	성 명			

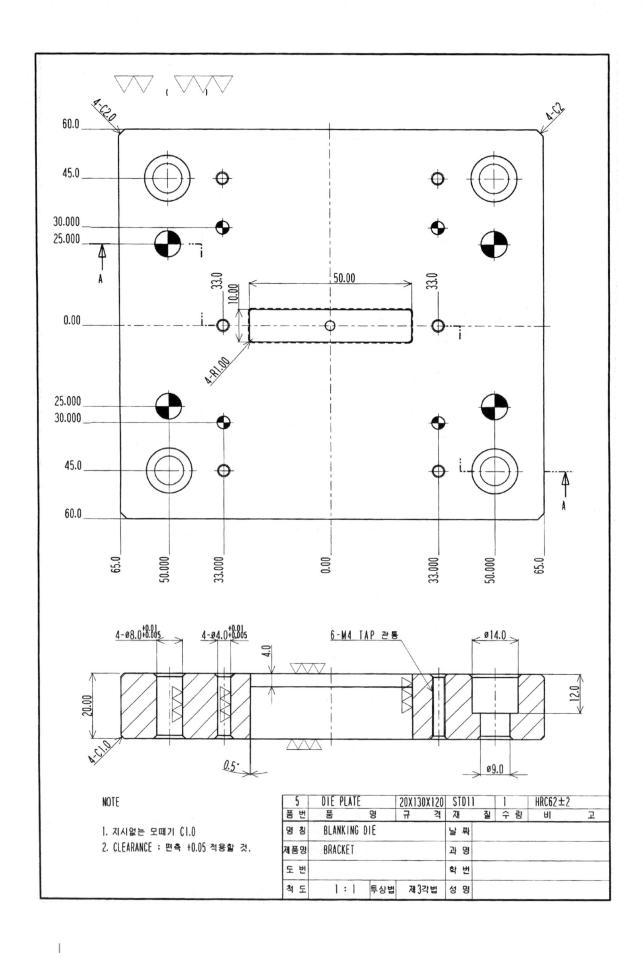

NOTE

1. 지시없는 모떼기 C1.0
2. CLEARANCE : 편측 +0.05 적용할 것.

5	DIE PLATE	20X130X120	STD11	1	HRC62±2
품 번	품 명	규 격	재 질	수 량	비 고
명 칭	BLANKING DIE		날 짜		
제품명	BRACKET		과 명		
도 번			학 번		
척 도	1 : 1	투상법	제3각법	성 명	

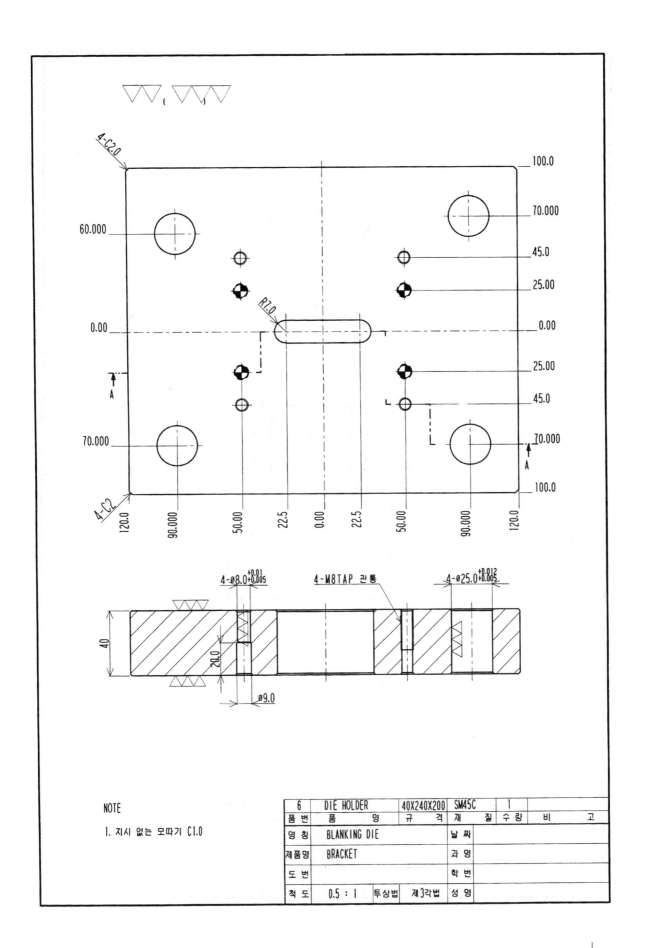

NOTE

1. 지시 없는 모따기 C1.0

6	DIE HOLDER	40X240X200	SM45C	1		
품 번	품 명	규 격	재 질	수 량	비	고
명 칭	BLANKING DIE		날 짜			
제품명	BRACKET		과 명			
도 번			학 번			
척 도	0.5 : 1	투상법	제3각법	성 명		

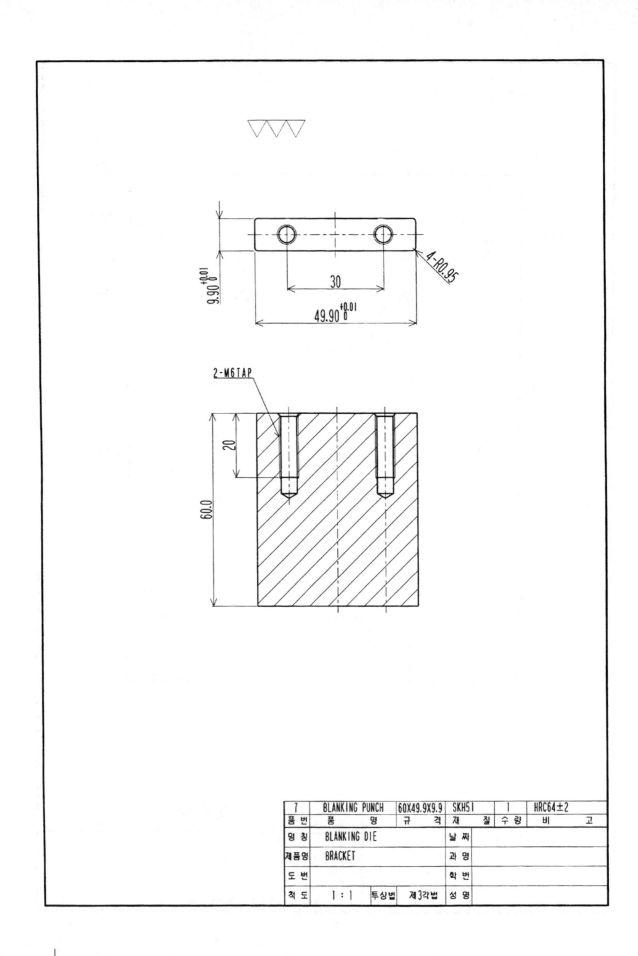

7	BLANKING PUNCH	60X49.9X9.9	SKH51		1	HRC64±2	
품 번	품 명	규 격	재	질	수 량	비 고	
명 칭	BLANKING DIE		날 짜				
제품명	BRACKET		과 명				
도 번			학 번				
척 도	1 : 1	투상법	제3각법	성 명			

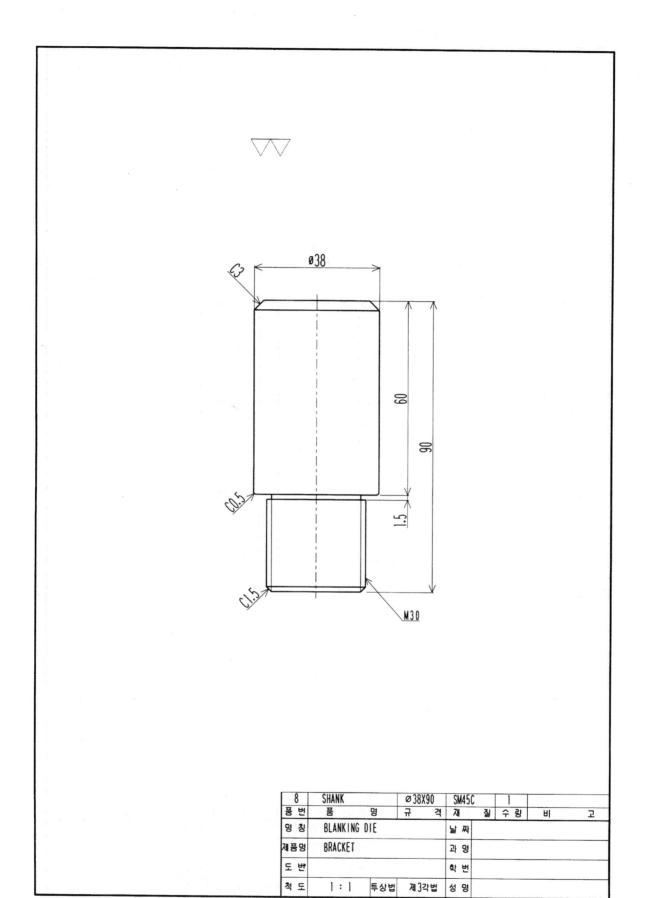

8	SHANK	∅38X90	SM45C	1	
품 번	품　　　명	규　격	재　질	수 량	비　　　고
명 칭	BLANKING DIE		날 짜		
제품명	BRACKET		과 명		
도 반			학 번		
척 도	1 : 1	투상법	제3각법	성 명	

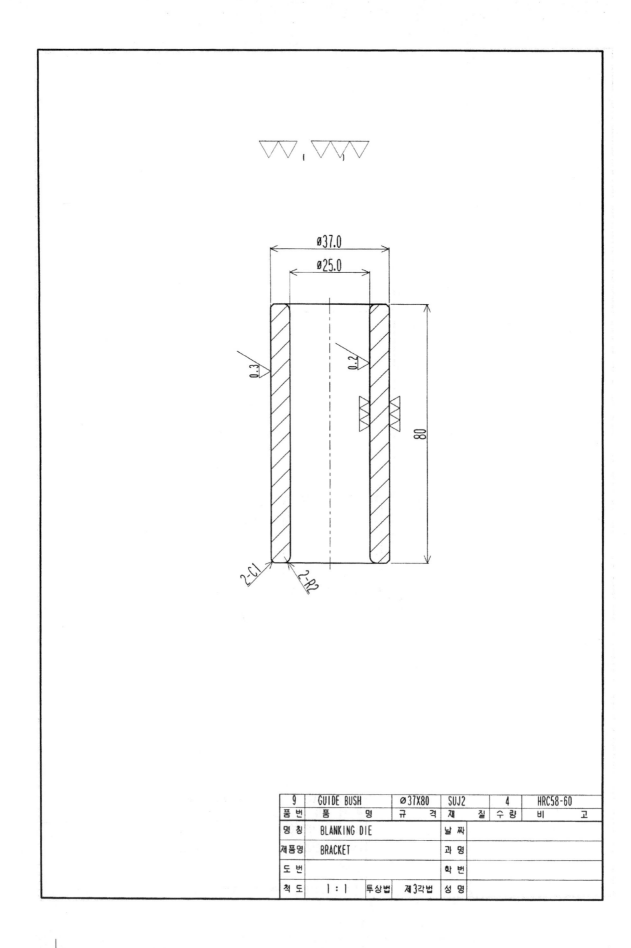

9	GUIDE BUSH	Ø37X80	SUJ2	4	HRC58-60
품 번	품 명	규 격	재 질	수 량	비 고
명 칭	BLANKING DIE		날 짜		
제품명	BRACKET		과 명		
도 번			학 번		
척 도	1 : 1	투상법	제3각법	성 명	

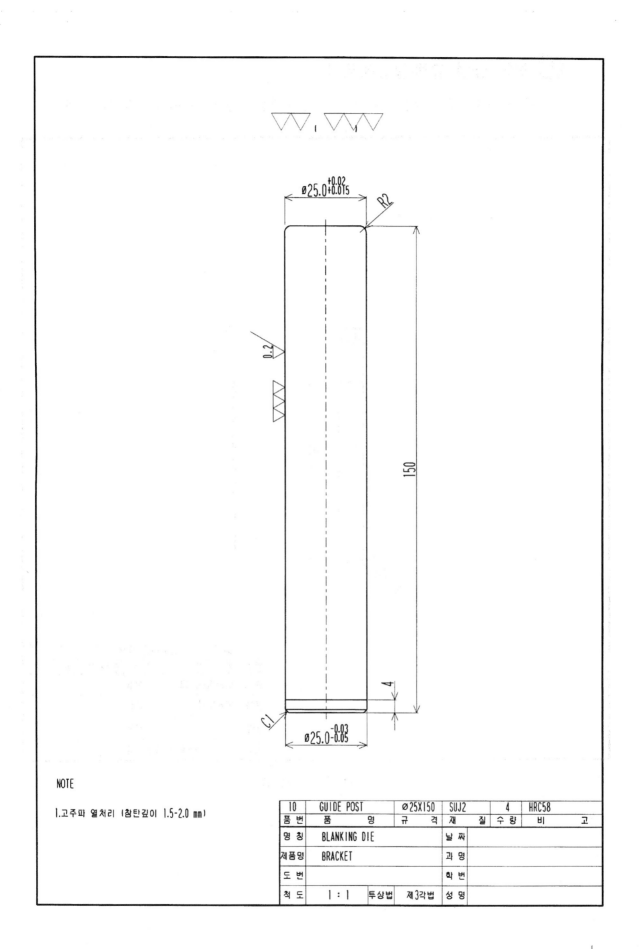

NOTE

1.고주파 열처리 (참탄깊이 1.5-2.0 mm)

10	GUIDE POST	Ø25X150	SUJ2		4	HRC58	
품 번	품 명	규 격	재	질	수 량	비	고
명 칭	BLANKING DIE		날 짜				
제품명	BRACKET		과 명				
도 번			학 번				
척 도	1 : 1	투상법	제3각법	성 명			

⑤ 전단 금형 설계(실습예제 1)

그림 7-89와 같은 제품을 전단할 수 있는 블랭킹 금형(Blanking Die)을 설계하라.

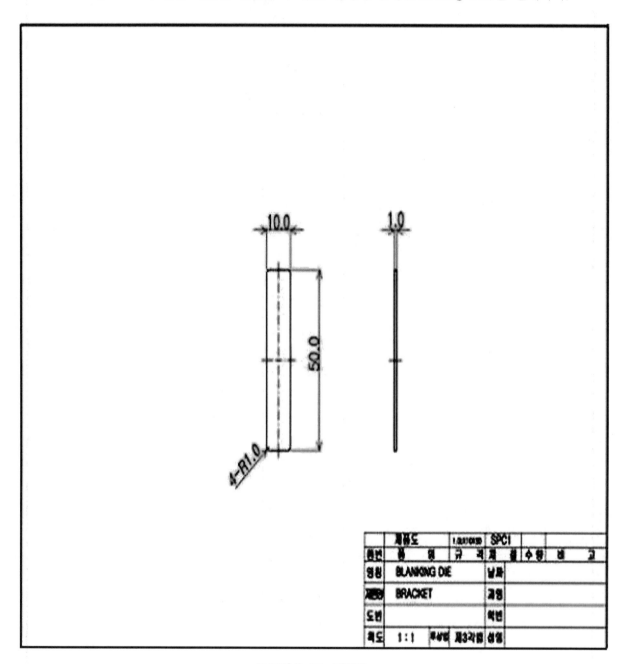

:: 그림 7-89 제품도

1) 제품도 검토

① 제품의 정밀도

㉠ 본 제품은 일반적으로 사용되는 단순 브라켓(Bracket)으로 가공 공차는 프레스 가공 일반 공차 보통급에 해당한다.

㉡ 평면도 등에 대한 도면상의 규제가 없으므로 이에 따른 금형 구조 의 특별한 고려는 불필요하다.

㉢ 전단버에 대한 제한도 없으므로 금형 형식의 제한을 받지 않는다.

② 제품의 재질

제품의 재질은 일반 압연 강판(SPCC)으로서 프레스 작업성이 좋으며, 일반적으로 널리 쓰이는 재료이므로 재질에 따른 펀치, 다이의 재질 선정은 어려움이 없다.

③ 생산량

㉠ 생산량은 제품 당 10개가 사용되며, 완제품으로 1,000대를 생산할 계획이므로 총 소요량은 10,000개가 된다.

㉡ 생산량으로 볼 때 금형의 형식은 블랭킹 금형으로 한다.

㉢ 생산량이 많은 것이 아니므로 소재 레이아웃 설계시 다열배치보다 는 일렬 배치의 단순형으로 하여 금형 제작비를 저렴하게 한다.

2) 레이아웃 (Lay-out, 공정설계도) 설계(그림 7-90)

금형 설계의 기초이면서 중요한 사항으로 요구되는 제품의 형상을 얻기 위해서는 신중하고도 충분한 검토를 하여야 하며, 제품의 형상에 따른 이송잔폭 및 양측면의 캐리어(carrier)의 양도 신중한 검토가 요구된다. 연속적인 소재 이송에 의한 자동작업을 위한 사용재료별 이송잔폭 및 전후잔폭의 결정은 다음 표를 참고로 설계한다.(예제의 제품의 경우 아래 표의 계산으로 A=1.35, B=1.62mm로 선택되었으나 간단하고 안전한 설계를 위해 A=2, B=2.5mm로 결정함.)

사용재료	C t	이송 잔폭 A			전후 폭 B
		50 미만	50~100	100 이상	
일반금속	0.5 미만	0.7	1.0	1.2	1.2A
	0.5 이상	0.4+0.6t	0.65+0.7t	0.8+0.8t	
규소강판	0.5 미만	1.2	1.4	1.6	1.2A
	0.5 이상	0.9+t	1.1+t	1.3+t	
페놀수지	0.5 미만	1.2	1.4	1.6	1.2A
	0.5 이상	0.8+0.8t	0.9+t	1+1.2t	

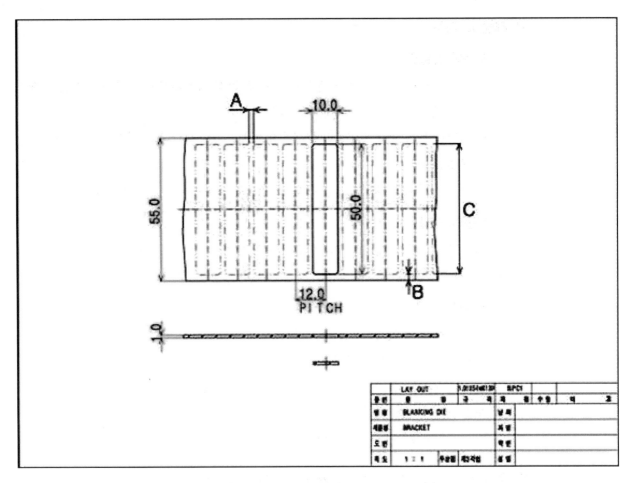

LAY OUT		5.0t35t40t30t	B.PCt			
품번	명	칭	재	질	수 량	비 고
명칭	BLANKING DIE		설 계			
재질명	BRACKET		제 도			
도 번			확 인			
척도	1 : 1	투상법	제3각법	승 인		

∴ 그림 7-90   레이아웃도

3) 금형의 구상

① 다이세트(Die-set)는 스틸다이 세트로 한다(SM45C).

② 소재이송은 앞에서 뒤로 이송되게 설계한다.

③ 스트리퍼판(Stripper plate)는 고정식으로 하며, 소재이송 안내 기능까지 하도록 한다.

④ 생크(Shank)는 Ø38 스트레이트 형식으로 한다(표준 부품).

⑤ 금형의 상하형이 조립된 상태에서 금형의 닫힌 높이(Die Shut hight) 는164mm로 한다.

⑥ 펀치 다이의 틈새(Clearance)는 재료 두께의 5%로 한다.

⑦ 표준부품의 적용 금형제작에 사용되는 각 부품은 표준 품에 준한 설계를 함으로서, 구매의 용이함과 제작비용을 절감시킬 수 있고 유지보수가 용이하다.

⑧ 금형 플레이트의 두께는 피가공재의 두께 또는 전단압력 등을 고려하여 결정하고, 또한 금형재료의 두께는 6, 8, 10, 13, 16, 19, 22, 25, 28, 32, 38, 45, 50, 55, 60, 65, 70mm등의 표준 규격으로 양산되고 있음을 감안하여 플레이트의 두께를 결정해야 한다.

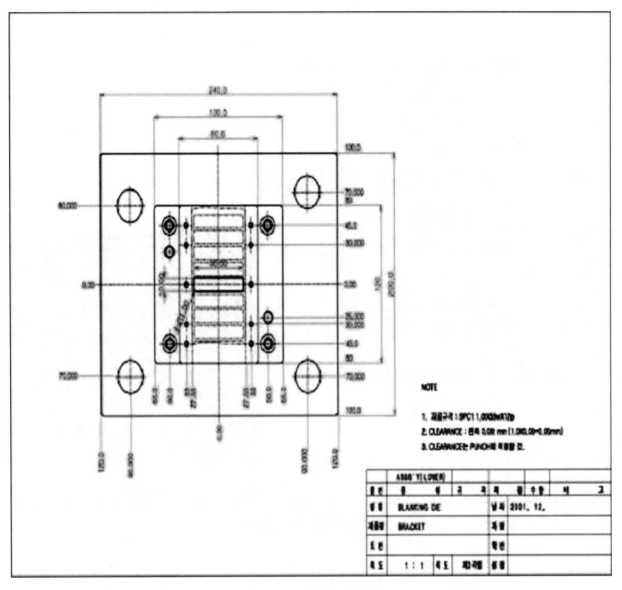

:•: 그림 7-91   하형의 평면도

4) 금형 설계도의 제도

① 전체 조립 단면도(상하형 조립 상태)

㉮ 전체 조립 단면도를 그린다.

㉯ 각 부품을 구분하기 위해 그림 7-92와 같이 해칭을 한다.

㉰ 각 플레이트의 두께 치수를 표시하고, 금형의 상하형이 조립된 상태에서 금형의 전체 높이 164mm를 표시한다.

㉱ 각 부품에 지시선으로 품번을 기록한다.

㉲ 조립단면도의 우측 하단부에 부품표(Parts list)를 작성한다.

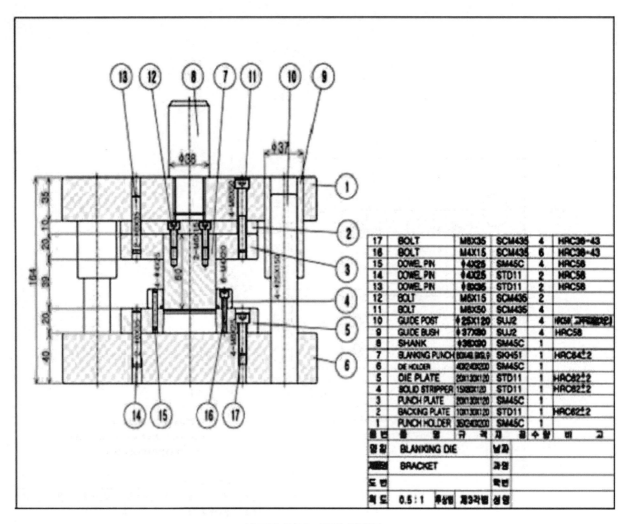

17	BOLT	M8X35	SCM435	4	HRC38~43
16	BOLT	M4X15	SCM435	6	HRC38~43
15	DOWEL PIN	Φ4X25	SM45C	4	HRC58
14	DOWEL PIN	Φ4X25	STD11	2	HRC58
13	DOWEL PIN	Φ8X35	STD11	2	HRC58
12	BOLT	M6X15	SCM435	2	
11	BOLT	M8X50	SCM435	4	
10	GUIDE POST	Φ25X120	SUJ2	4	HCM (고무없는것)
9	GUIDE BUSH	Φ37X90	SUJ2	4	HRC58
8	SHANK	Φ38X90	SM45C	1	
7	BLANKING PUNCH	50X48.9X6.9	SKH51	1	HRC64±2
6	DIE HOLDER	400X240X200	SM45C	1	
5	DIE PLATE	20X130X120	STD11	1	HRC62±2
4	SOLID STRIPPER	15X50X120	STD11	1	HRC62±2
3	PUNCH PLATE	20X130X120	SM45C	1	
2	BACKING PLATE	10X130X120	STD11	1	HRC62±2
1	PUNCH HOLDER	35X240X200	SM45C	1	
품번	품 명	규 격	재 질	수 량	비 고

명칭	BLANKING DIE		부번	
제품명	BRACKET		과명	
도 번			학번	
척 도	0.5 : 1	투상법	제3각법	성 명	

:: 그림 7-92   조립 단면도

② **상형의 평면도**

금형의 상하형이 조립된 상태에서 상형을 들어 올린 후 좌측에서 우측으로 뒤집어 놓은 상태에서 보았을 때의 평면도를 그림 7-93을 참고하여 그린다.(조립도의 상형 평면도 참조)

㉮ 먼저 중심선을 긋고 블랭킹 펀치의 외형 치수 가로 49.90mm, 세로 9.90mm 및 4모서리 반경 R 0.95mm를 표시한다.

㉯ 생크(Shank)를 점선을 표시한다.

㉰ 펀치 고정용 볼트를 점선으로 그곳에 그린다.

㉱ 맞춤핀(Dowel pin) 및 체결볼트를 그린다.

㉲ 펀치 플레이트(Punch plate)의 외형치수(130×120mm)를 그린다.

㉳ 가이드 부시의 설치 위치(가로 180mm×세로 140mm)를 2곳에 그린다.

㉴ 펀치홀더(Punch holder)의 외형 치수(240×200mm)를 그린다.

㉵ 상형의 평면도 하단에 상형의 단면도를 그린다.

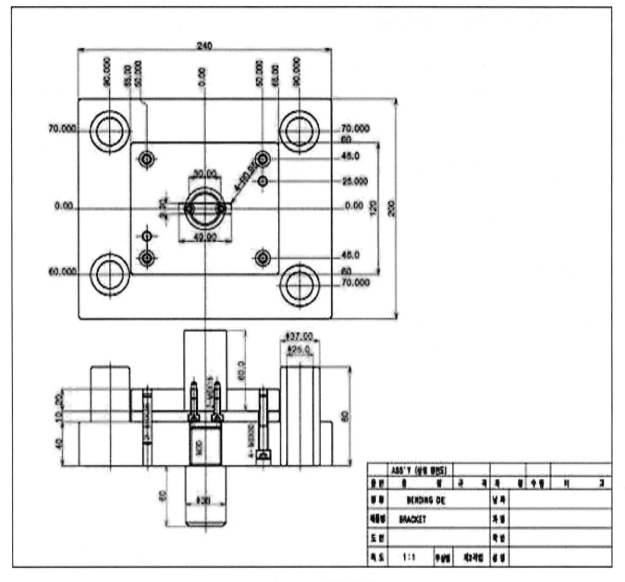

∴ 그림 7-93 상형 평면도

③ **하형의 평면도**

금형구상을 기초로 컴퓨터(CAD)를 이용, 하형의 평면도를 작도한다(조립도의 하형 평면도 참조).

㉮ 제품도 치수를 보고 제품 외형치수를 그린다.

㉯ 나사 및 맞춤핀을 그린다.

㉰ 고정식 스트리퍼판의 외형 치수를 그린다.

㉱ 다이 플레이트의 외형 치수(130×120)를 그린다.

㉲ 가이드 포스트 4곳을 가로 180mm, 세로 140mm로 그린다.

㉳ 다이 홀더의 외형치수는 가로 240mm, 세로 200mm로 그린다.

⑥ 각 부품의 설계 제도

1) 펀치홀더(Punch holder, 품번 ①)

① 일반적으로 상홀더 또는 펀치홀더는 펀치 및 각 부품을 조립시키는 기능을 하는 부품이
   며, 가이드 부시가 위치한다.

② 사용재질로는 금형제작비를 절감하기 위해 SM45C를 열처리하지 않고 사용한다.

③ 두께는 프레스 가공시 하중에 변형(굽힘)이 생기지 않을 정도로 한다(경험치).

④ 외형 치수는 펀치 플레이트 및 가이드 부시를 장착할 공간을 고려하여 결정한다.

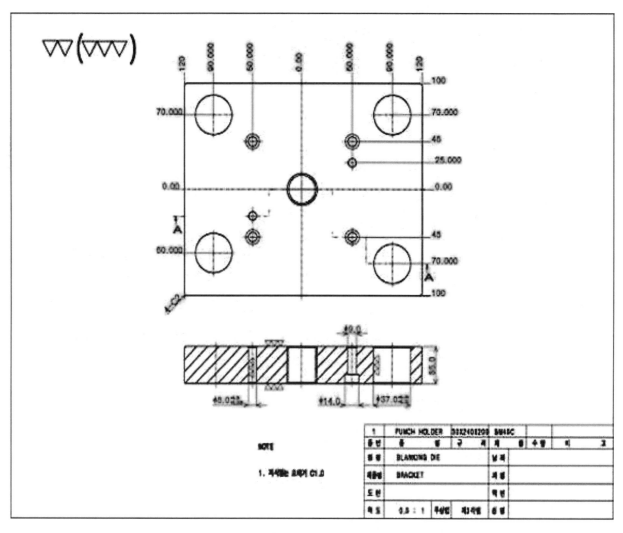

•: 그림 7-91 펀치홀더

2) 배킹 플레이트(Backing plate, 품번 ②)

① 배킹 플레이트는 펀치에 가해지는 충격하중을 위해 펀치 머리부가 펀치홀더의 밑면부
에 파고 들어가는 현상(Sinking)을 방지하는 기능을 한다.

② 사용재질은 일반적으로 STS3 종을 열처리하여 사용한다. 여기서는 편의상 STD11종을
사용하였다.

③ 두께는 경험상 펀치홀더의 30%를 적용하여 약 10.0mm로 하였다.

④ 외형치수는 130×120mm로 펀치 플레이트와 같게 하였다.

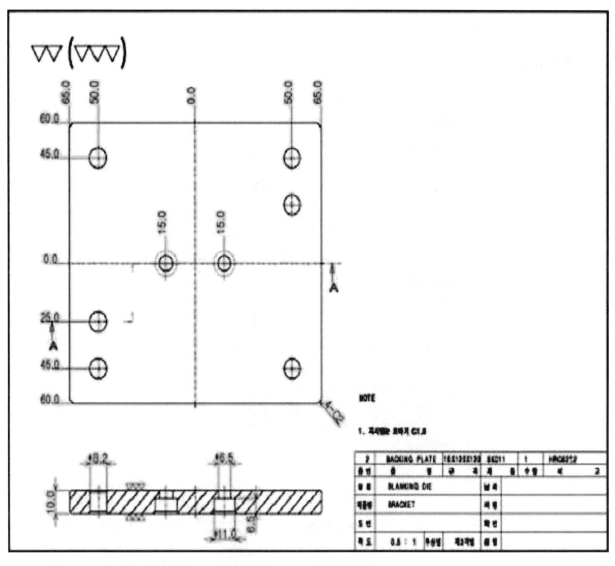

.:. 그림 7-95 배킹 플레이트

3) 펀치 플레이트 (Punch plate, 품번 ③)

① 펀치 플레이트는 블랭킹 또는 피어싱 펀치 등을 정확하게 고정시키는 역할을 하는 부품이다.

② 두께는 펀치홀더 두께의 60~80% 또는 펀치 길이의 30~40%를 적용한다. 여기서 펀치 길이의 30%인 18mm+2mm(안전률 고려)로 하여 20mm로 하였다.

③ 사용 재질은 일반적으로 SM45C를 열처리하지 않고 사용한다.

④ 펀치와의 공차는 억지 끼워 맞춤 공차(H7m5)를 적용한다.

⑤ 외형치수는 배킹 플레이트와 같게 한다.

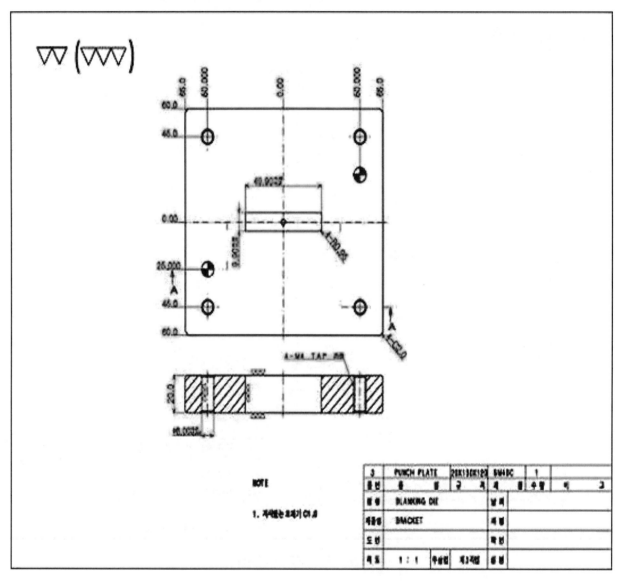

∴ 그림 7-96 펀치 플레이트

4) 블랭킹 다이 (Blanking die 품번 ⑤)

① 다이는 펀치와 상대 운동을 하는 부분으로 펀치가 가하는 하중에 변형 및 파손이 없도록 충분한 강도를 가져야 한다.

② 사용 재료는 일반적으로 프레스 금형강으로 열처리 효율이 좋은 합금공구강 STD11을 열처리하여 사용한다. 열처리 경도 값은 로크 웰 경도(HRC62±2) 값으로 한다.

③ 블랭킹 다이 플레이트의 두께를 결정하기 위해서는 먼저 전단 하중을 계산한다.

㉮ 전단하중의 계산 $P = L \cdot t \cdot \tau$ (kg.mm²)

여기서 L : 전단 윤곽 길이(mm)

t : 피가공 재료 두께(mm)

τ : 전단 저항(kg/mm²)

ex) 일반압연강판(35kg/mm²)

$P = L \cdot t \cdot \tau$ (kg.mm²) $= 120 \times 1 \times 35 = 4,200$(Kgf)

본 제품의 치수는 다음과 같다.

가로 50mm, 세로 10mm, 두께 1.0mm, 전 단 저항 35kg/mm²

㉯ 블랭킹 다이 두께결정은 전단하중에 의한 방법으로

여기서 $H = K\sqrt[3]{P}$ 다이 두께(mm)

P = 전단하중(kgf)

K = 보정 계수

본 제품의 전단 길이는 120으로 $K=1.25$, $P=4,200$(kgf)

다이 플레이트의 두께는 20mm로 한다.

㉰ 블랭킹 다이의 외곽 치수 크기를 결정한다.(프레스 가공 데이터 북 참조)에 따른 고려 사항은 다음과 같다.

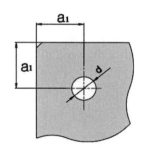
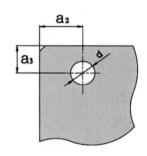

•: 그림 7-97 나사 구멍의 위치

- 체결 나사와 맞춤핀을 고정시킬 치수를 고려한다.
- 스트리퍼판을 고정시킬 치수를 고려한다.
- 공정설계(Stripper lay-out)를 고려한다.
- 다이 외주에서 나사구멍 위치의 치수
  표준치수 $a_1 = (1.7 \sim 2.0)d$

<최소 허용 치수>

금형재료 상태	동일위치(a_1)	위치표시	
		a_2	a_3
미열처리	1.13d	1.5d	1d
담금질 경화	1.25d	1.5d	1.13d

- 다이 구멍과 나사구멍, 맞춤핀과 나사구멍까지의 최소 허용 치수

  표준 $F \rangle 2d$

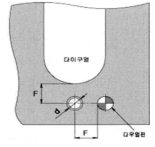

:• 그림 7-98 다이와 나사,
맞춤핀과 나사 사이의 치수

<최소치수(원활한 윤곽선과 근접)>

금형 재료	최소(Fmin)
미열처리	1.13d
담금질 경화	1.25d

- 볼트간의 거리

사용나사	최소거리	최대거리
M5	15	50
M6	25	70
M8	40	90
M10	60	115
M12	80	150

- 다이 두께와 체결나사의 크기

다이 두께(mm)	~13	13~19	19~25	25~32	32~
사용나사	M4, M5	M5, M6	M6 , M8	M8, M10	M10, M12

사용 나사의 선택은 다이의 표면적 크기에 비례한다.

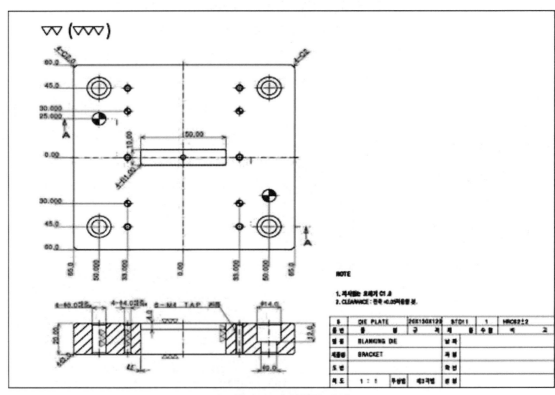

:• 그림 7-99 블랭킹 다이

5) 고정 스트리퍼판(Solid stripper, 품번 ④)

① 고정식 스트리퍼판은 스트립의 스트리핑 기능 이외에 소재의 폭을 안내해 주는 가이드 레일(guide rail) 기능까지 하도록 한다.

② 고정식 스트리퍼판은 다이 플레이트에 고정된다.

③ 스트리퍼판의 두께는 다이 플레이트의 75%인 15mm로 한다.

④ 여기서는 스트리퍼판을 일체형으로 하지 않고, 2개로 분할하여 각각 볼트, 맞춤핀을 사용하도록 한다.

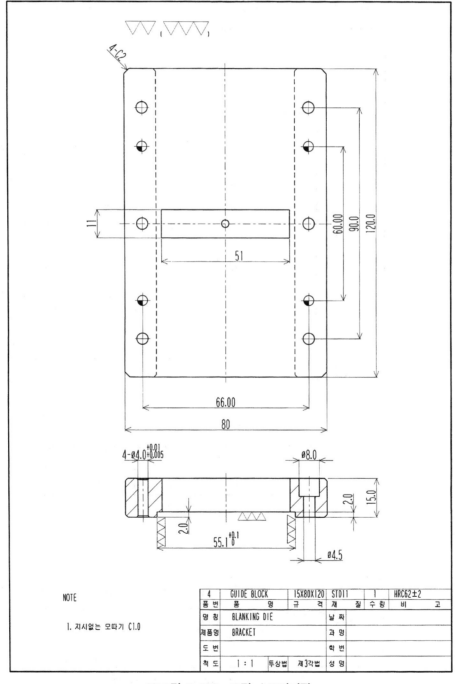

4	GUIDE BLOCK	15X80X120	STD11	1	HRC62±2
품 번	품 명	규 격	재 질	수 량	비 고
명 칭	BLANKING DIE		날 짜		
제품명	BRACKET		과 명		
도 번			학 번		
척 도	1 : 1	투상법	제3각법	성 명	

NOTE

1. 지시없는 모따기 C1.0

∴ 그림 7-100 고정 스트리퍼판

6) 다이홀더 (Die holder, 품번 ⑥)

① 다이홀더는 하형의 부품(블랭킹 다이, 고정 스트리퍼판 등)을 고정시키는 역할과 하형을 프레스의 볼스터에 장착시킬때 필요한 기능을 한다.

② 상형에서 가하는 하중에 지탱할 수 있는 충분한 강도를 갖는 두께로 한다.

③ 사용재료는 일반적으로 SM45C를 열처리 안하고 사용한다.

④ 가이드 포스트를 설치할 치수를 고려하고, 프레스의 볼스터에 고정시킨 치수도 고려해야 한다.

⑤ 여기서는 펀치홀더(Punch holder)의 외형치수와 같게 하였다

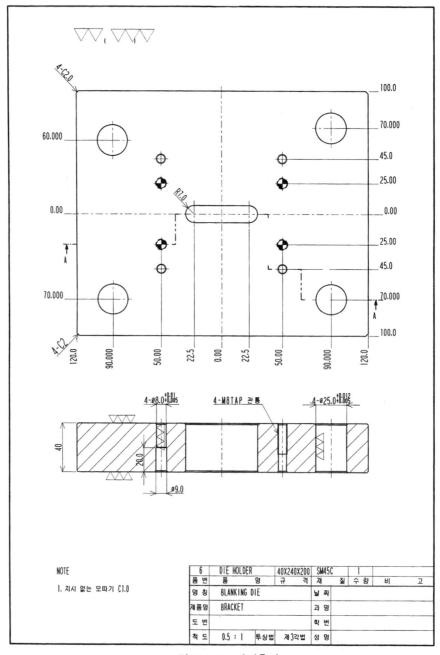

∙∙ 그림 7-101 다이홀더

7) 블랭킹 펀치(Blanking punch, 품번 ⑦)

프레스 금형의 각종 펀치는 제품가공시 압축응력, 인장응력 등이 작용하며 반복충격하중을 받기 때문에 충격하중이 심하면 좌굴이나 파손을 초래한다. 따라서 좌굴이나 파손 없이 사용할 수 있는 필요 최소한의 길이로 설계한다.

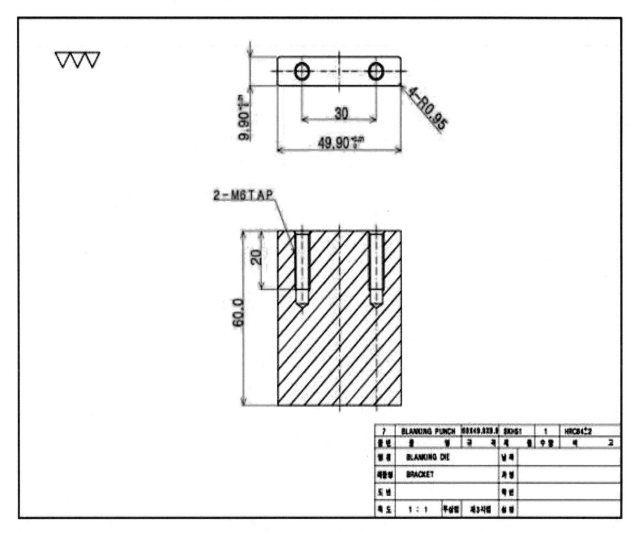

7	BLANKING PUNCH	50X49.020.0	SKH51	1	HRC64±2
품번	품 명	규 격	재 질	수량	비 고
명칭	BLANKING DIE		남 짜		
제품명	BRACKET		검 도		
도 번			학 번		
축 도	1 : 1	투상법 제3각법	성 명		

∴그림 7-102 블랭킹 펀치

8) 생크(Shank 품번 ⑧)

① 펀치홀더의 자루 부품으로서 프레스의 램에 상형을 부착시키는 기능을 한다.

② 일반적으로 치수는 규격화 되어 있고, 스트레이트 형식과 언더컷 형식이 있다.

③ 생크의 치수 결정은 프레스램의 생크 구멍을 기준으로 하여 결정 한다.

④ 여기서는 표준 부품집을 참고로 하였다.

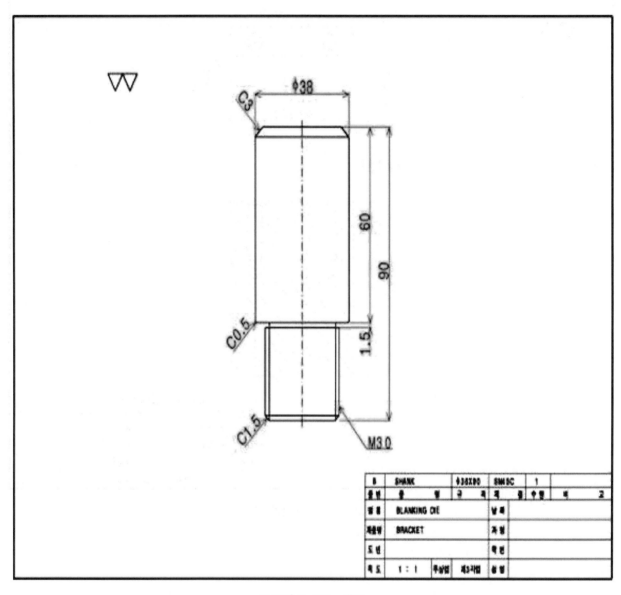

.:. 그림 7-103 생크

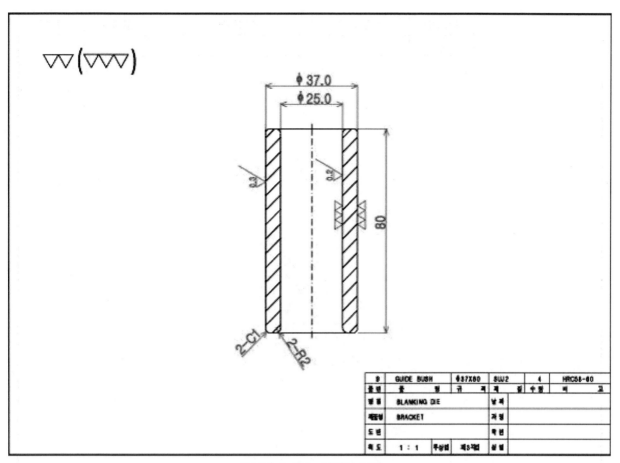

∴ 그림 7-104 가이드 부시

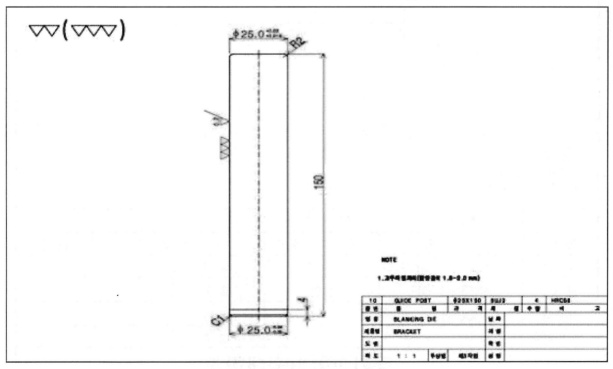

∴ 그림 7-105 가이드 포스트

	Rev NO	수정 날자	수정내용	설계자	작업자
	⚠				

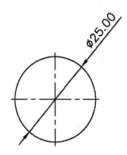

ø25.00

2.00

	COIN		AL				
부 번	부 품 명		재 질	수 량	표 제 치 수		비 고
투상법	3각법	척도	1 : 1		날 짜		
명 칭	BLANKING DIE		승 인		과 명		
제품명	COIN		이 종구		학 번		
도면번호					성 명		
			경기과학기술대학교				

Rev NO	수정 날자	수정내용	설계자	작업자
⚠				
⚠				

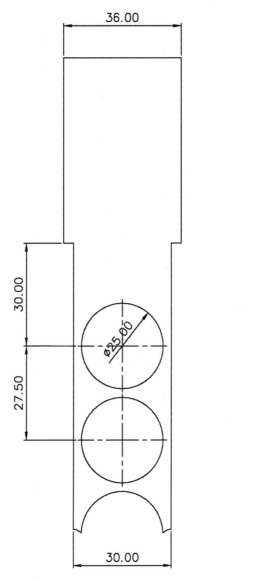

36.00

30.00

27.50

ø25.00

30.00

2.00

NOTE

★ 기본공차는 ±0.05
★ 지시없는 모따기 C1.0

0	LAYOUT		AL				
부 번	부 품 명		재 질	수 량	표 제 치 수		개 정
투상법	3각법	척도	1 : 1		날 짜		
명 칭	BLANKING DIE		승 인		과 명		
제품명	COIN		이 종구		학 번		
도면번호					성 명		

경기과학기술대학교

Rev NO	수정 날자	수정내용	설계자	작업자
⚠				

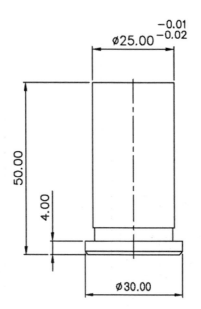

$\varnothing 25.00 {}^{-0.01}_{-0.02}$

50.00

4.00

$\varnothing 30.00$

NOTE

★ 기본공차는 ±0.05
★ 지시없는 모따기 C1.0

8	BLANKING PUNCH		SKH51	1	$\varnothing 25.0 \times 50$		HRC64
부 번	부 품 명		재 질	수 량	표 제 치 수		비 고
투상법	3각법	척도	1 : 1		날 짜		
명 칭	BLANKING DIE		승 인		과 명		
제품명	COIN		이 종구		학 번		
도면번호					성 명		

경기과학기술대학교

Rev NO	수정 날자	수정내용	설계자	작업자
⚠				

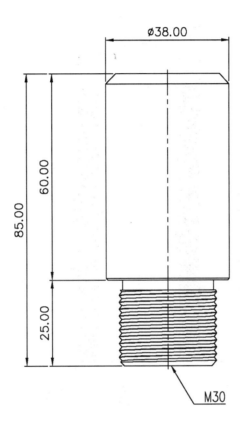

ø38.00

85.00

60.00

25.00

M30

11	SHANK		S55C	1	ø38.0 X 85.00	
부번	부 품 명		재 질	수 량	표 제 치 수	비 고
투상법	3각법	척도	1 : 1		날 짜	
명 칭	BLANKING DIE		승 인		과 명	
제품명	COIN		이 종구		학 번	
도면번호					성 명	

경기과학기술대학교

Rev NO	수정 날자	수정내용	설계자	작업자
⚠				

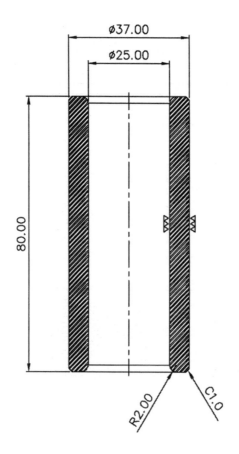

NOTE

* 기본공차는 ±0.05
* 지시없는 모따기 C1.0

12	GUIDE BUSH		SUJ2	4	⌀37.0 X 80.00	
부 번	부 품 명		재 질	수 량	표 제 치 수	비 고
투상법	3각법	척도	1 : 1		날 짜	
명 칭	BLANKING DIE		승 인		과 명	
제품명	COIN		이 종구		학 번	
도면번호					성 명	
	경기과학기술대학교					

Rev NO	수정 날자	수정내용	설계자	작업자
⚠				

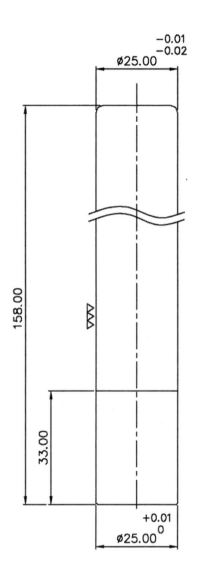

$$\varnothing 25.00 \begin{smallmatrix} -0.01 \\ -0.02 \end{smallmatrix}$$

158.00

33.00

$$\varnothing 25.00 \begin{smallmatrix} +0.01 \\ 0 \end{smallmatrix}$$

NOTE
★ 기본공차는 ±0.05
★ 지시없는 모따기 C1.0

13	GUIDE POST		SUJ2	4	∅25.0 X 158.00	
부 번	부 품 명		재 질	수 량	표 제 치 수	비 고
투상법	3각법	척도	1 : 1		날 짜	
명 칭	BLANKING DIE		승 인		과 명	
제품명	COIN		이 종구		학 번	
도면번호					성 명	

경기과학기술대학교

Rev NO	수정 날자	수정내용	설계자	작업자
⚠				

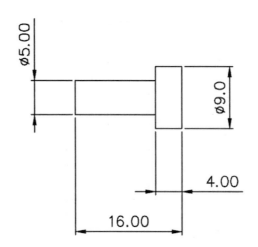

NOTE
★ 기본공차는 ±0.05
★ 지시없는 모따기 C1.0

18	맞춤 PIN		SKD61	3	∅5.0 X 16.0	
부 번	부 품 명		재 질	수 량	표 제 치 수	비 고
투상법	3각법	척도	1 : 2		날 짜	
명 칭	BLANKING DIE		승 인		과 명	
제품명	COIN		이 종구		학 번	
도면번호					성 명	

경기과학기술대학교

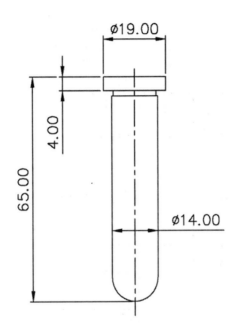

ø19.00

4.00

65.00

ø14.00

NOTE

★ 기본공차는 ±0.05
★ 지시없는 모따기 C1.0

14	GUIDE PIN		SUJ2	4	ø14.0 X 65.0	
부 번	부 품 명		재 질	수 량	표 제 치 수	비 고
투상법	3각법	척도	1 : 1		날 짜	
명 칭	BLANKING DIE		승 인		과 명	
제품명	COIN		이 종구		학 번	
도면번호					성 명	

경기과학기술대학교

Rev NO	수정 날짜	수정내용	설계자	작업자
⚠				

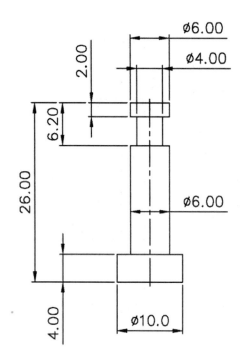

Ø6.00
Ø4.00
2.00
6.20
26.00
Ø6.00
4.00
Ø10.0

NOTE
* 기본공차는 ±0.05
* 지시없는 모따기 C1.0

19	SLIDE PIN		SKD61	4	Ø6.0 X 26	
부번	부 품 명		재질	수량	표 제 치 수	비고
투상법	3각법	척도	1 : 2		날 짜	
명 칭	BLANKING DIE		승 인		과 명	
제품명	COIN		이 종구		학 번	
도면번호					성 명	

경기과학기술대학교

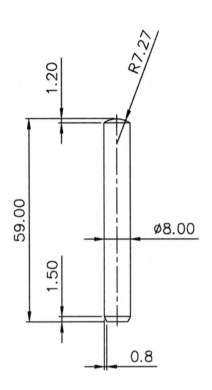

1.20

R7.27

59.00

1.50

Ø8.00

0.8

NOTE
* 기본공차는 ±0.05
* 지시없는 모따기 C1.0

15	DOWEL PIN		STC3	2	Ø8.0 X 59.0	HRC52
부 번	부 품 명		재 질	수 량	표 제 치 수	비 고
투상법	3각법	척도	1 : 1		날 짜	
명 칭	BLANKING DIE		승 인		과 명	
제품명	COIN		이 종구		학 번	
도면번호	`				성 명	

경기과학기술대학교

Rev NO	수정 날자	수정내용	설계자	작업자
⚠				

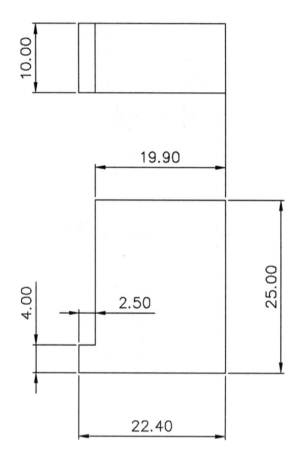

NOTE

* 기본공차는 ±0.05
* 지시없는 모따기 C1.0

20	STOP BLOCK		SKH51	2	10 X 22.4 X 25.0	
부번	부 품 명		재질	수량	표 제 치 수	비 고
투상법	3각법	척도	1 : 2		날 짜	
명 칭	BLANKING DIE		승 인		과 명	
제품명	COIN		이 종구		학 번	
도면번호					성 명	

경기과학기술대학교

Rev NO	수정 날자	수정내용	설계자	작업자
⚠				

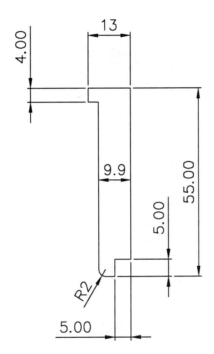

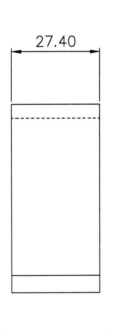

9	PUNCH 2	SKH51	2	13 X 27.4 X 55	HRC64
부번	부 품 명	재질	수량	표 제 치 수	비고
투상법	3각법	척도		1 : 1	날짜	
명 칭	BLANKING DIE		승 인		과 명	
제품명	COIN		이 종구		학 번	
도면번호					성 명	

경기과학기술대학교

Rev NO	수정 날자	수정내용	설계자	작업자
⚠				

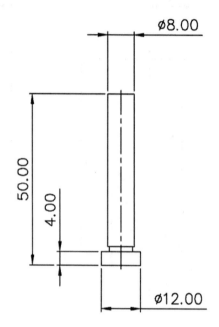

ø8.00

50.00

4.00

ø12.00

10	PUNCH 3		SKH51	2	ø8.0 X 50.0		HRC64
부 번	부 품 명		재 질	수 량	표 제 치 수		비 고
투상법	3각법	척도	1 : 1		날 짜		
명 칭	BLANKING DIE		승 인		과 명		
제품명	COIN		이 종구		학 번		
도면번호					성 명		

경기과학기술대학교

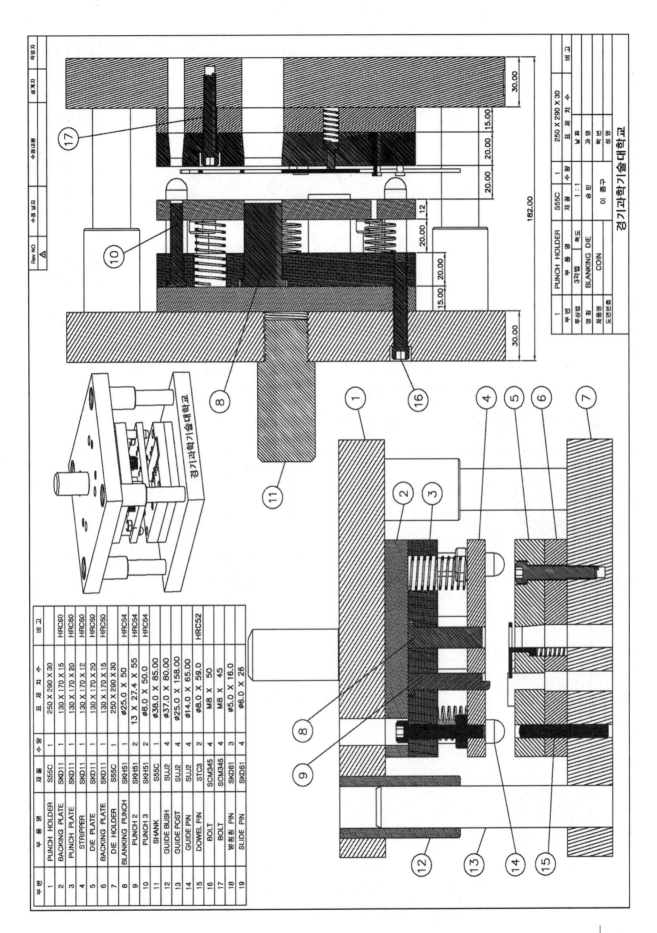

부 번	부 품 명	재 질	수 량	표 준 치 수	비 고
1	PUNCH HOLDER	S55C	1	250 X 290 X 30	
2	BACKING PLATE	SKD11	1	130 X 170 X 15	HRC60
3	PUNCH PLATE	SKD11	1	130 X 170 X 20	HRC60
4	STRIPPER	SKD11	1	130 X 170 X 12	HRC60
5	DIE PLATE	SKD11	1	130 X 170 X 20	HRC60
6	BACKING PLATE	SKD11	1	130 X 170 X 15	HRC60
7	DIE HOLDER	S55C	1	250 X 290 X 30	
8	BLANKING PUNCH	SKH51	1	Ø25.0 X 50	HRC64
9	PUNCH 2	SKH51	1	13 X 27.4 X 55	HRC64
10	PUNCH 3	SKH51	2	Ø8.0 X 50.0	HRC64
11	SHANK	S55C	1	Ø38.0 X 85.00	
12	GUIDE BUSH	SUJ2	4	Ø37.0 X 80.00	
13	GUIDE POST	SUJ2	4	Ø25.0 X 158.00	
14	GUIDE PIN	SUJ2	4	Ø14.0 X 65.00	
15	DOWEL PIN	STC3	2	Ø8.0 X 59.0	HRC52
16	BOLT	SCM345	4	M8 X 50	
17	BOLT	SCM345	4	M8 X 45	
18	벌침핑 PIN	SKD61	3	Ø5.0 X 16.0	
19	SLIDE PIN	SKD61	4	Ø6.0 X 26	

부 번	1		PUNCH HOLDER	S55C	1	250 X 290 X 30	비 고
	부재상점	부 품 명	재 질	수 량	표 준 치 수		
	형 명	32번쩨	척도	1 : 1	정도		
	작품명	BLANKING DIE	승 인		확인		
	도면명	COIN	이 종구		성명		

경기과학기술대학교

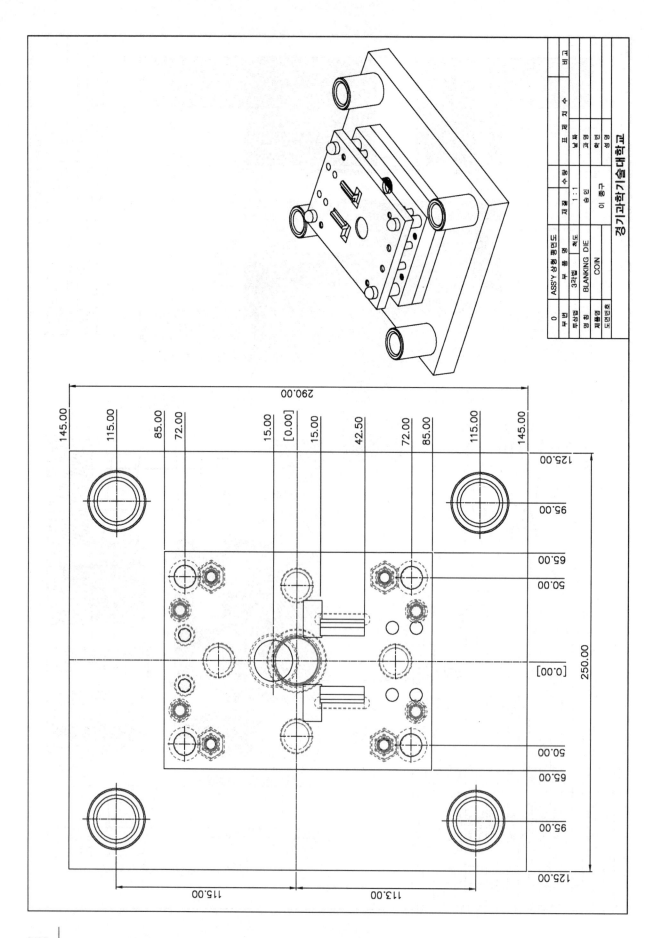

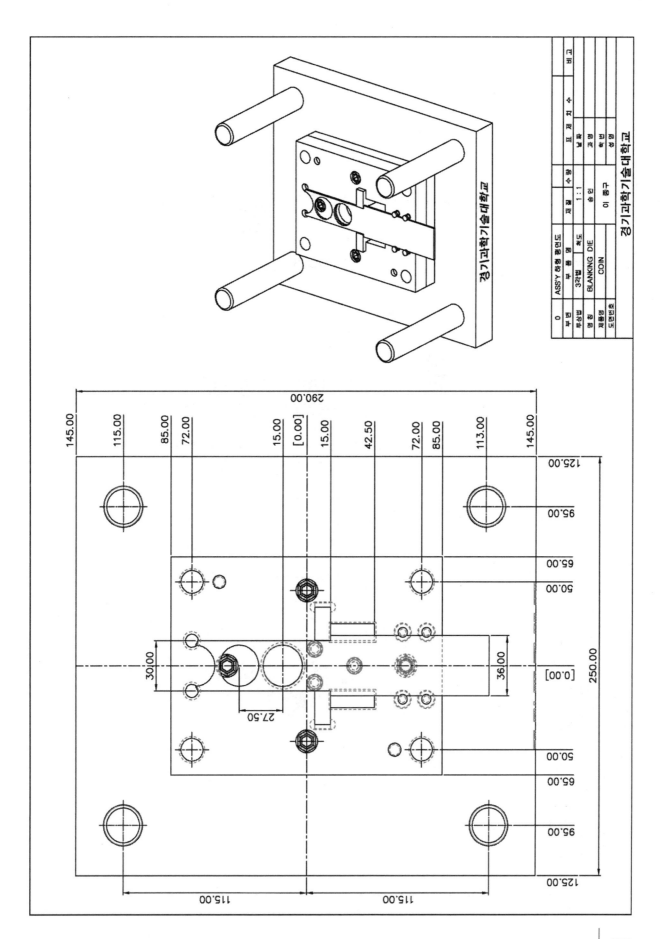

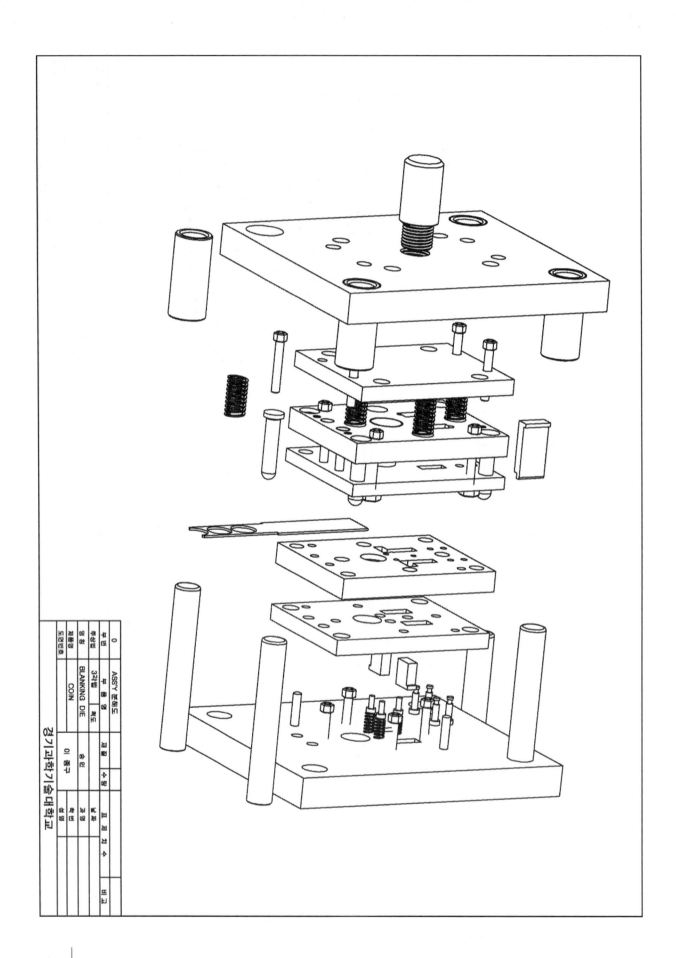

0	ASSY 분해도					
부번	부 품 명	재 질	수 량	표 제 치 수		비 고
투상법	3각법	척도		날 짜		
품 명	BLANKING DIE		승인	검 도		
제품명	COIN			작 도		
도연번호			이 종구	성 명		

경기과학기술대학교

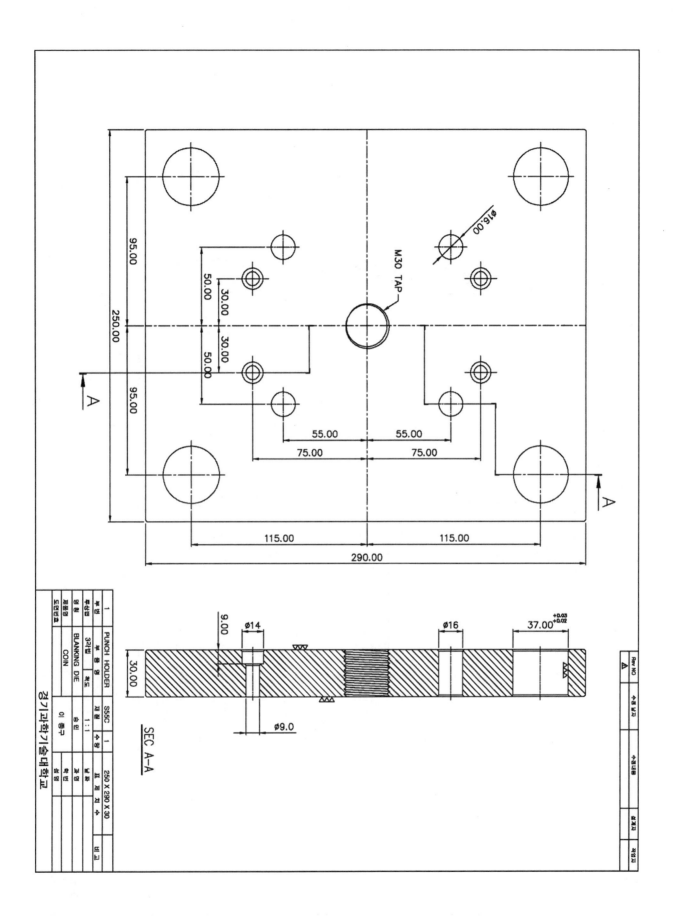

SEC A-A

Ø14
Ø16
37.00 +0.03 +0.02
9.00
30.00
Ø9.0

M30 TAP

Ø16.00

95.00
250.00
50.00
30.00
30.00
50.00
95.00
55.00
55.00
75.00
75.00
115.00
115.00
290.00

A
A

1	PUNCH HOLDER	S55C	1	250 X 290 X 30	
품번	부품명	재질	수량	표제자수	비고
척추법	32법	척도	1:1	날짜	
일자		승인		과명	
재품명	BLANKING DIE		이종구	학번	
도면번호	COIN			성명	

경기과학기술대학교

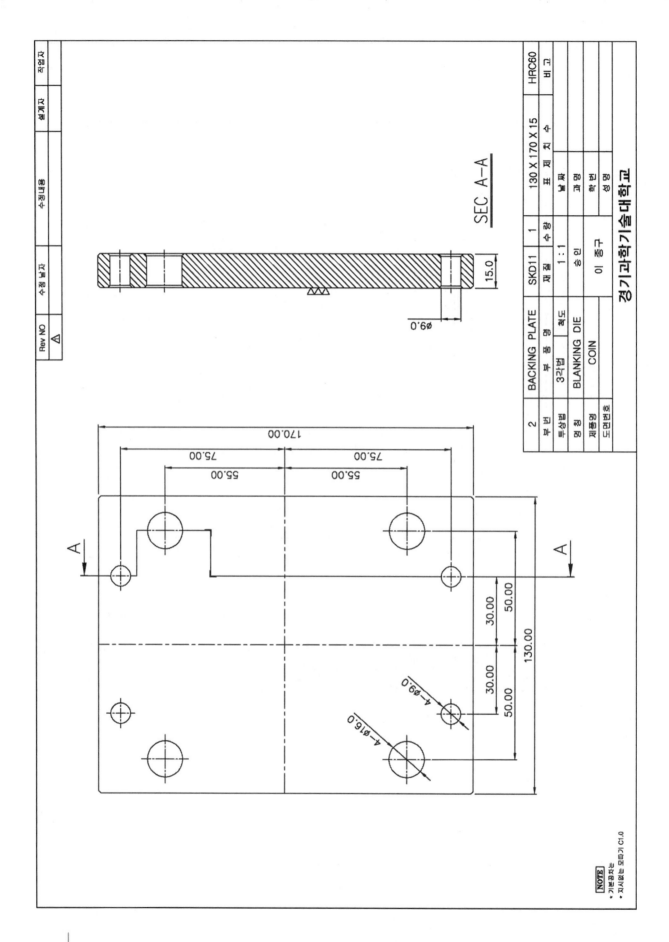

SEC A-A

	BACKING PLATE	SKD11	1	130 X 170 X 15	HRC60
2	품 명	재 질	수 량	표 재 치 수	비 고

부번			척도	1:1	
3각법	품명	BLANKING DIE	승인	이 종구	
특성법		COIN	날짜		
명칭			과명		
재품명			학번		
도면			성명		

경기과학기술대학교

NOTE
• 기본공차는
• 지시없는 모따기 C1.0

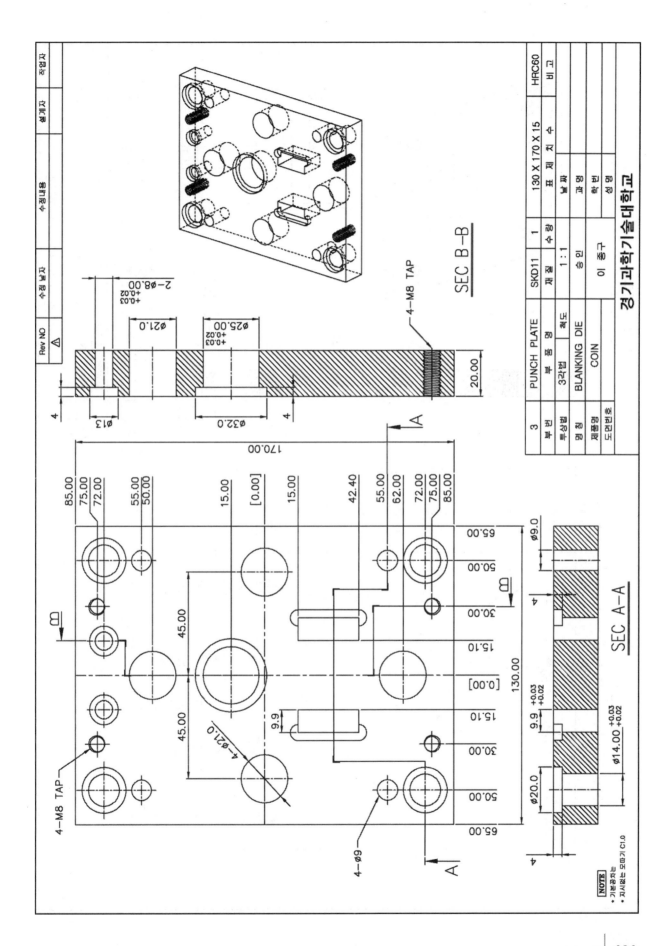

SEC B-B

4-M8 TAP

2-ø8.00 +0.03 +0.02
ø21.0
ø25.00 +0.03 +0.02
ø13
ø32.0
20.00
4
4

170.00

85.00
75.00
72.00
55.00
50.00
15.00
[0.00]
15.00
42.40
55.00
62.00
72.00
75.00
85.00

65.00
50.00
30.00
15.10
[0.00]
15.10
30.00
50.00
65.00

130.00

45.00
45.00

4-ø21.0
9.9

4-M8 TAP

4-ø9

B
B
A
A

SEC A-A

ø9.0
4
9.9 +0.03 +0.02
ø14.00 +0.03 +0.02
ø20.0
4

NOTE
• 기준공차는
• 지시없는 모따기는 C1.0

3	품 번	PUNCH PLATE		SKD11	1	130 X 170 X 15	HRC60
	품 명			재 질	수 량	표 재	비 고
	공정명	척도				날 짜	
	경정상명	BLANKING DIE		1 : 1		과 명	
	재품명	COIN		승인		학 번	
	도면번호			이 종구		성 명	

경기과학기술대학교

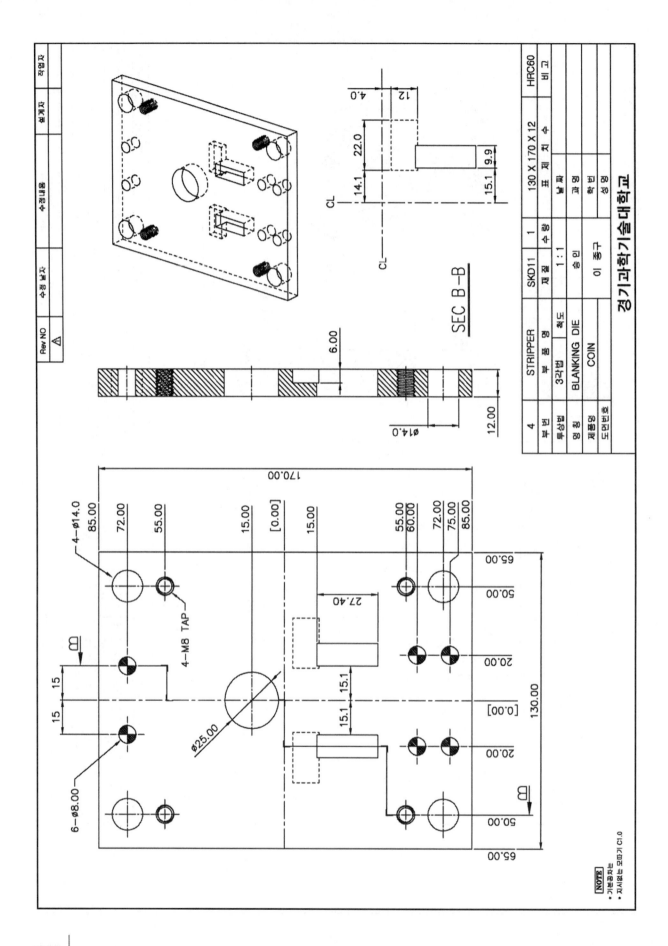

SEC B-B

STRIPPER			1	SKD11		130 X 170 X 12	HRC60
부 품 명			수 량	재 질		표 재 치 수	비 고
3각법	척 도		1:1			재 명	
영 칭		BLANKING DIE		송 인		학 번	
재품명		COIN		이 종구		성 명	
도면번호							

4 부 번 특성란 영 칭 재품명 도면번호

경기과학기술대학교

NOTE
* 기본공차는
* 지시없는 모따기 C1.0

4-Ø14.0
4-M8 TAP
6-Ø8.00
Ø25.00

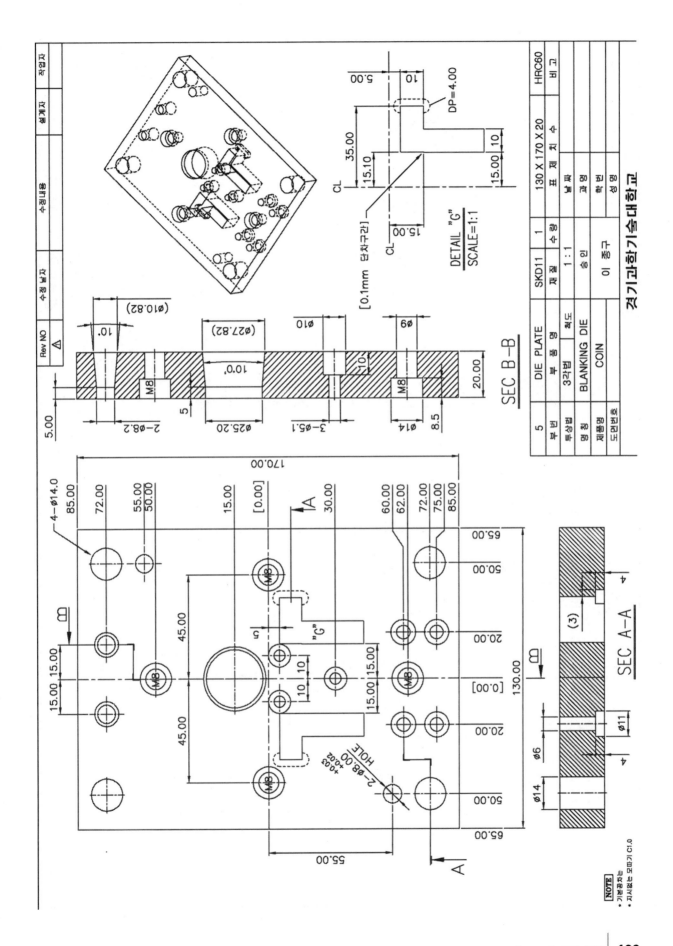

DETAIL "G"
SCALE=1:1

[0.1mm 단차구라]

SEC B-B

SEC A-A

NOTE
* 기본공차는
* 지시없는 모따기 C1.0

5	DIE PLATE	3각법	BLANKING DIE	COIN	SKD11	1	130 X 170 X 20	HRC60
부번	품상 명칭	척도	명칭	재품명	재질	수량	표재치수	비고

경기과학기술대학교

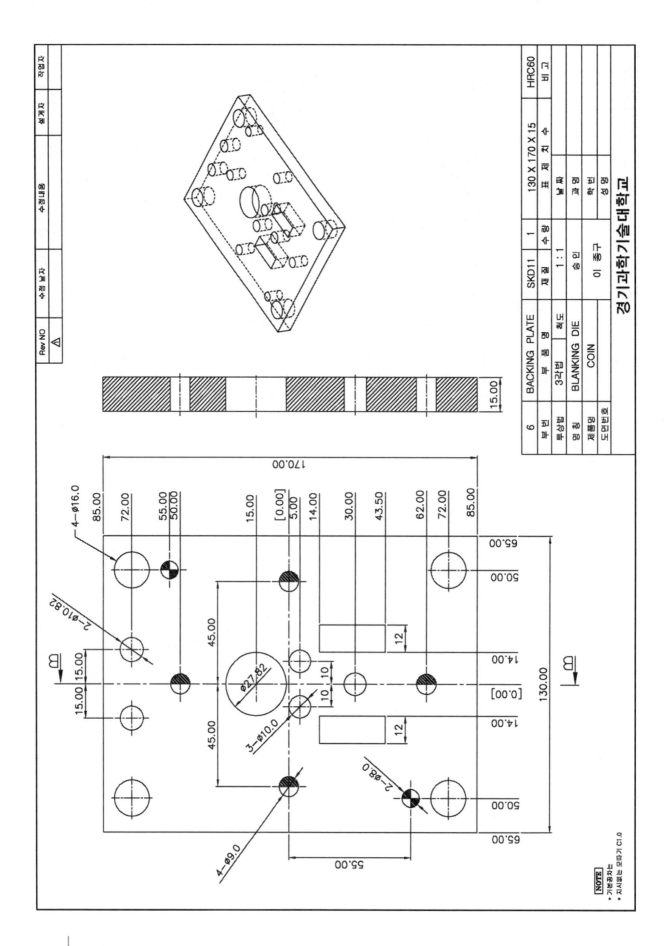

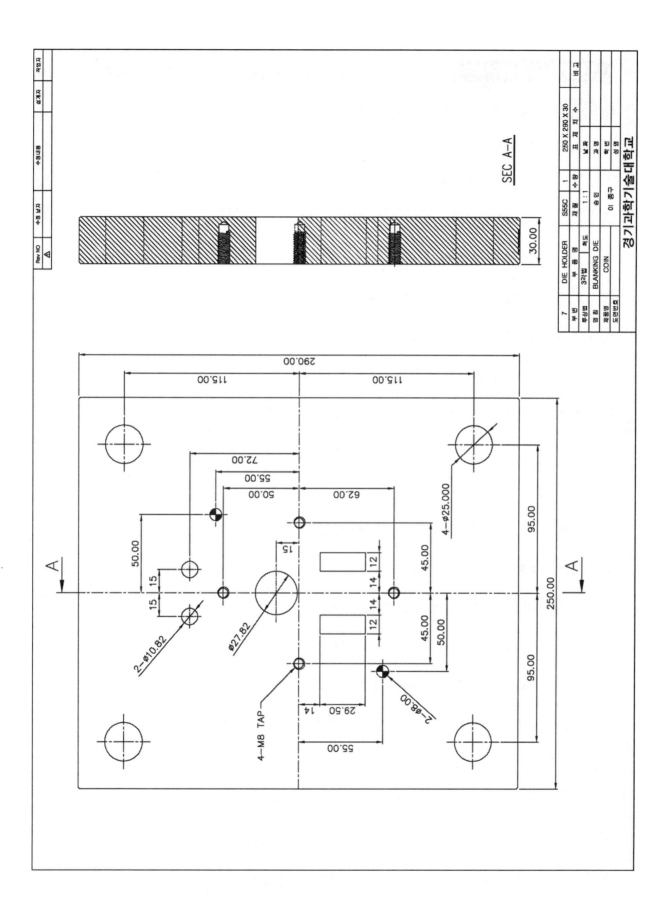

SEC A-A

30.00

7	DIE HOLDER	S55C	1	250 X 290 X 30	
부번	부품명	재질	수량	표준치수	비고

척 도	1 : 1
작 도	송 미
검 도	이 종구

경기과학기술대학교

품 명 : 32각판 BLANKING DIE
제품명 : COIN
도면번호 :

290.00
115.00
115.00

72.00
55.00
50.00
62.00

50.00

15
15

2-Ø10.82

Ø27.82

15

14 14 12

14 14 12

45.00

45.00

50.00

4-Ø25.000

95.00

250.00

95.00

A

A

4-M8 TAP

14
29.50

55.00

2-Ø8.00

문제 1 블랭킹 금형(Blanking Die)의 차이점을 설명하시오.

　　1) 고정식 스트리퍼한 방식

　　2) 가동식 스트리퍼판 방식

문제 2 복합 금형을 간단히 설명하고 장·단점을 쓰시오.

문제 3 트랜스퍼 금형(Transfer Die)을 간단히 설명하시오.

문제 4 순차이송 금형(Progressive Die)을 간단히 설명하시오.

문제 5 전단가공 특성에서 절단면의 구성을 설명하시오.

문제 6 틈새(Clearance)에 대하여 간단히 설명하시오.

문제 7 다이 세트(Die set)와 다이 세트의 장점을 설명하시오.

문제 8 다이 세트(Die set)의 종류를 쓰고 간단히 설명하시오.

문제 9 펀치 설계시 고려사항과 펀치 길이 계산방법을 설명하시오.

문제 10 다이의 종류와 다이분할방법의 기본사항을 설명하시오.

문제 11 분할다이의 조립 및 고정방법을 쓰시오.

문제 12 다이블록의 두께(H)의 결정방법을 설명하시오.

문제 13 다이블록의 외곽치수 크기의 결정시 고려사항을 설명하시오.

문제 14 백킹 플레이트(Backing plate)의 기능을 설명하시오.

문제 15 펀치 고정판(Punch plate)의 기능 및 설계시 고려사항을 설명하시오.

문제 16 펀치의 고정방법의 종류를 설명하시오.

문제 17 스트리퍼판(Stripper plate)의 기능과 설계시 고려사항을 설명하시오.

문제 18 파일럿 핀(Pilot pin)의 기능과 설계 전 고려사항을 설명하시오.

문제 19 맞춤핀(Dowel pin)의 기능과 사용재료에 대하여 설명하시오.

최신 프레스 금형설계·제작

정　밀
전단금형

정밀 전단 금형

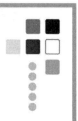

01 셰이빙(Shaving) 금형

① 개요

블랭킹(Blanking)에 의한 제품(Blank)의 절단면 형상은 처짐(Roll-over), 전단면(Burnish), 파단면(Fracture) 등으로 이루어져 있으며, 약간의 경사를 갖고 있다. 제품의 용도에 따라서, 이 전단면을 사용면으로 할 경우 파단면은 나쁜 영향을 미치고 사용을 할 수가 없게 된다. 따라서 1차 가공된 절단면을 다시 전단 공구로 파단면을 깎아내어 평활하고 깨끗한 절삭면을 얻을 수 있는 작업이 셰이빙 가공법이다.

② 셰이빙 가공 공정

- 1단계 : 절삭기
- 2단계 : 절삭기
- 3단계 : 전단과정(두께의 2/3 위치에서 발생) ➡ 전단면 : 펀치와 다이의 연결선에 위치

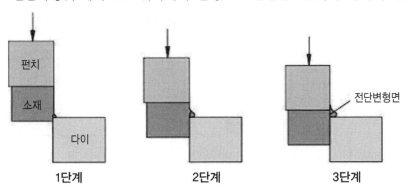

:• 그림 8-1 셰이빙 가공 공정

③ 셰이빙 가공 여유

셰이빙 가공 조건의 키포인트(Key point)는 셰이빙 다듬질 가공 여유 값에 있다. 일반적으로 다듬질 가공 여유가 적을수록 양호한 절단면을 얻을 수 있는데 전공정의 절단면에 대한 제약을 받으므로 지나치게 적게 할 수는 없다. 그러므로 두꺼운 판에 있어서는 2회 이상의 셰이빙을 필요로 하게 되며, 일반적으로 다음과 같은 가공 여유 값을 적용한다.

※ 틈새 + (0~0.05mm)

1) 1회 셰이빙의 가공 여유

두께	연강	반경강	경강	황동
1.2	0.06	0.08	0.10	0.13
1.6	0.08	0.10	0.13	0.15
2.0	0.09	0.13	0.15~0.18	0.18
2.4	0.10	0.15	0.18~0.20	0.20
2.8	0.13	0.18	0.23~0.28	0.25

※ 보통 피가공 재료 두께(t)의 (4~7)%를 적용하고 절삭성이 좋은 재질(황동, 알루미늄 등)은 가공여유를 크게 할 수 있다.

2) 2회 셰이빙의 가공 여유

셰이빙 가공성이 좋지 않은 재질(강판, 스테인리스 강판등) 또는 두께가 두꺼울 때에는 가공여유=1/2X 1차 셰이빙의 가공여유

④ 셰이빙 방향

그림 8-2은 셰이빙 가공 방향을 나타낸 것으로 (a)의 경우 가공 진행에 따라 후반에서 가공 여유가 감소하며 깨끗한 절단면을 얻을 수 있어 많이 사용되며, (b)의 경우 가공 진행에 따라 후반에서 가공 여유가 증가하기 때문에 파단면이 발생할 수도 있다.

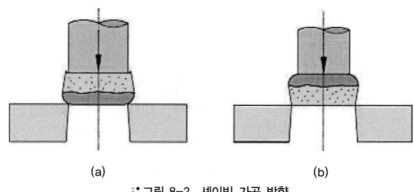

(a)   (b)

∷ 그림 8-2 셰이빙 가공 방향

⑤ 각종 셰이빙 가공법

1) 다중 셰이빙

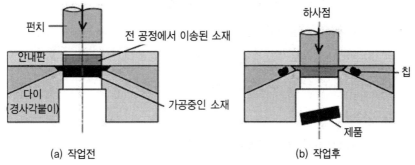

(a) 작업전   (b) 작업후

∷ 그림 8-3 다중 셰이빙

2) 브로우치(Broach) 셰이빙 : 펀치 날끝의 치수가 단계적으로 크게 가공되어 있어 정밀가공 된다.

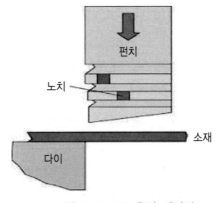

∷ 그림 8-4 브로우치 셰이빙

3) 단붙이 셰이빙

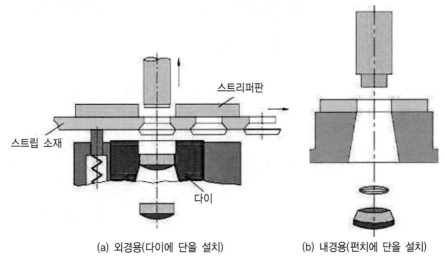

(a) 외경용(다이에 단을 설치)   (b) 내경용(펀치에 단을 설치)

∷ 그림 8-5 단붙이 셰이빙

⑥ 셰이빙의 장단점

1) 장점

① 가공할 수 있는 재료의 적용범위가 넓다.

② 평활한 전단면을 얻을 수 있다.

③ 치수 정밀도 및 직각 정밀도가 양호하다.

④ 두꺼운 판의 가공에 유효하다.

2) 단점

① 사전 절단 가공공정이 필요하다.

② 단공정 작업에서의 위치 결정이 어렵다.

02 대향 다이 전단법(Opposed dies shearing process)

① 개 요

그림 8-6은 셰이빙에서의 절삭모드와 파인 블랭킹에서 돌기붙이 다이의 압입에 의한 압축상태에서의 전단모드를 활용한 정밀전단방법으로서 금속 재료 이외에 비금속 재료, 취성재료의 가공이 가능하며, 평다이 날끝에 작은 반경(R)을 설치하여 균열발생을 억제시키는 특징을 가지고 있다.

② 전단 과정

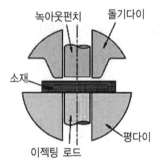
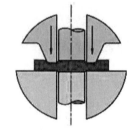

① 피가공 소재의 장입단계 ② 돌기 다이에 의한 절단 초기 단계

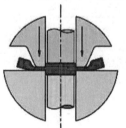

③ 돌기 다이에 의한 절단 중기 단계 ④ 녹아웃 펀치에 의한 전단 분리 및 제품 이젝팅 단계

∷ 그림 8-6 대향 다이 전단법

③ 다듬질 전단의 장단점

1) 장점

① 전단면이 깨끗하다.

② 치수정밀도가 양호하다.

③ 처짐(Roll-over)및 만곡(Dish-shape)이 적다.

2) 단점

① 전용프레스가 필요하다.

② 금형의 가격이 고가이다.

③ 사전공정을 필요로 하는 경우도 있다.

03 파인 블랭킹 금형(Fine Blanking die)

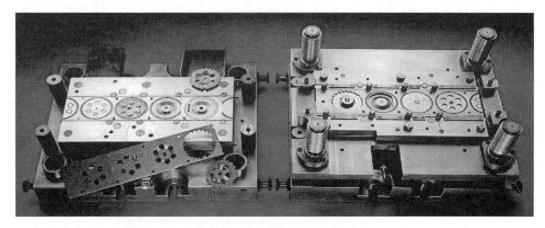

∷ 그림 8-7 파인 블랭킹 금형

① 파인 블랭킹 가공의 개요

파인 블랭킹 가공은 크게 공구(금형), 기계(Press), 피가공재, 윤활유 등으로 구성되며, 일반 블랭킹법에 비하여 깨끗한 전단면과 정밀한 치수 및 소정의 형상을 가진 제품을 대량 생산하는 것으로 단 1회의 전단공정으로 피가공판 두께 및 전단윤곽전체에 걸쳐 깨끗한 유효 전단면 (Burnish)을 얻을 수 있는 가공법이다. 또한 일반전단(Conventional Blanking : CB법)에서 가공이 곤란한 코이닝(Coining), 카운터 싱킹(Counter sinking)등, 복잡한 형상의 복합가공을 할 수 있는 특징을 갖는 우수한 전단 가공법이다. 그림 8-8과 그림 8-9는 일반 블랭킹과 파인 블랭킹의 차이점을 보여준다.

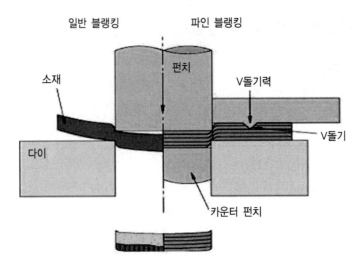

일반 블랭킹   파인 블랭킹

펀치

소재

V돌기력

V돌기

다이

카운터 펀치

:• 그림 8-8 일반 블랭킹과 파인 블랭킹의 차이

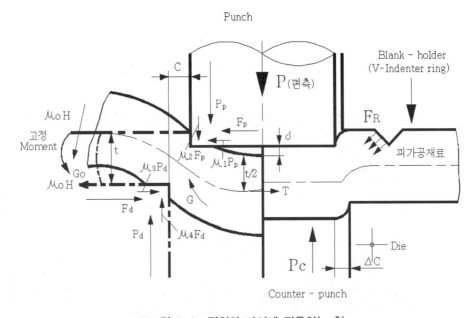

Punch

C

P(편측)

P_p

F_p

δ

Blank - holder
(V-Indenter ring)

F_R

$\mu_0 H$

고정
Moment

t

$\mu_2 F_p$ $\mu_1 P_p$

$t/2$

피가공재료

G_o

$\mu_3 P_d$

$\mu_0 H$

F_d

G

T

P_d

$\mu_4 F_d$

P_c

Die

$\triangle C$

Counter - punch

:• 그림 8-9   펀치와 다이에 작용하는 힘

② 파인 블랭킹 금형의 연구동향

자원의 혜택을 받지 못하는 스위스(Swiss)에서, 1923년경 파인 블랭킹법이 최초로 개발되어, 많은 목적 중에서도 특히, 가공기술의 절약을 중요시 하여왔다. 그 후, 약 60여 년간에 걸친 경험이 기본적인 기술로 알려져 있고, 이 가공법에 필요한 소성가공이론, 금형, 피가공재, 프레스 기계 등 가공조건에 대한 연구가 이루어져, 그 연구결과와 생산현장에서의 경험이 조합을 이루어 적용영역이 급속히 진전 확대 되었다.

따라서 기초이론은 K. Lang 등에 의해 연구되었고, 실용면은 J. Haac, F. Birzer에 의해 발전되었다. Haac는 V형압입링을 전단(Blanking)윤곽 외측에 설치하여, 피가공재의 구속으로 전단진행시, 전단변형부(Shear zone)에 압축력을 효과적으로 작용시킬 수 있도록 하였고, 파인 블랭킹용 피가공재료의 특성을 연구하여, 파인 블랭킹에 적합한 재료를 선정할 수 있도록 하였다.

S. Mekaru는 치형형상의 공구에 의한 경질재료의 파인 블랭킹에 대하여 연구하였고, K. Kondo, T. Iwama 등은 대향다이스에 의한 전단면의 변형능에 대하여 실험적으로 연구하였고, 또한 블랭크 홀더에 V형 압입링을 convay, concave형으로, 전단하중 및 만곡에 대하여 실험 고찰하였다. Hirota 등은 펀치 날끝부에 단을 붙인 간이 정밀 전단법을 고안하여, 여러 종류의 재질과 후판에 유용하게 적용할 수 있는 평가를 받고 있으나, 전단면 형성에만 국한된 실험적 가공법으로 파인 블랭킹 과정에서의 가공특성 및 정량적 해석으로는 미흡한 상태이다. J. Lazaver, Z. H. chen, C. Y. Tang 등은 파인 블랭킹 과정을 대변형 이론을 적용하여 응력 및 변형의 조건 등을 유한요소 해석하여 파인 블랭킹의 메카니즘의 연구에 유용한 결과를 유추하였다. 그러나 파인 블랭킹 과정에서 전단부의 응력 및 변형거동에 대한 영향을 미치는 인자가 많기 때문에 앞으로도 계속적인 연구가 더욱 더 요구된다.

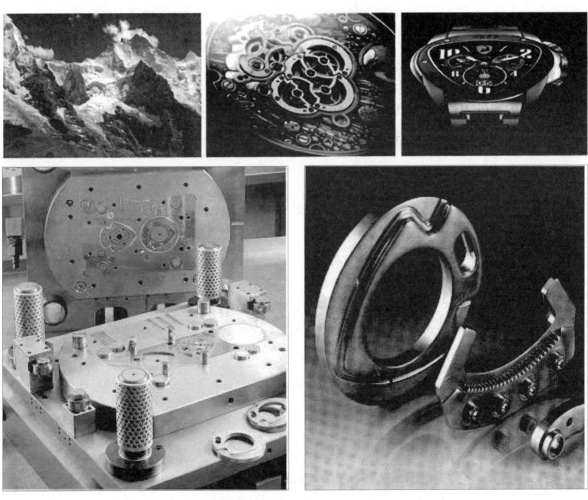

∙∙∙ 그림 8-10 파인-블랭킹 금형과 제품

③ 파인 블랭킹의 원리

그림 8-11은 파인 블랭킹의 기본 원리를 나타낸 것으로 블랭킹 펀치 주위에 있는 V링붙이 스트리퍼판으로 피가공 재료를 가압하고 펀치 아래에 있는 카운터펀치로 역가압하여, 펀치, 다이의 틈새부(전단변형부) 재료에 압축응력을 부가함으로 균열에 의한 파단을 발생시키지 않고 전단, 분리하는 가공법이다. 따라서 압축력을 효과적으로 높이기 위해서, 스트리퍼판과 다이면의 한쪽면, 또는 양쪽면에 블랭킹 윤곽에 따르는 삼각형의 압입링(Vee-Ring)을 붙여, 압축을 효과적으로 가함으로서, V링돌기가 피가공재내에 충분히 파고 들어 가도록 하고 있다. 펀치와 다이의 틈새를 극히 작게(재료두께의 1%이하)하고, 다이의 날끝에는 아주 작은 반경(R) 을 주어 인장력에 의한 균열이 발생하지 않도록 한다. 이와 같은 것은, 압축력을 극대화 할 수 있도록 가능한한 모든 수단을 사용함으로서, 재료의 연성을 크게 해 주는 것이다.

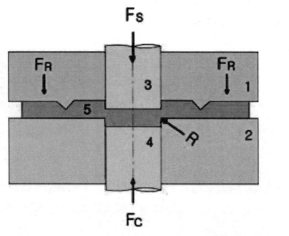

1. V링붙이 스트리퍼판
2. 블랭킹 다이
3. 블랭킹 펀치
4. 카운터 펀치
5. 소재

FS : 전단력(Ton)
FR : V링 압입력(Ton)
FC : 카운터 펀칭력 (Ton)
R : 다이날끝 반경

∷ 그림 8-11 파인 블랭킹 가공의 원리

1) V링(V-ring)의 역할

V링은 파인 블랭킹법의 특징중의 하나로서 다음과 같은 중요한 역할을 한다.
① 피가공 소재를 가압 구속하여 다이면에서 튀어 오르지 않도록 한다.
② 피가공소재가 펀치의 측방향으로 밀리지 않도록 한다.
③ 전단변형부(틈새부)에 정수압효과를 주어 금속의 소성변형을 증대시켜 가공성을 향상시킨다.

2) V링 형상과 치수의 결정
① 일반적으로 강재에 대한 블랭킹일 경우
• 판 두께 6mm 이하는 스트리퍼판 쪽에만 V링을 설치한다(한쪽 V링).
• 판 두께 6mm 이상은 스트피퍼판, 다이 쪽 모두 V링을 설치한다(양쪽 V링).

② 부품 형상에 따른 V링의 설계

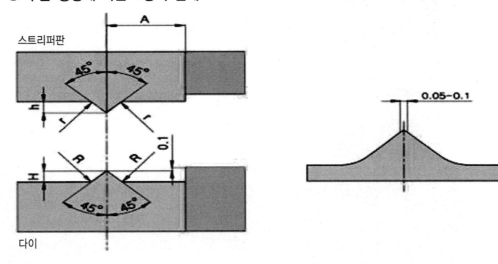

::그림 8-12 V형 압입링의 형상

표	편측(스트리퍼판) 설치		
두께	A	H	R
1~1.7	1	0.3	0.2
1.8~2.2	1.4	0.4	0.2
2.3~2.7	1.7	0.5	0.2
2.8~3.2	2.1	0.6	0.2
3.3~3.7	2.5	0.7	0.2
3.7~4.5	2.8	0.8	0.2

표	편측(다이) 설치		
두께	A	H	R
2.8~3.2	2.1	0.6	0.6
3.3~3.7	2.5	0.7	0.7
3.8~4.5	2.8	0.8	0.8

표	양측(스트리퍼판과 다이) 설치				
두께	A	H	R	h	R
4.5,5.5	2.5	0.8	0.8	0.5	0.2
5.67	3	1	1	0.7	0.2
7.19.0	3.5	1.2	1.2	0.8	0.2
9.111	4.5	1.5	1.5	1	0.5
11.113	5.5	1.8	2	1.2	50
18.115	2.2	3	3	1.6	0.5

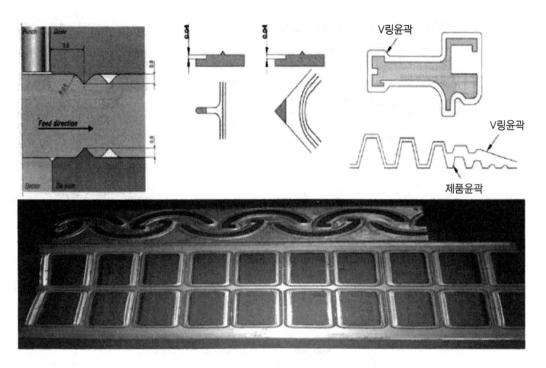

:• 그림 8-13 부품 형상에 따른 V링의 설계

⑥ 파인 블랭킹의 특징

파인 블랭킹법은 다른 전단가공법에 대해 다음과 같은 특징이 있다.

1) 장점

　① 프레스 가공 제품에서 다공정 제품의 대체

　② 후공정에서 프레스 및 기계가공 등을 필요로 하는 제품의 대체

　③ 절삭 및 연삭가공에서 다공정 제품의 대체

　④ 주조 및 단조가공에서 후공정이 많은 제품의 대체

　⑤ 여러 구성 부품으로 조립되어 지는 제품의 대체

2) 단점

　① 금형의 제작시 고정밀도의 가공기술이 요구됨

　② 고가의 장비비 부담.(F.B전용 Press가 필요)

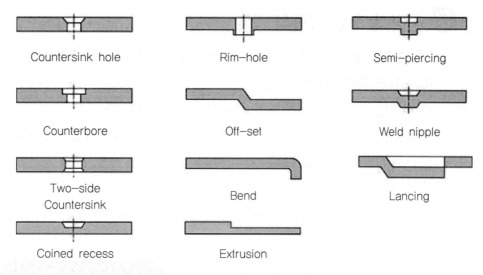

Countersink hole	Rim-hole	Semi-piercing
Counterbore	Off-set	Weld nipple
Two-side Countersink	Bend	Lancing
Coined recess	Extrusion	

∴ 그림 8-14 파인 블랭킹 가공 예

∴ 그림 8-15 각종 파인 블랭킹 제품

⑦ 파인 블랭킹 제품의 특징

파인 블랭킹 제품은 일반전단 제품에 대하여 다음과 같은 특징을 갖는다.

① 전단면 끝의 처짐이 작다.

② 파단면이 없고, 재료두께의 100%에 전단면을 갖는다.

③ 전단면의 형상이 전체적으로 균일하고 깨끗하다.(표면거칠기 Rmax 0.8정도)

④ 치수정밀도가 높다.(표준오차 0.01mm)

⑤ 만곡이 적다.(0.01mm)

그림 8-16에 전단면의 형상을 나타내었고, 일반 전단면과 파인 블랭킹의 전단면을 그림8-17에 비교 표시하였다.

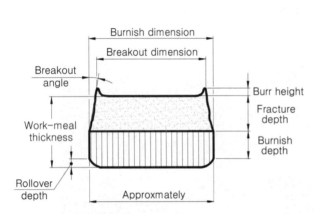

:: 그림 8-16 일반 전단면 형상 정밀 전단면의 비교

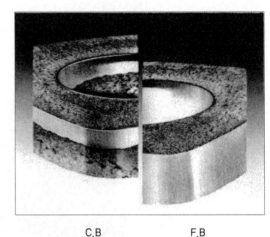

C.B   F.B

:: 그림 8-17 일반전단면과 정밀전단면의 비교

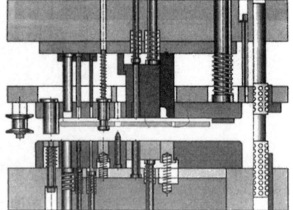

:: 그림 8-18 FB 금형

8 파인 블랭킹의 가공 순서

그림 8-19는 파인 블랭킹 가공 순서를 나타낸 것이다.

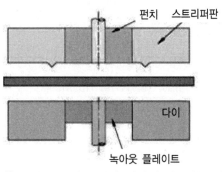

① 소재를 펀치와 다이 사이에 장입하는 단계

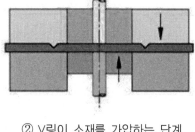

② V링이 소재를 가압하는 단계

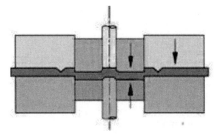

③ 펀치와 다이가 전단을 시작하는 단계

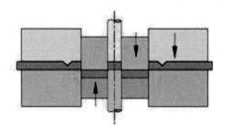

④ 전단이 완료되는 단계

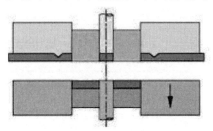

⑤ 상하금형이 열리는 단계

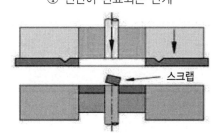

⑥ 펀치로부터 스크랩을 빼는 단계

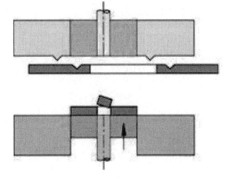

⑦ 다이 속에서 제품을 이젝팅

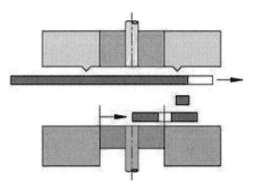

⑧ 금형으로부터 제품을 배출하고 하는 단계 다음 가공을 하기 위해 소재를 이송시키는 것으로서 1공정(Cycle)의 파인 블랭킹 가공이 완료된다.

∴그림 8-19 파인 블랭킹 가공 순서

⑨ 각종 하중의 계산

1) 전단력의 계상(Calculation of the Blanking Pressure)

$$F_S = 0.9 \times L \times s \times \sigma \times f_1 (N)$$

L : 전단선의 길이(mm) (Total of outer & inner shear lengths)

s : 재료의 두께(mm) (Material thickness)

σ : 인장강도(N/mm²) (Tensile strength)

0.9 : shear strength 90%

2) V링 압력의 계산(Calculation of the V−Ring Pressure)

$$F_R = 4 \times L_R \times h \times \sigma (N)$$

4 : 상수(실험치)

L_R : V−Ring의 전체길이(mm)

h : V−Ring의 높이(mm)

σ : 재료의 인장강도(N/mm²)

3) 역펀치 압력의 계산(Calculation of the Counter Pressure)

$$F_G = A_S \times q_G (N)$$

F_G : Counter force

A_S : 제품의 표면적(mm²)

q_G : 고유카운터 압력(N/mm²)

4) 스트립핑, 이젝팅 압력의 계산(Calculation of the Stripping or Ejecting Pressure)

$$F_{RA} = F_S \times F(N)$$

$$F_{GA} = F_S \times F_3(N)$$

F_{RA} : Stripping force(N)

F_{GA} : Ejecting force(N)

f_3 : 상수 0.1 ~ 0.2

:: 그림 8-20 금형 보관 방법

:: 그림 8-21 제품 견본 보관 방법

:: 그림 8-22 포르투갈의 고성

⑩ 파인 블랭킹 가공에 적합한 피가공재

지금까지의 파인 블랭킹을 실시함에 있어서 재료의 기계적 성질, 화학 성분, 조직 등이 파인 블랭킹의 성공여부에 큰 영향을 미친다. 즉, 연성이 풍부하고 좋은 냉간소성변형능을 갖는 재료로써 구상화 풀림 열처리된 탄화물 조직으로, 입자가 적당한 크기로 균일하게 분포되어 있고, 비금속 개재물이 없으며 적당한 인장강도를 갖는 재료가 깨끗한 전단면을 얻을 수 있으며 금속 조직의 차이에 따른 절단면의 차이가 그림 8-22에 나타나 있다.

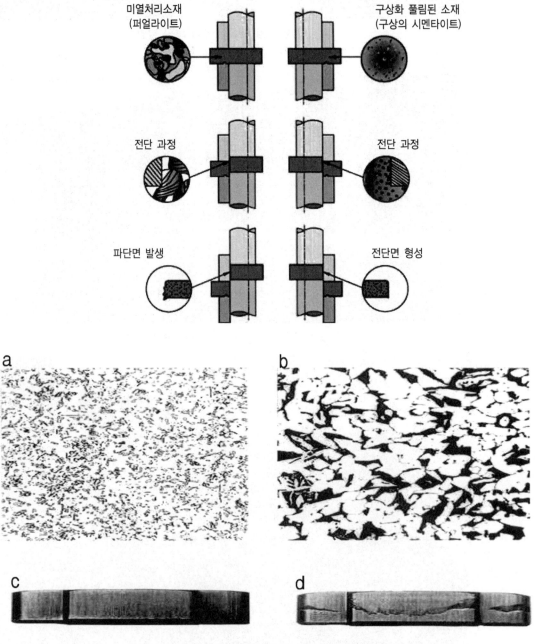

:• 그림 8-23 소재의 조직에 의한 전단면의 영향

1) 파인 블랭킹 가공에 적합한 피가공재 인장시험

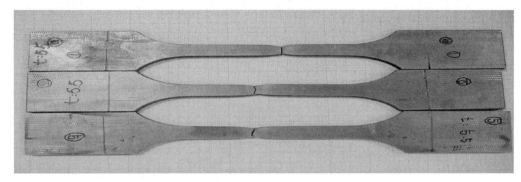

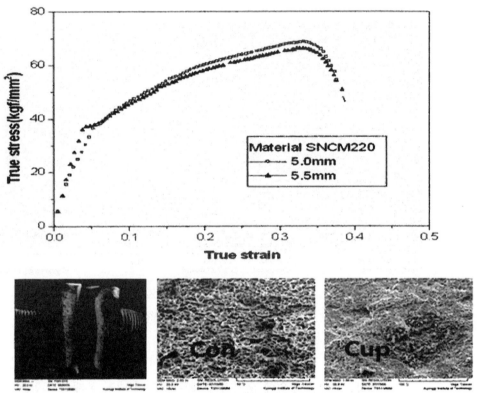

:: 그림 8-24 소재의 인장시험

2) 소재 분석 결과

균열의 발생을 규명하기 위해 그림 8-24에 나타낸 것과 같이 인장파괴 거동을 살펴보았다. 일반적으로 파단의 유형에는 (1) 다결정 금속의 취성파괴, (2) 연성 단결정 금속의 전단파괴, (3) 다결정 금속의 컵-콘형 연성파괴(5), (4) 다결정 금속에서 100% 단면감소율에 따른 완전 연성파괴 등이 있다. 연성파괴는 상당한 소성변형을 일으킨 후에 일어나고, 균열전파가 느린 특성이 있다. 주로 금이나 납, 알루미늄합금 등과 같이 매우 연한 재료들은 인장시험 시 파단되기 전에 파단면이 거의 0점에 이를 때까지 네킹이 진행된다.

그림 8-24는 SNCM220 소재의 인장시험을 한 것으로 전형적인 인장파괴에 의한 Con & Cup 단면을 보이고 있다.

또한 전단응력이 최대가 되는 면을 따라 균열의 방향은 인장축에 대해 45°로 바뀌어 컵과 콘(Cup & Cone) 파괴로 바뀐다. 전단파괴는 결정들 내부에서 슬립면(Slip plane)을 따라 과도한 슬립이 생긴 결과로서, 파단면을 SEM으로 관찰해보면 마치 파단면 전체에 수많은 미소공동(Micro Void)이 있는 것을 알 수 있다. 그림8-25는 SNCM220 소재를 인장시험 한 후 전단된 내부의 조직을 SEM 검사한 결과로서, 일반적으로 균일한 조직을 형상하고 있으나 그림8-26에서 보는 바와 같이 일부분에서는 불순물이 포함된 불균일한 부분이 나타났다. 이와 같이 재료에 개재물이 불균일하게 분포하고, 조직의 불균일함은 Fine-Blanking시 전단면에 파단(Fracture)을 일으키는 원인이 된다고 사료된다.

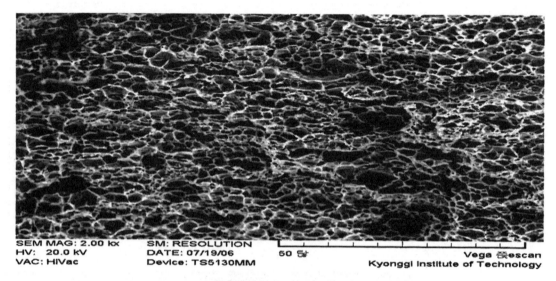

등축딤플(Equiaxed dimple)

∷ 그림 8-25 SEM에 의한 SNCM220 파단면

균열은 미소공동의 형성으로부터 시작되며, 이러한 공동은 보통 작은 개재물 (inclusion)들 주의에 생기거나 재료 내부에 미리 존재하고 있으며, 공동들이 성장하고 서로 결합하여 균열이 되고 균열이 성장함에 따라 파단이 시작된다. 따라서 개재물의 영향에 대하여 살펴보면 개재물은 공동(Void)이 생성되는 곳이므로 연성파괴와 나아가서는 재료의 성형성에도 좋지 않은 영향을 미친다.

이 개재물은 다양한 형태의 불순물(impurity)들과 산화물, 탄화물 및 황화물과 같은 제2상 입자(Second-phase particle)들로 되어 있고 이러한 개재물의 영향은 이들의 형상, 경도 분포 및 체적비와 같은 인자들에 따라 다르다. 따라서 개재물의 체적비가 클수록 재료의 연성을 저하시키고, 공동(Void)이나 기공(Porosity)도 재료의 연성을 저하시킨다. 따라서 공동 형성에 영향을 주는 요인은 첫째, 개재물과 모재의 경계면에서의 결합강도로서 결합이 강하면 소성변형 중에 공동이 형성될 가능성은 그만큼 감소하나, 둘째 개재물의 경도로서 황화망간과 같이 연한 개재물은 소성변형 중에 시험편의 형상이 변함에 따라 같이 변형하지만, 탄화물이나 산화물과 같은 경한 개재물은 공동형성을 유도하고, 경한 개재물들은 취성 때문에 변형 중에 잘게 부서지기도 한다.

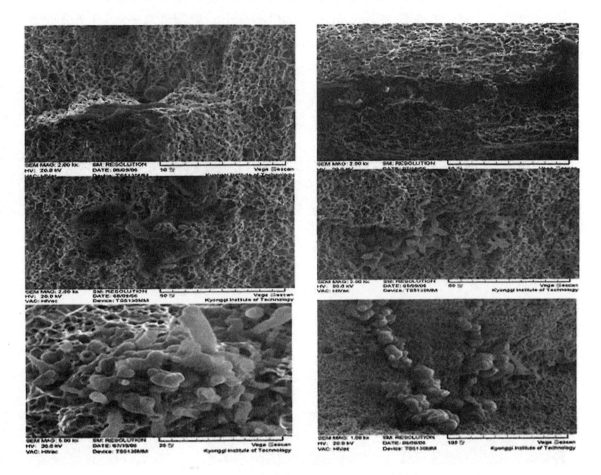

∴ 그림 8-26 SNCM220 불균일 소재의 내부조직

소성변형 되는 동안 개재물이 일렬로 배열되는 현상을 기계적 섬유화(Mechanical fibering)라 한다. 이러한 재료의 후속가공에서는 연성과 강도를 극대화하도록 가공방향을 적절하게 선정하여야 한다.

파단면을 살펴보면 Dimple이라 부르는 수많은 움 폭이 보이며, 움 폭의 속에는 개재물 등의 제2상입자가 이따금 존재한다.

제2상 입자가 Dimple의 형성에 미치는 영향에 대하여 고찰한 결과 Dimple의 크기는 제2상입자간의 간격과 체적함유율에 의한 영향이 크다고 생각된다. 또한 Dimple의 형상은 핵이 되는 제2상입자나 소재의 소성변형 특성에 의존하지 않고 작용응력 방향과 공동이 형성되는 면과의 이루는 각도에 의존한다고 본다.

실예로서 그림8-25에서와 같이 단축인장하중에서 균일한 변형을 받는 경우에는 등축딤플(Equiaxed dimple)이 형성되고, 그림 8-27과 같이 전단변형을 받는 경우에는 전단방향으로 신당딤플(Elongated dimple)이 형성되며, 한 쌍의 파면상에서 역방향으로 늘어난 Dimple이 형성되기 때문에 이 경우를 전단딤플(Shear dimple)이라 한다.

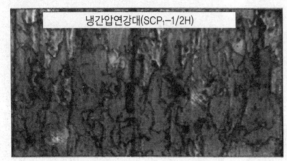

냉간압연강대(SCP₁-1/2H)

연한 풀림 열처리한 Austemile 조직
Fineblanking시 연성이 좋음.

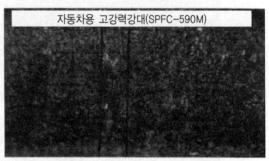

자동차용 고강력강대(SPFC-590M)

구상화 열처리한 Cemetite 조직
Fineblanking시 매우 적절한 조직
경도값이 높은 특징을 갖은 조직

:• 그림 8-27 금속조직 검사 실예

3) 경도 측정 결과

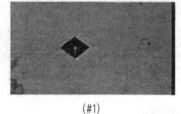

(#1)

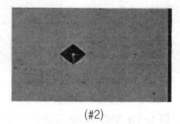

(#2)

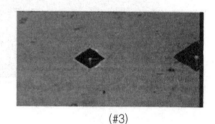

(#3)

경도시험 data							
시편번호	경도값(Hv)					합계	평균값
#1	153	152	148	146	153	752.4	152.8
None 구상화(4.5t)							
#2	121	133	133	133	130	649.2	132.1
구상화(5t)							
#3	145	145	147	146	144	727.3	145.5
구상화(5.5t)							
Test load : 200g			Dwell time : 15sec				

:• 그림 8-28 피가공소재의 경도값

:: 그림 8-29 스위스 Fine-Tool 회사

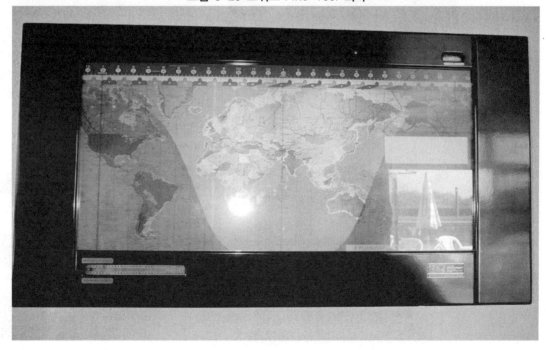

:: 그림 8-30

⑪ 파인 블랭킹 프레스(Fine Blanking Press)

강판재의 정밀진단을 주로 하기 위해 3개의 램 구동을 갖는 3동(triple action) 유압 프레스가 대표적이다.

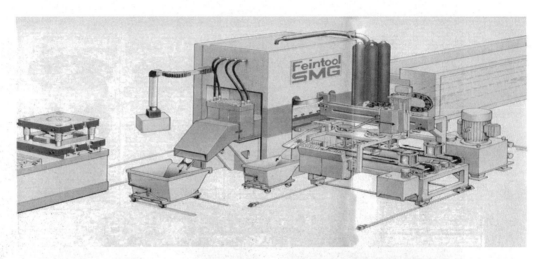

:: 그림 8-31 파인 블랭킹 프레스(Fine Blanking Press)

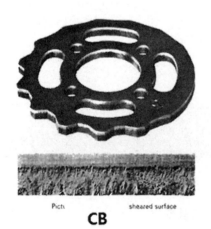

CB

FB

:: 그림 8-32

:: 그림 8-33

⑫ 파인 블랭킹용 윤활유의 특성

파인 블랭킹 가공은 가공조건이 매우 가혹하기 때문에 재료의 일부가 펀치, 다이의 마찰열에 의해 표면에 용착현상이 발생하고, 펀치, 다이 날 끝의 마모를 초래하여, 결국 금형 수명을 단축시키고, 제품의 전단면에는 상처, 플래시 등이 발생하여 제품의 품질을 저하시킨다. 따라서 파인 블랭킹용 오일(Oil)은 압력과 온도에 대한 안정성이 크고 마찰계수가 작아야 한다. 일반적으로 염소계 극압제＋유황계 극압제＋유황계 향상제＋정제 광물유로 구성된 오일을 사용하고 있다.

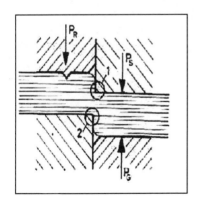 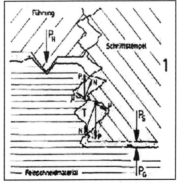 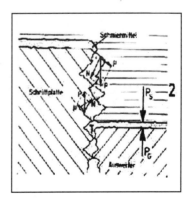

:: 그림 8-34 파인 블랭킹 시 윤활시 작용 현상

- 재료별(SPC, SAPH 연직재)=산프레스 파인 블랭킹 120

  (2륜차용 디스크 블레이크, 알루미늄, 합금)=산프레스 파인 블랭킹 323
- 두께별(독일 HOllFA사) : HFF1(소재두께 4t 이하)

  HFF22(소재두께 4t 이상)

⑬ 파인 블랭킹에 의한 제품

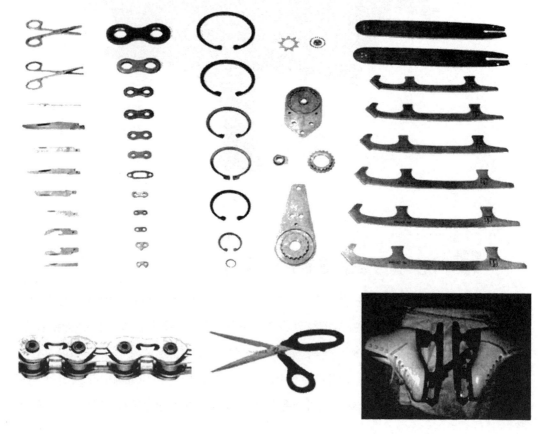

∷▪ 그림 8-35

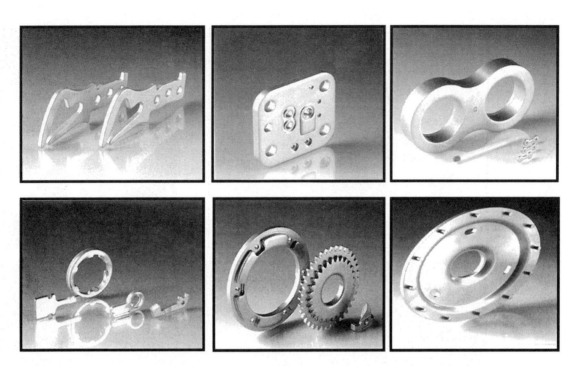

:• 그림 8-36

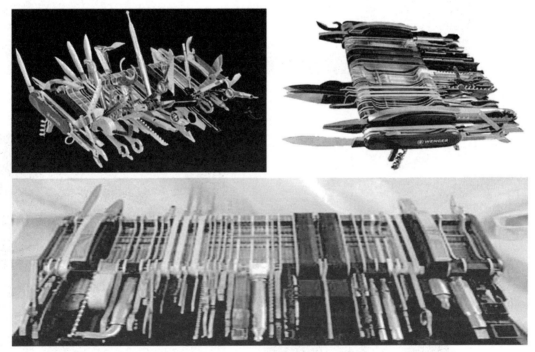

:• 그림 8-37

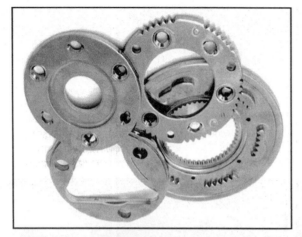

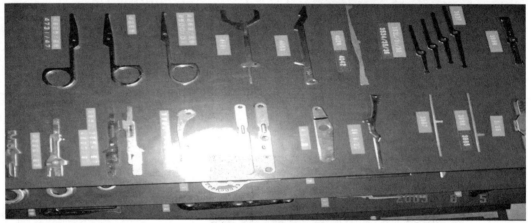

:: 그림 8-38

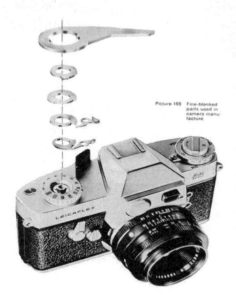

Picture 169 Fine-blanked parts used in camera manufacture

:: 그림 8-39

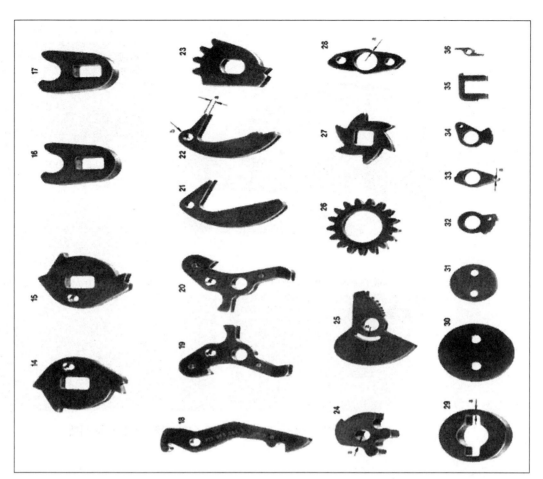

:: 그림 8-40 파인 블랭킹에 의한 각종 부품 및 제품

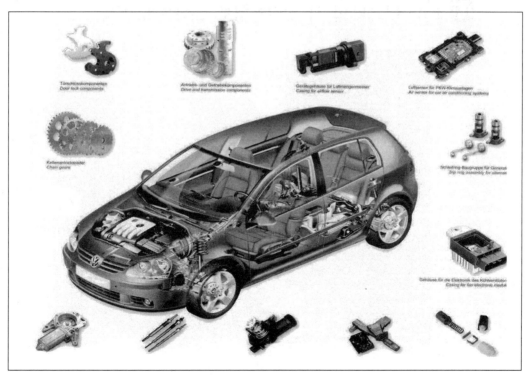

:: 그림 8-41

FORGING PULLEY ASS'Y PARTS

BRAKE & DOOR PARTS

AIR CONDITIONER PARTS

OIL PUMP & TRANSMISSION PARTS

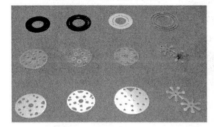

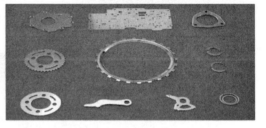

:: 그림 8-42 파인 블랭킹에 의한 각종 부품 사용 사례

⑭ Fine-Blanking 시 전단변형부 응력분포 해석

:: 그림 8-43

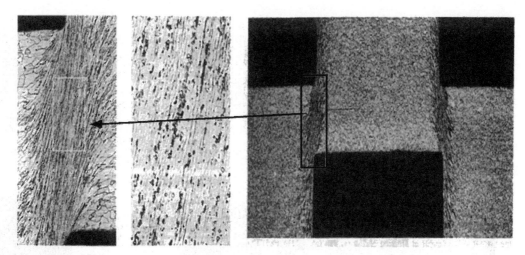

:: 그림 8-44 Fine-Blanking 시 전단변형부 소성유동

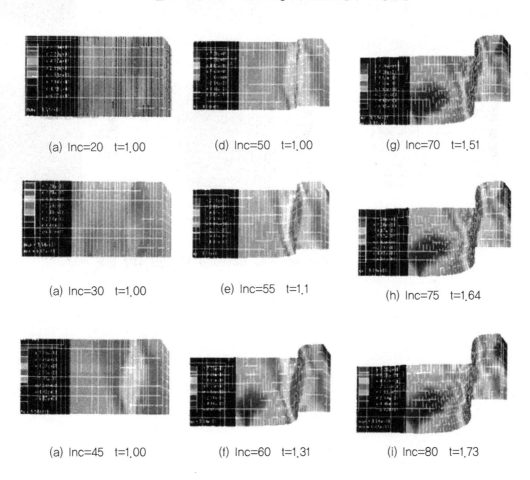

(a) Inc=20 t=1.00	(d) Inc=50 t=1.00	(g) Inc=70 t=1.51
(a) Inc=30 t=1.00	(e) Inc=55 t=1.1	(h) Inc=75 t=1.64
(a) Inc=45 t=1.00	(f) Inc=60 t=1.31	(i) Inc=80 t=1.73

:: 그림 8-45 Fine-Blanking 시 전단변형부 응력해석

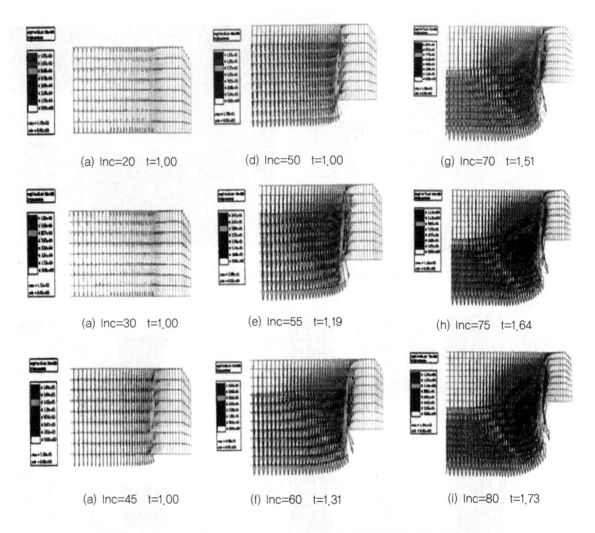

(a) Inc=20 t=1.00 (d) Inc=50 t=1.00 (g) Inc=70 t=1.51

(a) Inc=30 t=1.00 (e) Inc=55 t=1.19 (h) Inc=75 t=1.64

(a) Inc=45 t=1.00 (f) Inc=60 t=1.31 (i) Inc=80 t=1.73

∵ 그림 8-46 Fine-Blanking 시 전단변형부 변형 해석

:: 그림 8-47 설계, 제작, 시험(Try) 작업광경

:: 그림 8-48

단원학습정리

문제 1   셰이빙(Shaving) 금형의 개요와 셰이빙의 장·단점을 설명하시오.

문제 2   대향 다이 전단법(Opposed Blanking die)의 개요를 설명하시오.

문제 3   파인 블랭킹 금형(Fine Blanking die)의 개요를 설명하시오.

문제 4   파인 블랭킹의 원리를 설명하시오.

문제 5   파인 블랭킹에서 V링(V-Ring)의 역할을 설명하시오.

문제 6   파인 블랭킹의 특징에서 장·단점을 설명하시오.

문제 7   파인 블랭킹 제품의 특징을 설명하시오.

문제 8   파인 블랭킹 시 각종 하중의 계산식을 쓰시오.

문제 9   파인 블랭킹 가공에 적합한 피가공 소재에 대하여 설명하시오.

문제 10   파인 블랭킹용 윤활유의 특성과 종류에 대하여 설명하시오.

최신 프레스 금형설계·제작

프레스(Press)
기계

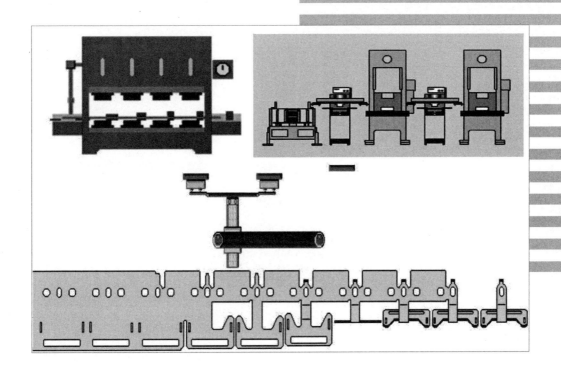

프레스(Press) 기계

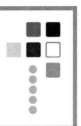

01 프레스(Press) 기계의 정의

　　프레스 기계란 주로 직선 왕복 압축운동을 하는 기계로서 2 이상의 짝을 이룬 공구(금형)를 사용하여, 그 공구 사이에 피가공재(work piece)를 넣고 상대 운동을 시켜, 금형에 의해 강한 힘을 가하여 재료의 일부 또는 전체에 영구 변형을 가하여, 전단, 성형, 접합 및 교정 가공을 하는 기계로서, 공구(금형) 사이에서 발생되는 힘의 반력을 기계 자체로서 충분히 지탱하도록 설계, 제작된 기계이다.

　　따라서 프레스 기계 자체로는 비교적 단순한 동작을 행하는 기계이지만 금형을 사용하는 것에 따라 복잡한 모양의 가공을 가능하게 한다.

02 프레스(Press) 가공의 특징

　　프레스 가공은 비교적 균일한 제품을 정밀도 높게 대량 생산하는 것이 최대 특징이며, 작업이 양산을 대상으로 한 소성변형을 이용하는 가공법인 것에 대해서, 그 기본이 되는 형공구 등의 제작은 고정밀도를 요하는 극소량의 절삭, 연삭, 방전 가공 등의 가공 방법에 의존하는 것도 프레스 가공의 특징이다.

　　또한 가공 공정상에 있어서의 큰 특징은 가공경화, 이방성, 잔류응력, 표면 거칠기 등의 발생 때문에 재료의 성질이 변화하는 것이다.

① 프레스와 공작기계의 비교

기 능	프레스	공작 기계
1개 가공에 필요한 공구수	2개 이상의 set로 구성	1개로도 가공할 수 있음
공구 모양과 제품의 모양	공구 모양과 제품 모양이 일치	틀린다.
공구와 제품의 대응	1개 공구는 하나의 제품 가공	1개 공구로 다종 제품 제작
공구 교환 시기	1회의 가공 시간에 비해 길다	1개 공구 시간에 비해 짧다.
공구 가격	비싸다.	싸다.
가공 속도	빠르다.	느리다.
Scrap량	적다.	많다.
가공재를 붙이고, 떼는 시간	대단히 짧다.	어느 정도 길다.
생산량	대량 생산(가장 큰 특징)	소량 생산에 적합

② 기계식 프레스와 유압식 프레스의 비교

기 능	Mechanical Press	Hydraulic Press
가공 속도	Fast	Slow
스트록 길이의 한도	너무 길게 할 수 없다. (600~1,000mm)	1,000mm 이상의 것도 가능
스트록 길이의 변화	일반적으로 행하기 어렵다.	다소 쉽게 할 수 있다
스트록 위치와 발생 압력	하사점으로부터 멀어질수록 발생 압력 감소	스트로크 위치에 관계없이 호칭 압력 발생 가능
스트록 최후의 위치	최후의 위치 정확히 결정	정확히 결정되지 않음
가압 속도의 조절	불 가 능	가 능
일정 가압력 유지	불 가 능	가 능
본체에 과부하를 일으키는 유무	발생하기 쉽다.	절대 발생하지 않음
보수의 난의도	용 이	시간이 오래 걸린다.
최대의 능력	4,000T(판금용) 6,000ton 9,000T(단조용) 11,000ton	50,000ton

03 프레스 기계의 종류

① 프레스의 분류

① **램(슬라이드)의 수에 의한 분류** : 단동, 복동, 3동

② **램(슬라이드)의 운동 방향에 의한 분류** : 수직형, 수평형, 경사형

③ **동력의 종류에 의한 분류** : 기계식, 공압식, 유압식

④ **운동 기구의 종류에 의한 기계식 프레스의 분류** : 크랭크, 크랭크 리스, 마찰, 너클, 링크, 나사, 캠

⑤ **프레스 램에 연결된 크랭크 수량에 따른 크랭크 프레스의 분류** : 싱글(Single), 더블(Double), 포(Four)

⑥ **프레임(Frame) 형식에 의한 분류** : C-프레임, 직주형 프레임, 필라(컬럼)형

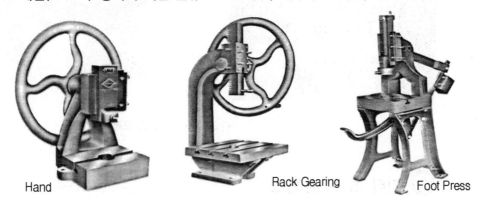

Hand Rack Gearing Foot Press

:: 그림 9-1 Eccentric Press의 종류

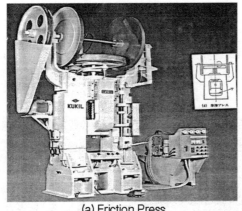

(a) Friction Press

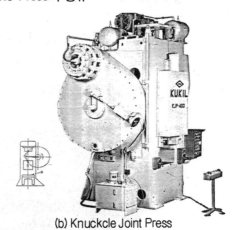

(b) Knuckcle Joint Press

:: 그림 9-2 Press의 종류

그림 9-2(a)는 Friction Press 로서 변형량이 작은 냉간단조 시, 찌그러트림, 고르게 함, 굽히기, 엠보싱 등에 주로 사용되었다. 그림 9-2(b)는 Knuckcle Joint Press로서 하사점 부근에서

높은 압력을 필요로 하는 Forgeing, Coining, Embossing, Extrusion 등

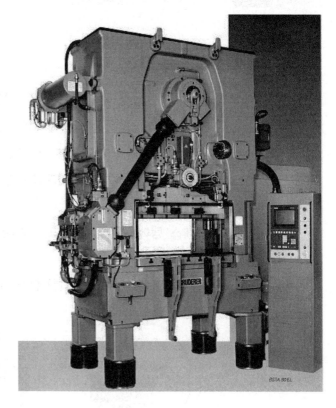

:: 그림 9-3 고속 프레스

② 기타 특수 프레스

정밀단조 프레스, 충격압출 프레스, 노칭 프레스, 트랜스퍼 프레스, 3동 프레스, 펀칭 프레스

1) 절단기(Shearing Press)

강판재를 원하는 형상으로 직선날(블레이드)을 이용하여 절단하는 전용의 기계로 더블 크랭크 프레스(double crank press)가 대표적이다.

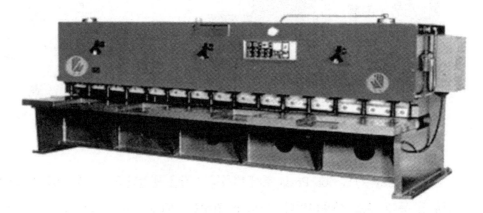

:: 그림 9-4 절단기(Shearing Press)

2) 프레스 브레이크(Press Brake, 절곡기)

넓은 판재를 직선으로 굽히기 위한 전용의 절곡기를 말한다.

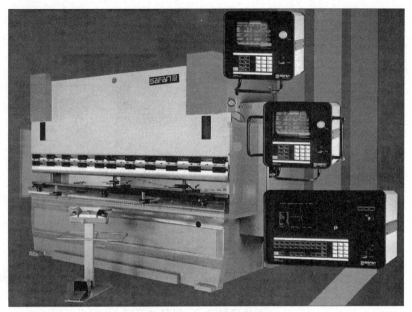

∷ 그림 9-5 프레스 브레이크

3) 파인 블랭킹 프레스(Fine Blanking Press)

강판재의 정밀전단을 주로 하기 위해 3개의 램 구동을 갖는 3동(triple action) 유압 프레스가 대표적이다.

∷ 그림9-6 F, B 프레스

4) 다이 스포팅 프레스(Die Spotting Press)

금형의 설계, 제작이 완료되면 금형에 의한 시험 작업을 하면서 금형의 수정을 용이하게 하기 위한 전용의 시험 작업용 프레스로, 그림 9-7과 같이 금형을 프레스에 장착된 상태에서 수정, 보수를 할 수 있도록 프레스 램의 회전기능이 부가된 프레스이다

:: 그림 9-7 다이 스포팅 프레스(Die Spotting Press)

5) 트랜스퍼 프레스(Transfer Press)

1대의 프레스 내에서 여러 세트의 금형을 설치하고 금형 사이를 이송 장치(transfer bar)에 의해 부품을 자동으로 이동시키면서 연속 작업을 할 수 있도록 트랜스퍼 유닛이 부착되어 있는 전용의 프레스를 말하는 것으로 중대형 박판 제품의 성형에 많이 사용된다.

:: 그림 9-8 트랜스퍼 프레스

∷ 그림 9-9　트랜스퍼 프레스에 장착된 금형

6) 크랭크리스 프레스(Crankless Press)

크랭크 프레스와 마찬가지로 회전운동을 직선운동으로 바꾸어 프레스 램에 전달하는 방식은 똑같지만, 그림 9-10에서와 같이 크랭크 프레스는 크랭크 축 회전 방식을 사용한 것에 비해 크랭크리스 프레스는 프레스의 하중 능력과 강성을 높이기 위해 크랭크 타입이 아닌 직선의 회전축과 편심캠을 이용한 회전 기구를 사용하여 만든 프레스이다.

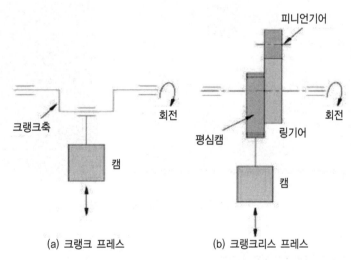

∷ 그림 9-10　크랭크 기구와 크랭크리스 기구의 비교

7) OBI 프레스(Open Back Inclinable Press)

프레스의 후면이 개방되어 있어 제품 취출을 쉽게 할 수 있고, 또한 프레스 프레임을 경사 시킬 수도 있게 하여 중력에 의해 제품이 쉽게 미끄러질 수 있도록 하여 슈트(chute)설치가 불필요한 대표적인 크랭크 프레스를 말한다. 150톤 이하의 중소형 프레스에 많이 적용되고 있는 단동식, C-프레임의 크랭크 프레스이다.(그림9-11)

:• 그림 9-11 OBI 프레스

:• 그림 9-12 멀티 슬라이드 포머

8) 멀티 슬라이드 포머(Multi-slide Former)

박판재의 얇은 스프링, 링, 전자부품류 등 복잡한 굽힘 성형의 제품일 경우엔 그림 9-8에서와 같이 반경 방향으로 여러 개의 슬라이드에 펀치를 부착시켜 순차적으로 성형하면서 완성품을 생산하는 전용의 멀티 성형기이다.

 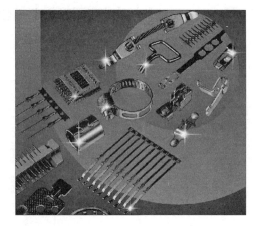

:• 그림 9-13 멀티 포머에 의한 제품

9) Under Drive Press

■ 기계 구성

① 다이내믹 밸런스 부착 : 크랭크 회전시 발생하는 진동 최소화

② 주요 구동부는 베어링 및 특수제 사용 : 고속회전시 열 발생으로 인한 변위 해소

③ 고속전용 클러치 브레이크 부착 : 클러치 브레이크 수명 연장

④ 슬라이드 에어실린더 부착 : 에어실린더에 의해 고속 회전 시 발생하는 진동 억제

⑤ SPM변속장치 : 프레스 작업시 제품에 따른 속도변화에 대응

⑥ 제어반 : 운전에 필요한 정밀 제어를 프로그램화 하여 조작이 용이

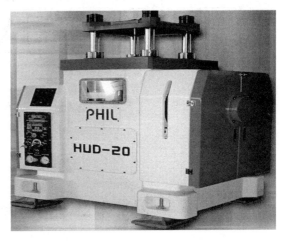

:: 그림 9-14 Under Drive Press

■ 특 징

① 소형 정밀 부품 및 복합 가공에 적합

② 최소한의 공간을 차지하는 설계

③ 4-Post Guide System 적용. 0 Clearance 스트로크 베어링 사용

④ 높은 하사점 정밀도를 유지할 수 있는 구조(5미크론 이내)

⑤ 고속 생산으로 생산성 향상

⑥ 반도체 부품 생산에 적합

⑦ Cellular Phone rubber dome S/W 생산 적합

⑧ 인체 공학적 운전 시스템 구조 설계

② Servo Press

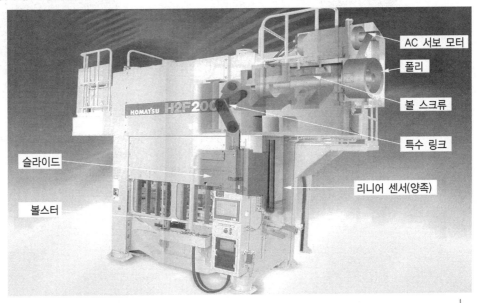

| ▲ 타발가공 | ▲ 드로잉가공 | ▲ 판단조가공 | ▲ 프로그래시브가공 | ▲ 트랜스퍼가공 |

∷ 그림 9-15 ServoPress

04 기계식 프레스(Mechanical Press)

그림 9-16은 일반적으로 가장 많이 사용하는 대표적인 크랭크 프레스로서, 프레스 램이 1개인 단동 크랭크 프레스(Single Action Crank Press)와 프레스램이 2개인 복동 크랭크 프레스(Double Action Crank Press)가 있다.

복동 크랭크 프레스의 특징으로는 아래와 같다.

① 편심 하중이 강하다.

② 강력 강판의 용접형 프레임 구조로 강성이 높고, 동적 정밀도가 우수하다.

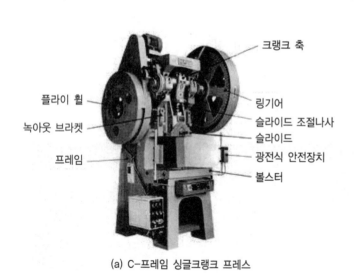

(a) C-프레임 싱글크랭크 프레스

(b) 직주형 프레임 더블 크랭크 트랜스퍼 프레스

∷ 그림 9-16   기계식 프레스

① 프레스 기계의 용어 설명

그림 9-16에 대표적 크랭크 프레스의 부품명이 주어져 있으며 이에 대한 내용을 간단히 설명하면 다음과 같다.

1) **크랭크 축(Crank shaft)** : 플라이휠로부터 회전력이 링 기어로 전달된 상태에서 클러치 작동에 의해 크랭크축을 회전시키는 것으로 프레스의 회전 운동을 슬라이드(램)에 직선운동으로 바꾸어 전달한다.

2) **슬라이드 조절나사(Slide adjustment)** : 금형을 프레스 볼스터에 올려놓고, 슬라이드의 하사점 위치를 조정하기 위해 상하로 슬라이드 위치를 조절할 수 있도록 되어 있는 나사 조절 장치

3) **볼스터(Bolster)** : 프레스 베드 위에 설치되는 보조 플레이트로 다이 세트를 장착하기 위한 T홈이 가공되고 있어, 이것이 마모, 손상이 된 경우엔 쉽게 탈착하여 수정, 가공할 수 있다.

4) **슬라이드(Slide, Ram)** : 금형의 상형을 장착하는 부위로 프레스의 직선운동을 하면서 하중을 전달하는 주요 부품

5) **프레임(Frame)** : 프레스의 본체를 구성하는 몸체로 그림 9-10 (a)는 C-프레스의 단동 크랭크 프레스를 나타낸다.

② 프레스 기계의 사양서

단동 크랭크 프레스의 주요사양을 나타내었으며 이에 대한 설명은 다음과 같다.

표 단동 크랭크 프레스의 사양(회사별로 다를 수 있음)

형 식	100톤	125톤
하중 능력(Ton)	100	125
토크 능력(mm)	6	8
스트로크 길이(mm)	200	230
스트로크 수(spm)	35	32
다이 하이트(mm)	330	360
슬라이드 조절량(mm)	80	80
슬라이드 하면적(mm^2)	560×365(좌우×전후)	600×395
슬라이드 생크 구멍(mm)	50	50
볼스터 면적(mm^2)	1050×655(좌우×전후)	1100×735
볼스터 두께(mm)	105	115
메인모터(KW(HP)XP)	5.5(7.5)×4	7.5(10)×12.5
다이 쿠션 능력(Ton)	12.5	12.5
쿠션 스트로크 길이(mm)	130	120

1) **스트로크(Stroke)** : 슬라이드가 직선운동을 할 때 상사점과 하사점 사이의 거리를 말한다.

2) **하중 능력(Load capacity)** : 프레스 램(슬라이드)이 하사점 위의 토크 능력 위치에서 이론적으로 낼 수 있는 하중을 표시

3) **토크 능력(Rated tonnage point)** : 기계식 프레스에서 프레스의 하중 능력을 표시하기 위한 하사점 상의 위치를 거리로 표시

4) **스트로크수(Spm, Strokes Per Minute)** : 1분 동안 프레스램의 상하 스트로크수를 나타내는 것으로 프레스의 작업속도를 표시

5) **다이 하이트(Die height)** : 프레스 램이 하사점에 있으면서 슬라이드 조절 나사를 이용하여 슬라이드를 톱(top)위치까지 조절한 상태에서 슬라이드 밑면과 볼스터 사이의 거리를 표시하는 것으로 프레스에 장착할 수 있는 금형의 공간을 나타낸다. 참고로 금형의 닫힌 높이(Die Shut Height)가 DSH로 표시될 때 프레스에 설치 가능한 조건은 다음의 그림 9-17과 같다.

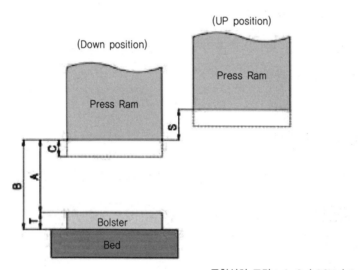

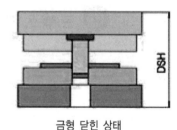

A: Die Heght
B: Press shut Height
C: Ram Adjustment
S: Stroke
DSH: Die shut height

금형 닫힌 상태

금형설치 조건 : A-C 〈 DSH 〈 A

:: **그림 9-17 프레스에서의 금형 설치 조건**

기계의 구동 기구에 의해 회전 운동을 직선운동으로 바꾸어 힘을 전달하는 기계식 프레스와는
달리 유압 프레스는 유압 실린더의 피스톤에 연결된 프레스 램 (또는 슬라이드)에 힘을 전달한다.
그림 9-18은 3동 유압 프레스를 나타내는 것으로 유압실린더가 프레스 램, 블랭크 홀더, 다이
쿠션의 3곳에 설치되어 작동하고 있는 상태를 나타내었다.

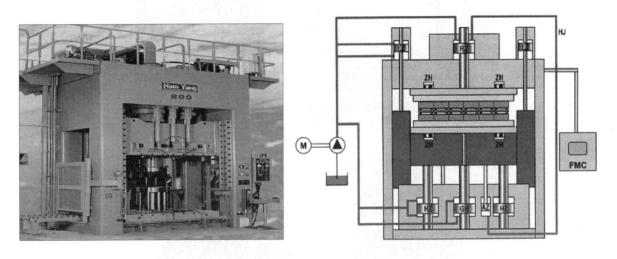

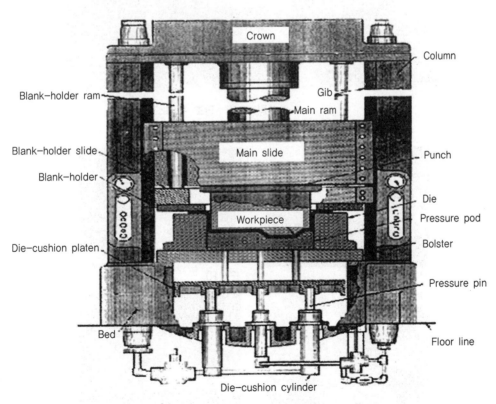

:• 그림 9-18 유압 프레스

(Forging)

(Heat treatment)

(Inspection)

∷ 그림 9-19 단조 프레스

(Melting)

(E.S.R)

(Ingot Making By V.S.D)

(Heating)

∷ 그림 9-20 단조 프레스 작업 광경

① 크랭크 프레스

① 크랭크 회전 운동을 직선운동으로 변환하는 과정에서 프레스 램에 작용되는 하중은 그림 9-14에서 보는 바와 같이 스트로크 위치에 따라 발생 하중이 변한다.

② 최대 하중은 상사점, 하사점 부근에서 발생하는 것으로 프레스 하중 능력을 표시하는 위치를 토크 능력이라 한다.

③ 기계식 프레스에 의해 작업을 할 경우엔 이와 같이 하중이 변하므로 반드시 금형은 하사점 기준으로 설치하여 프레스 하중 능력을 충분히 활용 할 수 있도록 한다.

④ 스트로크 중앙에서는 프레스 하중 능력의 50% 전후 밖에 사용할 수 없기 때문에 성형 깊이가 깊은 드로잉 작업엔 특히 주의해야 한다.

⑤ 기계식 프레스를 선정할 경우 프레스 하중 능력뿐만 아니라 토크 능력이 감안된 프레스의 일(에너지) 능력까지 충분히 만족시키는 프레스를 선정하는 것이 중요하다.

② 유압 프레스

① 기계식 프레스와는 달리 유압회로상의 압력조절 밸브에 의해 일정한 유압을 유지시킬 수 있기 때문에 스트로크 위치에 관계없이 그림9-14(b)에서처럼 일정한 하중을 낼 수 있다.

② 따라서 프레스 선정시엔 프레스 하중만을 고려해도 무방하다.

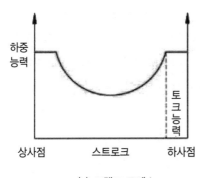
(a) 크랭크 프레스

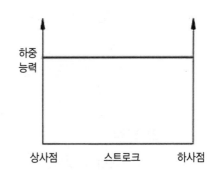
(b) 유압 프레스

그림 9-14 프레스 하중 능력 곡선의 비교

:• 그림 9-22 프레스 자동화

① 프레스 자동화의 장·단점

1) 장점

① 생산량의 증가(10~20%) ② 인건비의 절약(50%)

③ 숙련공의 불필요 ④ 제품의 정밀도 향상(동일 조건 작업)

⑤ 재료의 절감 ⑥ 작업 공간 절약(설비 면적)

⑦ 안전성의 향상 ⑧ 반가공품의 재고가 없어진다.

⑨ 생산 관리용이 ⑩ 동업자에 대한 경쟁력 강화

2) 단점

① 설비가 많다.

② 재료의 치수 공차가 정확해야 한다.

③ 금형의 가격이 비싸진다.

④ 금형의 설계가 어렵다.

⑤ 생산량이 적다.(주문에 의한 경우)

⑥ 자동화 장치 기술이 필요하다.

⑦ 제품의 변화에 의한 고가자동화 장치의 사용이 용이하지 못한 불안감

⑧ 고성능의 자동화 설비가 고장 났을 때 보수의 어려움 등.

② 프레스 작업 장치 구성

코일재를 사용한 프레스 자동화 라인의 구성 예가 그림 9-16에 나타내었다. 크레이들-레벨러 장치를 사용하고 코일재의 적절한 루프(loop) 조절을 위한 센서와 프레스 작업 후의 스크랩 커터 (Scrap cutter)가 설치되어 있다.

1) 코일재를 사용한 자동화 시스템 구성

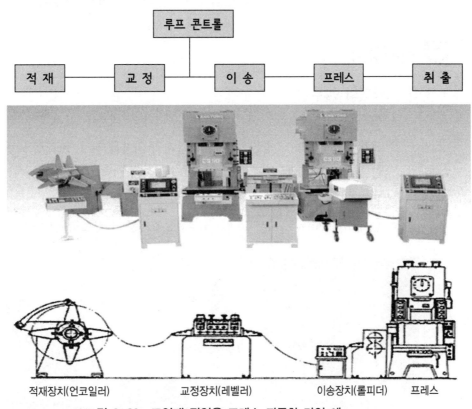

:: 그림 9-23 코일재 작업용 프레스 자동화 라인 예

2) 1차 가공품을 사용한 자동화 시스템 구성

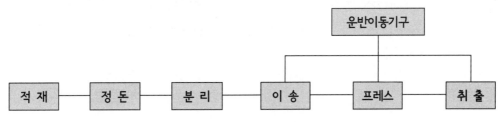

:: 그림 9-24 1차 가공품 자동화 시스템

① **적재 장치** : 릴, 언코일러, 크레이들, 턴테이블

② **교정 장치** : 레벨러

③ **이송 장치** : 롤 피더, 호퍼 등

④ **가공작업 기구** : 프레스, 금형

⑤ **운반이동 기구** : 트랜스퍼기구, 셔틀, 콘베어, 레일

⑥ **작동제어 기구** : 각 동작 작동 타이밍의 콘트롤

⑦ **검사 및 이상 검출 기구** : 센서(근접센서, 광센서, 이미지센서, 레이저 등)에 의한 작동

① 적재장치

1) 코일재의 경우

① **릴스탠드**(Reel stand) : 경하중용, 코일재의 내경을 지지

② **크레이들**(Cradle) : 중간하중용, 코일재의 외경을 지지, 소재의 표면이 손상될 우려가 있음

③ **언코일러**(Uncoiler) : 중하중용, 코일재의 내경을 지지

④ **턴테이블**(Turn table, Rotarian) : 코일재를 수평으로 설치하는 것이 특징

Reel stand

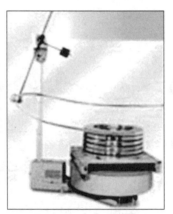
Uncoiler Rotarian

Cradle

:: 그림 9-25 코일재 적재 장치

2) 스트립재(정척재)의 경우

① **디스태커**(Destacker)

- 적층된 판재로부터 소재를 1개씩 분리해내는 장치

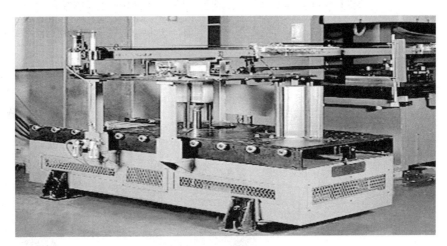

:: 그림 9-26 스트립재 적재 장치

3) 1차 가공 부품의 경우

② **부품들의 자동 이송 장치**(Part feeder)

- 볼 피더(Bowl feeder) : 진동＋회전 운동에 의해 부품을 정렬
- 리니어 피더(Linear feeder) : 진동＋직선 운동에 의해 부품 이송
- 호퍼(Hopper) : 부품을 쌓아 놓고 엘리베이터, 콘베이어, 슈트(chute) 등에 의해 볼피더로 이송

호퍼   볼피더

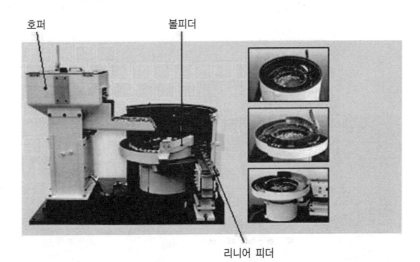

리니어 피더

:: 그림 9-27 개별 부품의 적재 및 이송 장치

② 교정 장치

1) 레벨러(Leveller)

적재 장치로 부터 나온 소재를 상하로 미세한 소성변형을 주어 소재를 평평하게 교정해 주는 장치로 최근엔 보통 언코일러, 크레이들 등과 함께 1개 시스템으로 제작되고 있다.

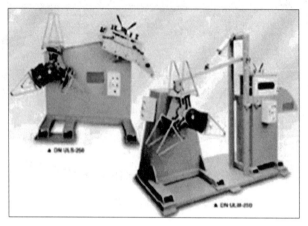

(a) LEVELLER

(b) UN COILER+LEVELLER

:: 그림 9-28 교정 장치

③ 이송 장치

1) 코일재 이송

① **롤 피더(Roll feeder)** : 상하 롤러사이의 마찰력에 의해 앞으로 이송시키는 것으로 여기에는 한쪽 방향으로만 회전하는 클러치 베어링이 장착되어 있음

② **에어 피더(Air feeder)** : 공압에 의해 그리퍼(gripper)가 소재를 잡아 앞으로 이송시키고 난 뒤 다시 원위치로 와서 다음 작업을 대기하도록 되어 있는 이송장치

(a) ROLL FEEDER

(b) NC ROLL FEEDER

(c) AIR FEEDER

:: 그림 9-29 코일재 이송 장치

2) 1차 가공품 이송

① **볼 피더**(Bowl feeder) : 그림 9-29(a) 참조

② **트랜스퍼 피드**(Transfer feed) : 1차 성형품을 그립 장치에 의해 각각의 공정사이를 이송시켜 주는 것으로 부품 크기가 작을 때는 1대의 트랜스퍼 프레스 내에서 트랜스퍼 피드 장치를 이용하여 5~10 단계의 공정을 처리할 수 있다. 부품 크기가 클 경우엔 범용의 크랭크 프레스 여러 대를 설치하고, 프레스와 프레스 사이를 트랜스퍼 피드 장치에 의해 소재를 이송시키면서 작업을 하는 것으로 이의 사용 예가 그림 9-23에 나타내었다.

❖ 그림9-30 프레스간의 트랜스퍼 피드 장치

그림 9-31 3D Transfer Robot Line

문제 1 프레스(Press) 기계의 정의를 설명하시오.

문제 2 프레스(Press) 가공의 특징을 설명하시오.

문제 3 프레스의 종류를 쓰고 간단히 설명하시오.

문제 4 프레스 기계의 용어를 간단히 설명하시오.

1) 크랭크축(Crank shaft)

2) 슬라이드 조절나사(Slide adjustment)

3) 볼스터(Bolster)

4) 슬라이드(Slide, Ram)

5) 프레임(Frame)

문제 5 프레스 기계의 중요한 사양인 다음을 간단히 설명하시오.

1) 스트로크(Stroke)

2) 하중 능력(Load capacity)

3) 토크 능력(Rated tonnage point)

4) 스트로크수(Spm, Strokes Per Minute)

5) 다이 하이트(Die height)

문제 6 프레스 자동화의 장·단점을 설명하시오.

문제 7 프레스 자동화 장치의 종류에서 다음의 종류를 설명하시오.

1) 적재장치

2) 교정장치

3) 이송장치

최신 프레스 금형설계 · 제작

프로그레시브 및 트랜스퍼 금형설계

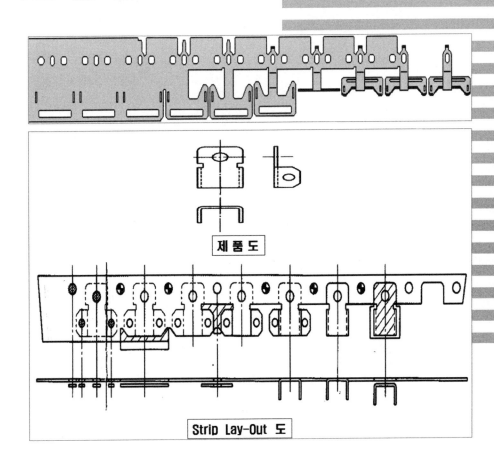

제품도

Strip Lay-Out 도

chapter 10

프로그레시브 및 트랜스퍼 금형설계

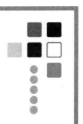

01 프로그레시브 금형(Progressive die)의 개요

다수의 가공공정을 순차적으로 이송시키며, 연속 작업을 하는 프레스 가공 방식으로 가공능률과 생산성을 향상시킬 수 있는 금형이다. 또한 종래의 1공정 단동금형에서 다수의 가공공정에 의해 수동 생산되었을 경우보다 자동화를 함으로서 안전성 있게 생산량을 대폭 증가시킬 수 있고, 품질향상을 꾀할 수 있는 가공방식으로서 순차이송금형, 연속금형이라고도 말한다. 그림 10-1은 프로그레시브 금형과 프로그레시브 작업에 의한 가공 소재(Strip)의 상태를 각각 보여주고 있다.

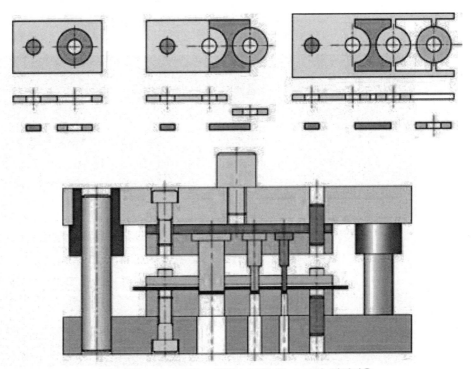

::·그림 10-1 프로그레시브 금형 및 스트립 레이아웃

이것은 복잡한 형상의 제품을 단순한 다수 공정으로 분할하여 순차적으로 가공을 만료하는 것으로 금형 강도와 수명 향상을 목적으로 하고 있으며, 다음의 특징이 있다.

1) 그림 10-1과 같이 스트립 소재로부터 점진적으로 피어싱, 블랭킹 등을 한 단계씩 가공하면서 최종의 완성품을 만드는 금형이다. 여러 경우의 작업 방식이 있을 수 있으며, 이 중 첫 째 방식의 공정에 대한 금형 조립도가 그림 10-1에 주어져 있다.

2) 중소형제품 가공에 적합하며 일반 프레스에서 작업이 가능함

3) 고속가공이 가능한 것으로 국내에서는 최대 1200spm까지도 가능하다.

4) 각 공정 간의 위치 정밀도가 상호 의존적인 것으로 금형 가공 시 누적 공차가 발생할 수 있기 때문에 정밀 가공을 필요로 한다.

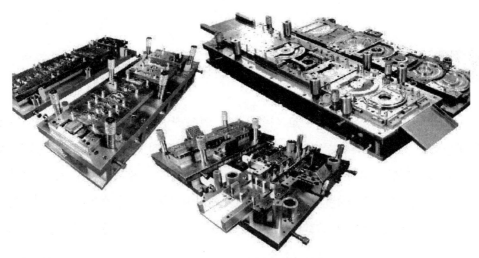

:: 그림 10-2 프로그레시브 금형

:: 그림 10-3 프로그레시브 금형의 가공에 의한 소재(strip)

① 프로그레시브 금형의 목적

① 고생산성 → Cost down

② Total coat 평가 → Quality, Cost, Delivery

③ 제작비가 비싸다. → CAD / CAM system화

② 프로그레시브 금형의 특징

① 생산성의 증대로 생산기간의 단축과 원가 절감

② 재고품의 감소

③ 작업공간의 효율 증대

④ 안전성의 향상

⑤ 복합가공의 가능

⑥ 사내 기술수준의 향상

③ 프로그레시브 금형의 장·단점

1) 장 점

① 재료의 자동 공급, 자동 추출로 여러 대의 기계관리가 가능

② 프레스 가공의 고속화가 가능

③ 제품의 가공 정밀도가 높아진다.

④ 이외에 가공이 어렵거나, 또는 복잡한 형상을 여러 개의 공정으로 분할 가공 가능

⑤ 타 부품과 복합 가공이 가능

2) 단 점

① 설계 변경에 대한 대응 범위의 제한

② 제작 납기가 길어지고, 금형 가격이 고가

③ 상대적 치수 정밀도의 한계

④ 프레스 공정의 작업 관리 기술의 고도화가 필요

⑤ 재료나 프레스 기계의 제약

④ 프로그레시브 금형 설계의 개념도

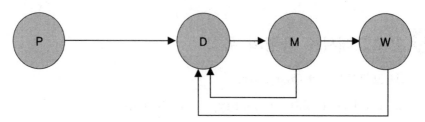

(P) : 제품 관련 정보에 관한 개념
(D) : 프로그레시브 금형 설계에 관한 개념
(M) : 가공 정보에 관한 개념
(W) : 생산 정보에 관한 개념

∴ 그림 10-4 프로그레시브 금형 설계의 개념

⑤ 프로그레시브 금형 설계의 Flow

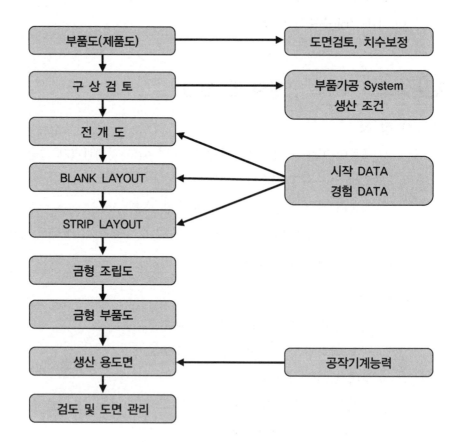

∴ 그림 10-5 프로그레시브 금형설계의 Flow

① 피어싱, 블랭킹의 프로그레시브 작업

이 작업은 피어싱과 블랭킹에 의해 구성되는 것으로 와셔, 모터코어, 리드프레임 등의 제품이 가공된다. 그림 10-6은 단순 형태의 2공정 제품이고 그림 10-7은 모터 코어용 스트립 레이아웃을 나타내고 그림의 해칭 부분은 해당 공정에서 가공되고 있는 부분을 표시한다.

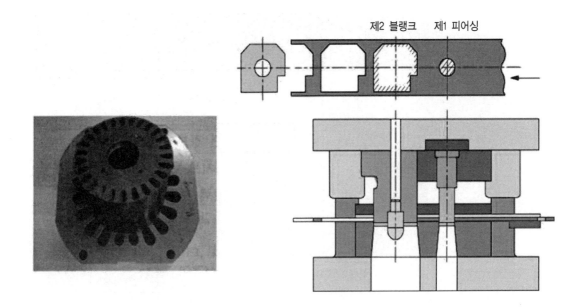

∴ 그림 10-6 피어싱과 블랭킹의 프로그레시브 금형

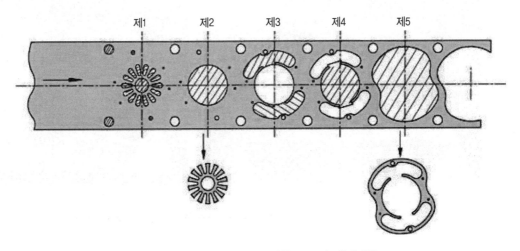

∴ 그림 10-7 모터 코어용 스트립 레이아웃

② 노칭, 분단에 의한 프로그레시브 작업

그림 10-8의 제품은 노칭, 분단에 의한 연속 작업으로도 똑같이 가공이 가능하나 치수정밀도, 동심도 등에서 떨어질 우려가 있다. 제품의 외곽형상이 복잡하여 하나의 펀치를 가공하기 힘든 경우엔 노칭, 피어싱 등의 방법으로 여러 공정으로 분할하여 금형 설계하는 것이 금형 수명과 제품 안정성에 우수하다.

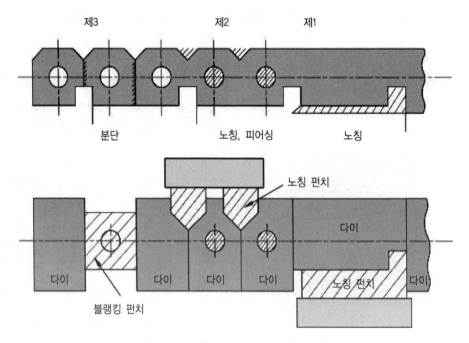

:• 그림 10-8 노칭, 분단의 프로그레시브 작업

:• 그림 10-9 전자부품 프로그레시브 금형

③ 노칭, 벤딩에 의한 프로그레시브 작업

벤딩 가공이 필요한 제품은 벤딩 작업 전에 미리 피어싱, 노칭가공이 되어 있어 벤딩시 간섭이 없어야 되며 이에 대한 실례가 그림 10-10에 주어져 있다. 그림의 (a)는 제품 가공을 위한 스트립 레이아웃이고, 그림의 (b)는 이를 위한 다이 플레이트의 구성도이다.

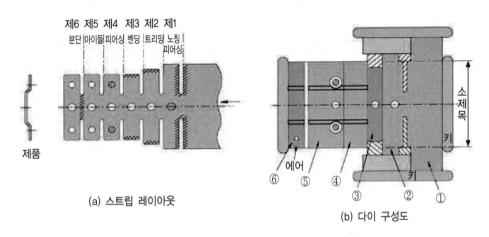

(a) 스트립 레이아웃

(b) 다이 구성도

:∷ 그림 10-10 노칭, 벤딩의 프로그레시브 작업

④ 피어싱, 드로잉에 의한 프로그레시브 작업

드로잉 공정은 소재가 다이 속으로 끌려 들어가면서 성형 되는 것이기 때문에 연속 작업시에는 소재의 유입이 쉽도록 드로잉 전에 피어싱(Hourglass 형상)할 필요가 있다. 그림 10-11에서 보는 바와 같이 드로잉 후에는 소재 폭이 작아지는 것을 알 수 있고 스트립 레이아웃 상에 표기되어 있는 아이들(idle)공정은 그 스테이지(stage)에서 가공하지 않고 쉬는 단계로 금형의 강도 보강, 열확산의 시간 여유, 프레스 하중 중심의 조정 등을 위해 프로그레시브 금형설계시에 필요한 사항이다.

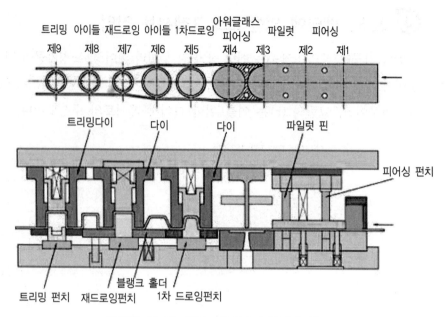

트리밍 아이들 재드로잉 아이들 1차드로잉 아워글래스 파일럿 피어싱
              피어싱

제9   제8   제7   제6   제5   제4   제3   제2   제1

트리밍다이   다이   다이   파일럿 핀

피어싱 펀치

트리밍 펀치   재드로잉펀치   1차 드로잉펀치
         블랭크 홀더

:: 그림 10-11 프로그레시브 드로잉 작업

그림 10-11의 하부는 스트립 레이아웃에 따른 금형의 조립단면도를 나타내고 있는 것으로 펀치가 하부에, 다이가 상부에 설치되어 있는 형태로 소재의 이송을 쉽게 한 것이다.

특히 드로잉 작업에서 재료 유입을 쉽게 하기 위한 방법으로는 앞의 아워글라스 방법이외에도 그림 10-8(a)와 같이 절입선 삽입의 랜스 슬릿(Lance slit) 방법과 그림10-8(b)와 같은 절입선과 아워글라스의 복합방식인 복합 랜싱(Combination lancing)방법이 있다.

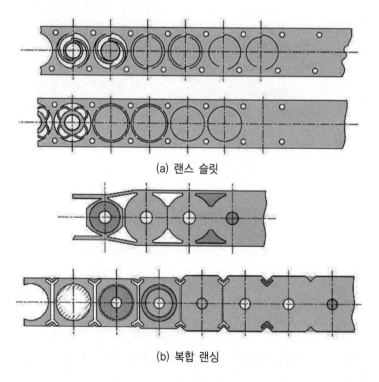

(a) 랜스 슬릿

(b) 복합 랜싱

:: 그림 10-12 프로그레시브 드로잉을 위한 스트립 레이아웃 사례

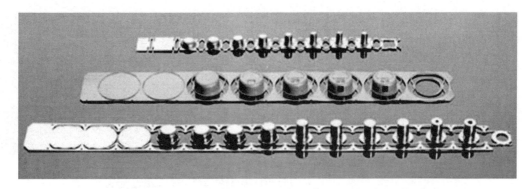

∷그림 10-13 프로그레시브 드로잉을 위한 스트립 레이아웃 사례

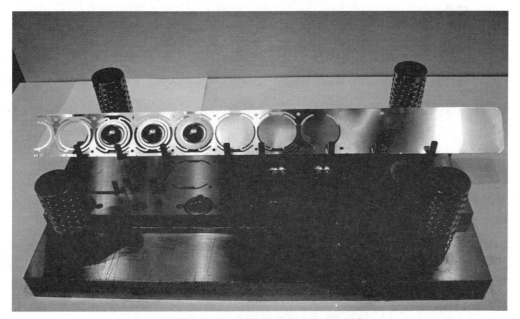

∷그림 10-14 프로그레시브 드로잉 금형

Progressive Die

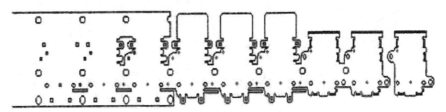

순차이송공정 예

∷그림 10-15 프로그레시브 드로잉 금형

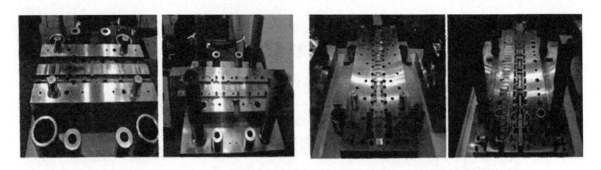

::그림 10-16 프로그레시브 드로잉 금형

⑤ 캐리어(Carrier)의 종류

프로그레시브 작업에서 가공재료는 빠른 속도로 이송되는데 이때 가공 재료 (스트립)에 변형이 생기면 원활한 이송이 안되고 제품의 불량과 금형의 파손을 유발하는 경우가 있어 스트립 레이아웃 설정시 주의해야 하며, 이를 위한 소재의 이송 캐리어에는 다음의 종류가 있다.

1) 솔리드 캐리어 (Solid Carrier)

그림 10-17은 솔리드 캐리어로 요구되는 제품이 마지막에 블랭킹으로 가공이 완료된다. 스트립 이송시 변형이 적고 안전성이 있다.

2) 센터 캐리어 (Center Carrier)

제품주위에 트리밍이 가능하며 스트립 중앙부분이 캐리어가 된다. 센터 캐리어 폭이 좁으면 이송시 스트립이 뒤틀리든가 또는 변형할 경우가 있으므로 주의할 필요가 있다. 그림 10-12가 여기에 속한다.

3) 사이드 캐리어 (Side Carrier)

그림 10-10과 같이 양측에 캐리어가 있고 스트립의 중앙에서 가공이 이루어진다. 양측 사이드 캐리어 방식과 그림 10-15와 같이 편측에만 캐리어가 있으면서 연속작업을 하는 경우가 있다. 이 경우엔 편측에 벤딩이 필요한 제품의 경우에 많이 사용되지만 스트립 이송시 캐리어의 균형을 잃고 변형될 우려가 크다.

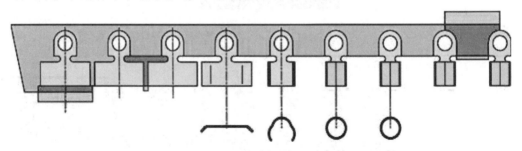

::그림 10-17 편측 캐리어에 의한 프로그레시브 작업

프로그레시브 금형설계를 하기위한 개략적인 순서와 이들에 따라 검토되어야 할 사항을 정리하면 다음과 같다.

① 제품도 검토

① 제품의 재질, 두께, 기계적 성질
② 치수 및 형상정밀도
③ 버(burr)방향 지정 여부
④ 압연 방향 지정여부

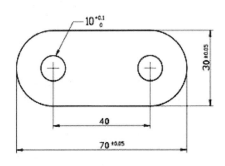

:: 그림 10-18 제품도 사례

② 생산조건의 검토

① 생산수량
② 금형 정밀도 및 금형 수명과 관련된 금형 재질
③ 프레스 기계의 규격
④ 소재의 정밀도(두께, 폭)
⑤ 가공후의 처리 및 운반

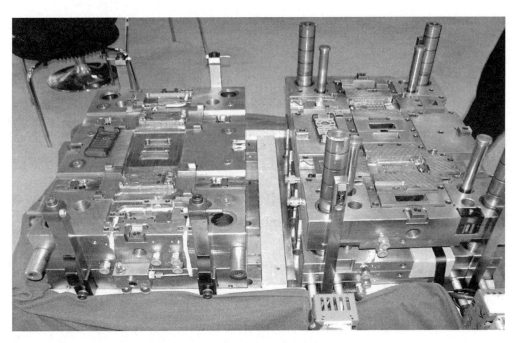

:: 그림 10-19 프로그레시브 금형

③ 어렌지(Arrange)도 작성

제품의 품질과 생산수량을 만족시키기 위한 펀치, 다이의 설계 기준 치수를 결정하는 것으로 금형의 마모를 고려하여 공차가 없는 제품도를 작성하는데 이것을 어렌지도라고 한다. 마모여유는 제품 공차의 %로 표시하는데 공차가 0.1이고, 마모여유가 80%라고 하면 어렌지도 고려시의 금형 설계 기준 치수는 0.08 (0.1×0.8)을 더 고려한다. 예를 들면 피어싱의 경우엔 펀치가 마모되면서 치수가 작아지기 때문에 미리 마모여유를 펀치 측에 고려하여 펀치 치수를 크게 설계한다.

> **예** $\phi 10^{+0.1}_{0}$ 제품도 ➡ 어렌지도 $\phi 10.08$

블랭킹인 경우엔 다이치수=제품치수인데 계속 작업이 진행됨에 따라 다이 내경이 마모되어 크게 되므로 미리 다이 치수를 작게 설계한다.

> **예** 제품도 $\phi 70 \pm 0.05$ ➡ 어렌지도 $\phi 69.97$
>
> 설계 기준 치수의 계산(마모여유 80%를 고려)
> - 피어싱 : 10+0.08=10.08
> - 블랭킹 : 30.05−0.08=29.97
> - 원호부분 : 29.97/2=14.985
> - 전체 : 70.05−0.08=69.97

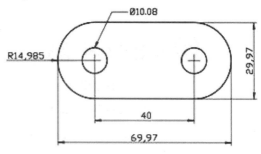

:: 그림 10-20 어렌지도 사례

④ 전개도 작성

① 벤딩 제품의 전개도
② 드로잉 제품의 전개도

⑤ 블랭크 레이아웃(Blank layout) 작성

① 블랭크를 적당한 이송 잔폭과 폭 잔폭을 사용하면서 재료 이용률을 고려하여 블랭크 배열을 작성
② **재료 이용률 계산을 통한 블랭크 레이아웃 사례**
  ㉮ 프로그레시브 작업에서의 잔폭 설계 기준

  L_1, L_2 : 제품 치수
  A : 이송 잔폭
  B : 폭 잔폭

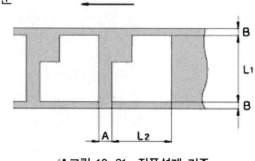

:: 그림 10-21 잔폭설계 기준

L₁ 또는 L₂	이송 잔폭 A(mm)			폭 잔폭
t	50 미만	50~100	100 이상	B(mm)
0.5 미만	0.7	1.0	1.2	1.2A
0.5 이상	0.4+0.6t	0.65+0.7t	0.8+0.8t	1.2A

㉯ 블랭크 레이아웃 검토 방법 1(가로 배열)

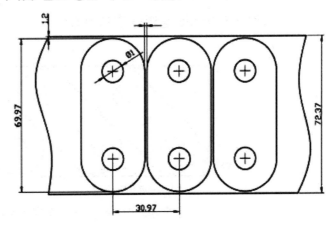

:: 그림 10-22 가로 배열의 블랭크 레이아웃

㉠ 잔폭 계산(그림 10-21을 이용)

- 이송 잔폭＝0.4+0.6t＝1.0

- 폭 잔폭＝1.2t＝1.2

- 이송 피치＝29.97+1＝30.97

㉡ 재료 이용률 계산

- 전체 면적(1개 블랭크)＝30.97×72.37＝2241

- 블랭크 면적＝(40×29.97)+(π×14.9852)＝1904

- 재료 이용률＝1904/2241×100＝85.0%

㉰ 블랭크 레이아웃 검토 방법 2(세로 배열)

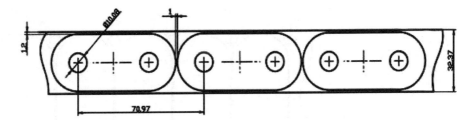

:: 그림 10-23 세로 배열의 블랭크 레이아웃

㉠ 잔폭 계산(그림 10-21을 이용)

- 이송 잔폭＝0.4+0.6t＝1.0

- 폭 잔폭＝1.2t＝1.2

- 이송 피치＝40＋29.97＋1＝70.97

  ⓛ 재료 이용률 계산

- 전체 면적(1개 블랭크)＝32.37×70.97＝2297
- 블랭크 면적＝(40×29.97)＋(π14.9852)＝1904
- 재료 이용률＝1904/2297×100＝82.9%

  ⓡ 블랭크 레이아웃 방법 3(경사 배열)

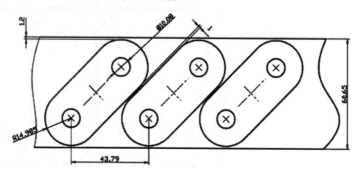

:: 그림 10-24　경사 배열의 블랭크 레이아웃

  ㉠ 잔폭 계산(그림 10-12을 이용)

- 이송 잔폭＝0.4＋0.6t＝1.0
- 폭 잔폭＝1.2t＝1.2
- 이송 피치＝(1.414×14.985×2)＋1.414＝43.79

  ⓛ 재료 이용률 계산

- 전체 면적(1개 블랭크)＝43.798×{28.28＋(14.985×2)＋(1.2×2)}＝2656
- 블랭크 면적＝(40×29.97)＋(π×14.9852)＝1904
- 재료 이용률＝1904/2656×100＝71.7%

  ∴ 재료 이용률 고려시 방법 1의 가로 배열이 최적임

  ㉠ 파일럿 핀을 고려한 최종 블랭크 레이아웃

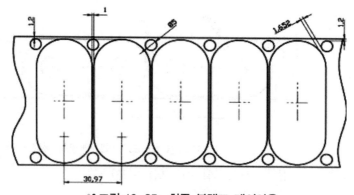

:: 그림 10-25　최종 블랭크 레이아웃

⑥ 복잡 형상의 공정 설계 및 공구 분할

① 전단 가공의 경우엔 금형 강도, 수명 등을 고려하여 공정을 분할하면서 공정설계

② 벤딩 제품의 경우엔 벤딩 할 수 있도록 미리 전단 가공이 되어 있을 것

③ 드로잉 제품의 경우엔 드로잉 공정 설계 요령에 따를 것

④ 가능한 한 단순하고 단일 형상으로 할 것

⑦ 스트립 레이아웃(Strip layout) 작성

① 소재의 이송 방법 검토(사이드 컷 유무, 파일럿 핀 사용 유무)

② 이송 잔폭, 폭 잔폭의 강도 검토

③ 제품의 취출 및 회수 방법

④ 치수 및 형상 정밀도가 높은 부위의 대책

⑤ 하중의 밸런스를 고려하여 하중 중심을 프레스 램 중심에 위치시킬 것

⑥ 금형, 강도, 제품 품질 등을 고려한 아이들 공정(idle stage)의 설치 유무

※ 스트립 레이아웃 사례

㉠ 블랭크 레이아웃 상태에서 스트립 레이아웃을 먼저 그림 10-26과 같이 구상한다.

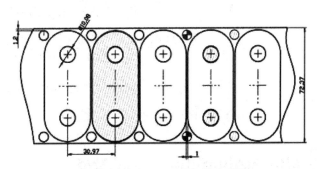

:: 그림 10-26 스트립 레이아웃

㉡ 필요 없는 가공 공정 부위를 제거하면서 최종 완성된 스트립 레이아웃을 작성한다. (각 공정별 작업 부위는 해칭한다.)

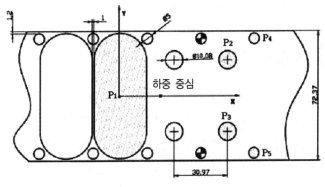

:: 그림 10-27 최종 스트립 레이아웃

ⓒ 전단 하중의 계산

$$P_1 = 30 \times (\pi \times 29.97 + 40 \times 2) \times 1 = 5224.61 \text{kgf}$$

$$P_2 = 30 \times (\pi \times 10.08) \times 1 = 950 \text{kgf}$$

$$P_3 = 30 \times (\pi \times 10.08) \times 1 = 950 \text{kgf}$$

$$P_4 = 30 \times (\pi \times 5) \times 1 = 471.24 \text{kgf}$$

$$P_5 = 30 \times (\pi \times 5) \times 1 = 471.24 \text{kgf}$$

ⓔ 하중 중심의 계산

$$(X_1, \ Y_1) = (0, \ 0)$$

$$(X_2, \ Y_2) = (61.94, \ 20) \ \rightarrow \ 30.97 \times 2 = 61.94$$

$$(X_3, \ Y_3) = (61.94, \ -20) \ \rightarrow \ 30.97 \times 2 = 61.94$$

$$(X_4, \ Y_4) = (77.43, \ 32.485)$$

$$\rightarrow \ 30.97 \times 2 + 30.97/2 = 77.43$$

$$\rightarrow \ 72.43/2 - (1.2 + + 2.5) = 32.485$$

$$(X_5, \ Y_5) = (77.43, \ -32.485)$$

$$\rightarrow \ 30.97 \times 2 + 30.97/2 = 77.43$$

$$\rightarrow \ 72.43/2 - (1.2 + 2.5) = 32.485$$

$$X_g = \frac{(5224.61 \times 0) + 2(950 \times 61.94) + 2(471.24 \times 77.43)}{5224.61 + 950 + 950 + 471.24 + 471.24} = 23.63$$

$$Y_g = \frac{(5224.61 \times 0) + \{950 \times (20 - 20)\} + \{471.24 \times (32.483 - 32.483)\}}{5224.61 + 950 + 950 + 471.24 + 471.24} = 0$$

즉 (23.63, 0)의 위치를 프레스 램의 중심이 되도록 금형설계하면 프레스 램에 편심 하중이 작용 되지 않는다.

⑧ 다이 레이아웃(Die lay-out) 작성

① 다이 인서트의 날끝 형상
② 다이 외곽 형상 및 분할 검토
③ 볼트, 맞춤핀의 위치 검토

⑨ 부품도 작성

① 가능한한 상용 표준품 사용
② 치수, 형상 정밀도의 기입, 표면 거칠기, 표면처리 등의 표기
③ 각 부품의 가공법을 고려한 치수 기입 방법 결정
④ 동일 재질, 동일 가공공정, 동일 형상
⑤ 기준면 통일, 사내 표준 활용

⑥ 기호, 수치 지정. 품번의 유닛화

⑩ 조립도 작성

① 다이 레이아웃을 기초로 조립 단면도, 조립 평면도를 작성
② 각 부품의 명칭과 번호 표기
③ 다이 닫힌 높이(Die Shut Height), 스트리퍼판의 가동량, 소재의 리프트량 등을 표기
④ 각 부품의 고정 방법을 표기
⑤ 부품표(부품명, 재질, 수량, 열처리 경도, 표준품 등) 작성

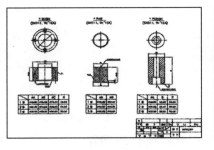
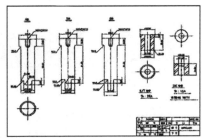
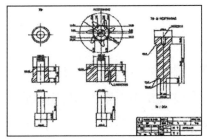
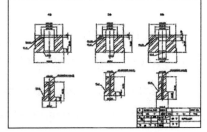

∴ 그림 10-28 부품도 작성

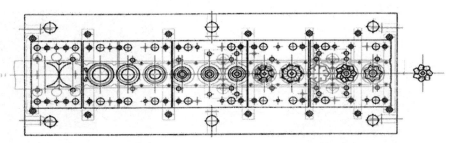
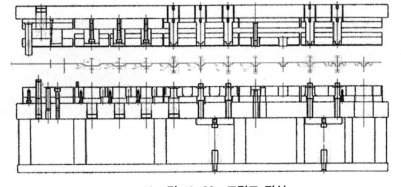

∴ 그림 10-29 조립도 작성

① 피가공 재료 가이드

프로그레시브 가공은 금형 안으로 피가공 재료가 순차적으로 이송하면서 가공되기 때문에 재료의 위치가 어긋나면 제품의 치수 정밀도가 달라진다. 따라서 재료의 이송 및 위치 결정이 매우 중요하다. 그림 10-30에 피가공 재료의 가이드의 역할을 나타내었다.

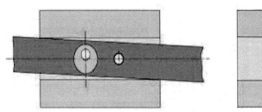
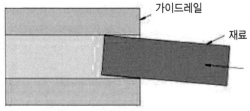

(a) 위치가 어긋난 가공된 예   (b) 재료가 경사기제 막히어 이송되지 않는 예

∷ 그림 10-30 재료 가이드의 역할

1) 삽입부 가이드

금형에 직접 재료를 넣으면 처음에는 가이드 길이가 짧아 불안정하기 때문에 경사지게 삽입되기 쉬우므로 금형의 입구측에 재료 삽입용 가이드를 그림 10-21과 같이 설치하는데 이것을 재료 받침대(Stock support)라고 한다.

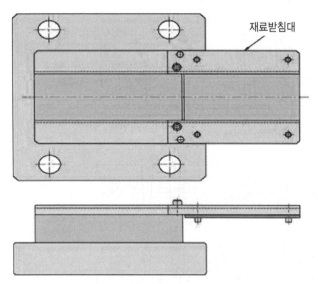

∷ 그림 10-31 재료 삽입 가이드의 예

2) 재료 폭 가이드

금형 내에서 재료 폭 가이드는 스트리퍼판이 가동식인지 고정식인지에 따라 결정된다. 최근의 프로그레시브 금형은 대부분이 가동식 스트리퍼판이다.

그림 10-32와 그림 10-33은 고정식, 가동식 스트리퍼판에 따른 재료 가이드 방법의 예를 보여주고 있다.

재료 가이드의 폭 치수 설계방법＝재료 폭 치수＋(0.05～0.1)mm

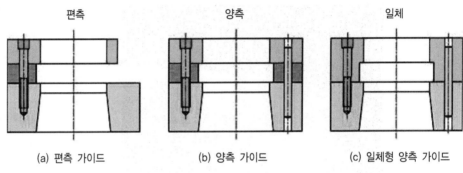

편측	양측	일체
(a) 편측 가이드	(b) 양측 가이드	(c) 일체형 양측 가이드

∴ 그림 10-32 고정식 스트리퍼판용 재료 폭 가이드

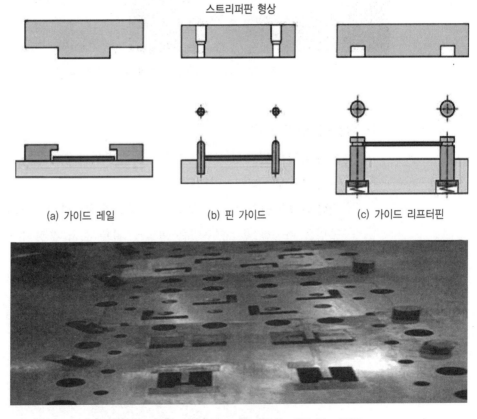

스트리퍼판 형상

(a) 가이드 레일   (b) 핀 가이드   (c) 가이드 리프터핀

∴ 그림 10-33 가동식 스트리퍼판용 재료 폭 가이드

② 파일럿 핀(파일럿 펀치)에 의한 재료 이송 가이드

프로그레시브 작업에서는 앞 공정에서 가공된 것이 다음 스테이지에 정확히 위치 결정되지 않으면, 어긋난 부품을 가공하게 된다. 간단한 경우에도 3~5회, 복잡한 경우에는 6~10회나 차례로 가공을 하기 때문에 작은 오차도 최종 제품에는 큰 오차로 나타난다.

파일럿 핀은 전 공정에서 뚫은 구멍을 다음 공정에서 끝부분이 탄환 모양의 펀치를 미리 삽입하면서 재료의 위치를 수정하는 것으로서 프로그레시브금형에는 반드시 부착되어야 하는 중요한 부품이다. 그림 10-23은 파일럿 핀에 의한 위치수정 예를 보여주고 있다.

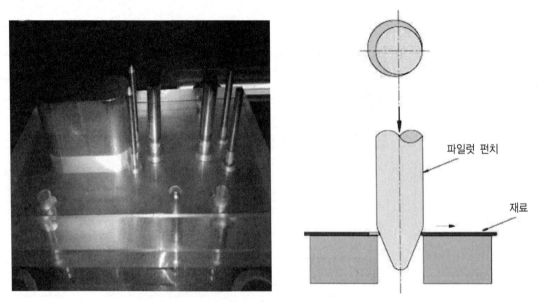

파일럿 펀치

재료

:: 그림 10-34 파일럿 핀에 의한 위치 수정

1) 파일럿 핀의 종류

① **직접 파일럿 핀** : 제품의 구멍을 이용하여 위치 결정하는 것으로 제품 구멍 정밀도가 높을 경우엔 사용 곤란하다.

② **간접 파일럿 핀** : 그림 10-35와 같이 제품과 무관한 스트립의 임의 위치에 미리 피어싱 구멍을 가공한 후 이 구멍을 파일럿 핀용 위치 결정 장치로 사용

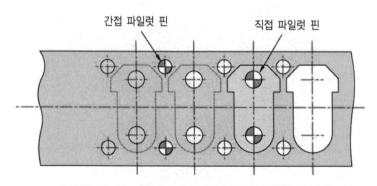

간접 파일럿 핀   직접 파일럿 핀

:: 그림 10-35 직접 파일럿 핀과 간접 파일럿 핀의 차이

2) 파일럿 핀에 의한 위치 교정량

스트립의 두께와 파일럿 핀의 직경에 따라 위치를 이동시킬 수 있는 교정 가능량이 표 1에서 나타나 있음.

표 1   파일럿 핀의 위치 교정 가능량

(±mm, 재질 : 연강판)

파일럿 핀 직경 \ 두께	0.2	0.4	0.8	1.5	3.0
3.0	0.05	0.08	0.13	–	–
5.0	0.08	0.13	0.20	0.25	–
6.0	0.10	0.20	0.25	0.35	–
8.0	0.12	0.20	0.25	0.40	0.65
10.0	0.13	0.20	0.30	0.50	0.75
13.0	0.15	0.25	0.28	0.75	0.80
19.0	0.15	0.25	0.40	0.80	1.00

3) 파일럿 핀에 의한 위치 결정 정밀도

파일럿 핀에 의한 위치 정밀도는 파일럿 핀 직경과 미리 피어싱된 구멍치수에 의해 결정되는 것으로 제품의 정밀도에 따라 그림 10-36과 같이 변한다.

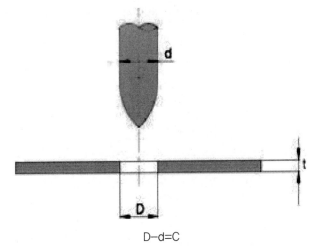

D-d=C

:•: 그림 10-36   파일럿 핀과 파일럿 구멍과의 관계

두께(t)		0.2	0.3	0.5	0.8	1.0	1.2	1.5	2	3
C	정밀급	0.01		0.02		0.02		0.03	0.04	0.05
	일반급	0.02		0.03		0.04		0.05	0.06	0.07

4) 파일럿 핀의 사용방식

파일럿 핀은 피어싱 펀치의 설치방식과 유사하지만 그림 10-37과 같이 펀치 플레이트 또는 스트리퍼판에 설치할 수 있으며, 직접식 파일럿 핀은 그림 10-37(d)에서와 같이 펀치에 직접 체결하여 사용한다.

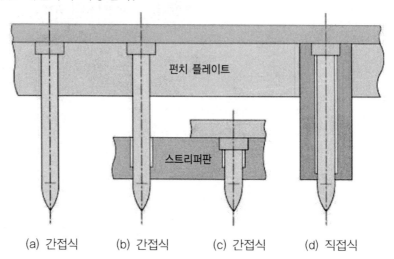

| (a) 간접식 | (b) 간접식 | (c) 간접식 | (d) 직접식 |

펀치 플레이트
스트리퍼판

•: 그림 10-37 파일럿 핀의 설치 방법

5) 파일럿 핀의 가이드 길이

프레스 작업이 되기 전에 미리 파일럿 핀에 의해 소재가 위치 결정되어야 하므로 파일럿 핀의 길이는 블랭킹(피어싱)펀치보다 길고, 스트리퍼판 밑으로 더 돌출되어 있어야 하며 충분한 가이드를 하기 위해선 그림 10-38의 조건을 만족시켜야 한다.

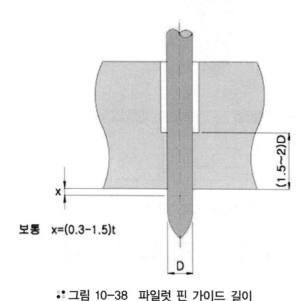

보통 x=(0.3-1.5)t

•: 그림 10-38 파일럿 핀 가이드 길이

t	돌출량(x)
0.2	3t
0.3	2.5t
0.5	2t
0.8	1.5t
1.0	1.2t
1.2	1t
1.5	0.9t
2.0	0.8t
3.0	0.7t
4.0	0.6t
5.0	0.5t

6) 공정설계에서의 파일럿 핀 위치 설정 방법

① 파일럿 핀의 설치 간격은 등간격으로 한다.

② 중요한 가공 공정 부근엔 반드시 파일럿 핀을 설치한다.

③ 파일럿 핀용 피어싱 작업을 할 경우엔 반드시 다음 공정에 파일럿 핀을 설치한다.

④ 파일럿 핀은 여러 스테이지마다 설치한다(보통 소재 폭의 2배 전후).

⑤ 편측 사이드 캐리어 방식에서는 반드시 최종 스테이지에 파일럿 핀을 설치한다.

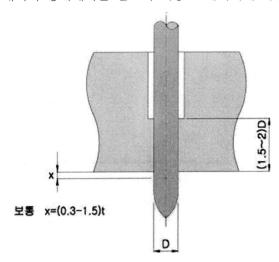

:: 그림 10-39 파일럿 핀 가이드 길이와 돌출량 설계 기준

③ 사이드 컷(Side cut)에 의한 재료 이송 가이드

프로그레시브 작업에서 스트립의 이송 위치를 결정하는 방법은 파일럿 핀 방식이외에 사이드 컷 방식이 있다. 이 방식은 그림 10-40과 같이 소재의 폭 일부를 이송피치만큼 사이드 컷하면서 위치 결정하는 방법이다.

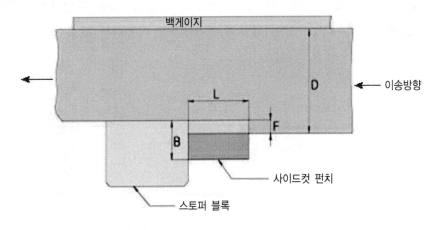

:: 그림 10-40 사이드 컷 설계 기준

이송피치(L)	펀치 폭(B)	트리밍 값(F)	
		t>1.2	t<1.2
10 까지	5	1.0t	최소 1.0
10~20	8	1.0t	최소 1.2
20~50	10	1.2t	최소 1.6
50~	12	1.5t	최소 2.0

④ 리프터 유닛(Lifter unit)

하형에 부착한 소재를 보내기 쉽게 하기 위해 그림 10-41과 같이 리프터 유닛이 사용되고 소재의 가이드 기능까지 겸비한 가이드 리프터 핀을 사용하는 경우도 많다.

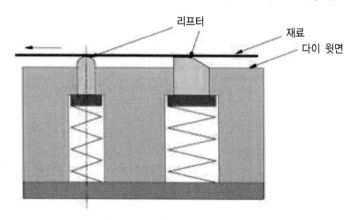

∷ 그림 10-41 리프터 유닛

⑤ 미스 피드(Miss feed) 검출 장치

이송장치에서 이송량의 편차가 크게 되어, 금형 안에서 재료가 걸려 이송 불량이 발생했을 때, 프레스 기계를 급정지시키는 장치이다. 그림 10-42는 파일럿용 구멍을 이용한 예이지만, 이외에 그림 10-43과 같이 재료의 절단부분을 이용하는 것도 있다.

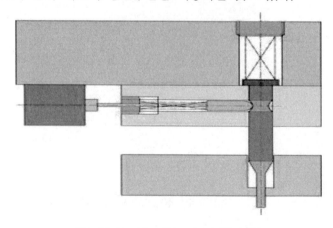

∷ 그림 10-42 미스 피드 검출 장치

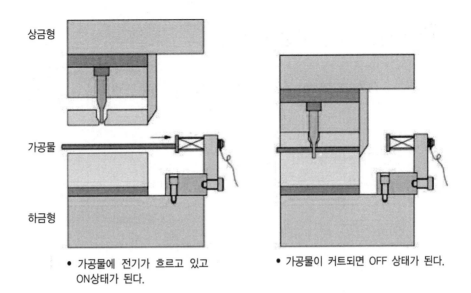

상금형

가공물

하금형

• 가공물에 전기가 흐르고 있고
ON상태가 된다.

• 가공물이 커트되면 OFF 상태가 된다.

:: 그림 10-43 미스 피드 검출 응용 사례

⑥ 프레스 금형 가공 비교표

	프로그래시브가공	트랜스퍼 이송	로봇 이송	로봇을 제외한 단공정자동화	손 작 업
가공에 적당한 공정수	~15	4~10	4~8	1~5	적을수록 좋다.
제품 향상	있 다.	약간 있다.	약간 있다./없다.	있 다.	없 다.
재료의 제한	있 다.	약간 있다.	(블랭크 뽑기는 별도) 없다.	(블랭크 뽑기는 별도)없다.	없 다.
재료의 이용	나쁘다.	좋 다.	약간 좋다.	약간 좋다.	좋 다.
생산사이클 타임	빠르다.	빠르다./약간 늦다.	늦 다.		
설비비	싸 다.	높 다.	싸 다.	약간 싸다.	싸 다.
금형제작의 난이	어렵다.	어렵다.	용 이	용 이	용 이
금형비	높 다.	높 다.	싸 다.	약간 싸다.	싸 다.
설계변경의 대응	수고가 많이 든다.	수고가 많이 든다.	수고가 많이 든다.	수고가 약간 덜 든다.	쉽 다.
설비의 범용성	약간 제한한다.	제한한다. (트랜스퍼만)	범용성이 크다. (손작업도 가능)	수고가 약간 덜 든다.	쉽 다.
스페이스	소	소	대	중	대
소량생산에 대응	없 다.	약간 있다.	있 다.	약간 있다.	있 다.
제품의 크기에 제한	기계에 비하여 소	기계에 비하여 소	없다./기계에 비하여 소	약간 있다.	없 다.
유리한 가공	소물, 박판, 고정도, 대량생산, 다공정	깊은 드로잉, 다공정, 플랜지가공품, 중·다량생산	다양한 제품 중·소량생산	플레이트에 가까운 제품 부분적인 자동화 공정	복잡형상 소량생산
대표적 제품 예	반도체리드 르레임, 콘넥터, 모터코어	모터케이스의 각종용기, 중·소물 자동차부품	중소량품 일반	스위치 러버류 프레임	파이프류, 트리밍, 사이드피어싱 등 자동가공 후의 후처리, 일반 소량품
자동화 설비 예	롤리이드, 그립퍼피이드	트래스퍼프레스, 트랜스퍼유니트, 트랜스퍼프레스	로봇라인, 1대의 프레스	푸셔피이드	에어이젝터 외에 취출의 자동화

⑦ 프로그래시브 금형 설계시 검토내용

1) 전단 제품

플 로 차 트	검 토 내 용
제 품 도	• 제품의 중요부분은 어디인가? • 버(burr)방향, 크기, 전단면에 관한 지정은 있는가? • 피가공재의 압연방향과의 관계의 지정은 있는가? • 지정이 없는 모서리부에 어느 정도까지 R붙이기가 가능한가? • 휨의 크기, 상처 등에 관한 지정은 있는가? • 정밀도상같은 가공을 필요로 하는 부분은 없는가? • 가공에 의하여 변형이 생기는 부분은 없는가?
어 랜 지 도	• 제품도 공차에 대하여 가공 목적치를 결정한다. • 제품의 중요부를 피하여 캐리어와 이어지는 부분을 결정한다. • 지정이 없는 각부에 R을 설정한다. • 개리어부에서 분리할 때의 매칭을 취하는 방법을 결정한다. • 사이드컷을 필요로 하는지 여부를 결정한다. • 클리어런스(clearance)의 크기를 결정한다.
블랭크에리아웃	• 필요한 캐리어(진폭)의 크기를 결정한다. • 재료의 이용률을 높이는 블랭크배치를 결정한다. • 직접 파일럿으로 하는가 간접파일럿으로 하는가를 결정한다. • 가공 진행에 따라서 캐리어에 변형이 생기지 않도록 주의한다. • 제품의 회수, 스크랩의 처리를 고려한다.
펀 치 형 상	• 가능한 심블(thimble)인 형상으로 되도록 노력한다. • 펀치의 강도가 밸런슬를 취할 수 있는 크기로 한다. • 스크랩 떠오르기가 생기기 어려운 형상으로 한다. • 매칭한 곳이 가능한 적어지도록 여러 각도로 연구한다.
스티립레이아웃	• 파이럿 구멍 가공 후 스테이지에서 반드시 파일럿을 넣는다. • 중요부분은 동일 스테이지로 가공한다. 잘되지 않는 경우에는 2스테이지 내에서 가공할 수 있도록 여러 각도로 연구 검토한다. • 각 스테이지(stage)의 강도 밸런슬 취한다. • 가공형상과 이송방향의 관계에 주의한다. • 미스검출은 변형이 생기지 않는 스테이지에 설치한다.
조 립 도	• 주요치수(DH, FL, 크기)를 표시하고 프레스와의 관계를 명확하게 한다. • 하사점에서의 상형, 하형의 관계(펀치, 다이의 맞물림량, 스트리퍼의 가동량, 파기공재의 리프트량) 등을 표시한다. • 각 부품의 고정법을 명확하게 표시한다.
부 품 도	• 플레이트의 가공법을 고려하여 치수 넣기법을 결정한다. • 가공법을 고려하여 도형을 표시한다. • 특수한 가공법을 사용하지 않고 가공할 수 있도록 여러모로 연구 검토한다. • 다듬질 정도, 다듬질기계의 지정도를 표시한다.
부 품 표	• 다음의 내용을 알 수 있도록 한다. 제품명칭, 제품도번, 형명칭, 형부품번호, 형부품명, 재질, 수량, 처리내용, 제품의 치수, 표준부품기호, 표준부품의 메이커명

* 어렌지도(arrange) : 금형을 제작하기 위한 가공제품의 수정(보정)제품도, 목적치수를 구하여 작도한다.

2) 밴딩 제품

플 로 차 트	검 토 내 용
제 품 도	• 제품의 중요부분은 어디인가? • 버(burr)방향, 크기, 전단면에 관한 지정은 있는가? • 피가공재의 압연방향과의 관계의 지정은 있는가? • 가공에 따라서 변형, 상처, 휨 등이 생기는 부분은 없는가? • 정밀도상 굽힘 후 구멍가공 등을 필요로 하는 곳은 없는가?
벤딩가공법의 검토	• 상벤딩, 하벤딩 가공하는 여부를 리프트링의 관계 등에서 결정한다. • 제품 정밀도를 고려하여 벤딩 가공법을 고려한다. • 벤딩가공에 따라서 변형이 생기는 곳은 없는가? • 스프링 백의 크기를 검토하여 대책을 생각한다. • 2개를 따기로한 가공이 가공하기 편한 경우가 있다.
어 랜 지 도	• 제품도공차에 대하여 가공 목적치를 결정한다. • 캐리어와의 이음부는 벤딩과의 관계에서 주의한다. • 지정이 없는 각부, 벤딩 내측의 R을 설정한다. • 매칭을 취하는 법을 결정한다. • 클리어런스의 크기를 결정한다. • 스프링 백 대책의 지시가 가능한 것은 표시한다.
전 개 도	• 벤딩가공법을 고려한 전개식을 사용한다. • 정밀도상 또는 형상적으로 벤딩 후 컷한 편이 좋은 경우는 컷량을 표시한다. • 벤딩위치를 표시한다.
블랭크레이아웃	• 필요한 캐리어(잔폭)의 크기를 결정한다.→재료 폭, 이송피치결정 • 가공의 진행에 따라 캐리어에 변형이 생기지 않도록 주의한다. • 벤딩가공을 고려한 블랭크배치로 한다. • 벤딩, 펀칭을 고려하여 파일서 위치를 결정한다.
펀 치 형 상	• 가능한 심블(thimble)인 형상으로 되도록 노력한다. • 벤딩과의 관계됨을 고려한다. • 스트립 떠오르기가 생기기 쉬운 형상으로 한다. • 매칭한 곳이 가능한 적어지도록 여러 각도로 연구한다. • 전체에 맞는 펀치의 밸런스를 고려한다.
스트립레이아웃	• 벤딩공정, 스크랩부상(浮上), 변형 등에 주의하여 가공배치를 결정한다. • 리프트업 방법도 생각한다. • 중요부품은 동일스테이지에서 가공한다. • 미스검출은 변형이 생기기 쉬운 스테이지에 설치한다.
조 립 도	• 주요치수(DH, FL, 크기)를 표시하고 프레스와의 관계를 명확하게 한다. • 벤딩부의 도피홈, 이송시의 안정에 주의한다. • 벤딩기구를 알 수 있도록 표시한다. • 벤딩과 뽑기(블랭킹 또는 트리밍)의 타이밍도 알 수 있도록 표시한다.
부 품 도	• 플레이트의 가공법을 고려하여 치수 넣기법을 결정한다. • 가공법을 고려하여 도형을 표시한다. • 다듬질 정도, 다듬질기계의 지정도를 표시한다.
부 품 표	• 다음의 내용을 알 수 있도록 한다. 제품명칭, 제품도번, 형명칭, 형부품번호, 형부품명, 재질, 수량, 처리내용, 제품의 치수, 표준부품기호, 표준부품의 메이커명

3) 드로잉 제품

플 로 차 트	검 토 내 용
제 품 도	• 제품의 중요부분은 어디인가? • 정밀도상 아이어닝(ironing)가공을 필요로 하는가? • 치수의 R 등에서 지시하여 가공상 곤란한 곳은 없는가? • 트리밍에서 문제되는 부분은 없는가
어 랜 지 도	• 제품도 공차에 대하여 목적치를 결정한다. • 트리밍 여유의 크기를 결정한다. • 사용하는 피가공재의 판 두께를 결정한다. • 지정이 없는 R이 없으면 결정한다.
전 개	• 트리밍 여유를 포함한 치수로 전개계산을 한다. • 전개는 외형치수를 사용한다.
공정의 검토	• 블랭크의 크기와 판두께의 비를 구한다($t/D \times 100$). • 드로잉률에서 공정수를 구한다. • 각 공정의 드로잉 높이를 구한다. • 각 공정의 클리어런스를 결정한다. • 드로잉 압력과 주름 누르기 압력을 계산한다.
블랭크레이아웃	• 블랭크 채취방법은 아워글레스, 랜스슬릿, 기타 방법을 결정한다. • 캐리어의 크기를 결정한다.→재료 폭, 이송 피치의 결정 • 파일럿의 위치를 결정한다.
스트립레이아웃	• 상향, 하향 드로잉하는 여부를 결정한다. • 제 1드로잉에서 제 2드로잉 ㎖ 사이는 아이들스테이지를 1개 이상 설치한다. • 펀치, 다이의 치수 및 각 반지름을 표시한다. • 각 공정의 드로잉 높이를 결정한다.
조 립 도	• 주요치수(DH, FL, 크기)를 표시하고 프레스와의 관계를 명확하게 한다. • 스프링의 휨량에 주의한다. • 펀치가 피가공재에 접한 다음 하사점까지의 도중공정의 피가공재 움직임에 주의한다. 또 이송시의 피가공재의 안정에도 주의한다. • 에어뽑기, 가공유의 처리에 주의한다. • 아워글레스에 의한 가공에서는 제 1드로잉에서 피친 변동이 있는 대응책을 고려한다.
부 품 도	• 플레이트의 가공법을 고려하여 치수의 기입법을 결정한다. • 다듬질정도, 다듬질기계의 지정 등도 표시한다.
부 품 표	• 다음의 내용을 알 수 있도록 한다. 　제품명칭, 제품도번, 형명칭, 형부품번호, 형부품명, 재질, 수량, 처리내용, 제품의 치수, 표준부품기호, 표준부품의 메이커명

06 트랜스퍼 금형(Transfer Die)

① 개 요

연속 대량 생산작업에 많이 사용되는 금형으로 각 공정 간의 금형설계가 독립적이다. 즉, 단 공정금형의 조합으로 생각할 수 있으며, 이 작업은 그림 10-44에서와 같이 바 피더(bar feeder)에 장착되어 있는 핑거(finger)에 의해 부품이 다음 공정으로 이동되면서 단계적으로 성형되는 것으로 주로 중대형 부품의 성형작업에 이용된다. 이 작업은 전용의 트랜스퍼 이송장치가 부착되어 있는 프레스가 필요하며 보통 작업속도는 30~60spm의 범위에 있다.(※ spm : 프레스의 1분당 스트로크수) 또한 트랜스퍼 프레스의 작동방식은 다른 프레스와는 차이가 있다.

우선 크게 다른 것은 각각의 작업공정을 수행하는 단 공정 금형을 수벌에서 10여벌 정도 고정을 할 수 있는 장치와 각 공정의 가공제품을 이동시킬 수 있는 운반이송 기구를 가지고 있다. 따라서 트랜스퍼 프레스 가공은 1대의 프레스 기계 내에 각 공정의 금형을 배열하고 이를 연속 자동 가공시키는 작업을 할 수 있게 하는 가공방법이다. 작동하는 것을 보게 되면 프레스 기계 내의 금형은 이송장치에 의해 다음공정으로 이동되게 되고 이후 금형에 의한 형상가공이나 전단가공 등을 수행하게 된다.

이송레일(바 피더)   핑거   가공제품

∴그림 10-44 트랜스퍼 금형

∴그림 10-45

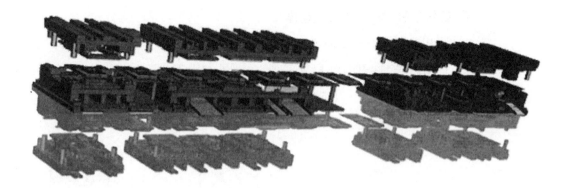

∷ 그림 10-46 트랜스퍼 프레스

1) 트랜스퍼 가공방식의 분류

① 범용 트랜스퍼 프레스 라인(그림 10-47)

소요 공정수 만큼의 범용 프레스 기계를 병렬로 배치한 프레스 라인을 통해 가공제품을 이송하면서 각 기계에서 작업하게 하는 방법

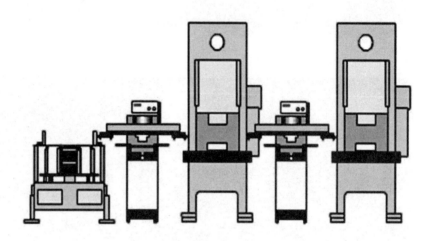

∴그림 10-47 트랜스퍼 프레스 라인

② 전용의 트랜스퍼 프레스

한대의 전용 트랜스퍼 프레스에 가공 공정수 만큼의 금형을 프레스 내에 세팅해 자동이 송장치로 재료를 이송하면서 자동가공을 행하는 방법

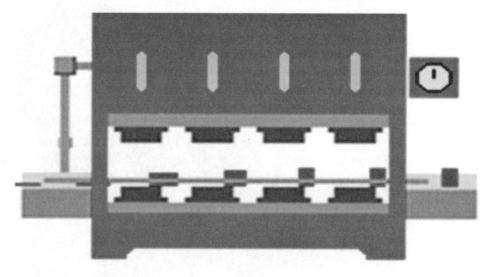

∴그림 10-48 트랜스퍼 프레스 라인

③ 5공정 트랜스퍼 가공 사례

㉮ 아래와 같은 그림 10-49와 같은 5공정의 제품을 각각의 형상가공을 하려면 프레스 기계 5대와 금형 5세트, 작업인원이 5명이 있어야 작업이 가능

㉯ 이런 경우 생산성도 낮아지고 인건비와 사용기계가 많아짐에 따른 설비 가동비의 상승 등으로 제조원가가 올라가게 되어 경쟁력이 떨어지게 됨.

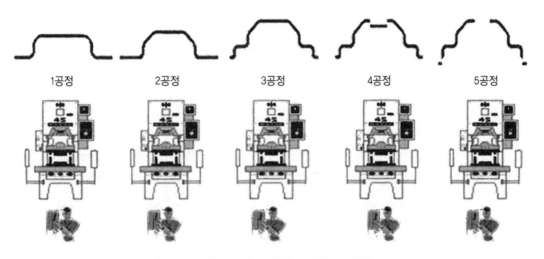

1공정   2공정   3공정   4공정   5공정

∴ 그림 10-49   5공정 트랜스퍼 가공

④ 개선한 트랜스퍼 가공 사례(전용 트랜스퍼)

앞장의 방식에서 개선을 하는 방법 중 한 가지가 트랜스퍼 가공으로서 원리는 다음과 같음. 각 공정의 가공제품을 이동시킬 수 있는 운반이송 기구를 가지고 있는 1대의 프레스 기계 내에 각 공정의 금형을 배열하고 연속 자동 가공시키는 것으로, 기계 한 대에 사람은 1명 필요함.

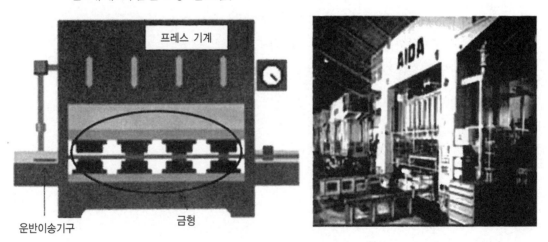

프레스 기계

운반이송기구   금형

∴ 그림 10-50   개선한 트랜스퍼 가공

2) 전용의 트랜스퍼 프레스의 특징

① 전용의 프레스 기계이다.

② 트랜스퍼 이송 장치가 처음으로 조립된다.

③ 각 스테이지에서 금형을 설치하기 위한 기구가 있다.

④ 각 스테이지에 슬라이드 조절, 녹아웃 등의 기구가 있다.

⑤ 디프드로잉 성형 제품에 많이 적용된다.

3) 트랜스퍼 피드가 장착된 범용 프레스 기계의 특징

① 프레스 기계는 범용기계이며, 피드바를 떼어내면 다른 공정에도 사용할 수 있다.

② 슬라이드 하면은 평탄하며 스테이지의 조정은 할 수 없다. 이 때문에 금형의 높이는 모든 스테이지에서 동일해야 하며 스테이지의 조정은 스페이서로 한다.

③ 스테이지에 금형 부착 장치가 없다. 이 때문에 슬라이드 또는 볼스터에 금형 부착을 위한 추가 가공 또는 서브 플레이트를 사용하여 부착한다.

④ 스테이지에 녹아웃 기구가 없기 때문에 스프링, 실린더 등을 이용한 녹아웃이 필요하다.

⑤ 얕은 성형 제품에 보통 적용된다.

4) 범용 트랜스 전용 프레스의 비교

범용 프레스는 단발금형, 콤파운드(compound Die)금형, 순차이송금형(Progressive Die) 등 금형의 가공방식에 특별한 제한을 받지 않고 가공을 할 수 있으며, 가장 일반적인 프레스로서 가격도 상대적으로 저렴하다. 이에 비해 트랜스퍼 전용 프레스기계는 오로지 트랜스퍼용 금형만을 이용하는 제한적 작업을 할 수 밖에 없는 특징이 있다, 트랜스퍼 전용 프레스의 특징으로는

① 프로그레시브 금형에 비해 사용 재료의 사용률이 높다.

② 금형의 내구성과 메인터넨스(Mainternance)성이 중요하다.

③ 금형 교환 시간이 단축된다.

④ 프레스 작업에 숙련을 요하지 않는다.

⑤ 생산기술을 습득할 수 있다.

⑥ 기계의 가격이 고가이다.

⑦ 그립 핑거가 필요하다.

❷ 이송 방식

트랜스퍼 가공은 제품을 잡기 위한 핑거와 핑거를 부착하여 이동시키는 핑거 바에 의하여 제품을 보내지만 그 동작 방식에 따라 다음의 3가지가 있다.

① 1차원 트랜스퍼 피드(왕복 트랜스퍼 피드)

② 2차원 트랜스퍼 피드(평면 트랜스퍼 피드)

③ 3차원 트랜스퍼 피드(입체 트랜스퍼 피드)

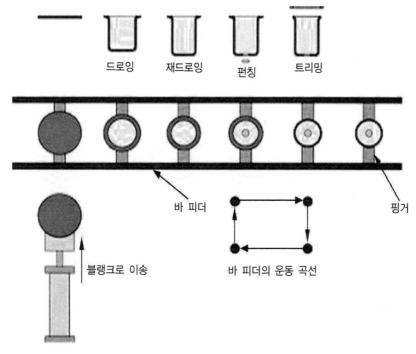

드로잉   재드로잉   펀칭   트리밍

바 피더

블랭크로 이송

바 피더의 운동 곡선

핑거

:• 그림 10-51 트랜스퍼 이송 장치

1) 1차원 트랜스퍼 피드

피드 바(feed bar)가 왕복 운동만 하기 때문이며, 핑거 개폐는 스프링과 금형 내의 캠에 의해 별도로 작용된다(그림 10-52). 왕복 운동이 요구되는 제품의 형상이나 크기가 한정되어, 주로 소형물의 원통 드로잉에 사용된다.

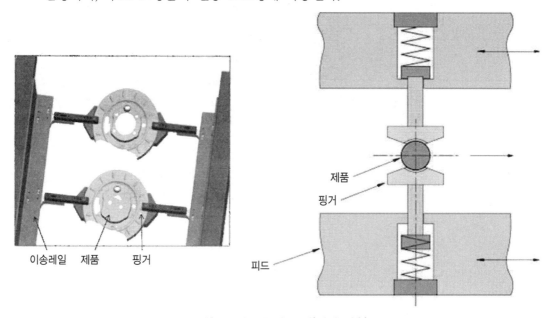

이송레일   제품   핑거

제품

핑거

피드

:• 그림 10-52 1차원 트랜스퍼 기구 예(핑거 이송)

2) 2차원 트랜스퍼 피드

그림 10-53과 같이 피드 바가 장방형의 형태로 이동하면서, ① 클램프, ② 전진, ③ 언클램프, ④ 후퇴를 하는 형식의 것과 다른 하나는 피드바는 왕복운동만 하고 핑거를 별도로 구동하여 클램프, 언클램프(unclamp)를 행하는 것이 있다. 후자가 고속 가공을 가능케 하며, 매분 400spm의 고속화 사례도 있다.

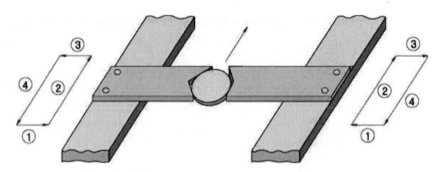

∷ 그림 10-53 2차원 트랜스퍼의 작동

3) 3차원 트랜스퍼 피드

그림 10-54와 같이 피드 바의 작동은 2차원 트랜스퍼 피드에 상하 움직임이 더해지며, ① 클램프, ② 상승, ③ 전진, ④ 하강, ⑤ 언클램프, ⑥ 후퇴의 동작을 한다. 이 때문에 성형품의 위치 결정이 용이하며, 금형의 구조도 간단하다. 그러나, 상하 운동을 위한 시간이 필요하며, 생산성은 저하한다.

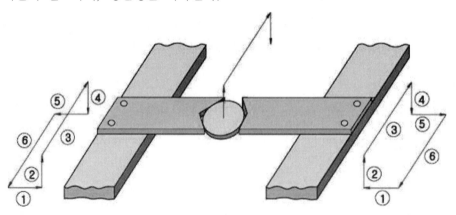

∷ 그림 10-54 3차원 트랜스퍼의 작동

　제품이 자중의 무게를 견디지 못하고 휨이 발생되어 버리면 핑거로 제품을 잡아주었더라도 휨으로 인한 제품이 빠져 나가므로 결국 제품을 이송시켜 주지 못하게 된다. 이런 경우에 대한 다른 방식을 알아보면, 첫째로 진공패드를 이용하여 진공압력으로 제품을 잡아주고 이동시켜 주는 방법이 있다. 얇고 큰 제품에 유리한 핑거방식이고, 단점으로는 제품의 표면에 구멍이 많게 되면 불리하게 된다.

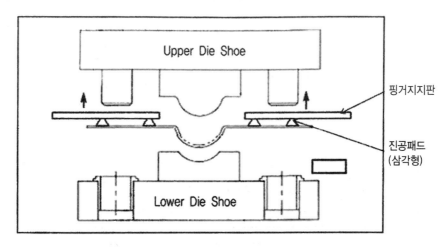

:: 그림 10-55　진공을 이용한 이송사례

　얇고 큰 제품은 제품의 양끝을 잡아주고 이동 시켜주게 되면 제품 자체의 무게로 인해 휨이 발생되어 제품을 잡아주는 그립핑거에서 벗어나기가 쉬워 이에 대응하기 위한 것이 진공패드(Vacuum Pad)를 이용한 이송방식이다.

　얇고 큰 제품에 유리한 이송방식으로 표면에 밀착하여 진공의 힘으로 제품을 지지해주므로 제품 상에 구멍이 있으면 진공이 이루어지지 못하여 쓸 수 없다는 단점이 있다.

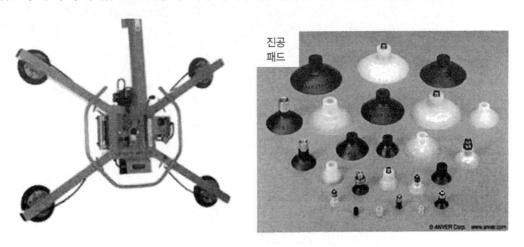

:: 그림 10-56　진공을 이용한 이송사례

마그네틱을 이용한 이송사례(그림 10-57)

마그네틱(자석)을 이용하여 자력의 힘으로 제품을 잡아주고 이동시켜 주는 방법으로 얇고 큰 제품에 유리한 핑거방식이다.

영구자석보다는 전자석이 유리하며, 단점으로는 비자성체에는 사용을 할 수 없다.

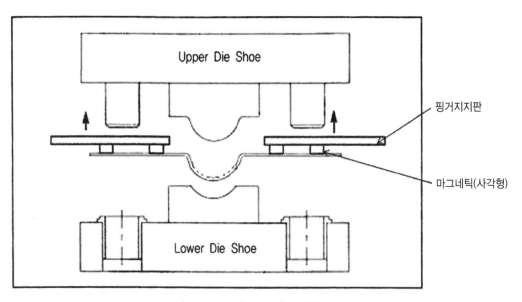

∷그림 10-57 마그네틱을 이용한 이송사례

MagVacu Combi Grippers 이용한 이송사례(그림 10-58)

진공패드와 마그네틱 이송의 상호 단점을 보완하여 나온 제품이 사용되고 있다. 마그배쿠콤비 그립퍼(MagVacu Combi Grippers)라고 부르며 제품 표면에 구멍의 유무에 관계없이 사용 가능하다. 단, 구멍이 있을 경우는 제품소재는 자성체이어야 자석에 붙으므로 사용 가능하다.

∷그림 10-58 NagVacu Combi Grippers이용한 이송사례

4) 이송장치의 전용화

트랜스퍼 프레스에서 작업공정이 다음 스테이지로 이동될 때 이송레일에 붙어 있는 핑거가 금형 내로 들어와서 제품을 잡아주고 다음 피치로 이동하여 금형에 올려주고 난 뒤 후퇴하여 프레스 작업을 할 수 있도록 해주는 장치를 통틀어 이송장치라 부르고 있다.

그림 10-59는 트랜스퍼 금형과 금형 외곽부에 이송장치를 조합한 것으로 이송장치의 탈부착이 가능한 구조로 만들어져 있다.

장점으로는 트랜스퍼 전용 프레스기계가 없더라도 이송장치 자체의 서보모터 구동장치를 이용하여 움직일 수 있도록 만든 전용 이송장치이다.

이송레일   핑거   가공제품

∷ 그림 10-59   이송장치 1

그림 10-60은 통상의 이송장치로서 트랜스퍼 금형과 제품과의 사이에 핑거로 제품을 잡기 위한 조정작업을 하고 있는 것으로 조정완료 후 이 이송장치는 트랜스퍼 프레스의 이송을 담당하는 서보모터에 연결이 되어 프레스의 작동에 연계되어 이송작업을 하게 된다.

∷ 그림 10-60   이송장치 2

이송장치   금형

:: 그림 10-61   이송장치 3

대부분 트랜스퍼 가공라인은 일체형이나 분할영의 결정은 회사가 보유하고 있는 기계의 종류와 사용톤수, 그리고 금형의 크기를 비교하여 일체형 또는 분할형으로 결정을 하게 된다.

일체형 트랜스퍼   분할형 트랜스퍼(로보트 라인)

:: 그림 10-62   일체형과 분할형 트랜스퍼 라인 비교

③ 트랜스퍼 금형의 예

트랜스퍼 금형은 기계의 종류와 이송 형식에 따라 금형의 구조는 크게 다르지만, 여기서는 가장 일반적인 범용 프레스에 2차원 트랜스퍼 장치를 부착한 금형 설계시의 주의 사항에 대하여 설명한다.

1) 기계의 능력과 제품의 가공에 필요한 힘

각 공정에서 필요한 하중 및 에너지를 합계하고, 기계의 능력이 충분한가를 확인한다. 또, 편심하중이 되기 쉬우므로 대형 프레스 기계의 사용 또는 공정의 균형을 고려한다.

2) 스트로크 길이와 제품의 드로잉 깊이

드로잉 할 수 있는 제품의 최대 길이는 사용하는 프레스의 스트로크 길이와 트랜스퍼 장치의 이송 타이밍으로 결정한다. 드로잉 가공 후 녹아웃에 의해 펀치로부터 벗어나고, 이송이 시작될 때 상형과 간섭되지 않는 타이밍은 제품 형상이나 타이밍 선도에 따라 다르다.

3) 제품의 안정성

트랜스퍼 가공 연속적인 자동 생산 제품을 이송시킬 때의 안정성, 각 작업 전후에서의 제품 위치 결정의 확실성, 금형에서의 제품 위치 결정의 확실성, 각 작업 전후에서의 제품의 안정성 등이 필요하며, 자동 가공에 따른 불안정 요소를 없애고 연속 사용에 견딜 수 있어야 한다. 그림 10-51은 제품의 안전성 상태로서 그림 10-67은 플랜지 없는 드로잉에서 불안정 상태이고, 그림 10-51(b)는 블랭크 홀더에 제품 받이를 부착한 예를 나타낸 것이다. 플랜지 없는 드로잉제품은 그림 10-51(a)와 같이 불안정해 질 수 있기 때문에 그림 10-63과 같은 대책이 필요하다.

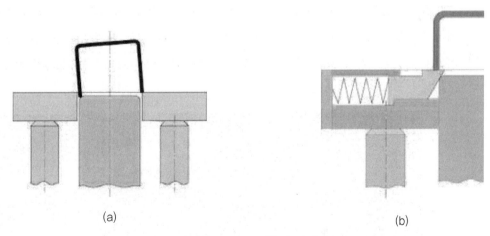

(a)   (b)

:•: 그림 10-63   제품의 안전성

4) 피드바와 가이드 포스트의 간섭 방지

일반적으로 가이드 포스트를 상형에 장착하고, 가이드 부시를 하형으로 하며, 피드바가 닫힐 때에는 상형이 상승하여 충돌되지 않도록 한다.

5) 하형의 상면은 평탄하게 할 것

하형의 상면은 제품이 미끄러지며 이송할 수 있도록 평탄하고 중간에 간섭이 없어야
한다.

① 금형과 금형 사이의 공간은 가능하면 평탄한 플레이트로 막을 것
② 녹아웃, 위치결정 장치, 리프터 핀 등이 제품 밑면과 부딪치지 않을것
③ 다음 스테이지의 금형 상면(또는 녹아웃의 상면)은 전의 스테이지보다 조금 낮게
   한다(그림 10-64).

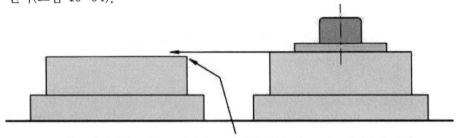

후스테이지의 금형　　여기에 부딪치지 않을 것　　전스테이지의 금형

:: 그림 10-64　스테이지간의 금형의 높이

제품 원자재 절감 대응 사례

프레스 제품 원가에는 자재비의 비중이 매우 크다. 따라서 금형 설계 시 재료 사용률을 높이기
위하여 많은 노력을 하게 된다.

재료의 사용률 차이가 곧 제품의 가격 차이와 손익구조에 지대한 영향을 미치게 된다. 특히
제품이 대형이거나 고가의 자재인 경우 그 차이가 더 커지게 된다.

그림 10-65는 보통의 프로그레시브(progressive die)으로 제작을 하였을 경우의 일반적인
레이아웃(Lay out) 예이다. 프로그레시브 금형의 경우 제품에 해당되는 부분을 금형내의 다음
피치(Pitch)로 이송을 하기 위해서는 제품을 잡아주기 위한 브리지(Bridge)와 이송을 위한 캐리어
(Carrier)가 반드시 필요하다.

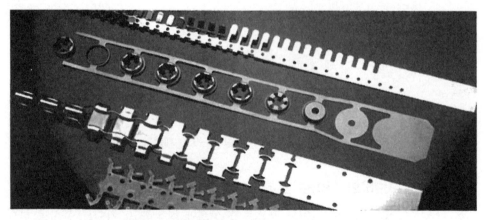

:: 그림 10-65 프로그레시브 금형(progressive die Lay out)

또한 정확한 작업위치를 이동시키기 위해서는 위치결정을 해주는 역할을 수행하는 파일럿 (Pilot)의 영역도 확보가 되어야 한다. 프로그레시브 금형에서는 필수사항이나 트랜스퍼 금형에서는 생략이 가능하다.

원자재 사용량의 비교 사례

그림 10-66에서 보게 되면 프로그레시브 금형의 재료 사용률은 61.7%이며 트랜스퍼 금형의 경우 74.1% 재료사용률이 높음을 알 수 있다.

프로그레시브 금형의 경우 이송을 위한 캐리어 (Carrier)가 반드시 필요하다. 그러나 트랜스퍼의 경우는 단발금형과 마찬가지

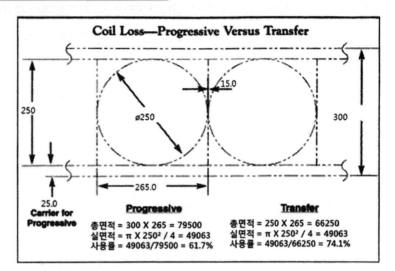

❖ 그림 10-66 프로그레시브 금형(progressive die Lay out)

이므로 소재를 이송시키기 위한 캐리어가 불필요하므로 그만큼 원자재가 절감된다. 이를 가격으로 비교해 보면 자재가격이 kg 당 1,500원이고 두께가 2.0mm, 일반강판재일 경우 비중은 7.8로 계산해서 개당 원자재 가격을 비교.

- **프로그레시브 금형의 경우** : 총면적 (79,500 × 2.0 × 7.8 × 1,500) / 1,000,000 = 1860원
- **트랜스퍼 금형의 경우** : 총면적 (66,250 × 2.0 × 7.8 × 1,500) / 1,000,000 = 1550원

트랜스퍼의 경우가 개당 비용도 310원 저렴하고 재료의 사용률도 높음.

(단, 위식의 1,000,000은 mm의 3제곱으로 이 값으로 나누어야 kg으로 환산됨)

제품의 단가를 비교해 보면,

가공비는 시간당 임률을 시간당 생산한 수량으로 나누게 된다.

비교하기 쉽게 시간당 임률은 100,000원으로 했고, 시간당 생산량은 100개로 했다.

이 경우 가공비는 100,000 / 100 = 1,000원임을 알 수가 있다.

표를 보면 트랜스퍼 가공이 가격면에서 유리한 것을 알 수 있다.

구 분	프로그레시브 가공	트랜스퍼 가공
재료비	1,860	1,550
가공비	1,000	1,000
일반관리비 10%	286	255
이윤 10%	286	255
합 계	3,432	3,060

프로그레시브 금형 설계 실습

> **예제** 그림 1과 같이 두께 2mm의 연강판으로 외경 25mm, 내경 10mm의 와셔를 만들기 위한
> 프로그레시브 금형을 설계하여라.(단, 금형 설계시 틈새는 재료 두께(t)의 5%를 적용하고,
> 재료의 전단 강도는 30kgf/mm², 생산수량은 월 100,000개 이상이다.)

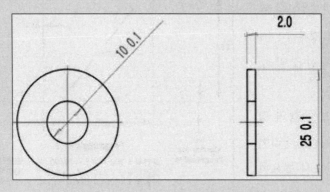

그림 1 제품도

[풀이] 프로그레시브 금형설계순서는 먼저 제품도를 검토하여 어떠한 방식으로 가공할 것인지를 고려한
다음, 블랭크 레이아웃, 스트립 레이아웃, 다이 레이아웃, 조립 단면도, 부품도의 순으로 설계하는
것으로, 이들의 내용을 정리하면 다음과 같다.

(1) 가공 방법의 결정

와셔를 연속적으로 가공하는 방법에는 그림 2에서와 같이 세가지 방법을 들 수 있다. 그림 2(a)
피어싱과 블랭킹, 그림 2(b) 피어싱과 분단, 그림 2(c) 피어싱과 분리전단의 방법이 있는데 외경의
정밀도를 유지하고 많은 수량을 생산해야 하기 때문에 그림 2(a)와 같이 피어싱과 블랭킹 방법으로
설계하였다.

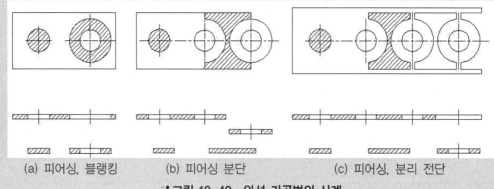

(a) 피어싱, 블랭킹　　(b) 피어싱 분단　　(c) 피어싱, 분리 전단

•˚그림 10-40　와셔 가공법의 사례

또한 수량이 많고 정밀한 제품을 생산하기 위하여 스트리퍼판은 가동식으로 하고, 4개의 서브
가이드 포스트(Sub Guide Post)를 추가하였다.(조립도의 품번 9번 참조)

(2) 블랭크 레이아웃의 결정

소재의 폭, 이송 피치, 잔폭, 재료 이용률, 가공순서의 검토 등을 위해 블랭크 레이아웃을 작성하면 편리하다. 특히 굽힘, 드로잉, 노칭 등 여러 공정을 거쳐 완성품이 되는 경우에는 공정순서를 정하는 것이 복잡하기 때문에 이와 같이 블랭크들을 우선 배열해 놓고 순서를 검토하면 모든 레이아웃을 쉽게 작성할 수 있다. 일반적으로 블랭크 레이아웃에서는 소재의 폭, 잔폭, 이송 피치, 스크랩 처리방법, 제품 취출방법이 결정되며, 이에 대한 예제는 그림 3에 나타내었다.

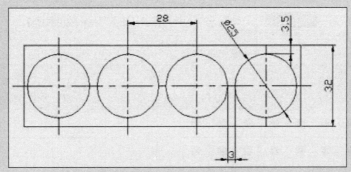

• 그림 3 와셔 제품의 블랭크 레이아웃

잔폭은 일반적으로 재료 두께의 1~2배 정도가 안정적이다. 여기서는, 파일럿 핀과 블랭크 사이의 여유를 고려하여 양쪽 3.5mm 블랭킹과 블랭킹의 간격은 3mm로 결정한다.

∴ 소재의 폭 : 32mm, 피치 : 28mm

(3) 스트립 레이아웃의 결정

프로그레시브 금형에서는 무엇보다도 정확한 재료 이송이 우선적이며 중요하다. 이를 위해서 재료 이송 장치인 NC 피더를 사용하고 보다 안전을 위하여 파일럿 핀을 사용한다. 파일럿 핀으로는 직접 또는 간접 파일럿 핀 방식이 있으나 여기에서는 블랭크 제품의 평면도를 보완하기 위하여 간접 파일럿 핀을 사용한다. 간접 파일럿 핀은 $\phi 3 \sim 10$ 정도가 적당하나 본 설계에서는 파일럿 핀의 안정성을 고려하여 $\phi 6$ 파일럿 핀을 선택하였다.(그림 4 참조)

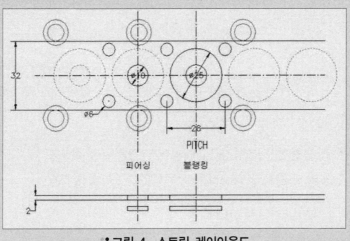

• 그림 4 스트립 레이아웃도

(4) 다이의 설계 (품번 2번)

다이의 가로, 세로 크기를 결정하기 위해서는 먼저 다이 플레이트 두께를 계산하고, 이를 기준으로 펀치 플레이트, 배킹 플레이트 등의 두께 설정과 다이 플레이트의 가로 세로 크기, 스트리퍼판의 가로 세로 크기를 결정한다. 이 단계에 있어서 각 금형 부품의 치수는 계산된 치수를 그대로 설계치수로 정할 수도 있지만, 이렇게 하면 금형 소재를 구입하여 기계가공을 많이 해야 하는 불편이 있기 때문에 가능한 한 상용의 표준부품을 구입하여 제작하면 편리하다. (표1 참조)

표 1 각종 금형 플레이트의 표준 치수 예(대략값)

● : 배킹 플레이트용   ○ : 펀치 플레이트, 스트리퍼판, 다이 플레이트용

가로		80	100		125			150		180		210			250			300			
세로		80	80	100	80	100	125	100	150	125	180	100	150	210	125	180	250	125	180	250	300
판두께	5	●	●	●	●	●	●	●	●												
	8	●	●	●	●	●	●	●	●												
	10	○	○	○	○	○	○			●	●	●	●	●	●	●	●	●	●	●	●
	16	○	○	○	○	○	○	○	○	○	○	○	○	○	○	○	●	●	●	●	●
	22	○	○	○	○	○	○	○	○	○	○	○	○	○	○	○	○	○	○	○	○
	25	○	○	○	○	○	○	○	○	○	○	○	○	○	○	○	○	○	○	○	○
	28							○	○	○	○		○	○	○	○	○	○	○	○	○
	34																○		○	○	○

1) 다이 플레이트 두께의 결정

각 금형 부품의 치수는 계산에 의해서 설계치수를 결정할 수 있으나, 이 방법으로만 하면 금형 소재를 구입하여 기계가공을 많이 해야 하는 불편이 있기 때문에 이를 고려하여 가능한 한 구입하여 쉽게 제작할 수 있는 상용의 표준치수를 선정하면 편리하다. 여기서 최대 블랭킹력은 지름 25mm의 전단 가공이므로

$$P = l \times t \times \pi = \pi d t \tau \times \pi \times 25 \times 2 \times 30 = 4712.4 (\mathrm{kgf})$$

다이 플레이트의 두께는 보정계수 (k=1.25)를 적용하여

$$H = r \sqrt[3]{p} = 1.25 \sqrt[3]{4712.4} \approx 21\mathrm{mm}$$

그러나 실제로 경험상 블랭킹 외에 피어싱 하중이 부가되고 많은 수량 및 다이의 재연삭 등을 고려하여 상용의 표준치인 28mm를 사용하였다.(표 1 참조)

2) 다이 플레이트의 크기 결정

　　다이 플레이트의 크기 결정은 다이 날끝으로부터 다이 외곽까지의 거리 w는 1.5H (1.5×28=42mm)를 적용하면 그림 5와 같이 135.5×109mm가 되고 이를 만족시키는 표준 치수를 표 10-2에서 선정하면 다이 플레이트의 크기는 서브 가이드 포스트, 스프링을 장착할 치수 등을 고려하여 서로 겹치지 않고 분해 조립시 용이하게 하기 위한 표 1에서의 표준차 범위 내 필요 최소한의 치수 140×130mm로 결정하였고, 다이 플레이트의 크기는 스트리퍼판을 기준으로 같게 결정하였다.

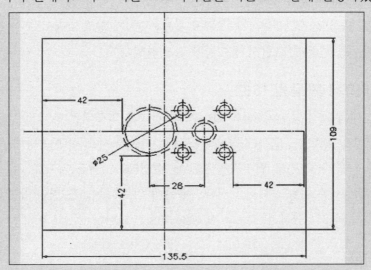

•‘그림 5 다이 플레이트의 크기 결정

(5) 각 부품의 크기 및 두께 결정

① 섕크(Shank)(품번 16번)

　　프레스 램의 중앙홀을 기준으로 ϕ35×70mm로 하였고 상부홀더에 나사 M20 고정방식으로 설계하였으며, 재료는 S45C를 사용하였다.

② 다이세트(품번 1, 4, 6, 8번)

　㉮ 강성, 정밀성, 작업성 등을 고려하여 DB형의 스틸 다이세트를 사용

　㉯ 외곽의 크기는 다이, 스트리퍼판 등이 간섭을 받지 않고 가이드 포스트, 가이드 부시를 장착할 수 있는 치수를 고려하여 240×230mm로 결정하였다.

　㉰ 두께는 전단하중 및 충격하중에 충분히 견딜 수 있도록 다이 홀더는 45mm, 펀치 홀더는 35mm로 설정하였다.

③ 배킹 플레이트 (140×130×12t)(품번 7번)

　　배킹 플레이트는 반복 충격하중에 의해 싱킹(Shinking)현상을 방지하는 기능을 하는 부품으로서, 원가 절감 차원에서 SKC3을 사용하였고, 1차 가공 후 열처리 변형을 방지하기 위해 12mm를 사용하였다. 참고로 1차 가공시에는 고정 볼트, 맞춤핀, 스트리퍼볼트 등이 자유롭게 움직일 수 있도록 원래 규격보다 편측 0.5~1mm 정도 크게 드릴 가공 후 열처리한다. 일반적으로 열처리 경도는 HRC 58~60정도로 한다.

④ 펀치 플레이트(품번 5번)

㉮ 펀치 플레이트, 가동식 스트리퍼판은 펀치 길이가 60mm이므로 스트리퍼판의 작동여유, 스프링 길이 등을 고려하였고, 또한 스트리퍼판의 바닥면은 많은 수량의 제품 가공시 생기는 변형 및 파임 현상(제품자국) 방지를 고려하여 두께를 각각 22mm로 결정하였고, 내마모성을 고려하여 HRC60~62 정도의 열처리를 한다.

㉯ 크기의 결정(140×130)

펀치 플레이트와 가동식 스트리퍼판에는 각종 부품(피어싱 펀치, 블랭킹 펀치, 파일럿 핀 및 서브 가이드 포스트, 스트리퍼 볼트 스프링 등)을 겹치지 않고 고정시킬 수 있는 치수를 고려하여 결정하였다. 또한 분해 조립시 용이함을 고려하였다.

6) 재료 가이드 리프터 핀(품번 15번)

재료 이송 방법에는 고정판 방식, 블록 가이드식, 가이드 리프터핀 방식 등이 있다. 여기서는 재료 이송시 간섭에 의한 오버스텝 등을 방지하고 스크랩의 버(Burr)에 의한 이송방해 등을 방지하기 위하여 재료가 다이면에서 약 3mm정도 떨어져서 이송될 수 있도록 재료 가이드 리프터핀을 설계하였고, 문제에서 요구하듯이 많은 수량의 제품을 전단 가공해야 하므로 가이드 면의 마모방지를 위하여 재질은 STD11종으로 선정하였고, 열처리 경도는 HRC60~62로 한다.

7) 조립도면의 작성

① 금형 조립에 사용되는 다이, 스트리퍼판, 펀치 플레이트, 배킹 플레이트의 가로, 세로 크기는 가공제작을 쉽게 하고, 금형 조립시 용이 하도록 같은 크기 (140×130mm)로 통일 시킨다.

② 피어싱 펀치, 파일럿 핀 등은 상용의 표준 치수를 선정하여 설계한다.

③ 다이세트는 다이를 충분히 장착할 수 있고, 가이드 포스트를 설치 할 수 있도록 강(Steel) 다이세트 DB형 240×230mm를 사용하였다.

④ 조립도에는 부품 번호를 부여하였고, 조립도 우측에 부품표를 작성한다.

8) 조립도면의 작성

① 피어싱, 블랭킹 펀치, 다이 날 끝 치수

편측 클리어런스로 재료 두께 2mm의 5%이므로 2mm×0.05=0.1mm

ϕ 6의 피어싱 : 펀치=ϕ6   다이=ϕ6+2×0.05×2=ϕ6.2

ϕ10의 피어싱 : 펀치=ϕ10   다이=ϕ10+2×0.05×2=ϕ10.2

ϕ25의 블랭킹 : 다이=ϕ25   펀치=ϕ25-2×0.05×2= 24.8

② 피어싱, 블랭킹 펀치와 펀치 플레이트의 끼워 맞춤은 H7m5 공차를 이용한다.

③ 각 금형 부품의 형상공차를 부품의 상하면은 0.02 이내 그리고 끼워 맞춤 부품의 밑면에 대한 직각도는 0.015mm 이내가 되어야 한다.

④ 상기와 같은 사항을 고려하면서 앞의 레이아웃도 설계에서의 데이터를 참고로 하여 금형 부품을 설계하면 된다(전체 조립도 및 부품도 참조).

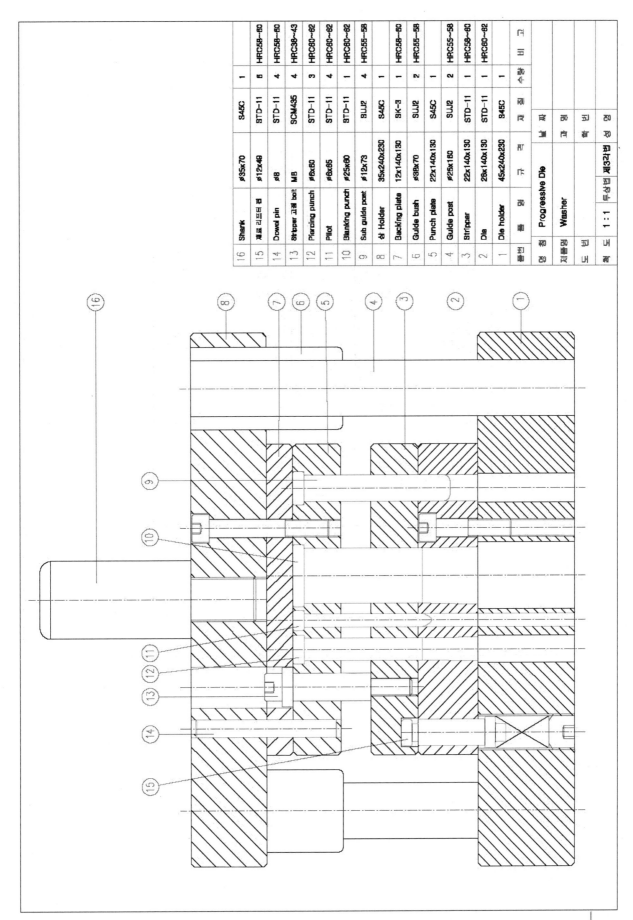

품번	품 명	규 격	재 질	수량	비 고
16	Shank	ø35x70	S45C	1	
15	재료 리프터 핀	ø12x49	STD-11	6	HRC58~60
14	Dowel pin	ø8	STD-11	4	HRC58~60
13	Striper 고정 bolt	M8	SCM435	4	HRC38~43
12	Piercing punch	ø6x60	STD-11	3	HRC60~62
11	Pilot	ø6x65	STD-11	4	HRC60~62
10	Blanking punch	ø25x60	STD-11	1	HRC60~62
9	Sub guide post	ø12x73	SUJ2	4	HRC55~58
8	상 Holder	35x240x230	S45C	1	
7	Backing plate	12x140x130	SK-3	1	HRC58~60
6	Guide bush	ø38x70	SUJ2	2	HRC55~58
5	Punch plate	22x140x130	S45C	1	
4	Guide post	ø25x160	SUJ2	2	HRC55~58
3	Stripper	22x140x130	STD-11	2	HRC58~60
2	Die	28x140x130	STD-11	1	HRC60~62
1	Die holder	45x240x230	S45C	1	

품명	Progressive Die	척도	1 : 1	투상법	제3각법
제품명	Washer				

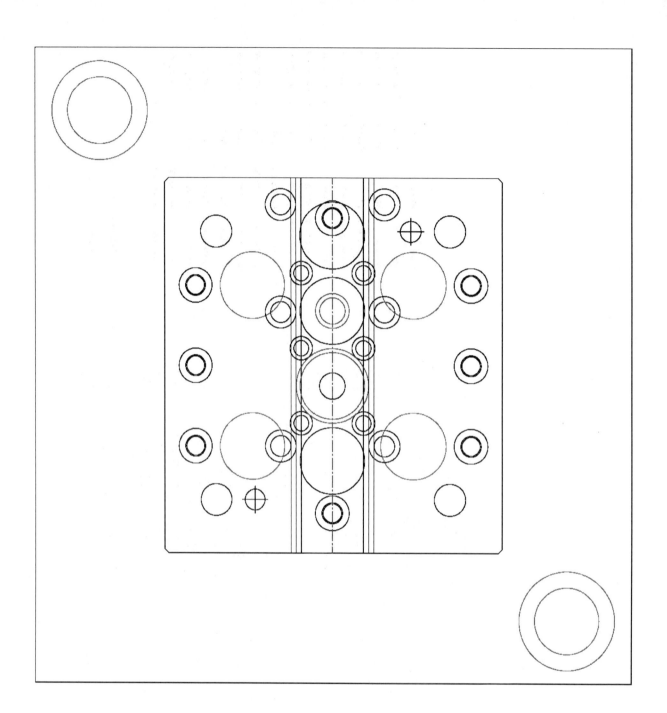

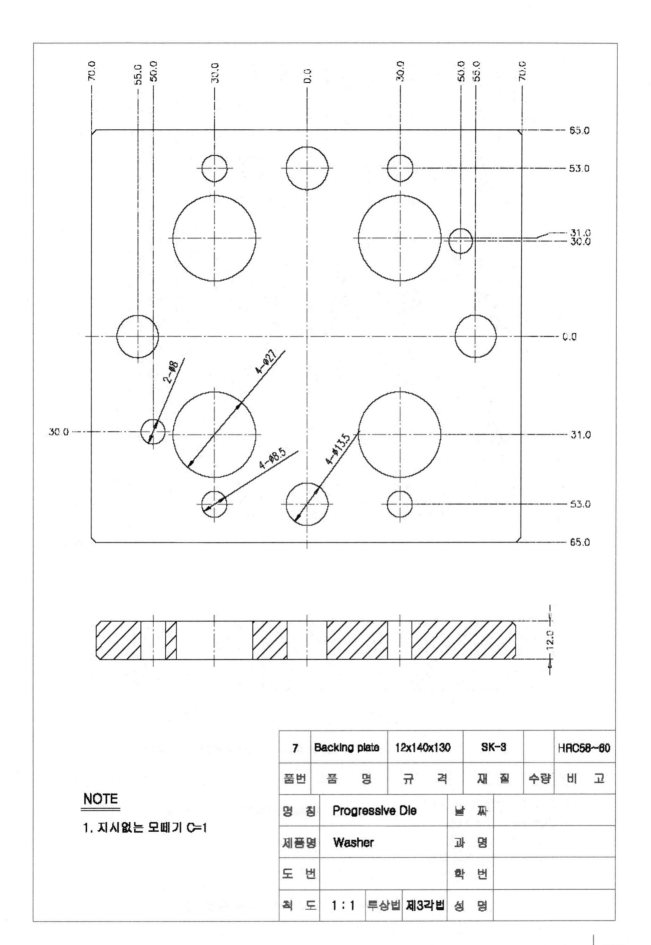

NOTE

1. 지시없는 모떼기 C=1

7	Backing plate	12x140x130	SK-3		HRC58~60
품번	품 명	규 격	재 질	수량	비 고
명 칭	Progressive Die		날 짜		
제품명	Washer		과 명		
도 번			학 번		
척 도	1 : 1	투상법 제3각법	성 명		

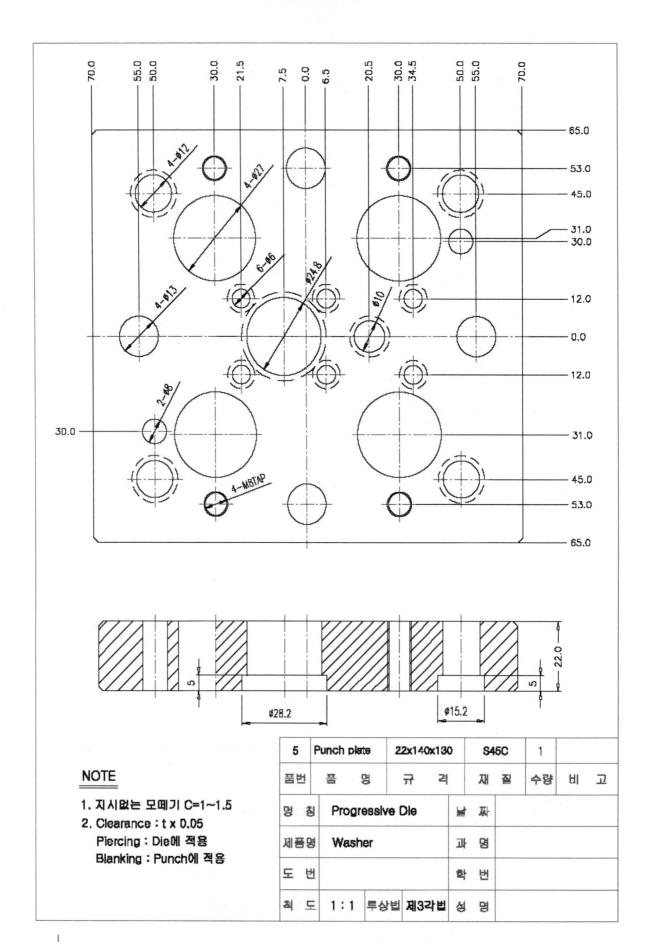

NOTE

1. 지시없는 모떼기 C=1~1.5
2. Clearance : t x 0.05
   Piercing : Die에 적용
   Blanking : Punch에 적용

5	Punch plate	22x140x130	S45C	1	
품번	품 명	규 격	재 질	수량	비 고
명 칭	Progressive Die		날 짜		
제품명	Washer		과 명		
도 변			학 번		
척 도	1 : 1	투상법 제3각법	성 명		

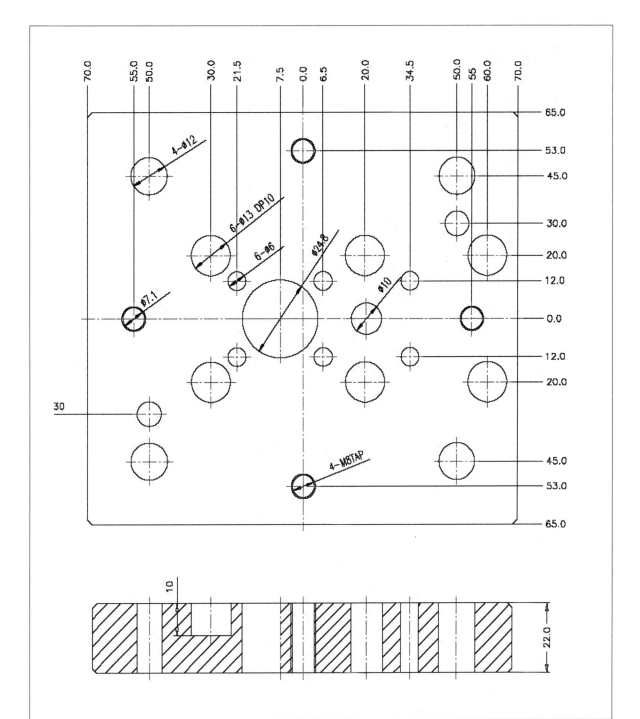

NOTE

1. 지시없는 모떼기 C=1~1.5
2. Clearance : t x 0.05
    Piercing : Die에 적용
    Blanking : Punch에 적용

3	Stripper	22x140x130	STD-11	1	HRC58~60
품번	품 명	규 격	재 질	수량	비 고
명 칭	Progressive Die		날 짜		
제품명	Washer		과 명		
도 번			학 번		
척 도	1 : 1	투상법 제3각법	성 명		

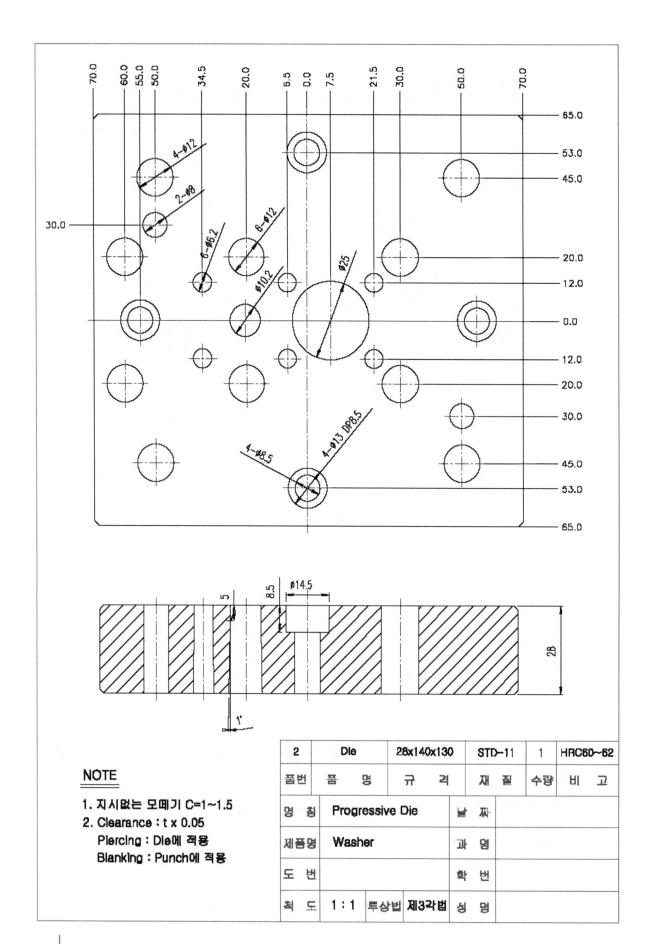

70.0
60.0
55.0
50.0
34.5
20.0
6.5
0.0
7.5
21.5
30.0
50.0
70.0

65.0
53.0
45.0

30.0

20.0
12.0

0.0

12.0
20.0
30.0
45.0
53.0
65.0

4-⌀12
2-⌀8
6-⌀6.2
6-⌀12
⌀10.2
⌀25
4-⌀8.5
4-⌀13 DP8.5

5
8.5
⌀14.5
28
1°

NOTE

1. 지시없는 모떼기 C=1~1.5
2. Clearance : t x 0.05
   Piercing : Die에 적용
   Blanking : Punch에 적용

2	Die	28x140x130	STD-11	1	HRC60~62
품번	품 명	규 격	재 질	수량	비 고

명 칭	Progressive Die		날 짜	
제품명	Washer		과 명	
도 번			학 번	
척 도	1 : 1	투상법	제3각법	성 명	

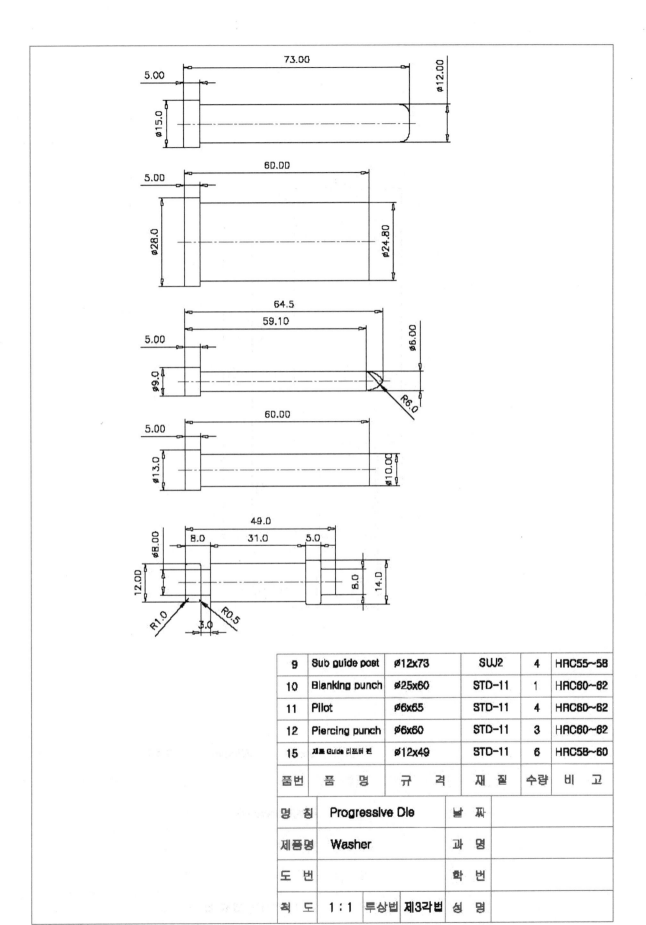

9	Sub guide post	∅12x73	SWJ2	4	HRC55~58
10	Blanking punch	∅25x60	STD-11	1	HRC60~62
11	Pilot	∅6x65	STD-11	4	HRC60~62
12	Piercing punch	∅6x60	STD-11	3	HRC60~62
15	제품 Guide 리프터 핀	∅12x49	STD-11	6	HRC58~60
품번	품 명	규 격	재 질	수량	비 고

명 칭	Progressive Die		날 짜	
제품명	Washer		과 명	
도 번			학 번	
척 도	1 : 1	투상법 제3각법	성 명	

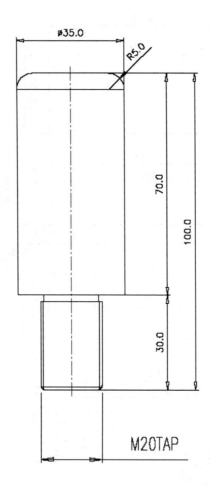

∅35.0

R5.0

70.0

100.0

30.0

M20TAP

16	Shamk	∅35x100	S45C	1	
품번	품 명	규 격	재 질	수량	비 고
명 칭	Progressive Die		날 짜		
제품명	Washer		과 명		
도 번			학 번		
척 도	1 : 1	투상법	제3각법	성 명	

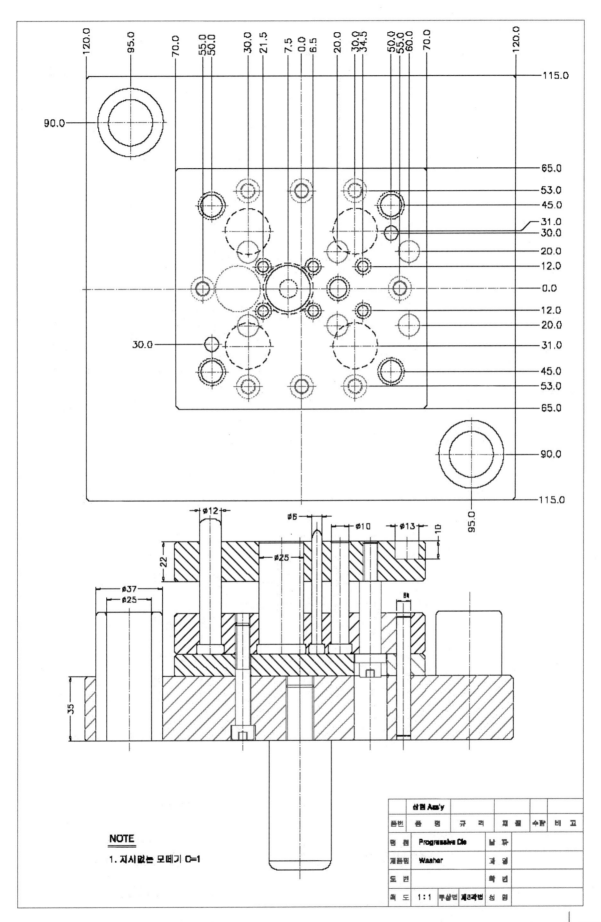

NOTE

1. 지시없는 모떼기 C=1

상형 Ass'y						
품번	품 명	규 격	재 질	수량	비 고	
명 칭	Progressive Die		납 품			
계품명	Washer		과 명			
도 번			학 번			
척 도	1:1	투상법 제3각법	성 명			

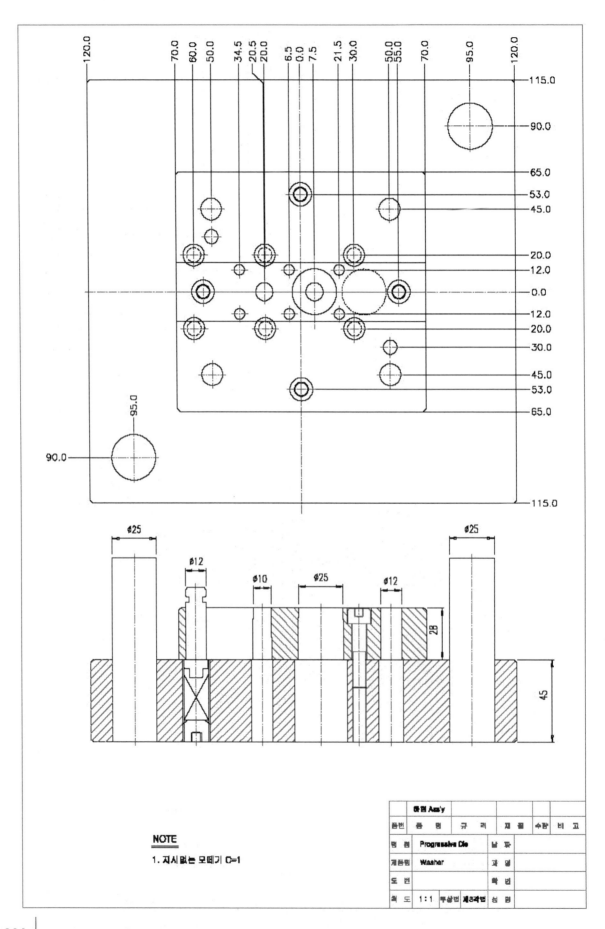

NOTE

1. 지시없는 모떼기 C=1

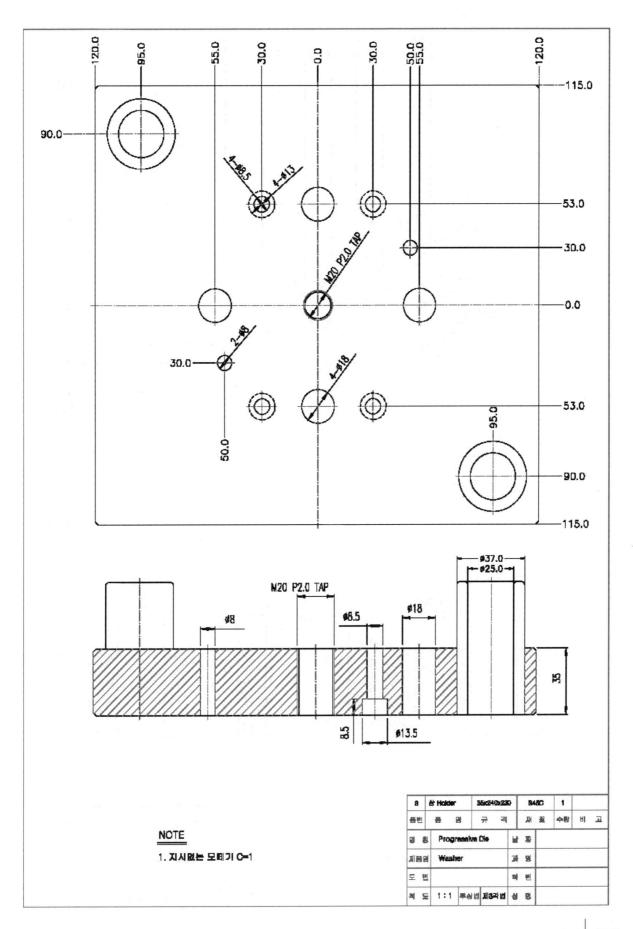

120.0

95.0

55.0

30.0

0.0

30.0

50.0
55.0

120.0

90.0

4-φ8.5

4-φ13

M20 P2.0 TAP

2-φ8

30.0

4-φ18

50.0

95.0

115.0

53.0

30.0

0.0

53.0

90.0

115.0

M20 P2.0 TAP

φ37.0

φ25.0

φ8

φ8.5

φ18

35

8.5

φ13.5

NOTE

1. 지시없는 모떼기 C=1

8	상' Holder	35x240x230	S45C	1	
품번	품 명	규 격	재 질	수량	비 고
명 칭	Progressive Die		날 짜		
제품명	Washer		과 명		
도 법			학 번		
척 도	1:1	투상법 제3각법	성 명		

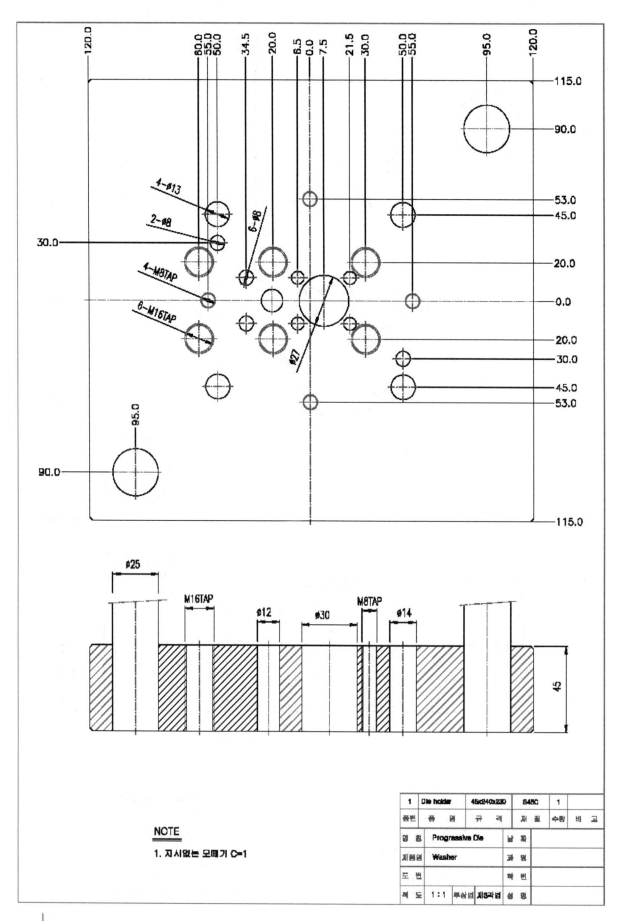

NOTE

1. 지시없는 모떼기 C=1

1	Die holder	45d240x230	S45C	1	
품번	품 명	규 격	재 질	수량	비 고
명 칭	Progressive Die			날 짜	
제품명	Washer			과 명	
도 번				학 번	
척 도	1 : 1	투상법	제3각법	성 명	

문제 1 프로그레시브 금형(Progressive die)의 개요를 설명하시오.

문제 2 프로그레시브 금형(Progressive die)의 목적을 설명하시오.

문제 3 프로그레시브 금형(Progressive die)의 특징을 설명하시오.

문제 4 프로그레시브 금형(Progressive die)의 장·단점을 설명하시오.

문제 5 프로그레시브 금형(Progressive die) 설계의 개념도를 설명하시오.

문제 6 프로그레시브 가공의 종류를 쓰시오.

문제 7 프로그레시브 가공에서 캐리어(Carrier)의 종류를 쓰시오.

문제 8 프로그레시브 금형설계 선수를 쓰시오.

문제 9 프로그레시브 금형설계 순서에서 1) 제품도 검토에 대하여 간단히 설명하시오.

문제 10 프로그레시브 금형설계 순서에서 2) 생산조건의 검토에 대하여 간단히 설명하시오.

문제 11 프로그레시브 금형설계 순서에서 3) 어랜지(Arrange)도 작성에 대하여 간단히 설명하시오.

문제 12 프로그레시브 금형설계 순서에서 4) 스트립 레이아웃(Strip layout) 작성에 대하여 설명하시오.

문제 13 프로그레시브 금형설계 순서에서 다이 레이아웃(Die lay-out) 작성에 대하여 설명하시오.

문제 14 프로그레시브 금형설계 순서에서 부품도 작성에 대하여 설명하시오.

문제 15 프로그레시브 금형설계 순서에서 조립도 작성에 대하여 설명하시오.

문제 16 프로그레시브 금형설계에서 다음을 간단히 설명하시오.

1) 피가공 재료 가이드

2) 파일럿 핀(파일럿 펀치)에 의한 재료이송 가이드

3) 사이드 컷(Side cut)에 의한 재료이송 가이드

4) 리프터 유닛(Lifer unit)

5) 미스 피드(Miss feed) 검출장치

문제 17 트랜스퍼 금형(Transfer Die)의 개요를 설명하시오.

문제 18 범용 트랜스퍼 프레스 라인과 전용 트랜스퍼 프레스에 대하여 간단히 설명하시오.

최신 프레스 금형설계 · 제작

굽힘 금형
(Bending Die)

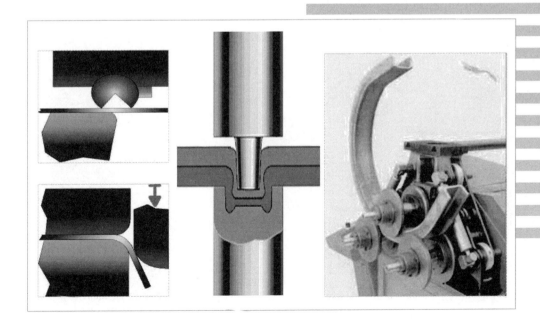

굽힘금형(Bending Die)

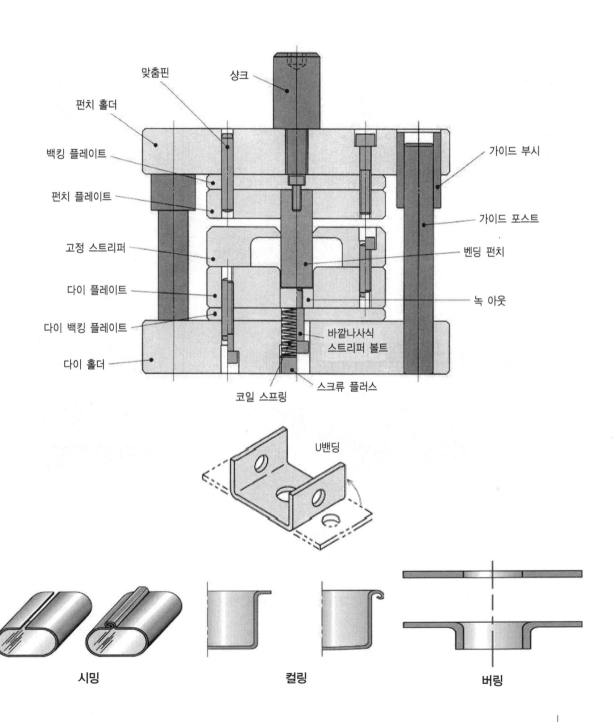

맞춤핀   샹크

펀치 홀더

백킹 플레이트

펀치 플레이트

고정 스트리퍼

다이 플레이트

다이 백킹 플레이트

다이 홀더

가이드 부시

가이드 포스트

벤딩 펀치

녹 아웃

바깥나사식
스트리퍼 볼트

코일 스프링   스크류 플러스

U밴딩

시밍   컬링   버링

1 개 요

그림 11-1에서와 같이 굽힘 변형을 받게 되면 중립면(축)을 경계로 펀치측엔 압축응력이, 그리고 다이측엔 인장 응력이 발생되면서 제품이 성형된다. 판두께 방향으로 응력의 방향이 반대가 되기 때문에 두께 내부에는 반드시 응력이 영(zero)이 되는 가상의 면(축)이 존재하게 되고, 이 면(축)을 중립면(중립축)이라고 한다.

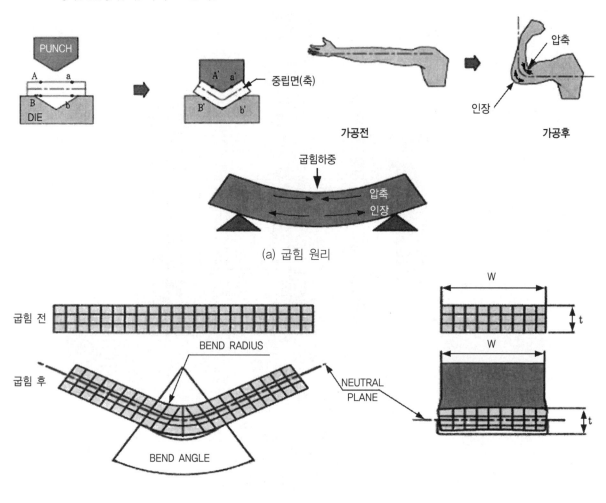

(a) 굽힘 원리

(b) 굽힘 변형 상태

∷ 그림 11-1 금형 가공 원리

② 중립축(Neutral axis)의 특성

여기서 중립축(Neutral axis)의 특성을 살펴보면 다음과 같다.

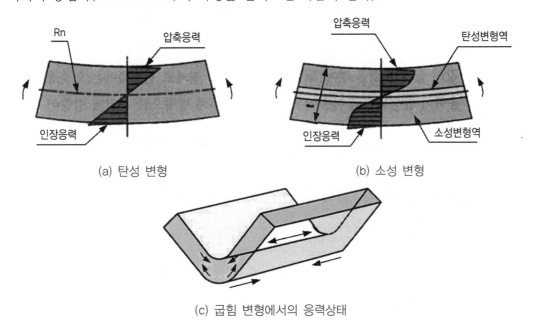

(a) 탄성 변형   (b) 소성 변형

(c) 굽힘 변형에서의 응력상태

∴ 그림 11-2   중립축과 응력 상태

① 판두께 방향으로 응력 변환이 생기면서 응력=0인 선 즉, 변형이 영(zero)인 가상의 축
② 길이 변화가 없는 중립축으로 굽힘 제품의 블랭크 전개 길이 설계시 기준면으로 활용
③ 응력이 영인 중립축 주위엔 미소하나마 탄성영역이 존재하므로 이것이 스프링백 발생의
   큰 원인이 됨
④ 굽힘 가공이 아무리 심할지라도 재료 두께 내에는 탄성과 소성변형이 공존

③ 중립축(Neutral axis)의 위치 이동

① **두께(t)일정할 때** : 굽힘반경(R)이 감소함에 따라 중립축은 내측으로 이동
② **R=일정할 때** : 두께가 증가하면 중립축은 내측으로 이동
③ **t=r=일정할 때** : 굽힘 각도가 증가하면 중립축은 내측으로 이동
   → 즉 상대적인 소성 변형량잉 증가할수록 중립축은 내측으로 이동한다.

④ 중립축(Neutral axis)의 위치 계산

① Thin sheet metal & Large radius 또는 R > 4t일 때
② Average sheet metal(t=0.7~2.5mm) 또는 2t < R > 4t일 때

③ Bar or Plate 또는 R < 2t 일 때

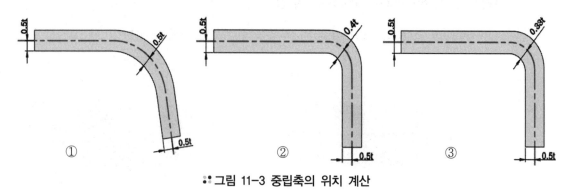

① ② ③

∷그림 11-3 중립축의 위치 계산

⑤ 굽힘반경과 중립축(Neutral axis)의 위치

굽힘 가공	R/t	kt
L-굽힘	0.5이하	0.2
	0.5~1.5	0.3
	1.5~3.0	0.33
	3~5	0.4
	5이상	0.5
V-굽힘	0.5이하	0.25~0.3
	0.5~1.5	0.33
	1.5~2.0	0.4
	5이상	0.5

∷그림 11-4 굽힘 반경과 중립축의 위치

그림 11-5는 굽힘 각도에 따른 중립축(Neutral axis)의 위치를 변화를 나타낸 것으로, 굽힘 각이 증가할수록 중립축은 내측으로 이동, 굽힘가공이 어려울수록 중립축은 내측으로 이동 (V굽힘 → L, U굽힘 → W 굽힘)

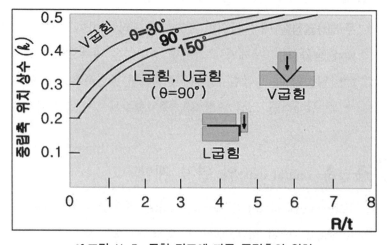

∷그림 11-5 굽힘 각도에 따른 중립축의 위치

02 굽힘 가공의 종류

① V-굽힘

V자형으로 굽히는 굽힘 가공의 대표적인 가공방법
으로 가장 많이 사용 된다.

:• 그림 11-62 V-굽힘

② L-굽힘

피가공재의 한쪽을 클램핑하고, L자형의 제품을
얻을 수 있는 굽힘 가공 이다.

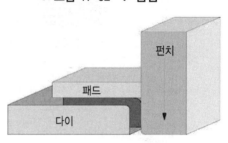

:• 그림 11-3 L-굽힘

③ U-굽힘

1공정으로 U자형의 제품을 성형하는 방법으로 펀
치 밑에 패드(Pad)가 설치되어 굽히는 경우도 있다.

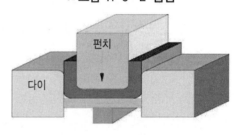

:• 그림 11-4 U-굽힘

④ 다중 굽힘 사례

판재의 굽힘을 여러 곳에서 동시에 굽히는 공정이다.

1) 1공정 사례

폭 W가 너무 크면 단진 부위의 굽힘시 재료 연성부족으로 파단 발생 우려가 있다.

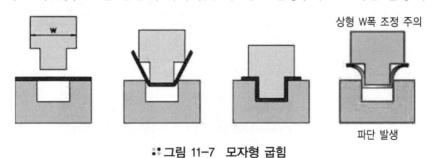

:• 그림 11-7 모자형 굽힘

2) 2공정 사례

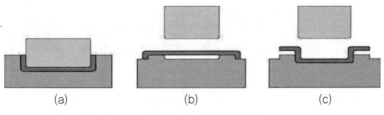

(a)   (b)   (c)

:• 그림 11-8 모자형 굽힘

3) 6점 굽힘

다중 굽힘시엔 중앙부에서 굽힘이 시작되도록 설계하여 재료의 연성 부족에 의한 파단
발생 방지가 중요(그림11-9의(b) 방식 선택)

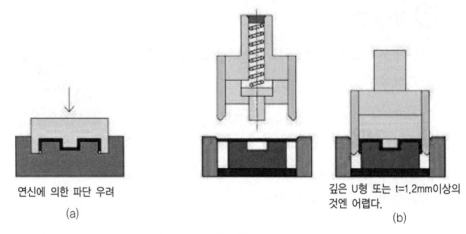

연신에 의한 파단 우려

(a)

깊은 U형 또는 t=1.2mm이상의
것엔 어렵다.

(b)

:: 그림 11-7   6점 굽힘 예

⑤ 카운터 홀더(Counter holder)에 의한 다중 굽힘

굽힘시 카운터 홀더 또는 패드가 받쳐준 상태에서 펀치에 의해 굽힘가공하는 다중 굽힘 방
식이다.

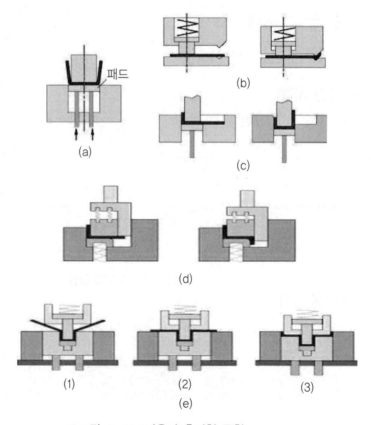

패드

(a)

(b)

(c)

(d)

(1)

(2)

(3)

(e)

:: 그림 11-10   카운터 홀더형 굽힘

⑥ 캠형 굽힘 가공

프레스 기계의 수직운동에 의해 수평방향으로 운동을 하는 캠기구를 설치하여 캠의 작동에 의해 굽힘 성형하는 가공법이다.

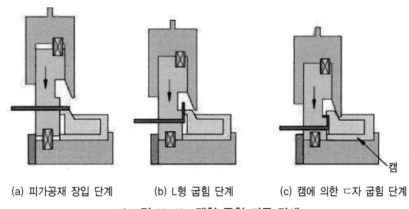

(a) 피가공재 장입 단계   (b) L형 굽힘 단계   (c) 캠에 의한 ㄷ자 굽힘 단계

∴ 그림 11-11 캠형 굽힘 가공 단계

⑦ 복동 굽힘 가공

가공제품의 형상에 따라 상하 금형운동만으로는 원하는 모양의 제품을 가공할 수가 없는 경우에 금형의 일부분을 복동시켜 가공할 수 있는 구조의 금형으로서 그림 11-12에 여러 가지 방식을 나타내었다.

그림 11-12의 (a), (b) : 슬라이딩 캠 방식을 이용

그림 11-12의 (c), (d), (e) : 힌지(hinge)의 회전을 이용

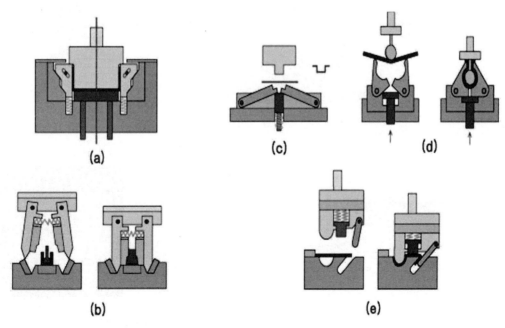

∴ 그림 11-12 여러 가지 복동 굽힘 금형

⑧ 비대칭 굽힘

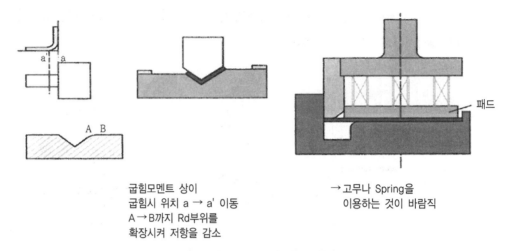

굽힘모멘트 상이
굽힘시 위치 a → a' 이동
A → B까지 Rd부위를
확장시켜 저항을 감소

→ 고무나 Spring을
　이용하는 것이 바람직

패드

:•: 그림 11-13 비대칭 굽힘

⑨ 감아대기 굽힘(Curling Wiring) : Wiring : Core를 사용한 Curling을 의미함.

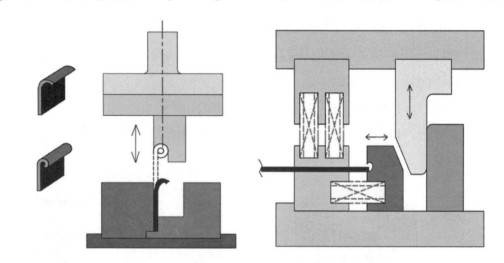

:•: 그림 11-14 감아대기 굽힘

:•: 그림 11-15 커링(curling)에 의한 제품 예

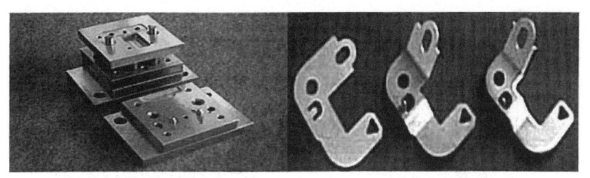

굽힘금형   굽힘제품

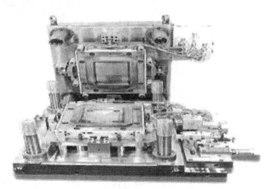

굽힘제품   금형

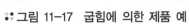그림 11-16 굽힘에 의한 제품 예

그림 11-17 굽힘에 의한 제품 예

⑩ 튜브 재굽힘

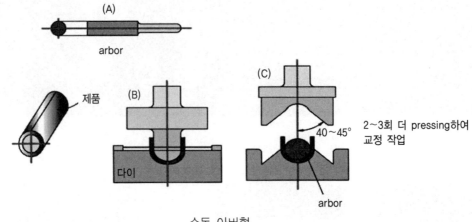

수동 아버형

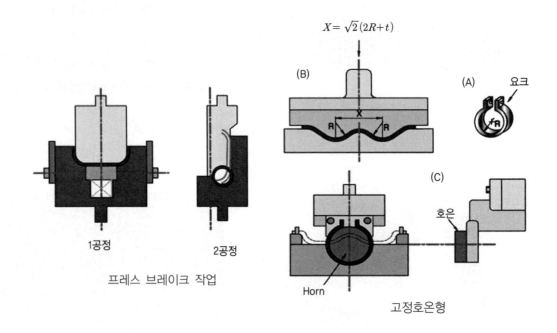

프레스 브레이크 작업

고정호온형

:: 그림 11-18 튜브 재굽힘 가공

03 우레탄 고무에 의한 굽힘 금형

① 개 요

우레탄 고무 금형은 금형 부품으로 다이 대신에 우레탄 고무를 사용하는 것으로서, 탄성체 중에서도 큰 내마모성, 높은 인열강도와 탄성계수, 내충격성, 내유·내산성이 뛰어난 특성을 활용함으로써 굽힘가공의 이용분야를 확대할 수 있다. 즉, 금속형 금형에는 펀치와 다이가 한쌍을 이루지만, 이 방법은 그림 11-13에서와 같이 금속 다이 대신에 우레탄 고무를 사용하는 것으로 펀치 가압

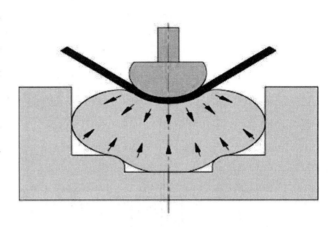

:: 그림 11-19 우레탄 금형의 가공

력이 모든 방향으로 분산하여 거의 균일한 힘으로 전달되기 때문에, 특히 제품 표면에 상처 발생이 적고, 성형성이 우수하다.

② 우레탄 금형의 장단점

1) 장점

① 형 맞춤이 불필요함으로 준비시간이 짧다.

② 스프링 백이나 휨이 적고, 안정된 제품이 성형된다.

③ 판 두께나 각도가 변해도 그대로 사용할 수 있다.

④ 제품 표면에 상처, 흠 등이 남지 않는다.

⑤ 제작이 쉽다.

⑥ 엠보싱, 벌징 등 특수형상 가공이 가능하다.

2) 단점

① 일반 금형에 비하여 굽힘하중이 많이 걸린다.

② 에지(edge)에 약하므로 플랜지가 짧은 제품 가공에는 맞지 않는다.

③ 일반 금형에 비하여 수명이 짧다.

④ 가공되는 판 두께에 제한이 있다.

chapter 11. 굽힘 금형 | **323**

③ 우레탄 금형에 의한 각종 굽힘 가공

우레탄 다이를 사용하면 각종의 굽힘가공을 간단하게 할 수 있다 이 경우에는 수(male)형만을 준비하고 다이는 겸용할 수 있으므로 금형비가 비교적 싸다. 소재는 우레탄 다이에 포장되는 것처럼 성형되므로 제품에 상처가 나지 않는다. 그러나 피가공 재질이나 굽힘 형상, 금형 수명 등에 약간의 제약이 있다.

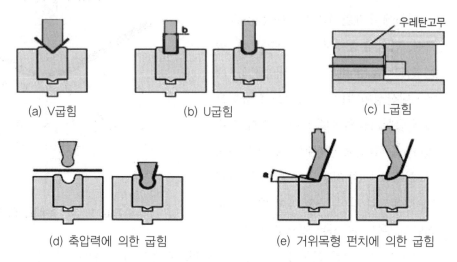

(a) V굽힘 (b) U굽힘 (c) L굽힘

(d) 축압력에 의한 굽힘 (e) 거위목형 펀치에 의한 굽힘

:• 그림 11-20 우레탄 다이 사용 예(Ⅰ)

④ 일반금형과 우레탄 금형의 비교

구분	굽힘작업					제품정밀도	
	중심점	플레스 휨의 보정	가공력	범용성	다공정 굽힘	스프링벽	최소 굽힘반경
일반용다이	필요	필요	작다	없음	가능	크다	크다
우레탄다이	불필요	불필요	크다	있음	불가능	작다	작다

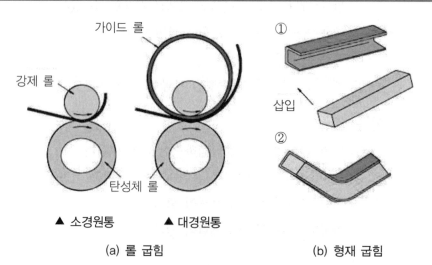

가이드 롤

강제 롤

탄성체 롤

① 삽입 ②

▲ 소경원통   ▲ 대경원통

(a) 롤 굽힘   (b) 형재 굽힘

:• 그림 11-21 우레탄 다이 사용 예(Ⅱ)

:::그림 11-22 우레탄 금형에 의한 제품

프레스 브레이크(Press brake)에 의한 굽힘 금형

① 개 요

주로 긴 금속 판재의 굽힘 전용 절곡기로서 중대형 부품의 굽힘 가공에 사용한다. 그림 11-16
에서 보는 바와 같이 좌우의 폭이 넓고 전후 길이가 좁은 프레스 구조로서 기계식과 액압식이
있다.

:::그림 11-23 프레스 브레이크에 의한 굽힘 금형

② 프레스 브레이크에 의한 각종 굽힘형

1) 표준형 펀치

① V형 보통 아래 2가지를 제작하여 범용으로 사용

종 류	두께(mm)	W(mm)	T(mm)
1 호형	0.8~1.6	10	15
2 호형	2.0~3.2	20	30

② 거위 목(Goose neck)형

  - 채널, 모자형 가공에 많이 사용

  - 하중의 불균형 : 큰 힘을 가하지 못함

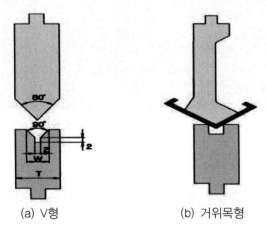

(a) V형   (b) 거위목형

∷그림 11-24 표준형 다이

2) 헤밍 : 재료 끝의 강성을 높임

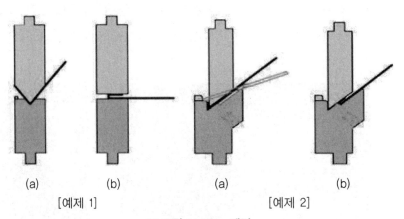

(a)   (b)   (a)   (b)

[예제 1]   [예제 2]

∷그림 11-25 헤밍

3) 시밍(Seaming) (그림 11-26)

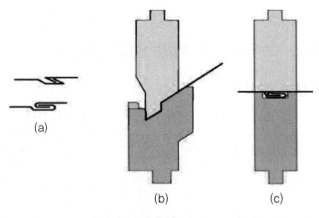

(a)

(b)   (c)

∷그림 11-26 시밍

4) 사방형 다이 블록(Four-way die block) (그림 11-27)

재료 두께에 따라 W가 다르게 다이를 4개 동시 가공하여 다이 블록으로 사용

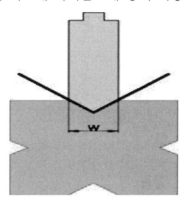

:: 그림 11-27 사방형 다이

5) 코러게이팅(Corrugating) (그림 11-28)

판재를 단단하고 견고하게 하기 위해 골 판재 가공(Corrugating)을 한다. 이렇게 가공된 금속판재는 벽판넬이나 천장 판넬의 재료로 사용된다. 최근에는 아연도금 강판이나 알루미늄 골 판재 패널이 다양한 형상의 기성품으로 제작되어 유통되고 있다. 금속가구에서도 평탄도를 유지하거나 심미적인 요소로서 코러게이팅 가공을 한다.

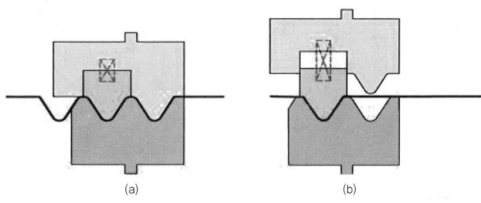

(a)   (b)

:: 그림 11-28 코러케이팅 다이

:: 그림 11-29 코러게이팅에 의한 제품

③ 다중 굽힘에 의한 공정 사례

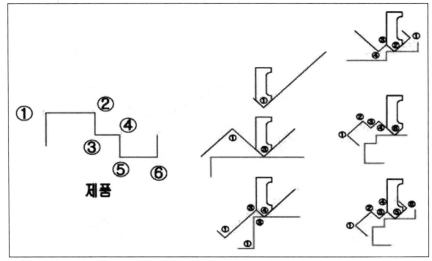

∷ 그림 11-30 다공정 사례(Ⅰ)

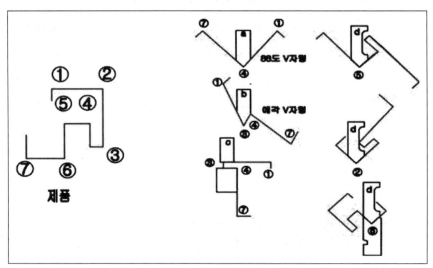

∷ 그림 11-31 다공정 사례(Ⅱ)

④ Pipe Bending 사례

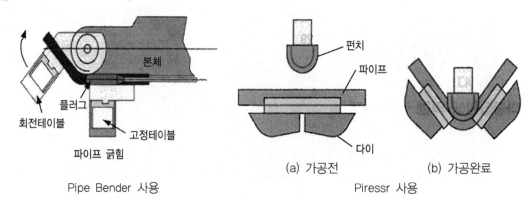

∷ 그림 11-32 Pipe Bending 사례

⑤ Roll Forming 사례(그림 11-33)

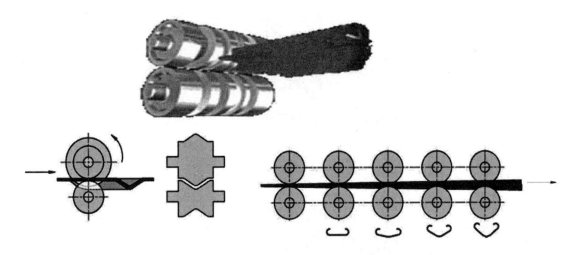

성형롤   연속성형롤

∷ 그림 11-33 Roll Forming 사례

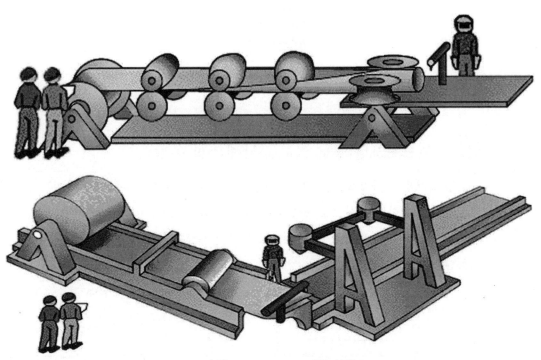

∷ 그림 11-34 Tube 가공 사례

⑥ 판재의 Pipe Forming 사례 (그림 11-35)

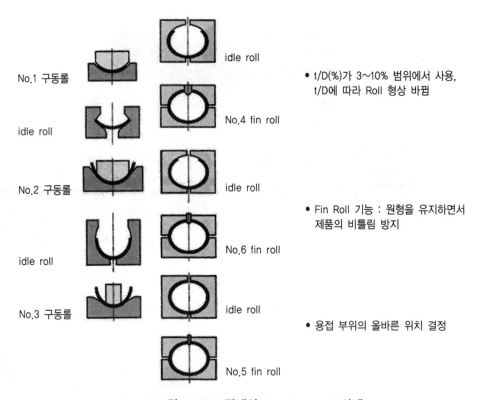

No.1 구동롤 · idle roll

idle roll · No.4 fin roll

No.2 구동롤 · idle roll

idle roll · No.6 fin roll

No.3 구동롤 · idle roll

No.5 fin roll

• t/D(%)가 3~10% 범위에서 사용,
 t/D에 따라 Roll 형상 바뀜

• Fin Roll 기능 : 원형을 유지하면서
 제품의 비틀림 방지

• 용접 부위의 올바른 위치 결정

:: 그림 11-35 판재의 Pipe Forming 사례

⑦ 하이드로포밍(hydro-forming)사례 (그림 11-36)

금형에 세팅한 파이프(pipe)의 내측에 높은 액압을 가해서 부풀려진 파이프 외면을 금형으로 모방하여 희망하는 형상으로 성형하는 가공법이다. 또한, 이 때 파이프의 양쪽 끝단으로부터 축 압축력을 가하는 것으로 부풀어 오른 부분의 재료를 공급하고 판 두께의 감소가 적은 제품을 만들 수가 있다.

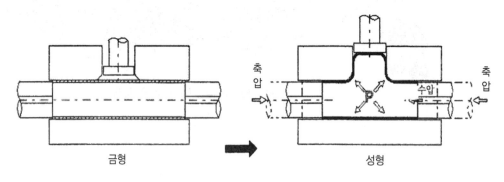

금형   성형

:: 그림 11-36   하이 드로포밍(hydro-forming) 사례

① 형체력 : 300t
② 성형수압 : 100MPa (1000kgf/cm²)
③ 형크기 : 600mm×600mm(max)

금형

∴ 그림 11-37 하이 드로포밍(hydro-forming machine)

Ø54×1.5t SUH409L   Ø42.7×0.8t SUSXM15J1   Ø42.7×0.8t SUH409L

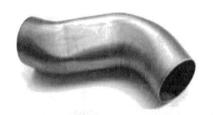

∴ 그림 11-38 하이 드로포밍에 의한 제품

부품의 집약에 의한 용접부의 삭감이나 박육화가 가능하게 되어 경량화나 코스트로 연결된다.

※ Pipe 성형 방법의 다른 사례들

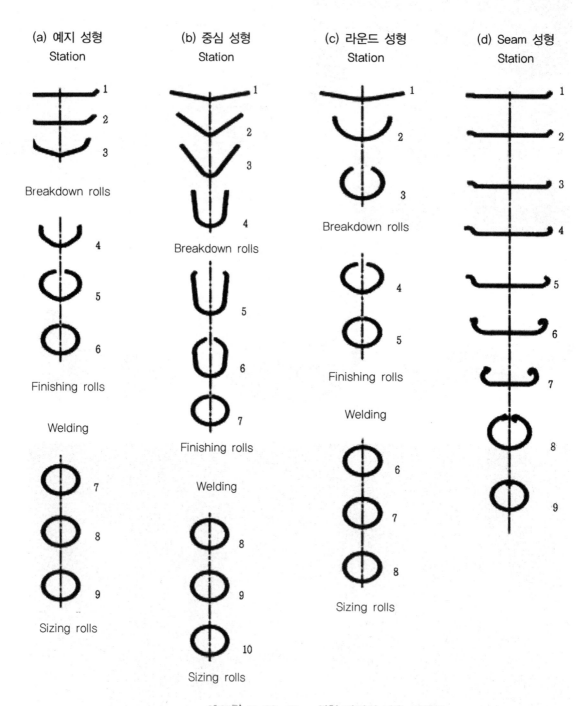

(a) 예지 성형
Station

Breakdown rolls

Finishing rolls

Welding

Sizing rolls

(b) 중심 성형
Station

Breakdown rolls

Finishing rolls

Welding

Sizing rolls

(c) 라운드 성형
Station

Breakdown rolls

Finishing rolls

Welding

Sizing rolls

(d) Seam 성형
Station

그림 11-39 Pipe 성형 방법의 다른 사례들

① 개 요

스프링 백 현상은 굽힘 가공에서 중립면 주위에 남아있는 탄성 변형 영역으로 인해 나타나는 현상으로 피가공재에 굽힘 하중을 가했다가 제거하면 굽힘 전의 상태로 되돌아가려는 현상을 말한다. 스프링백은 재료의 항복 응력이 높고, 재료의 탄성계수가 작고, 탄성 변형량이 클수록 많이 생기는 현상으로 굽힘 금형을 설계 할 때, 이를 보정하여 설계할 필요가 있다.

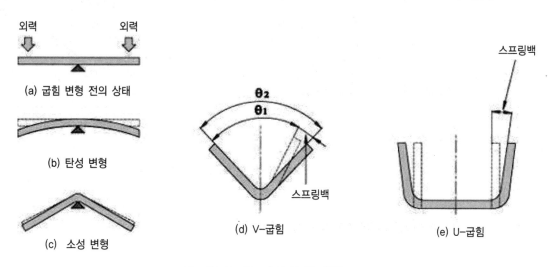

∴ 그림 11-40 스프링 백 현상

② 스프링 백 인자에 의한 영향

구분		스프링백량	구분		스프링백량
재질	연질	적다.	가압속도	고속	적다.
	경질	크다.		저속	크다.
압연방향	가로	크다.	Punch	클 때	크다.
	세로	적다.	Radius	작을 때	적다.
가압력	클 때	적다.	Aie	클 때	적다.
	작을 때	크다.	Radius	작을 때	크다.

③ 스프링 백의 기본 억제 방법

1) 과굽힘(Over bending)

그림 11-41(a)와 같이 부품을 90°로 굽힌 후 스프링백량을 보상하여 캠다이(Cam die)가 옆에서 부품을 과벤딩 처리를 하는 방법이다.

2) 보터밍(Bottoming, Corner-setting)

그림 11-41(b)와 같이 굽힘부에 압축력을 부가하여 중립축을 소성 변형시키는 방법이다.

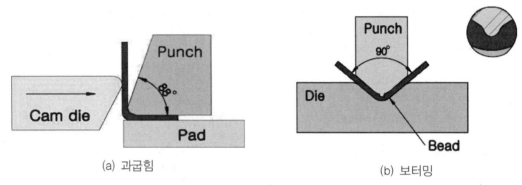

(a) 과굽힘   (b) 보터밍

∴ 그림 11-41 과급형 및 보터밍 굽힘

※ 과굽힘(Over bending) 방법 예

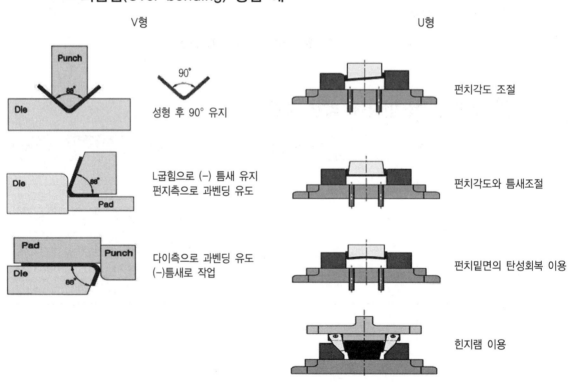

∴ 그림 11-42 V, U형 굽힘 방법

※ V-Bending Corner setting 방법

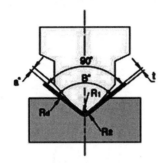

(a) 펀치각의 감소

$B° = 90°$ (다이각도)
$a° = 2 \sim 5°$
$R_2 = R_1 + t$
$R_d = (2 \sim 4)t$

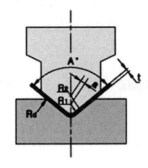

(b) 둥근 다이

$A° = 90°$ (펀치각도)
$R_2 = R_1 + t + a$
$a = (2 \sim 5)\%t$
$R_d = (2 \sim 4)t$

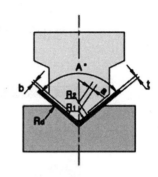

(c) 블록 펀치

$A = 90°$
$R_2 = R_1 + t + a$
$a = (5 \sim 10)\%t$
$b = (5 \sim 8)\%t$
$R_d = (2 \sim 4)t$

∷ 그림 11-43 V-Bending Corner setting 방법

※ U-Bending Corner setting 방법

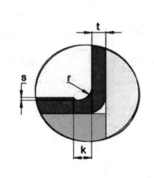

돌기부 세부 형상

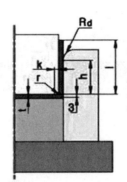

$r < t$ 일 때
$k = t$ 또는 $k = 0.5$
$s = 0.05t$

(a) 돌기 설치

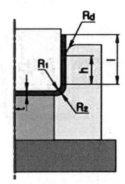

$R_2 = R_1 + 1.25t$

(b) R부 압축
(일반용)

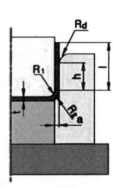

$R_2 = R_1 + t$
$a = (1/2 \sim 2/3)t$

(c) R부 압축
(후반용)

∷ 그림 11-44 U-Bending Corner setting 방법

- 펀치 밑면의 국부 압력 증가 → Spring-in 경향
- 펀치 측면의 Relief 각도 → 영향 없음
- 보터밍에서 돌기형상과 재질에 따라 스프링백량 조절 가능
  (실험에 의한 최적 돌기 설계 필요)

3) 인장 굽힘(Stretch bending)

그림 11-45와 같이 재료의 탄성한계를 초과하는 인장력을 부가하여 소성변형시켜 펀치
형상에 밀착시키는 인장성형법

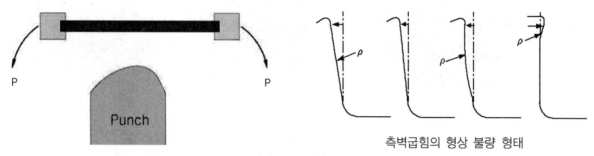

측벽굽힘의 형상 불량 형태

:· 그림 11-45 인장 굽힘

※ U-Draw Bending 인장력 부가방법

그림 11-46(a)에서와 같이 직선 부위에서의 잔류 모멘트에 의한 잔류 응력
그림 11-46(b)처럼 인장력 부가에 의해 해소

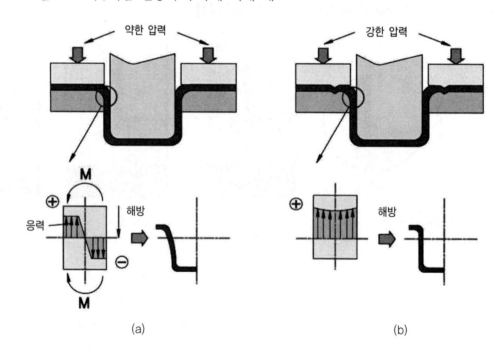

(a)   (b)

:· 그림 11-46 인장력 부가방법

※ 또 다른 해결방안(블랭크 홀딩력에 의한 방법)

적절한 틈새 내에서 블랭크 홀딩력이 작은 경우에는 그림 11-47(b)에서와 같이 역휨 (Reverse bending)이 발생한다. 이 현상을 적절히 활용하여 스프링백을 최소화시킬 수 있다.

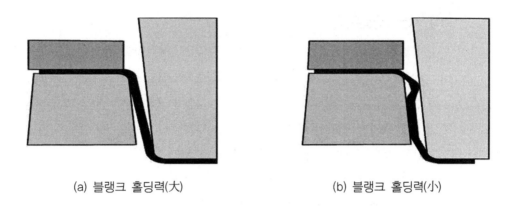

(a) 블랭크 홀딩력(大)   (b) 블랭크 홀딩력(小)

∷ 그림 11-47 블랭크 홀딩력에 의한 방법

※ Bead 효과

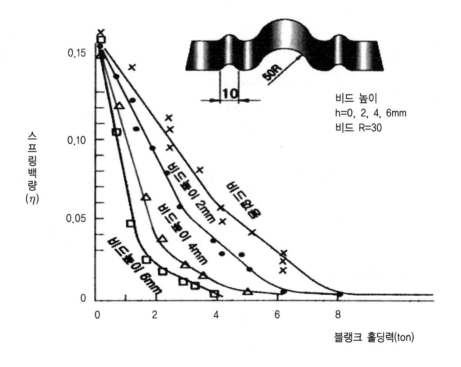

∷ 그림 11-48 Bead에 의한 방법

① V형 굽힘하중

1) 자유 굽힘하중

굽힘 가공에는 여러 가지 종류가 있으나 여기서는 기본적인 V형, U형, L형 굽힘에 대하여 알아보기로 한다. 굽힘에 필요한 하중은 일반적으로 아래와 같은 원칙에 의해서 계산한다.

1) 피가공 판재의 인장강도 σ_b에 비례한다.

2) 피가공 판 두께(t)의 제곱에 비례한다.

3) 피가공 판 폭(b)에 비례한다.

4) 굽힘이 예리할 때는 증가한다.

5) 보터밍을 수반할 때는 자유 굽힘의 5~10배의 큰 힘이 필요하다.

$$P_1 = \frac{C_1 \times \sigma_b \times b \times t^2}{W}$$

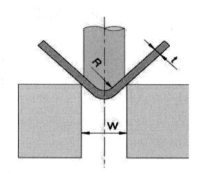

P_1 : 굽힘 하중(kgf)

σ_b : 재료의 인장강도(kgf/mm²)

b : 재료 폭(mm)

t : 재료 두께(mm)

W : 다이 어깨 폭

C_1 : 계수(표 참조)

2L/t	6	8	12	16	20
C_1	1.4	1.3	1.24	1.20	1.18

:: 그림 11-49 V형의 자유 굽힘 하중

2) 보터밍 하중

$$P_2 = C_2 \times P_1$$

P_2 : 보터밍 하중(kgf)

C_2 : 계수

W	6t	8t	10t
	1t	1.4t	1.6t
34~42	11.25	11.0	9.4
30~35	9.1	8.7	7.5

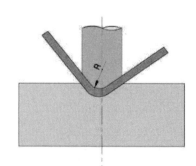

:: 그림 11-50 V형의 보터밍 하중

② U형 굽힘 하중

1) 자유 굽힘 하중

$$P_3 = \frac{C_3 \times \sigma_b \times b \times t}{3}$$

P_3 : 굽힘 하중(kgf)

σ_b : 재료의 인장강도(kgf/mm²)

b : 재료 폭(mm)

t : 재료 두께(mm)

C_3 : 계수 : – rp나 rd가 작을 때 : 2.0

  – rp나 rd가 클 때 : 1.0

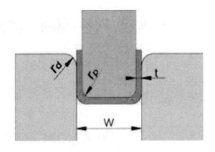

:• 그림 11-51 U형의 자유굽힘 하중

2) 보터밍 하중

$$P_4 = P_3 \frac{C_3 \times \sigma_b \times b \times t^2}{3W}$$

W : 다이 폭(mm)

C_3 : 자유 굽힘과 동일 계수

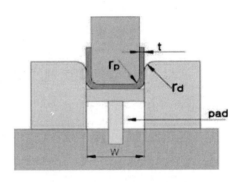

:• 그림 11-52 U형의 보터밍 하중

③ L형 굽힘 하중

$$P_5 = \frac{P_3}{2}$$

$$P_6 = \frac{P_4}{2}$$

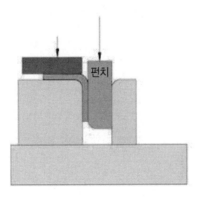

(a) 하향 굽힘

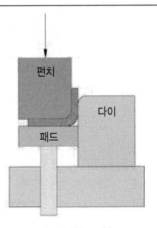

(b) 상향 굽힘

:• 그림 11-53 L형의 굽힘 하중

① 기본 설계 방법

① 굽힘 제품을 직선부와 곡선부로 각각 분할
② 곡선부에서의 중립축 길이 계산
  (R : 굽힘 반경, k : 중립축 위치 상수, θ : 굽힘 각)
③ 직선부와 곡선부 길이의 총합 계산

$$(R+kt)\cdot\frac{\pi}{180}\theta$$

– 블랭크 길이 계산 완료

$$L = a + b + \frac{\pi\cdot\theta°}{180}(R+kt)$$

1) 일반적인 계산 방법

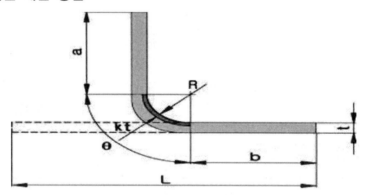

∴ 그림 11–54 일반적인 전개 길이 계산 방법

굽 힘 형 식	R/t	k값
V–굽힘	0.5 이하	0.2
	0.5~1.5	0.3
	1.5~3.0	0.33
	3.0~5.0	0.4
	5.0 이상	0.5
U–굽힘	0.5 이하	0.25~0.3
	0.5~1.5	0.33
	1.5~5.0	0.4
	5.0 이상	0.5

2) 도표로 계산하는 방법

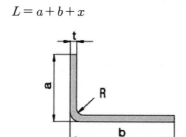

$$L = a + b + x$$

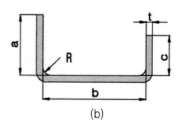

$$L = a + b + c + 2x$$

(a)   (b)

∷ 그림 11-55 도표 계산 방법

표 1 연강 및 황동의 x 값

R \ t	0.2	0.3	0.5	0.8	1.0	1.2	1.5	1.8	2.0	2.5	3	4	5	6
0.2	−0.05	−0.01	0.10	0.27	0.39	0.50	0.67	0.84	0.94	1.23	1.55	2.17	2.72	3.06
0.3	−0.09	−0.05	0.07	0.23	0.35	0.46	063	0.80	0.91	1.22	1.53	2.13	2.71	3.05
0.4	−0.13	−0.09	0.03	0.20	0.31	0.42	0.60	0.77	0.88	1.20	1.50	2.14	2.70	3.04
0.5	−0.17	−0.13	−0.01	0.16	0.27	0.39	0.56	0.74	0.85	1.17	1.48	2.11	2.68	3.04
0.6	−0.21	−0.17	−0.05	0.13	0.24	0.35	0.53	0.70	0.82	1.12	1.44	2.07	2.66	3.04
0.8	−0.29	−0.25	−0.13	0.05	0.16	0.27	0.44	0.62	0.76	1.07	1.38	2.04	2.64	3.03
1.0	−0.38	−0.34	−0.22	−0.04	0.08	0.19	0.36	0.55	0.67	0.98	1.32	2.02	2.61	3.01
1.2	−0.46	−0.42	−0.30	−0.12	−0.01	0.11	0.29	0.48	0.62	0.94	1.27	1.98	2.55	2.99
1.6	−0.63	−0.58	−0.47	−0.28	−0.17	−0.05	0.14	0.34	0.47	0.80	1.16	1.88	2.48	2.96
2.0	−0.81	−0.75	−0.64	−0.46	−0.34	−0.22	−0.03	0.19	0.32	0.66	1.02	1.78	2.41	2.90
2.5	−1.02	−0.96	−0.86	−0.66	−0.54	−0.42	−0.23	−0.01	0.12	0.50	0.88	1.62	2.30	2.83
3	−1.23	−1.18	−1.07	−0.87	−0.75	−0.61	−0.42	−0.21	−0.07	0.30	0.68	1.48	2.16	2.78
4	−1.65	−1.60	−1.49	−1.28	−1.16	−1.02	−0.8	−0.59	−0.44	−0.04	0.35	1.177	1.9	2.51
5	−2.08	−2.03	−1.91	−1.70	−1.57	−1.44	−1.21	−0.97	−0.8	−0.39	0	0.87	1.52	2.28

표 2 연강 및 황동의 x 값

R \ t	0.2	0.3	0.5	0.8	1.0	1.2	1.5	1.8	2.0	2.5	3	4	5	6
0.2	−0.06	−0.06	0.05	0.18	0.28	0.37	0.53	0.68	0.79	1.07	1.37	1.92	2.33	2.72
0.3	−0.09	−0.03	0.01	0.15	0.25	0.34	0.51	0.66	0.78	1.05	1.35	1.90	2.32	2.72
0.4	−0.13	−0.10	−0.01	0.13	0.22	0.32	0.49	0.65	0.77	1.04	1.32	1.88	2.32	2.72
0.5	−0.17	−0.13	−0.04	0.10	0.19	0.31	0.47	0.53	0.74	1.02	1.30	1.86	2.31	2.71
0.6	−0.20	−0.16	−0.08	0.07	0.17	0.27	0.45	0.62	0.71	1.0	1.27	1.84	2.31	2.70
0.8	−0.27	−0.23	−0.14	0.01	0.11	0.22	0.39	0.56	0.66	0.95	1.23	1.79	2.28	2.68
1.0	−0.34	−0.30	−0.20	−0.05	0.05	0.16	0.32	0.50	0.61	0.90	1.17	1.74	2.25	2.66
1.2	−0.42	−0.37	−0.26	−0.12	−0.02	0.10	0.26	0.44	0.55	0.84	1.14	1.68	2.22	2.63
1.6	−0.58	−0.52	−0.41	−0.26	−0.15	−0.04	0.12	0.30	0.41	0.72	1.01	1.57	2.14	2.56
2.0	−0.73	−0.67	−0.55	−0.38	−0.28	−0.18	−0.02	0.16	0.27	0.60	0.89	1.46	2.04	2.49
2.5	−0.94	−0.87	−0.74	−0.57	−0.46	−0.36	−0.18	−0.02	0.09	0.42	0.72	1.31	1.91	2.32
3	−1.14	−1.07	−0.94	−0.75	−0.65	−0.54	−0.37	−0.21	−0.10	0.24	0.55	1.15	1.77	2.0
4	−1.57	−1.49	−1.42	−1.15	−1.04	−0.93	−0.75	−0.57	−0.46	−0.15	0.16	0.79	1.42	1.86
5	−1.99	−1.91	−1.84	−1.53	−1.42	−1.32	−1.06	−1.0	−0.86	−0.57	−0.26	0.41	0.98	1.51

② 각종 형상의 전개 길이의 계산

1) 반원 U굽힘에서의 블랭크 길이

$$L = 2l + \pi \cdot (R + kt)$$

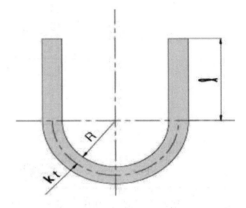

:• 그림 11-56 U굽힘 전개 길이

R/t	0.1	0.25	0.5	1.0	2.0	3.0	4.0
k	0.32	0.35	0.38	0.42	0.422	0.47	0.475

2) 컬링에서의 블랭크 길이

$$L = 1.5\pi\rho l + 2R - t$$

$$\rho = R - y \cdot t$$

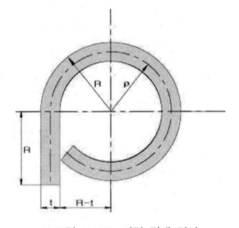

:• 그림 11-57 커링 전개 길이

R/t	2.0	2.2	2.4	2.6	2.8	3.0	3.2
y	0.44	0.46	0.48	0.49	0.5	0.5	0.5

3) 헤밍에서의 블랭크 길이

① 외곽치수 기준

$$L = a + b + k$$

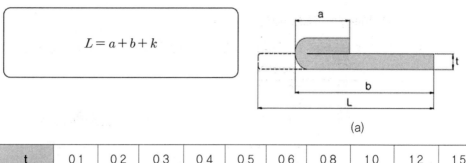

(a)

t	0.1	0.2	0.3	0.4	0.5	0.6	0.8	1.0	1.2	1.5
k	+0.03	−0.04	−0.11	−0.2	−0.3	−0.4	−0.8	−0.98	−1.28	−1.8

② 중립면 기준

$$L = A + B + rt$$

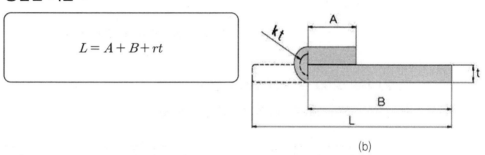

(b)

∵ 그림 11-58 헤밍 전개 길이

R/t	k
0.5 이하	0.2
0.5~1.5	0.3

※ 모자형 굽힘 제품의 블랭크 길이의 계산 예

4곳의 굽힘 반경이 같고 그림 11-54로부터 $k=0.33$을 선택

중립축 길이는 $(1+0.33 \times 1.0) \times \dfrac{\pi}{180} \times 90 + 2.1$mm

따라서 블랭크 길이 $L = 12 + 12 + 22 + 12 + 14 + (4 \times 2.1) = 80.4$mm

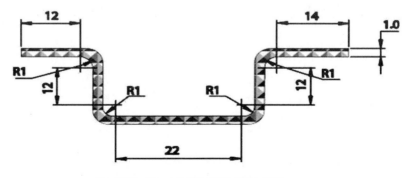

∵ 그림11-59 모자형 굽힘 전개 길이

③ Bending 부품 설계

1) Flange 최소 높이

→ Flange 끝 부분의 굽힘 각과 단면경사의 불량초래에 따른 Flange 최소 높이 설계

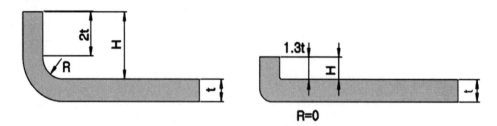

일반적으로 $H_{min} \geq 2t + R$

$R = 0$인 경우에는 $H_{min} \geq 1.3t$

∷ 그림 11-60 Flange 최소 높이

2) Bending 주위에 Hole 존재

→ Bending에 의해 Hole 형상 변형

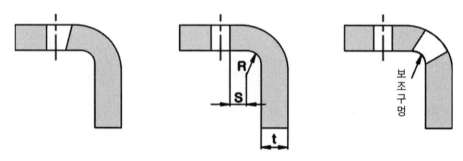

∷ 그림 11-61 Hole 형상 변형

- $S > t$ 되도록 유지 → 거의 변형 없음
- 반드시 Hole이 있어야 하는 경우 : 그림 11-61(c)에서와 같이 보조 Hole을 가공 후 굽힘
- 정밀도 향상 → Bending 후 Punching 작업 : 금형의 강도상 보강 필요

3) Bending 주위의 소재 형상 변경 설계

- 경사각이 60° 이하일 때, 제품 표면에 기복이 발생하기 때문에 그림 11-62(b)와 같이 수정하여 Bending. Hmin → 2t or 3 mm(박판) 이상 유지

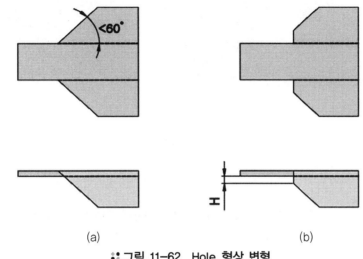

(a)   (b)

∷ 그림 11-62 Hole 형상 변형

4) Bending 주위의 균열 발생 방지 설계

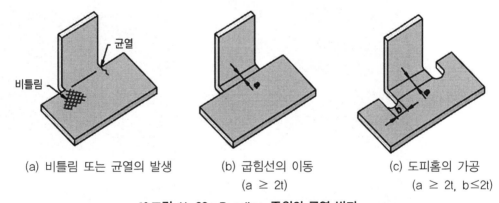

(a) 비틀림 또는 균열의 발생   (b) 굽힘선의 이동   (c) 도피홈의 가공
                                        (a ≥ 2t)   (a ≥ 2t, b≤2t)

∷ 그림 11-63 Bending 주위의 균열 방지

5) 후판 굽힘시의 균열 억제

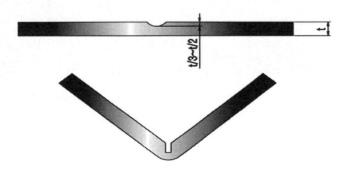

∷ 그림 11-64 후판 Bending 시 균열 방지

6) 굽힘선 교차시의 구석 대책

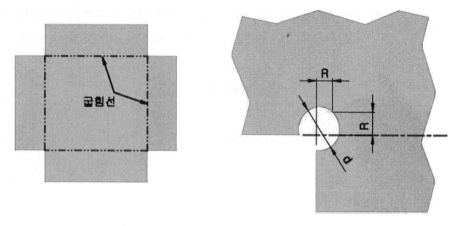

굽힘반경(R)을 고려하여 $d \geq \sqrt{2}\,R$ 구멍으로 처리

❖ 그림 11-65 굽힘선 교차시 구석 대책

※ 굽힘가공 제품 사례

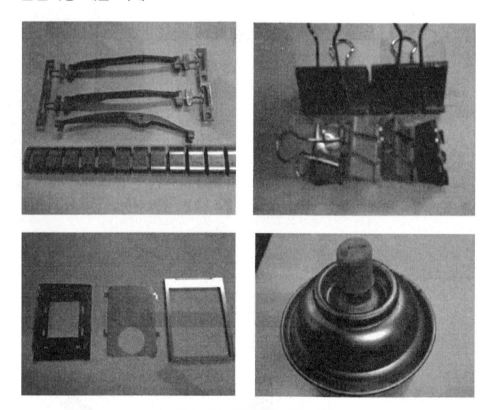

❖ 그림 11-66 굽힘가공 제품 사례

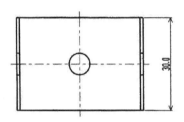

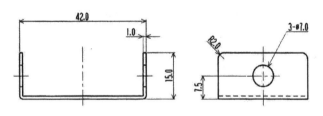

품번	제품도		1.0†X68.9X30	SPC1				
	품 명		규 격	재 질	수 량	비		고
명 칭	U-BENDING DIE			날 짜				
제품영	BRACKET-A			과 명				
도 번				학 번				
척 도	1 : 1	투상법	제3각법	성 명				

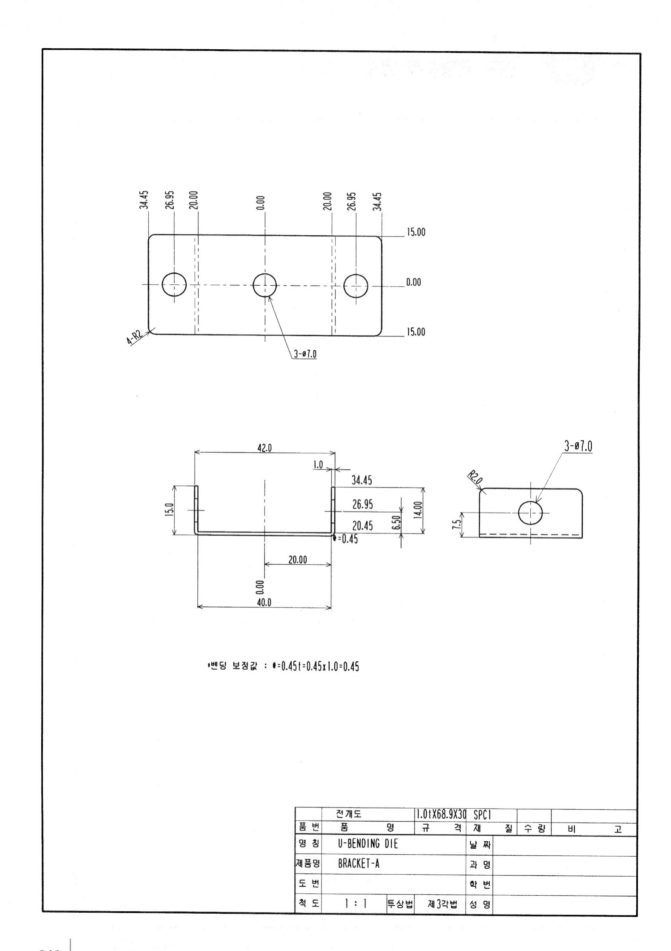

●밴딩 보정값 : ●=0.45t=0.45x1.0=0.45

	전개도	1.0tX68.9X30 SPC1				
품 번	품 명	규 격	재 질	수 량	비 고	
명 칭	U-BENDING DIE		날 짜			
제품명	BRACKET-A		과 명			
도 번			학 번			
척 도	1 : 1	투상법	제3각법	성 명		

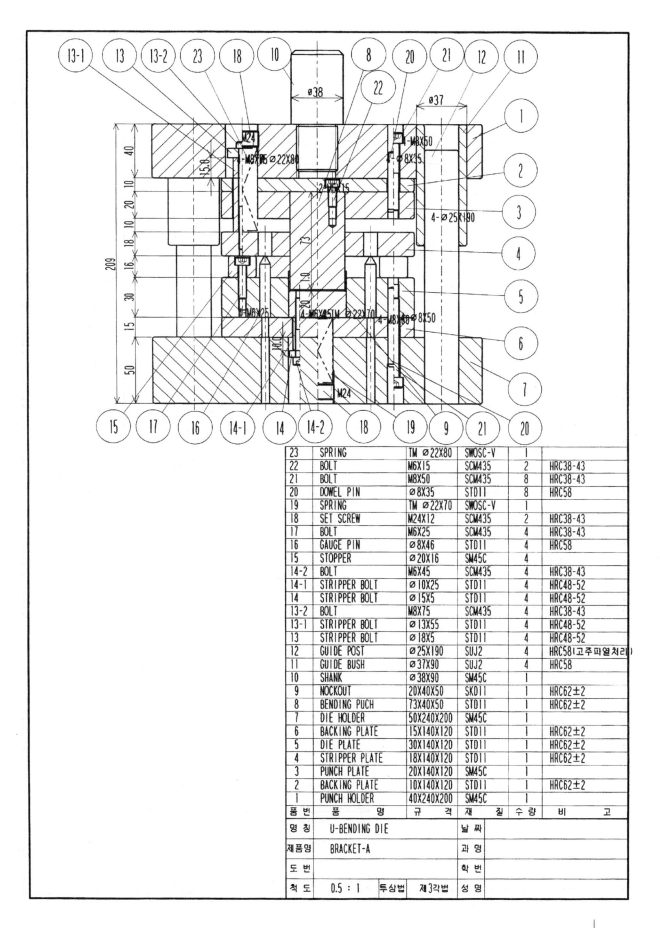

23	SPRING	TM ∅22X80	SWOSC-V	1	
22	BOLT	M6X15	SCM435	2	HRC38-43
21	BOLT	M8X50	SCM435	8	HRC38-43
20	DOWEL PIN	∅8X35	STD11	8	HRC58
19	SPRING	TM ∅22X70	SWOSC-V	1	
18	SET SCREW	M24X12	SCM435	2	HRC38-43
17	BOLT	M6X25	SCM435	4	HRC38-43
16	GAUGE PIN	∅8X46	STD11	4	HRC58
15	STOPPER	∅20X16	SM45C	4	
14-2	BOLT	M6X45	SCM435	4	HRC38-43
14-1	STRIPPER BOLT	∅10X25	STD11	4	HRC48-52
14	STRIPPER BOLT	∅15X5	STD11	4	HRC48-52
13-2	BOLT	M8X75	SCM435	4	HRC38-43
13-1	STRIPPER BOLT	∅13X55	STD11	4	HRC48-52
13	STRIPPER BOLT	∅18X5	STD11	4	HRC48-52
12	GUIDE POST	∅25X190	SUJ2	4	HRC58(고주파열처리)
11	GUIDE BUSH	∅37X90	SUJ2	4	HRC58
10	SHANK	∅38X90	SM45C	1	
9	NOCKOUT	20X40X50	SKD11	1	HRC62±2
8	BENDING PUCH	73X40X50	STD11	1	HRC62±2
7	DIE HOLDER	50X240X200	SM45C	1	
6	BACKING PLATE	15X140X120	STD11	1	HRC62±2
5	DIE PLATE	30X140X120	STD11	1	HRC62±2
4	STRIPPER PLATE	18X140X120	STD11	1	HRC62±2
3	PUNCH PLATE	20X140X120	SM45C	1	
2	BACKING PLATE	10X140X120	STD11	1	HRC62±2
1	PUNCH HOLDER	40X240X200	SM45C	1	
품 번	품 명	규 격	재 질	수 량	비 고

명 칭	U-BENDING DIE		날 짜	
제품명	BRACKET-A		과 명	
도 번			학 번	
척 도	0.5 : 1	투상법	제3각법	성 명	

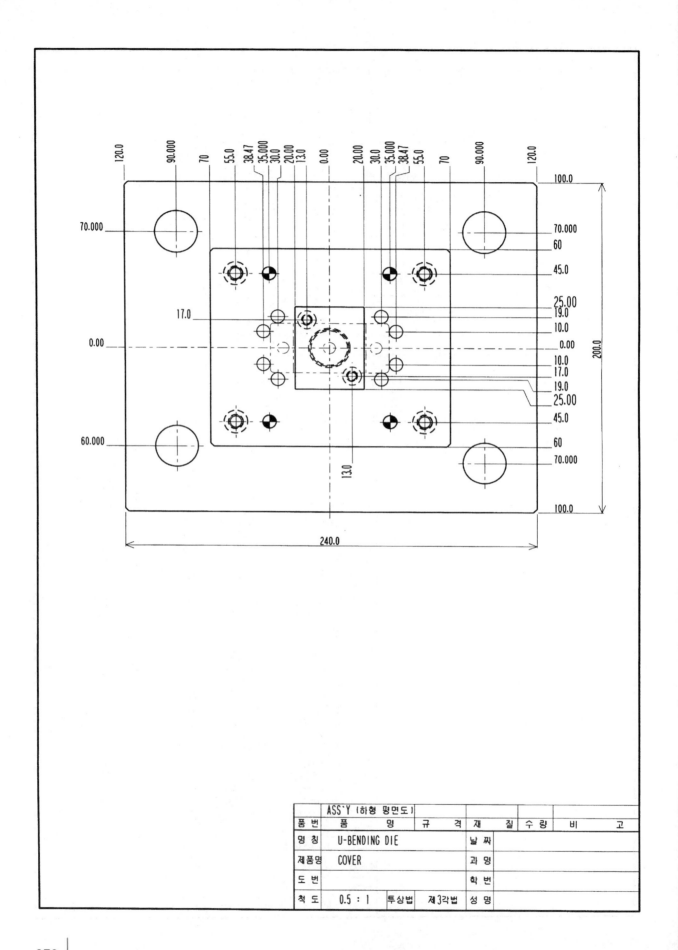

	ASS`Y (하형 평면도)							
품 번	품 명	규 격	재	질	수 량	비		고
명 칭	U-BENDING DIE		날 짜					
제품명	COVER		과 명					
도 번			학 번					
척 도	0.5 : 1	투상법	제3각법	성 명				

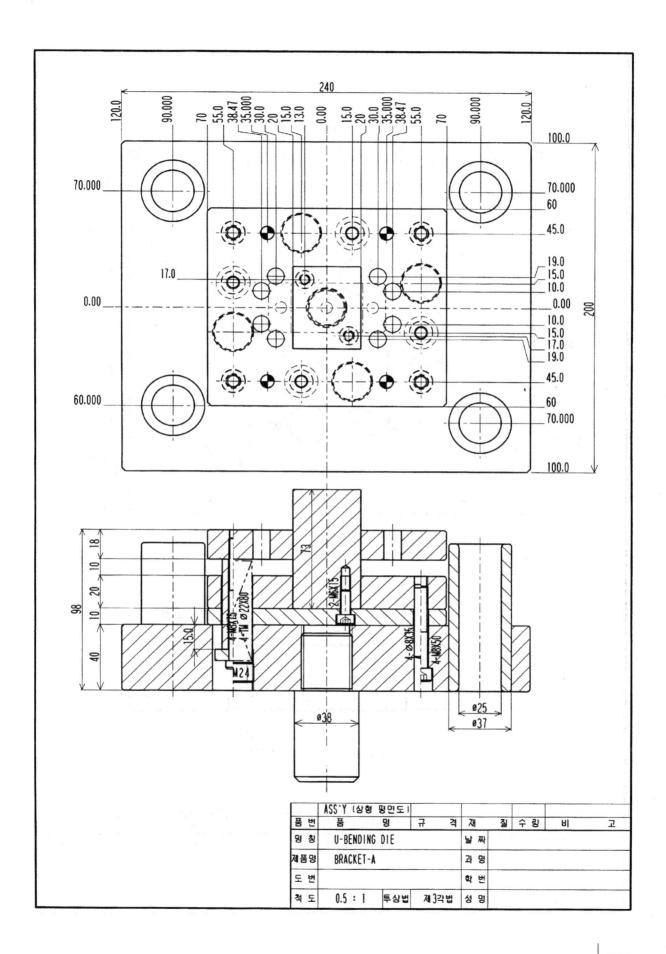

	ASS'Y (상형 평면도)						
품 번	품 명	규 격	재 질		수 량	비	고
명 칭	U-BENDING DIE		날 짜				
제품명	BRACKET-A		과 명				
도 번			학 번				
척 도	0.5 : 1	투상법 제3각법	성 명				

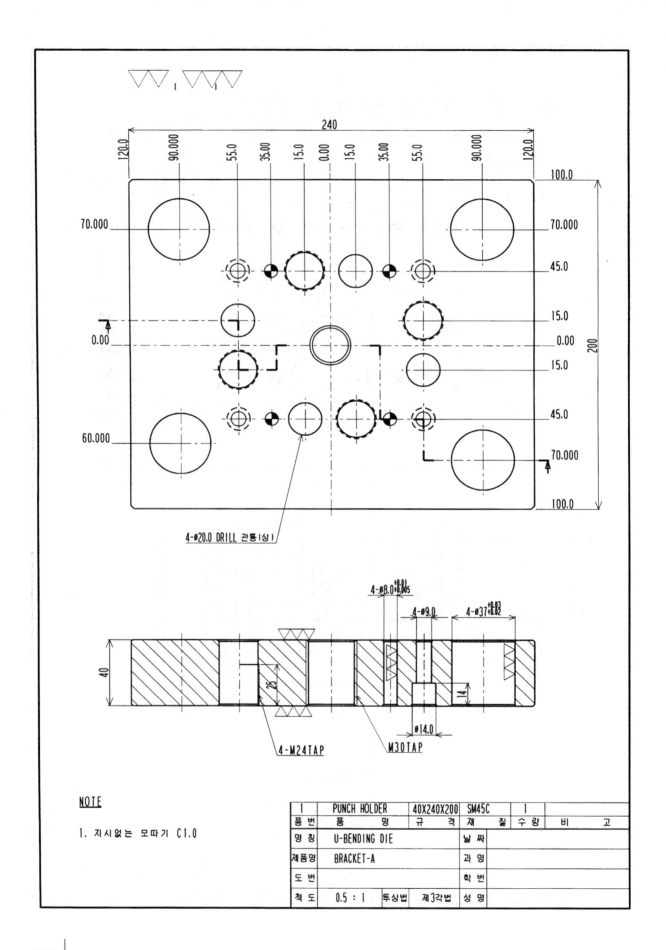

4-ø20.0 DRILL 관통(상)

4-ø8.0⁺⁰·⁰¹
4-ø9.0
4-ø37⁺⁰·⁰³

ø14.0

4-M24TAP

M30TAP

NOTE

1. 지시없는 모따기 C1.0

	PUNCH HOLDER	40X240X200	SM45C			
품 번	품 명	규 격	재 질	수 량	비 고	
명 칭	U-BENDING DIE		날 짜			
제품명	BRACKET-A		과 명			
도 번			학 번			
척 도	0.5 : 1	투상법	제3각법	성 명		

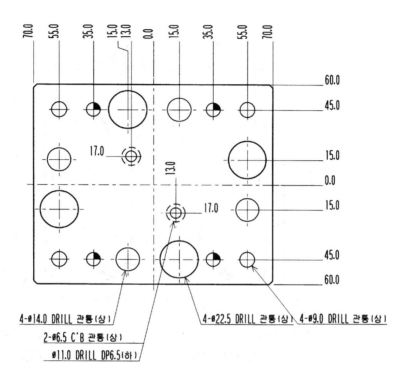

4-ø14.0 DRILL 관통(상)

2-ø6.5 C'B 관통(상)

ø11.0 DRILL DP6.5(하)

4-ø22.5 DRILL 관통(상) 4-ø9.0 DRILL 관통(상)

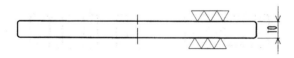

2	BACKING PLATE	10X140X120	STD11		1	HRC62±2	
품 번	품 명	규 격	재	질	수 량	비	고
명 칭	U-BENDING DIE			날 짜			
제품명	BRACKET-A			과 명			
도 번				학 번			
척 도	0.5 : 1	투상법	제3각법	성 명			

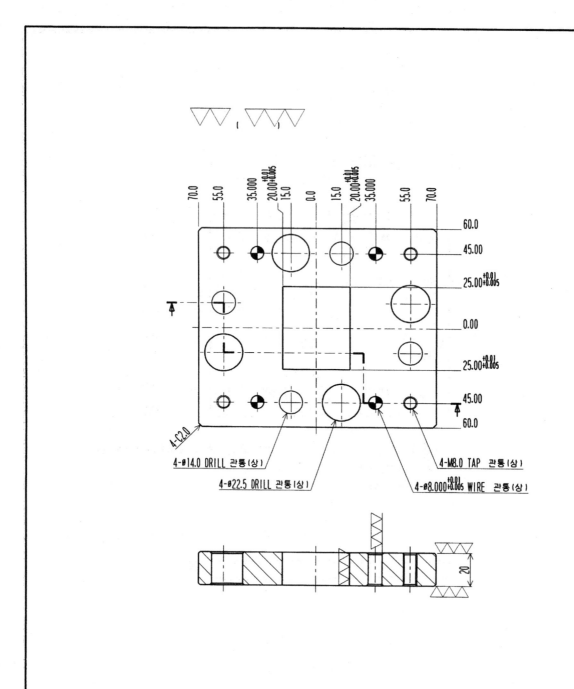

4-C2.0

4-ø14.0 DRILL 관통(상)

4-ø22.5 DRILL 관통(상)

4-M8.0 TAP 관통(상)

4-ø8.000⁺⁰·⁰¹₊₀.₀₀₅ WIRE 관통(상)

NOTE

1.지시없는 모따기 C1.0

3	PUNCH PLATE	20X140X120	SM45C	1		
품 번	품 명	규 격	재 질	수 량	비	고
명칭	U-BENDING DIE		날 짜			
제품명	BRACKET-A		과 명			
도 번			학 번			
척 도	0.5 : 1	투상법	제3각법	성 명		

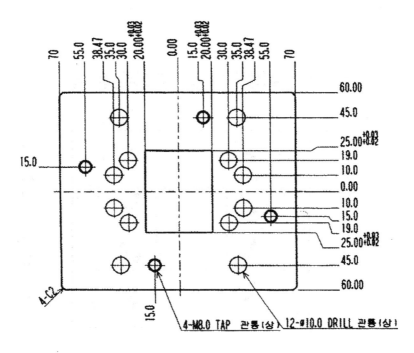

4-M8.0 TAP 관통(상)   12-Φ10.0 DRILL 관통(상)

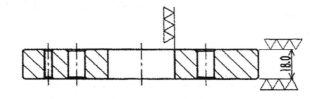

NOTE

1. 지시없는 모따기 C1.0

4	STRIPPER PLATE	18X140X120	ST011		1	HRC60±2
품번	품 명	규 격	재 질	수 량	비 고	
명 칭	U-BENDING DIE		날 짜			
제품명	BRACKET-A		과 명			
도 번			학 번			
척 도	0.5 : 1	투상법	제3각법	성 명		

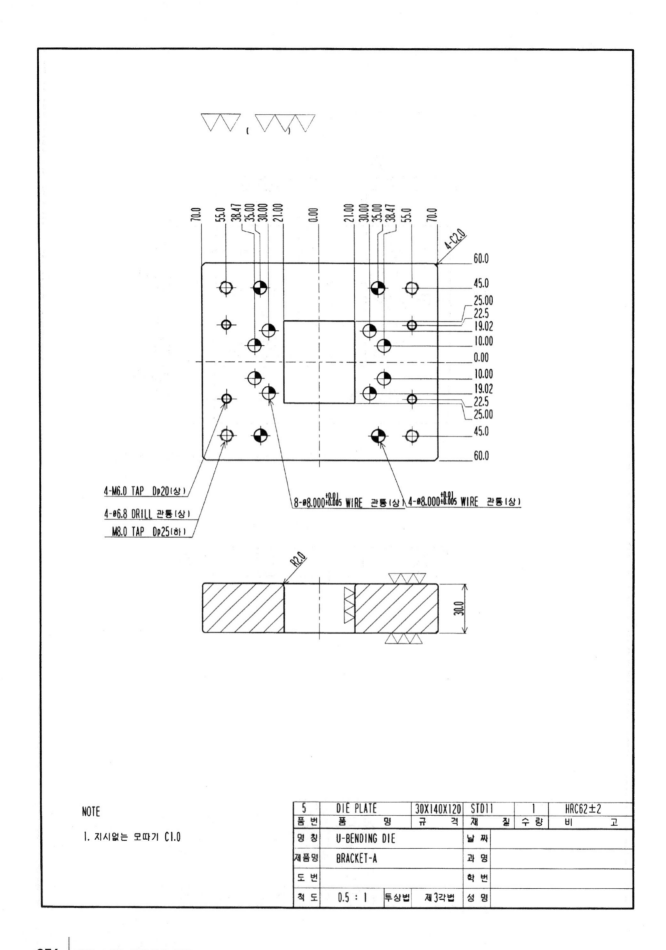

$\nabla\nabla\ ,\ (\ \nabla\nabla\nabla\ )$

70.0
55.0
38.47
35.00
30.00
21.00
0.00
21.00
30.00
35.00
38.47
55.0
70.0

4-C2.0

60.0
45.0
25.00
22.5
19.02
10.00
0.00
10.00
19.02
22.5
25.00
45.0
60.0

4-M6.0 TAP Dp20(상)

4-Ø6.8 DRILL 관통(상)

M8.0 TAP Dp25(하)

8-Ø8.000$^{+0.01}_{-0.005}$ WIRE 관통(상) 4-Ø8.000$^{+0.01}_{-0.005}$ WIRE 관통(상)

R2.0

30.0

NOTE

1. 지시없는 모따기 C1.0

5	DIE PLATE	30X140X120	STD11	1	HRC62±2
품 번	품 명	규 격	재 질	수 량	비 고
명 칭	U-BENDING DIE		날 짜		
제품명	BRACKET-A		과 명		
도 번			학 번		
척 도	0.5 : 1	투상법	제3각법	성 명	

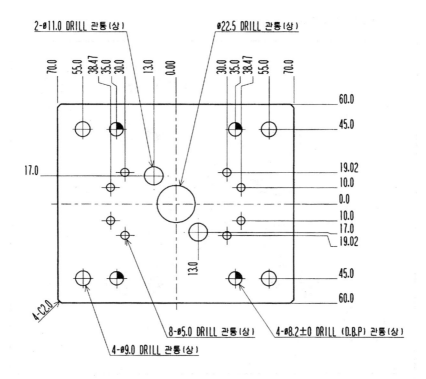

2-ø11.0 DRILL 관통(상)　　　ø22.5 DRILL 관통(상)

4-C2.0

8-ø5.0 DRILL 관통(상)　　4-ø8.2±0 DRILL (D.B.P) 관통(상)

4-ø9.0 DRILL 관통(상)

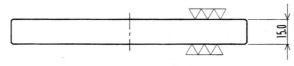

NOTE

1. 지시없는 모따기 C1.0

6	BACKING PLATE	15X140X120	STD11		1	HRC62±2
품 번	품　　　　명	규　　격	재　　질	수 량	비　　　　고	
명 칭	U-BENDING DIE		날 짜			
제품명	BRACKET-A		과 명			
도 번			학 번			
척 도	0.5 : 1	투상법	제3각법	성 명		

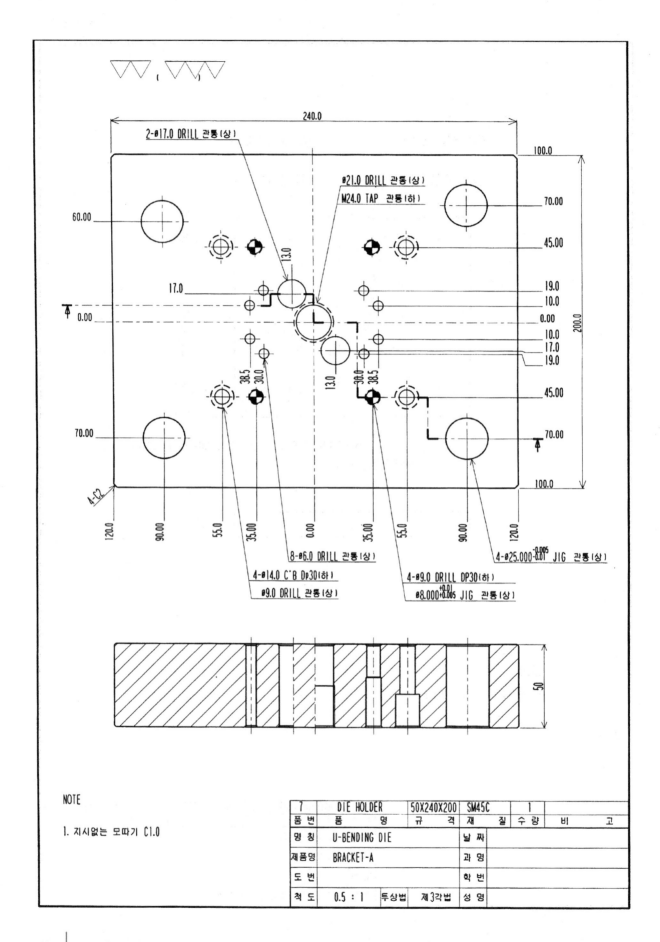

NOTE

1. 지시없는 모따기 C1.0

7	DIE HOLDER	50X240X200	SM45C		1		
품 번	품 명	규 격	재 질	수 량	비	고
명 칭	U-BENDING DIE		날 짜			
제품명	BRACKET-A		과 명			
도 번			학 번			
척 도	0.5 : 1	투상법	제3각법	성 명		

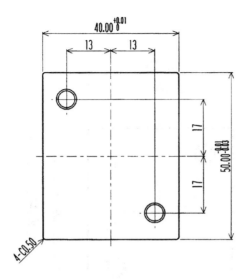

40.00 $^{+0.01}_{0}$

13   13

17

17

50.00 $^{0}_{-0.03}$

4-C0.50

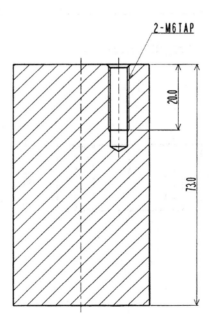

2-M6TAP

20.0

73.0

8	BENDING PUNCH	73X40X50	STD11		1	HRC62±2	
품 번	품 명	규 격	재	질	수 량	비 고	
명 칭	U-BENDING DIE			날 짜			
제품명	BRACKET-A			과 명			
도 번				학 번			
척 도	1 : 1	투상법	제3각법	성 명			

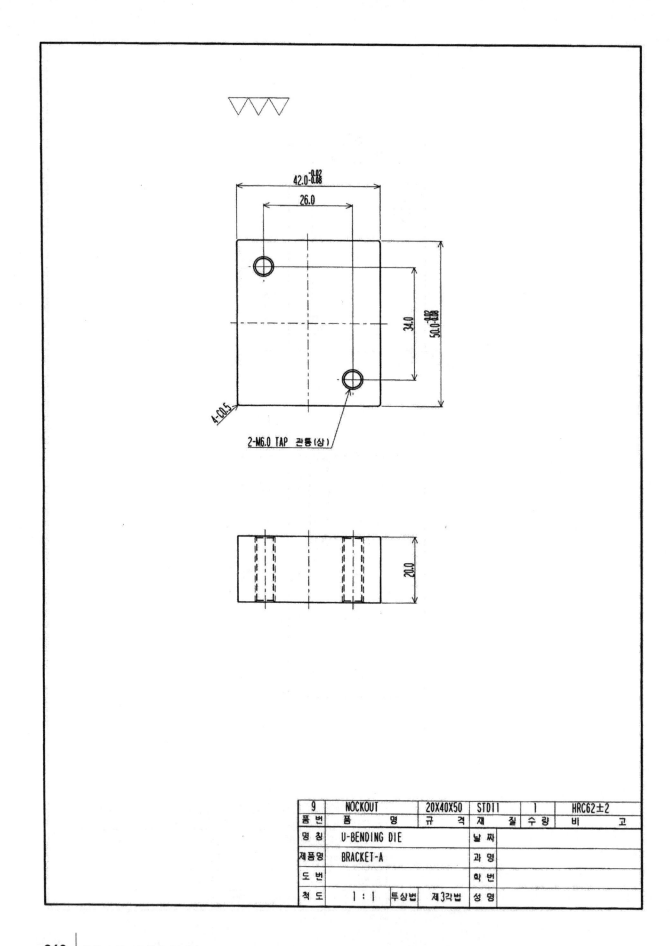

9	NOCKOUT	20X40X50	STD11	1	HRC62±2
품 번	품　　　　명	규 격	재 질	수 량	비　　　　고
명 칭	U-BENDING DIE		날 짜		
제품명	BRACKET-A		과 명		
도 번			학 번		
척 도	1 : 1	투상법	제3각법	성 명	

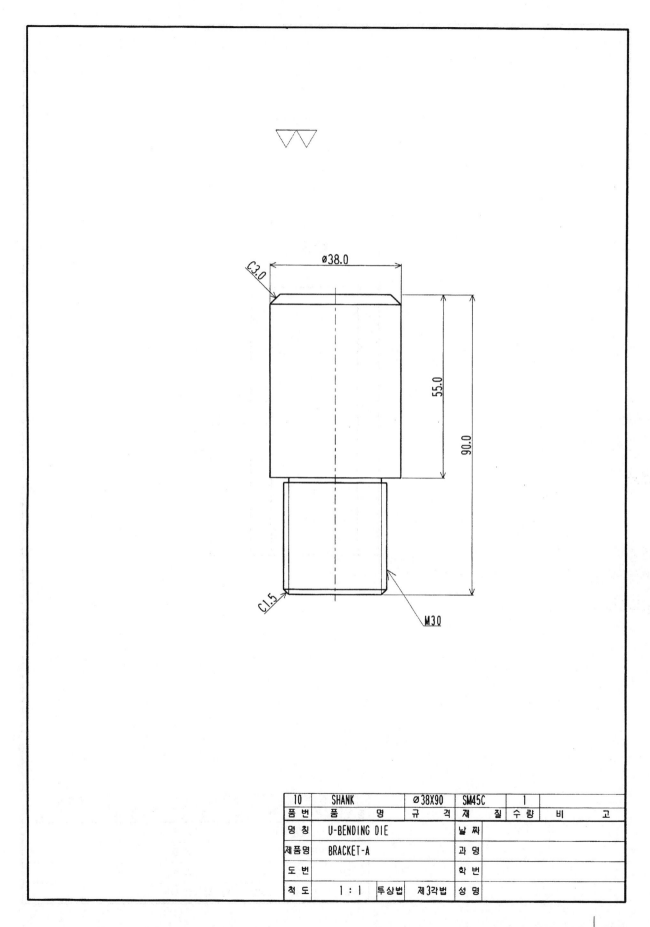

10	SHANK	⌀38X90	SM45C	1	
품 번	품 명	규 격	재 질	수 량	비 고
명 칭	U-BENDING DIE		날 짜		
제품명	BRACKET-A		과 명		
도 번			학 번		
척 도	1 : 1	투상법	제3각법	성 명	

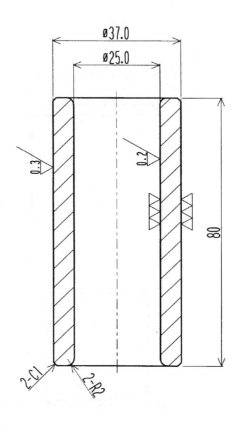

ø37.0

ø25.0

0.3

0.2

80

2-C1

2-R2

11	GUIDE BUSH	ø37X80	SUJ2		4	HRC58-60	
품 번	품 명	규 격	재	질	수 량	비 고	
명 칭	U-BENDING DIE		날 짜				
제품명	BRACKET-A		과 명				
도 번			학 번				
척 도	1 : 1	투상법	제3각법	성 명			

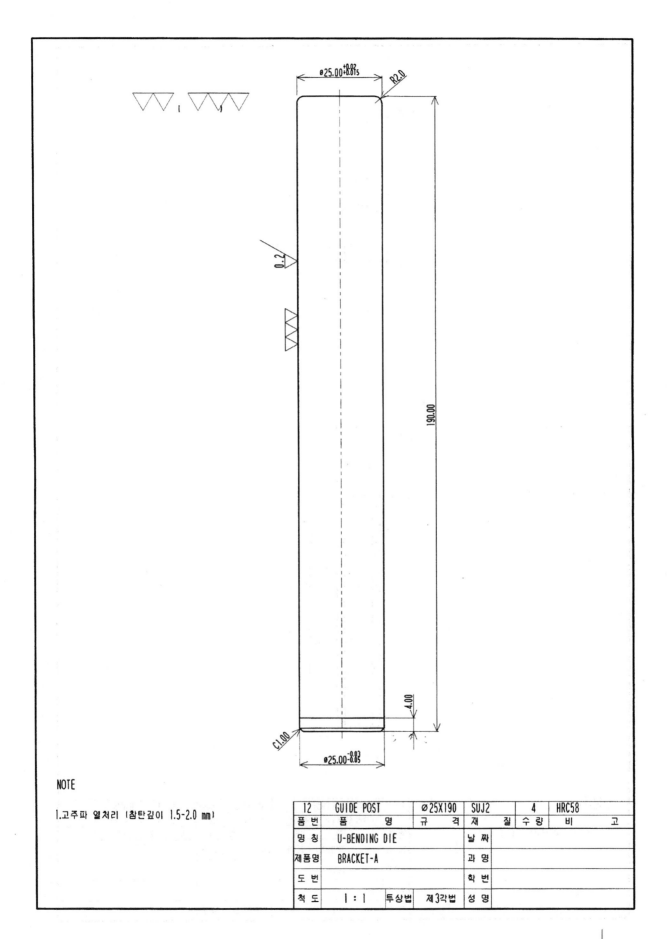

ø25.00 +0.02 / -0.015

R2.0

0.2

190.00

4.00

C1.00

ø25.00 -0.03 / -0.05

NOTE

1.고주파 열처리 (침탄깊이 1.5-2.0 mm)

12	GUIDE POST	ø25X190	SUJ2	4	HRC58	
품 번	품 명	규 격	재 질	수 량	비 고	
명 칭	U-BENDING DIE		날 짜			
제품명	BRACKET-A		과 명			
도 번			학 번			
척 도	1 : 1	투상법	제3각법	성 명		

⑬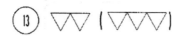

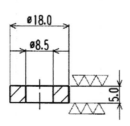

⑬-1

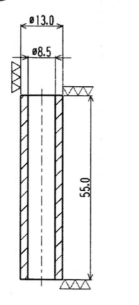

NOTE

1.일반 모따기 C0.3

13-1	STRIPPER BOLT BUSH	∅13X55	SM45C	4	HRC48-52
13	STRIPPER BOLT RING WASHER	∅18X5	SM45C	4	HRC48-52
품 번	품 명	규 격	재 질	수 량	비 고
명 칭	TRIMING & DRAWING DIE		날 짜		
제품명	COVER		과 명		
도 번			학 번		
척 도	1 : 1	투상법	제3각법	성 명	

(14) ▽▽ , ▽▽▽ (WASHER)

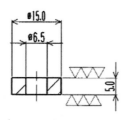

ø15.0
ø6.5
5.0

(14-1) ▽▽ , ▽▽▽ (BUSH)

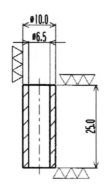

ø10.0
ø6.5
25.0

NOTE

1.일반 모따기 C0.3

14-1	STRIPPER BOLT	ø10X25	SM45C	2	HRC48-52
14	STRIPPER BOLT	ø15X5	SM45C	2	HRC48-52
품 번	품 명	규 격	재 질	수 량	비 고
명 칭	U-BENDING DIE		날 짜		
제품명	BRACKET-A		과 명		
도 번			학 번		
척 도	1 : 1	투상법	제3각법	성 명	

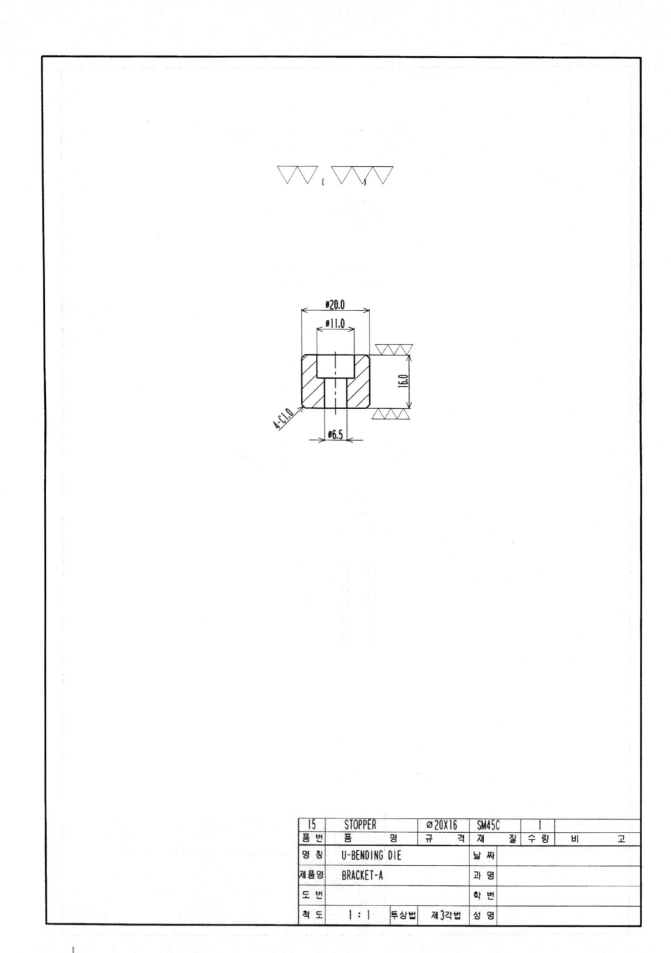

15	STOPPER	∅20X16	SM45C		1		
품 번	품 명	규 격	재 질	수 량	비		고
명 칭	U-BENDING DIE			날 짜			
제품명	BRACKET-A			과 명			
도 번				학 번			
척 도	1 : 1	투상법	제3각법	성 명			

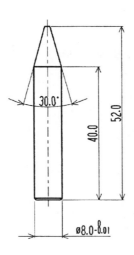

30.0°

52.0

40.0

ø8.0-0.01

16	GAUGE PIN	⌀8X52	STD11	8	HRC62±2	
품 번	품　　　　　명	규 　　격	재 질	수 량	비	고
명 칭	U-BENDING DIE		날 짜			
제품명	BRACKET-A		과 명			
도 번			학 번			
척 도	1 : 1	투상법	제3각법	성 명		

문제 1 굽힘금형의 개요와 중립축(Neutral axis)의 특성을 설명하시오.

문제 2 우레탄 고무에 금형의 개요와 장·단점을 설명하시오.

문제 3 하이드로포밍(hydro-forming)에 대하여 간단히 설명하시오.

문제 4 스프링백(Spring Back) 현상 및 스프링백 요인에 대하여 간단히 설명하시오.

문제 5 스프링백의 기본 억제 방법에 대하여 간단히 설명하시오.

문제 6 V형 자유 굽힘하중 계산식을 정리하시오.

문제 7 굽힘전개길이의 계산 기본설계방법 및 일반L자형 굽힘전개길이 계산식을 정리하시오.

CHAPTER 12

최신 프레스 금형설계 · 제작

드로잉 금형
(Drawing Die)

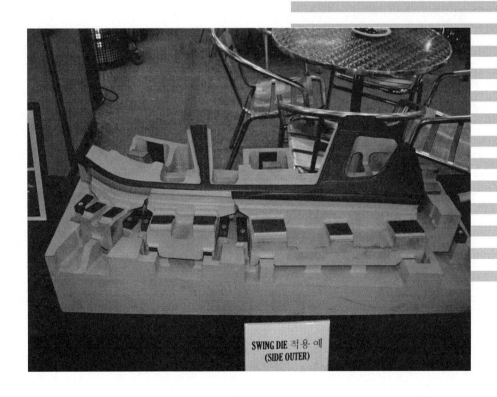

SWING DIE 적용 예
(SIDE OUTER)

드로잉 금형(Drawing Die)

01 드로잉 가공 특성 및 종류

① 드로잉의 정의

드로잉이란 그림12-1에서 보는 바와 같이 블랭킹 된 소재를 펀치가 다이 속으로 끌고 들어가면서 주름(Winkling), 긁힘(Scrach), 두께변화, 파단(Frachure) 등의 결함이 없고, 이음매가 없는 깨끗한 용기를 성형하는 가공을 말하는 것으로 3가지 기본 조건이 있다.

1) 주름(Winkling)이 생기지 않을 것 : rd, rp의 적정값과 적정, Blank-holder 압력의 산정

2) 적정 드로잉률의 선정으로 Flange 변형부분의 저항 감소

3) 적정 rd값 선정으로 하중 견인부 강도유지

용기의 깊이가 상대적으로 깊어 2회 이상 드로잉을 요할 때 이를 특히 딥 드로잉(Deep drawing)이라 한다.

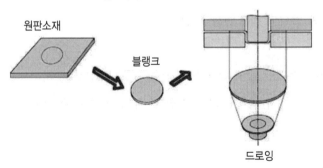

:• 그림 12-1 드로잉 가공

:• 그림 12-2 드로잉 제품

② Drawing의 공정 단계

드로잉 작업을 단계별로 자세히 설명하면 다음과 같다.

1) 제 1단계

드로잉 다이 위에 원형 블랭크를 놓는다.

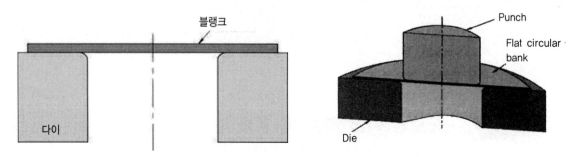

:• 그림 12-3 드로잉 성형 과정 1단계

2) 제 2단계

블랭크 홀더로 원형 블랭크를 적당한 압력으로 누른다.

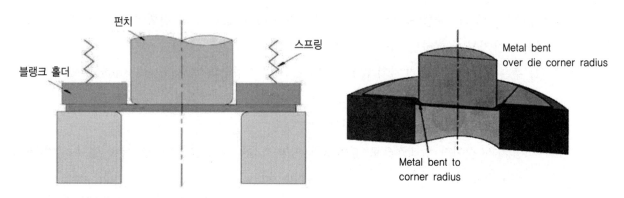

:• 그림 12-4 드로잉 성형 과정 2단계

3) 제 3단계

펀치가 원형 블랭크를 다이 속으로 끌고 들어간다. 이때 소재 중심부는 서서히 드로잉 됨과 동시에 소재 외주부는 다이 면위를 미끄러지면서 다이 속으로 유입된다.

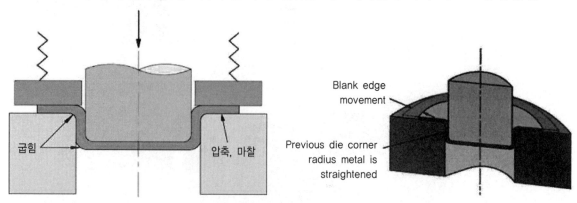

:• 그림 12-5 드로잉 성형 과정 3단계

4) 제 4단계

블랭크 직경이 줄어들면서 다이면상에 있는 플랜지는 원주방향으로 압축되는 동시에 반지름 방향으로 인장을 받으며 유입되고, 용기의 측벽부는 상하로 인장되면서 드로잉이 계속 된다.

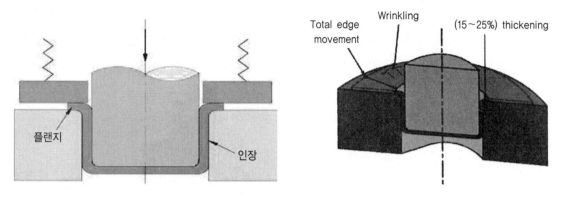

:• 그림 12-6 드로잉 성형 과정 4단계

5) 제 5단계

블랭크 재료는 여러 가지의 힘을 받아 변형하면서 다이 속으로 깊이 들어가면서 최종 용기 제품이 완성된다.

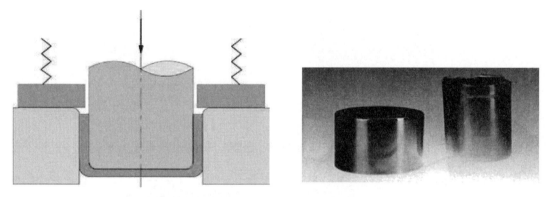

:• 그림 12-7 드로잉 성형 과정 5단계

:• 그림 12-8 드로잉 제품

③ 드로잉 가공 특성

1) 특 성

앞에서 설명한 바와 같이 드로잉 과정 중엔 그림 12-9에서와 같이 제품 부위별로 여러 종류의 힘들이 복합적으로 작용하고 있다. 이중에서 특히 플랜지부위에서의 원주 방향 압축력과 측벽에서의 길이 방향 인장력이 드로잉에 가장 큰 영향을 미친다. 압축력에 의해서는 그림12-10과 같이 성형품에 주름이 발생하기 쉽고, 인장력이 크게 되면 성형품 밑에서 파단 되기 쉽기 때문에 금형설계 조건과 작업 조건을 적절하게 조절할 필요가 있다.

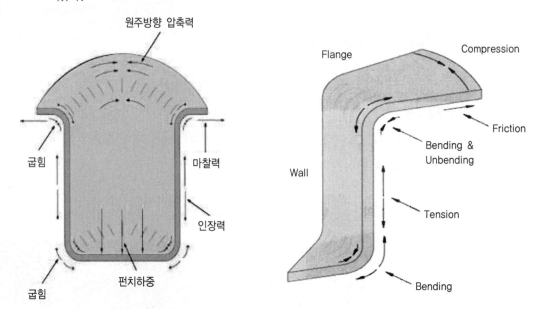

∴ 그림 12-9 원통컵 드로잉시의 발생 하중

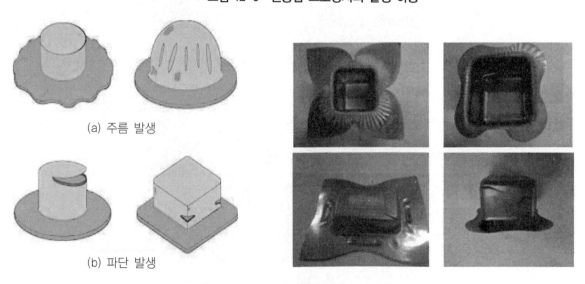

(a) 주름 발생

(b) 파단 발생

∴ 그림 12-10 드로잉 제품의 불량 사례

2) 플랜지 면에서의 응력 분포

원주 방향의 압축응력, 반경 방향의 인장응력 발생 외측으로 갈수록 압축응력 증가하여 주름이 발생할 우려가 있다.

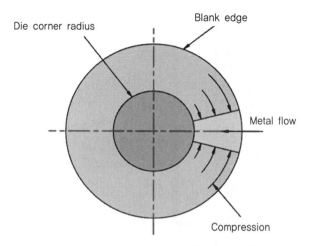

∷ 그림 12-11 플랜지 면에서의 응력분포

④ 주름 발생 억제를 위한 드로잉 다이의 구조

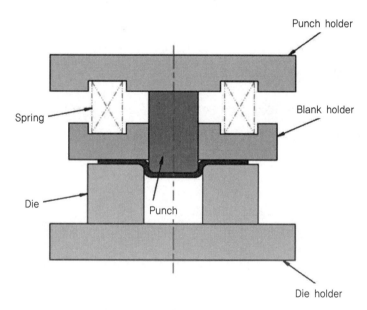

∷ 그림 12-12 주름 억제를 위한 다이 구조

∷ 그림 12-13 드로잉 제품

⑤ 원통 컵 드로잉 다이의 기초 설명

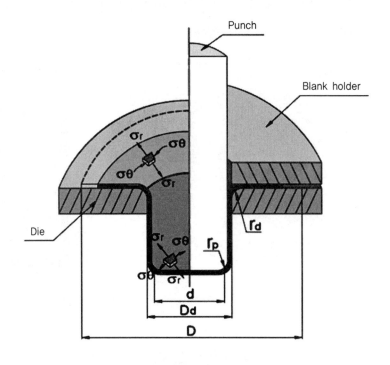

∷그림 12-14 원통컵 드로잉 다이의 기호

⑥ 두께 변화

① 컵 위치에 따라 압축, 인장, 굽힘등이 작용하여 불균일한 두께분포 발생

② 두께를 일정하게, 외경치수를 균일하게 하기 위해서는 Ironing 필요

③ 두께 1mm의 원형 소재를 성형한 원통컵의 두께 측정 사례(그림12-15)

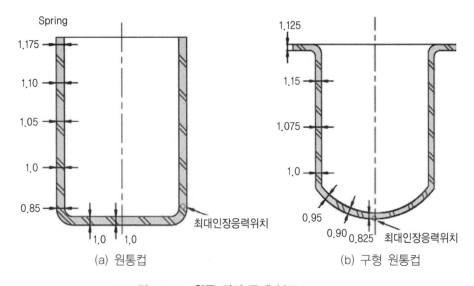

∷그림 12-15 원통 컵의 두께 분포

※ 단면 형상에 따른 두께 분포 비교 (t=0.97m)

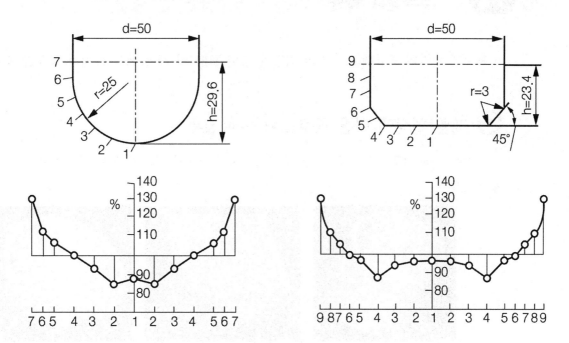

:: 그림 12-16 단면 형상에 따른 두께 분포 비교

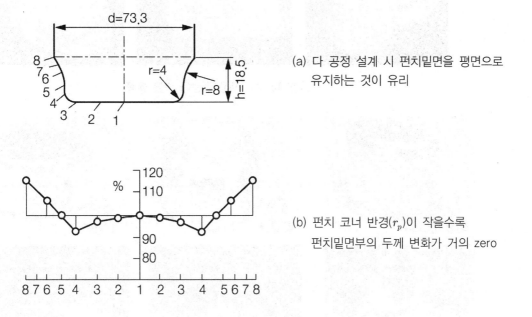

(a) 다 공정 설계 시 펀치밑면을 평면으로
   유지하는 것이 유리

(b) 펀치 코너 반경(r_p)이 작을수록
   펀치밑면부의 두께 변화가 거의 zero

:: 그림 12-17 단면 형상에 따른 두께 분포 비교

드로잉 가공의 종류에는 용기의 직경과 깊이 모양 및 사용 목적에 따라 구분할 수 있다.

① 제품 형상에 따른 종류(그림 12-18 참조)

① 원형, ② 각형, ③ 원추형, ④ 반구형, ⑤ 기타형이 있고 플랜지 없는 형과 플랜지 있는 형이 있다.

∷ 그림 12-18　제품 형상에 따른 분류

∷ 그림 12-19　제품 형상에 따른 종류

② 직경과 깊이에 따른 종류

① **드로잉(Drawing)** : 용기의 직경에 비해 깊이가 얕은 공정
② **딥 드로잉(Deep drawing)** : 용기의 지경에 비해 깊이가 깊을 때 2회 이상의 드로잉공정이 필요한 때

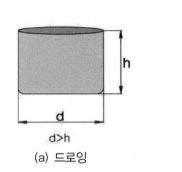
(a) 드로잉

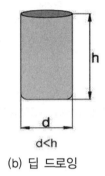
(b) 딥 드로잉

❖ 그림 12-20 직경과 깊이에 따른 구분

❖ 그림 12-21 딥 드로잉 제품

③ 가공 방법에 따른 종류

1) 드로잉 인장(장출)성형

드로잉은 블랭크 소재가 끌려 들어가면서 성형되는 것에 반해, 인장 성형은 소재 직경은 변하지 않는 상태에서 펀치 밑의 소재 만 인장에 의해 연신되면서 펀치 형상대로 성형되는 공정이다. 컵 드로잉에서 바닥면이 flat하지 않고 cured surface일 때 적용하며, 펀치 형상대로 성형하기 위해서는 소재의 유입보다 소재의 연신 인장력에 의해 성형 필요(형상 동결성이 중요)하다.

*Higher blank holding force 필요하다.

※ Drawing과 stretch forming의 차이점

- 블랭크와 성형품의 외곽 치수 변화에 유의
- 드로잉 : 인장, 압축 공존
- 인장성형 : 인장력만 작용

※ 소성변형영역 두께 변화 차이

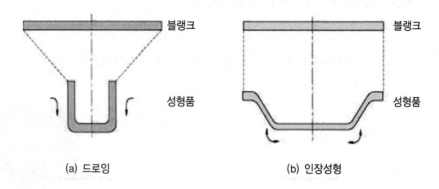

(a) 드로잉   (b) 인장성형

∴ 그림 12-22 드로잉과 인장성형의 차이

2) 재 드로잉(Redrawing)

드로잉 제품을 1회에 완성하지 못할 경우엔 2회 이상의 드로잉 공정을 거치게 되는데 2회 이후의 드로잉을 재 드로잉이라 하고, 이것은 1차 드로잉 된 제품을 다시 드로잉 하는 것이기 때문에 소재 내부에 가공 경화가 되어 있어 1차 드로잉에서와 같이 많은 변형을 주기 어렵다. 재 드로잉에는 다음의 2가지 방법이 있다.

① 일반 재 드로잉(Conventional redrawing) : 1차 드로잉 방향과 재 드로잉 방향이 일치하는 것으로, 1차 성형품의 위치 결정면은 블랭크 홀더 외경이 된다.

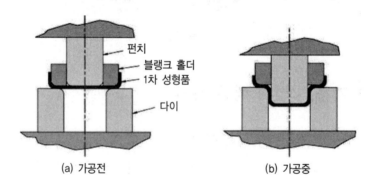

(a) 가공전   (b) 가공중

∴ 그림 12-23 일반 재드로잉

② 역 재 드로잉(Reverse redrawing)
   - 1차 드로잉과 재 드로잉 방향이 반대인 것으로 제품의 내측과 외측이 바뀐다.
   - 성형하중의 감소로 드로잉성 향상이 기대된다.
   - 다이 강도의 약화 우려
   - 위치 결정면은 다이 외경이다.
   - 연속 생산 작업이 불리 : 소재의 회전 장치 필요

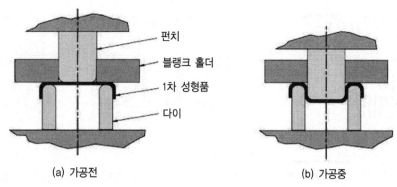

(a) 가공전   (b) 가공중

∷ 그림 12-24 역 재드로잉

3) 아이어닝(Ironing)

그림 12-25에서와 같이 드로잉 된 컵은 드로잉 가공 특성으로 인해 두께가 일정하지 않기 때문에 이를 일정하게 하기 위해선 틈새를 작게 하여 측벽을 훑어 주는 공정이 필요한데 이를 아이어닝이라 한다. 아이어닝 함으로써 측벽 두께가 얇고 균일하게 되며 제품 높이가 높게 성형된다. 1회에 아이어닝 할 수 있는 두께 감소율은 표와 같다.

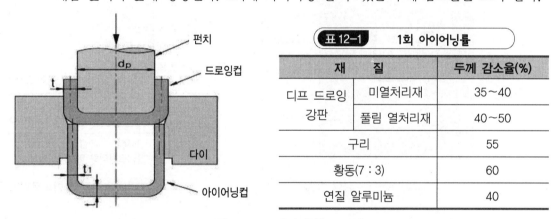

∷ 그림 12-25 아이어닝(Ironing)

표 12-1		1회 아이어닝률
재 질		**두께 감소율(%)**
디프 드로잉 강판	미열처리재	35~40
	풀림 열처리재	40~50
구리		55
황동(7 : 3)		60
연질 알루미늄		40

4) 대향 액압 딥드로잉법

펀치측 마찰력 활용, 다이측 마찰력 감소, 판두께 증가 효과를 이용하여 성형성을 향상시키는 방법이다.

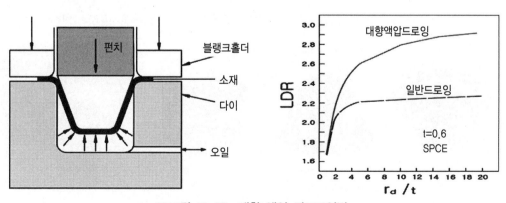

∷ 그림 12-26 대향 액압 딥드로잉법

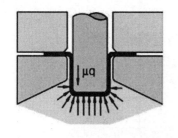
마찰유지 효과

:: 그림 12-27 성형 방법

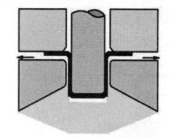
마찰감소 효과

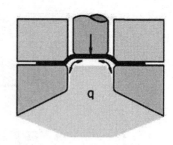
판 두께 증가 효과

:: 그림 12-28 일반드로잉과 비교

5) 원주 액압 딥드로잉법

대향 액압 딥드로잉을 일부 개선한 방법

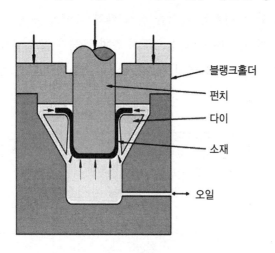

:: 그림 12-29 성형 방법

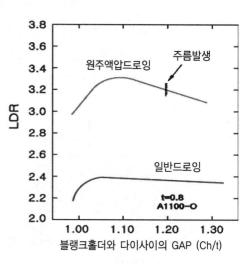

:: 그림 12-30 일반드로잉과 비교

---

03 드로잉의 한계와 공정설계

※ Drawing의 성공 조건

드로잉 가공을 성공적으로 잘하려면 다음과 같은 조건을 만족시켜야 한다.

Frange 주름

Body 주름

입주변 주름

:: 그림 12-31 드로잉 제품

(1) Blank 재질의 기계적 특성을 파악   (2) Blank 형태 선정   (3) Drawing 깊이
(4) Drawing 횟수   (5) Drawing 모양   (6) Drawing 압력종합
(7) Press 기계 선정 및 가압 Speed   (8) 윤활유 선정   (9) τ_d, τ_p의 크기 선정
(10) Clearance   (11) Die 구조   (12) Air Vent

① 블랭크 재질별 기계적 특성 파악

표 12-2에 드로잉에 영향을 미치는 소재 물성치를 표시하였으며, 이들 인자의 정의 및 특성은 다음과 같다.

표 12-2 재질별 성형성 물성치							
재료	에릭슨 값	LDR	N값	R_{avg}	$\triangle R$	σ_b	σ_y
연강 (Al-killed steel)	11.6	2.21	0.23	1.96	0.56	30.7	16.1
스테인리스 (STS304)	11.4	2.03	0.43	1.1	0.19	52.3	35.7
알루미늄 (Al-1100)	11.2	2.075	0.24	0.65	0.24	8.7	2.8

① **Erichsen 값** : 인장성형성을 정하기 위한 인자로 직경 20mm 구형 펀치를 압입시킬 때 파단 될 때까지의 성형 깊이를 표시

② **LDR** : 한계 드로잉비(소재 최대 직경/펀치직경)를 나타내는 것으로 LDR이 클수록 드로잉성이 좋아짐

③ **n 값** : 소재의 응력-변형률 곡선에서 가공경화정도를 표시하는 가공경화 지수 값이 클수록 인장성형성이 우수함.

④ R_{avg} : 랭크포드 상수로 소재의 폭 변형률과 두께 변형률의 비로 표시 하는 것으로 드로잉 성형에 큰 영향을 미침

⑤ $\triangle R$: 소재 압연 방향 (0°, 45°, 90°)에 따른 R 값의 차이를 표시하는 것으로 $\triangle R$이 클수록 소재의 이방성이 커 성형품의 트리밍 여유가 많아짐.

$$\triangle R = (R_o + 90_{90})/2 - R_{45}$$

⑥ σ_b : 소재의 인장강도

⑦ σ_y : 소재의 항복강도

② 블랭크 홀딩력의 적합 여부

블랭크 홀딩력은 주름(Wrinkling)의 발생 방지뿐만 아니라 재료의 신장에도 영향을 미친다. 블랭크 홀딩력이 부족하면 주름이 발생하고 과대하면 파단(Fracture)되기 때문에 적당한 힘을 가하는 것이 중요하다. 따라서 블랭크 홀딩력은 드로잉 작업 중 주름이 발생하지 않을 정도의 최소 하중이 필요하며 이의 개략적 계산은 다음과 같이 한다.

1) 원형 용기 초기 드로잉

$$Q = \frac{\sigma_b + \sigma_y}{180} D \left(\frac{D - d_1 2\gamma_d}{t} - 8 \right), \ \text{또는} \ Q = \frac{\pi}{4} \{ D^2 - (d_1 + 2\gamma_d)^2 \} \ q$$

2) 원형 용기 n 번째 재 드로잉

$$Q = \frac{\pi}{4} \{ d_{n-1}^2 - (d_n + 2\gamma_d)^2 \} \ q$$

여기서, Q : 블랭크 홀딩력(kgf)

        q : 단위 면적당 하한 주름 억제력(kgf/mm²)

        D : 원형 블랭크 직경(mm)

        d_1 : 초기 드로잉 다이의 직경(mm)

        r_d : 다이 코너 반경(mm)

        d_n : 제 n공정 드로잉 다이의 직경(mm)

      d_{n-1} : 제 n-1공정 드로잉 다이의 직경(mm)

표 12-3   각종 재료의 최소 블랭크 홀딩압력

재료		q(kgf/mm²)	재료	q(kgf/mm²)
연질	t 〈 0.5mm	0.25~0.30	황동	0.11~0.21
탄소강	t 〈 0.5mm	0.20~0.22	청동	0.20~0.25
연질 알루미늄		0.03~0.07	알루미늄 합금	0.14~0.70
동		0.08~0.14	스테인리스 강	0.35~0.45

③ 드로잉 공정수 및 드로잉율의 적합여부

제품의 직경(d)이 작고 길이가 깊은 용기를 1공정에 드로잉 하기는 어렵다. 왜냐하면 평평한 원형 블랭크(D)를 처음 드로잉 가공한 후에 피 가공 소재는 가공경화 현상이 발생하고 이로 인하여 어느 드로잉 한계를 넘으면 피 가공 소재는 파단 현상이 발생하여 드로잉 가공이 불가능해진다. 이와 같은 현상을 방지하기 위하여 여러 번의 적절한 드로잉 가공이 필요하다.

1) 드로잉 율의 정의

① 첫 번째 드로잉 가공 $m_1 = \dfrac{d_1}{D}$ 초기 드로잉률

② 두 번째 드로잉 가공 $m_2 = \dfrac{d_2}{d_1}$ 재 드로잉률

③ 세 번째 드로잉 가공 $m_3 = \dfrac{d_3}{d_2}$

④ 최종 드로잉 율 $m_n = \dfrac{d_n}{d_{n-1}}$

⑤ 합계 드로잉 율 $m_s = m_1 \times m_2 \times m_3 \times \cdots m_n = \dfrac{d_n}{D}$

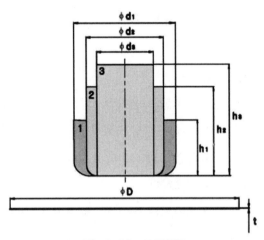

∷ 그림 12-32 드로잉률

표 12-4	각종 재질의 평균 드로잉률	
재 질	드로잉 율(m_1)	재 드로잉 율(m_2)
드로잉 강판	0.55~0.60	0.75~0.80
디프 드로잉 강판	0.48~0.55	0.75~0.80
스테인리스 강판	0.50~0.55	0.80~0.85
동	0.53~0.60	0.70~
황동(63%)	0.50~0.55	0.75~0.80
알루미늄	0.53~0.60	0.75~0.85
듀랄루민	0.55~0.60	0.85~0.90
코오팔	0.52~0.62	0.70~
함석판	0.58~0.60	0.88~0.92
순철	0.55~0.60	0.75~
니켈판	0.57~	0.75~
몰리브덴	0.70~	0.82~
아연판	0.65~	0.85~

표 12-5   연강판, 스테인리스 강판, 연황동판의 드로잉 율

드로잉 율 m_n	상 대 판 두 께 t/D $\times$ 100%					
	2.0~1.5	1.5~1.0	1.0~0.6	0.6~0.3	0.3~0.15	0.15~0.08
m_1	0.48~0.50	0.50~0.53	0.53~0.55	0.55~0.58	0.58~0.60	0.60~0.63
m_2	0.73~0.75	0.75~0.76	0.76~0.78	0.78~0.79	0.79~0.80	0.80~0.82
m_3	0.76~0.78	0.78~0.79	0.79~0.80	0.80~0.81	0.81~0.82	0.82~0.84
m_4	0.78~0.80	0.80~0.81	0.81~0.83	0.82~0.83	0.83~0.85	0.85~0.86
m_5	0.80~0.82	0.82~0.84	0.84~0.85	0.85~0.86	0.86~0.87	0.87~0.88

주) 1. 중간 어닐링을 하면 드로잉 율이 향상
   2. r_p가 (4~8)t 일 때에는 큰 숫자를 채용
   3. r_p가 (8~15)t 일 때에는 작은 숫자를 채용

2) 드로잉 공정 수

드로잉 율의 정의를 이용하면 1회 드로잉의 최소직경은 d_1, 2회 드로잉의 최소직경은 d_2, 이와 같이하여 n번째 드로잉에서의 최소 직경은 d_n이 된다.

따라서 제품직경(d_p)은 $d_n \leq d_p < d_{n-1}$ 조건을 성립할 때 제품을 위한 드로잉 공정 수는 n공정이 필요하다.

예를 들면 d_p=30, D=100이고, m_1=0.55, m_2=0.75, m_3=0.78, m_4=0.8이라고 할 때

- 1차 드로잉 펀치 직경(d_1)=$m_1 \times D$=0.55$\times$100=55
- 2차 드로잉 펀치 직경(d_2)=$m_2 \times d_1$=0.75$\times$55=41.25
- 3차 드로잉 펀치 직경(d_3)=$m_3 \times d_2$=0.78$\times$41.25=32.18
- 4차 드로잉 펀치 직경(d_4)=$m_4 \times d_3$=0.80$\times$32.18=25.74

따라서 4차 드로잉에서 제품 직경보다 작기 때문에 이 제품은 4공정을 필요로 함. (3차 공정에서는 최소 직경이 32.18mm이므로 제품 직경 30mm를 성형하기 위해선 1 공정이 더 필요함)

④ 틈새(Clearance)의 적정 여부

드로잉 과정에서 판 두께가 변화하기 때문에 적절한 틈새 설정이 필요하다. 틈새는 재질, 판 두께, 치수정도를 감안하여 결정한다. 제품형상이 복잡하면 재료의 변형이 불규칙하게 일어나 국부적인 틈새 조정이 필요하며 최종적으로 시험 작업 시 수정한다.

1) 원통 드로잉 조건에 따른 틈새 선정

표 12-6 공정별 틈새 선정

드로잉 조건	틈 새
주름발생이 없는 얕은 드로잉	(1.0~1.05)t
주름발생이 있는 제1드로잉	(1.05~1.15)t
재 드로잉	(1.10~1.20)t
다듬질 드로잉	(1.05~1.10)t
균일한 측면을 요구하는 아이어닝	(0.9~1.0)t

2) 연강, 황동, 청동 소재 두께에 따른 틈새 선정

표 12-7 두께별 틈새 선정

판 두께	초기 드로잉	재 드로잉	다듬질 드로잉
0.4 이하	(1.07~1.09)t	(1.08~1.1)t	(1.04~1.05)t
0.4~1.3	(1.08~1.1)t	(1.09~1.12)t	(1.05~1.06)t
1.3~3.2	(1.1~1.12)t	(1.12~1.14)t	(1.07~1.09)t
3.2이상	(1.12~1.14)t	(1.15~1.2)t	(1.08~1.1)t

⑤ 펀치 코너 반경(r_p), 다이 코너 반경(r_d) 값의 적정 여부

① 스테인리스 강판, 주석판 등은 상기표의 1.1~1.3배 가산

② 1.3mm 이하의 알루미늄 합금은 0.96배, 1.3mm이상은 위 표 적용

　⑦ r_p가 너무 작으면 굽힘에 의한 파단이 발생하고, 너무 크면 r_p부위에서 인장 파단 또는 주름(pucker)이 발생하기 쉽다.

　⑭ r_d가 너무 작으면 r_d부위에서 굽힘에 의한 파단이 발생하고, 너무 크면 플랜지상에서의 주름(wrinkle & Puckers)이 발생하기 쉽다. r_d의 크기에 따라서 제품의 양불이 결정되는 수도 있다.

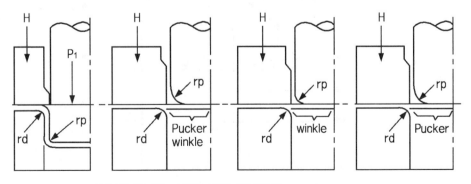

∴ 그림 12-33 펀치, 다이 코너반경(r_p, r_d)

1) Drawing시의 r_p, r_d의 크기

일반적인 설계 기준은 $4t \leq r_p$, $r_d \leq 10t$ 이고, 좀 더 자세히 기술하면 다음과 같다.

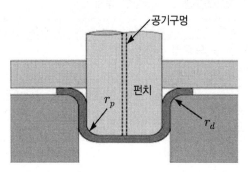

$(4 \sim 6)t \leq r_d \leq (10 \sim 20)t$

$(4 \sim 6)t \leq r_p \leq (10 \sim 20)t$

사각통의 r_d 크기

직면부 $(1 \sim 2)t \leq r_d \leq (3 \sim 4)t$

　　　　$8t \leq r_p \leq 20t$

곡면부 $(6 \sim 8)t \leq r_d \leq (10 \sim 20)t$

　　　　$8t \leq r_p \leq 20t$

:: 그림 12-34 펀치, 다이 코너반경(r_p, r_d)

• 1차 드로잉의 r_p, r_d설계(그림 12-34)

| 표 12-8 | r_p, r_d의 설계표준 |

구분	t/D×100(%)				
	2.0~1.5	1.5~1.0	1.0~0.6	0.6~0.3	0.3~0.1
플랜지 없는 드로잉	(4~7)t	(5~8)t	(6~9)t	(7~10)t	(8~13)t
플랜지 있는 드로잉	(6~10)t	(8~13)t	(10~13)t	(12~18)t	(15~22)t

주) 작은 쪽의 값은 드로잉성이 좋은 재료 또는 적정한 윤활제를 사용할 때 선택

2) 수식에 의한 설계 방법

① 1차 드로잉 직경이 60t 이하 일 때 : rounding 처리

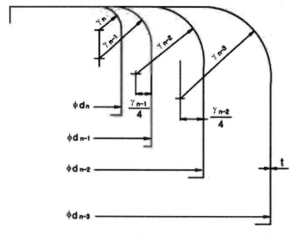

• $r_{n-1} = \dfrac{d_{n-1} - d_n}{2} + r_n$

• $r_{n-2} = \dfrac{d_{n-2} - d_{n-1}}{2} + \dfrac{r_{n-1}}{4}$

• $r_{n-3} = \dfrac{d_{n-3} - d_{n-2}}{2} + \dfrac{r_{n-2}}{4}$

• r_{n-1}와 r_n의 중심은 일직선상에 위치

:: 그림 12-35 Rounding처리

② 1차 드로잉 직경이 50t 이상 일 때 : taper 처리

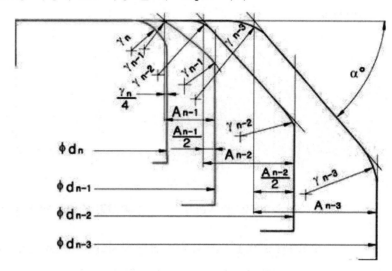

:: 그림 12-36 r_p의 테이퍼 설계

- 경사각 (α)의 설계

    t=0.8mm ··························· 30°

    t=0.8~1.6mm ············· 40°

    t=1.6~　mm ············· 45°

- 테이퍼부 설계

$$A_{n-1} = \frac{d_{n-1} - d_n}{2} + \frac{r_n}{4} \qquad\qquad r_{n-1} = 0.6 \cdot A_{n-1}$$

$$A_{n-2} = \frac{d_{n-2} - d_{n-1}}{2} + \frac{A_{n-1}}{2} \qquad\qquad r_{n-2} = 0.6 \cdot A_{n-2}$$

$$A_{n-3} = \frac{d_{n-3} - d_{n-2}}{2} + \frac{A_{n-2}}{2} \qquad\qquad r_{n-3} = 0.6 \cdot A_{n-3}$$

- 재 드로잉 이후의 r_p, r_d 설계

    r_p, r_d 가 아주 작을 경우엔 적정 크기로 성형한 후 리스트라이킹 공정을 추가하는 것으로 고려한다. n번째 공정의 r_p, r_d 값은 다음 식에 따라 간단히 구한다.

$$\frac{r_n}{r_{n-1}} = 0.6 \sim 0.9$$

⑥ 공기구멍(Air vent) 크기의 적합 여부

일반적으로 드로잉 작업이 끝나고 펀치가 상승할 때 펀치 밑면과 소재사이의 공간이 커지면서 압력이 떨어져 성형품이 펀치에서 떨어지지 않고 펀치측으로 그림 12-38에서와 같이 오목한 변형이 발생할 수 있기 때문에 이를 예방하기 위해 금형설계시 그림 12-37처럼 펀치에 공기구멍을

뚫어 압력을 대기압 상태로 유지한다. 공기구멍의 크기는 펀치 직경에 따라 표 12-9에서와 같이 선택한다.

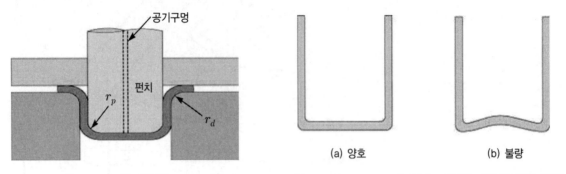

:: 그림 12-37 공기구멍(Air Vent) :: 그림 12-38 Air Vent에 의한 드로잉 제품의 밑면 형상

또한 Press Drawing 제품의 변형 방지와 Loading, Un-loading을 용이하게 하기 위하여 Punch면과 Die의 내부 구석진 곳에 설정한다.

일반적으로 Air Vent의 전체 크기는 Punch Face의 약 4% 이상이 바람직하며 공기구멍의 크기는 펀치 직경에 따라 표 12-9에서와 같이 선택한다.

표 12-9 공기구멍 표준치수

펀치지름(mm)	공기구멍지름(mm)
25 이하	3.0
25~50	3.0~5.0
50~100	5.5~6.5
100~200	7.0~8.0
200 이상	8.5 이상

⑦ 드로잉 속도(Drawing speed)의 적합 여부

일반적으로 전단가공 속도보다 드로잉 속도가 느리며, 표 12-10에 재질별 표준 드로잉 속도를 나타내었다. 속도 증가에 따라 생산성이 높아지나 너무 빠르면 제품 파단이 되기 쉽다.

표 12-10 표준 드로잉 속도(mpm, meter per minute)

재질	드로잉 속도		Ironing
	단동 프레스	복동 프레스	
철	16	10~15	7.5
스테인리스	–	6~9	–
동	45	25	–
황동	60	30	21
알루미늄	50	30	–

8 드로잉 윤활유의 사용 여부

드로잉 시의 윤활은 가공력을 줄이고, 가공성을 높이며, 펀치, 다이 마모와 제품의 결함을 줄이는데 중요한 역할을 한다. 윤활제로는 광유, 비누액, 강력 에멀젼(heavy-duty emulsion), 특수한 경우에는 왁스, 고형 윤활제가 사용된다.

① **연강용 윤활유** : 광물유, 중고점성도, 비누용제(0.03~2%) 동물성 Oil 또는 지방유의 Blend(10~30%), 광물성 Oil + 흑연을 용융한 윤활유 등이 사용된다.

② **스테인리스용 윤활유** : 식물성유(대두유, 피마자유), 물에 흑연분말을 혼합왁스지 유지, 비닐지

③ **Al용 윤활유** : 광물유+흑연 비누용재

④ **펀치의 윤활에 의한 영향의 사례**

펀치, 다이에 의한 마찰력 방향이 반대 – 펀치 마찰력이 클수록 드로잉 하중을 감소시키는 효과가 커 성형성 향상시킨다.

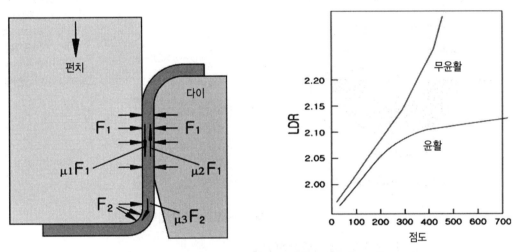

∴ 그림 12-39 윤활에 의한 영향

∴ 그림 12-40 드로잉 공정

① 원통 용기의 Drawing 압력(P)의 계산

중간 Annealing을 하면 Drawing성이 향상되고, Punch 선단부 R값이 4~8t일 때는 큰 값, 8~15t이거나 그 이상일 때는 작은 값을 택한다.

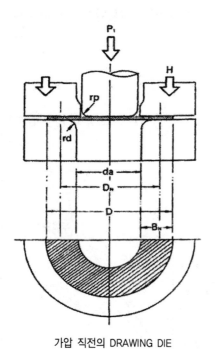

가압 직전의 DRAWING DIE

$$※ P = P_1 + H$$

$$P_1 = \pi \cdot d \cdot t \cdot \sigma_s$$

$$H = F_N \cdot P_n$$

$$F_N = \pi \cdot D_n \cdot B_N$$

$$= \frac{\pi}{4}(D^2 - d_a^2)$$

$$= \frac{\pi}{4}(D+d)(D-d)$$

$$※ d_a = d$$

여기서, P_1 : Punch 압력
H : Blank Holder 압력
d : 용기지름
t : Blank 두께
σ_s : 인장강도
B_N : Blank Holder의 폭
D_n : 평균지름(B.H)
F_N : Blank Holder 면적
P_n : 단위변적당 B.H

∵ 그림 12-41 드로잉 압력의 계산

※ 단위 면적당 B, H압력(P_n)

재 료	P_n(kg/cm^2)		
	G. Dehler	G. Sach	Schuld 사
Mind Steel	15~30	16~20	−
동	−	8~12	−
18-8 스테인리스	−	25~60	−
Al	12	3~7	8~10

1) 하중 곡선 형태(Load-displacement curve)

그림 12-42에서 보는 바와 같이 초기 드로잉에서는 스트로크의 약 1/3 위치에서 최대 하중이 발생하고, 재 드로잉에서는 초기 드로잉 된 제품의 가공 경화로 인해 스트로크 마지막에서 최대 하중이 발생한다.

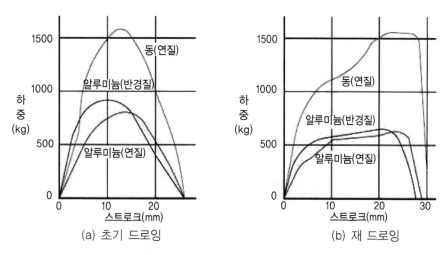

:: 그림 12-42 드로잉 압력의 계산

2) 펀치 하중(punch force)의 계산

$$p_{\max} = \pi d_1 t \sigma_u K_1$$

① **원통**(Cup drawing)

㉮ 초기 드로잉 : $p_{\max} = \pi d_1 t \sigma_u K_1$

㉯ 재드로잉 : $p_{\max} = \pi d_2 t \sigma_u K_2$

② **오벌형통**(Oval type, stretch forming)

㉮ 초기 드로잉 :

$$p_{\max} = 3(\sigma_u + \sigma_y)(D - d_d - r_d)t$$

㉯ 재드로잉 : $p_{\max} = \pi d_{f2} t \sigma_u K_2$

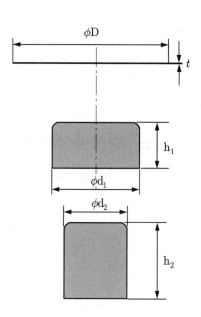

t : 판두께

d_d : 다이 내경

d_1 : 초기 드로잉 펀치 지름

d_2 : 재드로잉 펀치 지름

$K_1 K_2$: 보정 계수

d_{f1} : 오벌형 초기 드로잉 펀치 평균지름

d_{f2} : 오벌형 재드로잉 펀치 평균지름

:: 그림 12-43 드로잉 압력의 계산

$\sigma_u \sigma_y$: 재료의 항복강도와 인장 강도

D : 블랭크 지름

표 12-11　　초기 드로잉의 보정계수(K_1)

강판$(\sigma_u = 32 \sim 45\text{kg/mm}^2$ 경우$)$

t/D %	드로잉률(d_1/D)									
	0.45	0.85	0.50	0.52	0.55	0.60	0.65	0.70	0.75	0.80
5.0	0.95	0.85	0.75	0.65	0.60	0.50	0.42	0.35	0.28	0.20
2.0	1.10	1.00	0.90	0.80	0.75	0.60	0.50	0.42	0.35	0.25
1.2		1.10	1.00	0.90	0.80	0.68	0.56	0.47	0.37	0.30
0.8			1.10	1.00	0.90	0.75	0.60	0.50	0.40	0.33
0.5				1.10	1.00	0.82	0.67	0.55	0.45	0.36
0.2					1.10	0.90	0.75	0.60	0.50	0.40
0.1						1.10	0.90	0.75	0.60	0.50

주) $r_p = (4 \sim 6)t$ 일 때 위 값의 1.05배 계산

표 12-12　　초기 드로잉의 보정계수(K_2)

강판$(\sigma_u = 32 \sim 45\text{kg/mm}^2$ 경우$)$

t/D %	드로잉률(d_1/d_2)									
	0.7	0.72	0.75	0.78	0.80	0.82	0.85	0.88	0.90	0.92
5.0	0.85	0.70	0.60	0.50	0.42	0.32	0.28	0.20	0.15	0.12
2.0	1.10	0.90	0.75	0.60	0.52	0.42	0.32	0.25	0.20	0.14
1.2		1.10	0.90	0.75	0.62	0.52	0.42	0.30	0.25	0.16
0.8			1.00	0.82	0.70	0.57	0.46	0.35	0.27	0.18
0.5			1.10	0.90	0.76	0.63	0.50	0.40	0.30	0.20
0.2				1.00	0.85	0.70	0.56	0.44	0.33	0.23
0.1				1.10	1.00	0.82	0.68	0.55	0.40	0.30

주) r_p 가 작은 경우에는 위 표의 1.05배 계산

제3공정 재드로잉 이후에 대해서는 중간 풀림을 하지 않으면 위의 표 각 계열의 최고치 선택

② 직사각 용기의 Drawing압력의 계산(크레인의 일반 실용식)

$$P_{\max} = \sigma_u \times t \times (2\pi r_c C_1 + l' C_2)$$

t : 판두께

r_c : 용기 모서리부 반지름

σ_u : 인장강도

l' : 직변부 전체 길이

C_1 : 0.5-매우 얇은 것, 2.5-깊이가 5~6인 것

C_2 : 0.2-클리어런스가 충분하고 블랭크 홀더가 없을 때

　　0.3-블랭크 홀딩력이 $P_{\max}$/3정도일 때

　　1.0-매우 드로잉하기 곤란할 때

③ 플랜지 있는 원통, 플랜지 있는 원추형, 플랜지 있는 구형

표 12-13   강판의 보정계수(K_F)

강판($\sigma_u = 32 \sim 45 \mathrm{kg/mm^2}$ 경우)

d_1/d_2	드로잉률(d_2/D)										
	0.35	0.38	0.40	0.42	0.45	0.50	0.55	0.60	0.65	0.70	0.75
3.0	1.0	0.90	0.83	0.75	0.68	0.56	0.45	0.37	0.30	0.23	0.18
2.8	1.1	1.0	0.90	0.83	0.75	0.62	0.50	0.42	0.34	0.26	0.20
2.5		1.1	1.0	0.90	0.82	0.70	0.56	0.46	0.37	0.30	0.22
2.2			1.1	1.0	0.90	0.77	0.64	0.52	0.42	0.33	0.25
2.0				1.1	1.0	0.85	0.70	0.58	0.47	0.37	0.28
1.8					1.1	0.95	0.80	0.65	0.53	0.43	0.33
1.5						1.1	0.90	0.75	0.62	0.50	0.40
1.3							1.0	0.85	0.70	0.56	0.45

주) 플랜지 부에 블랭크 홀더를 사용한 경우 1.1~1.2배 계산

① 플랜지 있는 원통

㉮ 초기 드로잉 : $p_{\max} = \pi d_p t \sigma_B K_F$

② 플랜지 있는 원주형과 구형

㉮ 초기 드로잉 : $p_{\max} = \pi d_K t \sigma_B K_F$

d_d : 원통의 펀치 지름

D : 블랭크 지름

d_K : 원추의 최소지름 또는 구형의 지름

d_F : 플랜지 지름

t : 판두께

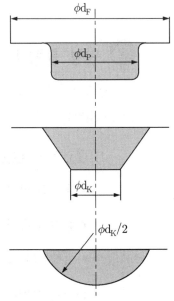

∵ 그림 12-44 드로잉 압력의 계산

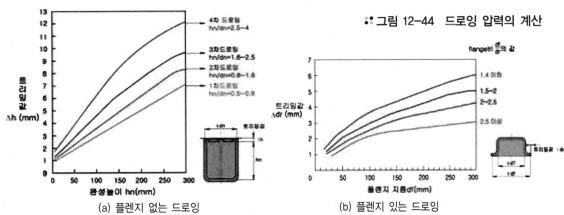

(a) 플렌지 없는 드로잉   (b) 플랜지 있는 드로잉

∵ 그림 12-45 원통컵 드로잉에서의 트리밍 여유

1회의 드로잉으로 완료되는 드로잉 제품에는 문제가 되지 않지만 재 드로잉을 필요로 하는
드로잉 제품은 펀치, 다이, 블랭크 홀더 등의 치수 결정과 드로잉에 필요한 일양을 알기 위해,
각 재 드로잉 공정에서 드로잉 높이가 얼마나 되는지를 구하지 않으면 안 된다. 이와 같이 여러
번의 재 드로잉에 필요한 공정 설계가 필요하다.

① 트리밍 여유의 결정

① 재료의 이방성, 작업의 비 균일성에 의해 성형품의 테두리가 균일하지 못해 테두리를
트리밍 할 필요가 있음
② 완제품 도면으로부터 그림 12-45를 이용하여 트리밍 여유를 선정한 다음 성형품 치수를
결정하고 이를 고려하여 블랭크 치수를 구해야 함

② 원형 블랭크 치수의 결정

블랭크 직경은 드로잉 전후의 블랭크 두께 및 표면적이 일정하다는 가정 하에 용기를 전개하고
그 표면적에서 직경을 구한다.

1) 플랜지가 없는 원통용기

- 용기의 바닥 표면적 $= \dfrac{\pi}{4}d^2\,(\mathrm{mm^2})$

- 용기의 측벽 표면적 $= \pi dh\,(\mathrm{mm^2})$

- 블랭크의 표면적 $= \dfrac{\pi}{4}D^2\,(\mathrm{mm^2})$ $\dfrac{\pi}{4}D^2 = \dfrac{\pi}{4}d^2 + \pi dh$

따라서 블랭크 직경은 $D = \sqrt{d^2 + 4dh}\,(\mathrm{mm})$

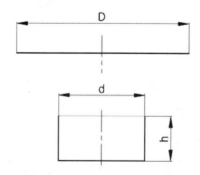

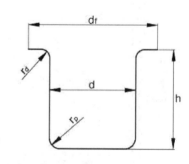

∷ 그림 12-46 플랜지가 없는 원통용기   **∷ 그림 12-47 플랜지가 있는 원통용기**

2) 플랜지가 있는 원통용기

- 용기의 바닥 표면적$=\frac{\pi}{4}d_1^2(\mathrm{mm}^2)$

- 용기의 플랜지 표면적$=\frac{\pi}{4}(d_2^2-d_1^2)(\mathrm{mm}^2)$

  따라서 블랭크 직경은 $D=\sqrt{d_2^2+4d_1h}\,(\mathrm{mm})$

3) 코너 R이 있는 원통 용기(그림 12-48)

- 용기 평면부 면적$=\frac{\pi}{4}d_f^2(\mathrm{mm}^2)$,

- 측벽 전체 면적$=\pi dh(\mathrm{mm}^2)$

- r_d부의 직선과 곡선 면적의 차이

  $\approx \pi d\cdot 2r_d-\pi d\cdot\frac{\pi}{2}r_d=0.43\pi r_d(\mathrm{mm}^2)$

- r_p부의 직선과 곡선 면적의 차이$\approx 0.43\pi r_p(\mathrm{mm}^2)$

  $\therefore$ 제품의 총 표면적$=\frac{\pi}{4}df^2=\pi d(h-0.43r_p-0.43r_d)(\mathrm{mm}^2)$

- 블랭크 표면적$=\frac{\pi}{4}D^2(\mathrm{mm}^2)$

  따라서 블랭크 직경 $D=\sqrt{d_f^2+4d(h-0.43r_p-0.43r_d)}\,(\mathrm{mm})$

  만약 플랜지가 없는 원통 용기 $d_f+d,\ r_d=0$일 경우엔(그림 12-46)블랭크 직경이 다음과 같이 간략화 된다.

  $$D=\sqrt{d^2+4d(h-0.43r_p)}$$

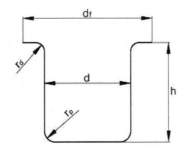

:: 그림 12-48 플랜지 있는 코너 R의 원통컵

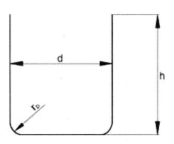

:: 그림 12-49 플랜지 없는 코너 R의 원통 컵

1) 플랜지가 없는 원통 컵 드로잉 공정 설계 예

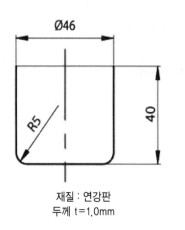

재질 : 연강판
두께 t=1.0mm

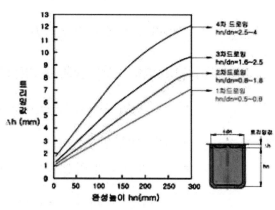

원통 드로잉에서의 Trimming allowance

❖ 그림 12-50 플랜지 없는 코너 R의 원통 컵

① 그림 12-46으로부터 트리밍여유 Δh를 구하면, $h/d = 0.87$일 때 $\Delta h \approx 2\text{mm}$이다. 따라서 드로잉 제품 높이를 42mm로 고려하여 공정 설계 한다.

② 그림 12-50의 블랭크 지름을 구하면,

$$D = \sqrt{d^2 + 4d(h - 0.43 r_p)}$$

$$D = \sqrt{46^2 + 4 \times 46(42 - 0.43 \times 5)} = 97.2\text{mm}$$

표 12-14 t/D를 고려한 드로잉률

드로잉률	상대판 두께($t/D \times 100\%$)					
m_n	2.0~1.5	1.5~1.0	1.0~0.6	0.6~0.3	0.3~0.15	0.15~0.08
m_1	0.48~0.50	0.50~0.53	0.53~0.55	0.55~0.58	0.58~0.60	0.60~0.63
m_2	0.73~0.75	0.75~0.76	0.76~0.78	0.78~0.79	0.79~0.80	0.80~0.82
m_3	0.76~0.78	0.78~0.79	0.79~0.80	0.80~0.81	0.81~0.82	0.82~0.84
m_4	0.78~0.80	0.80~0.81	0.81~0.82	0.82~0.83	0.83~0.85	0.85~0.86
m_5	0.80~0.82	0.82~0.84	0.84~0.85	0.85~0.86	0.86~0.87	0.87~0.88

③ t/D 비율 계산=$(1.0/97.2) \times 100 = 1.03\%$

④ 표 12-14로부터 t/D =1.03%일 때 드로잉 d율을 구하면,

  m_1 =0.53, m_2 = 0.76, m_3 =0.79, m_4 =0.81

⑤ 드로잉 공정수의 계산 첫 번째 드로잉에서의 드로잉 직경 : $d_1 = m_1$,

  D =0.53×97.2=51.5 두 번째 드로잉에서의 드로잉 직경 : $d_2 = m_2$,

$d_1 = 0.76 \times 51.5 = 39.1$ 따라서 제품 직경이 46mm 이므로, 2회 드로잉으로 성형이 완료된다. 39.1mm 까지 드로잉 직경을 감소시킬 수 있지만, 제품 직경이 46mm로 일부 가공여유가 있으므로 드로잉률을 적절히 재조정하는 것이 바람직하다.

⑥ 적정 드로잉률의 배분 및 공정별 펀치 직경 계산 $d_1 = 55$mm, $d_2 = 46$mm로 선정할 때, $m_1 = 0.57$, $m_2 = 0.84$로 위의 한계 드로잉률을 안전하게 만족시킴을 알 수 있다.

⑦ 펀치 및 다이의 곡률반경의 계산

$r_{p_2} = 5$mm, $r_{p_1} = 5/0.6 \approx 8.5$mm

다이의 곡률 반경도 큰 무리가 없는 한 펀치측과 동일한 치수로 설계한다.

즉, $r_{d_2} = 5$mm, $r_{d_1} = 8.5$mm

⑧ 각 공정별 제품 높이의 계산 블랭크 직경의 계산 공식을 사용하면,

$$h_1 = \frac{D^2 - d_1^2}{4d_1} + 0.43r_{p1} = \frac{97.2^2 - 55^2}{4 \times 55} + 0.43 \times 8.5 = 32.8 \text{mm}$$

h_2는 마지막 공정이므로 트리밍 직전의 제품 높이이다. 즉, $h_2 = 42$mm

⑨ 이상의 결과를 공정도로 나타내면 그림 12-51과 같다.

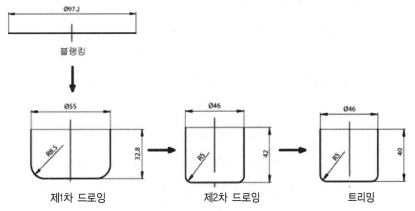

∴∴ 그림 12-51 플랜지 없는 원통컵 드로잉 공정 설계 사례

2) 플랜지가 있는 원통 컵 드로잉 공정 설계 예

① 그림 12-49로 부터 $\dfrac{d_f}{d} = 1.33$, $d_1 = 80$mm일 때, $\Delta d = 3.2$mm이다.

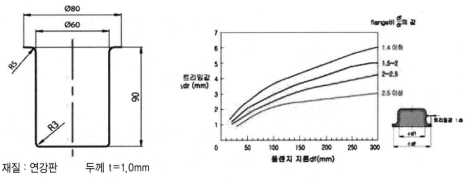

∴∴ 그림 12-52 플랜지 있는 원통컵 드로잉 공정 설계 사례

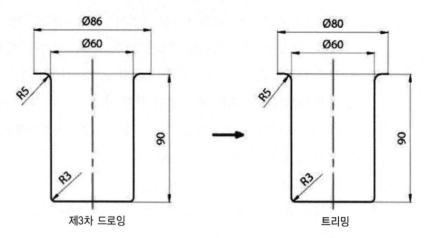

그림 12-53 플랜지 있는 원통컵 드로잉 공정 설계 사례

② **블랭크 직경(D)의 계산**(그림 12-30 참조)

$$D = \sqrt{d_f^2 + 4d(h - 0.43(r_p + r_d))}$$
$$= \sqrt{86.4^2 + 4 \times 60 \times (90 - 0.43(5+3))} = 168\,\text{mm}$$

③ **드로잉 공정 수 계산**

t/D＝0.6%일 때 m_1＝0.55, m_2＝0.78, m_3＝0.80, m_4＝0.82, m_5＝0.85, 따라서 각 공정에서의 드로잉 공정은 1차 드로잉 직경 d_1＝0.55×168=92.4 2차 드로잉 직경 d_2＝0.78×92.4=72.1 3차 드로잉 직경 d_3＝0.80×72.1=57.7 제품 직경 60mm 보다 작으므로 3공정으로 성형할 수 있다.

④ **공정별 펀치 직경의 결정** d_1＝94mm, d_2＝74mm, d_3＝60mm으로 선정할 때, 드로잉률 조건을 만족시키며, 이와 같이 공정 간의 밸런싱 작업을 거쳐 직경을 결정한다.

⑤ **공정별 펀치 곡률반경(r_p), 다이 곡률반경(r_d)의 결정**(그림 12-24 참조)

$$r_{p_3} = 3$$

$$r_{p_2} = \frac{d_2 - d_3}{2} + r_{p_3} = \frac{74 - 60}{2} + 3 = 10$$

$$r_{p_1} = \frac{d_1 - d_2}{2} + r_{p_2} = \frac{94 - 74}{2} + \frac{10}{4} = 12.5$$

다이 곡률반경(r_d)은 펀치 측과 동일하게 선택해도 드로잉 작업에는 큰 무리가 없다.

$$\therefore\ r_{d_3}=5,\ r_{d_2}=10,\ r_{d_1}=12.5$$

⑥ **공정도 설계**

플랜지 직경이 86mm이고, 1차 드로잉 직경이 94mm, 2차 드로잉 직경이 74mm이므로, 1차 드로잉에서는 플랜지가 없는 원통 컵 드로잉을 실시하고, 2차 드로잉 할 때, 외경을 86mm가 되도록 플랜지를 설치하는 것이 필요하다.

따라서 공정별 제품 높이는

$$h_1 = \frac{D_2 - d_1^2}{4d_1} + 0.43r_{p_1} = \frac{168^2 - 94^2}{4 \times 94} + 0.43 \times 12.5 = 57mm$$

블랭크 직경 계산식 주의(그림 12-47 참조)

$$h_2 = \frac{D_2 - d_f^2}{4d_2} + 0.43(r_{p2} + r_{d2}) = \frac{168^2 - 86^2}{4 \times 74} + 0.43 \times (10 + 10) = 79mm$$

블랭크 직경계산식 주의(그림 12-47 참조)

⑦ 이상의 결과를 공정도로 나타내면 그림 12-54와 같다.

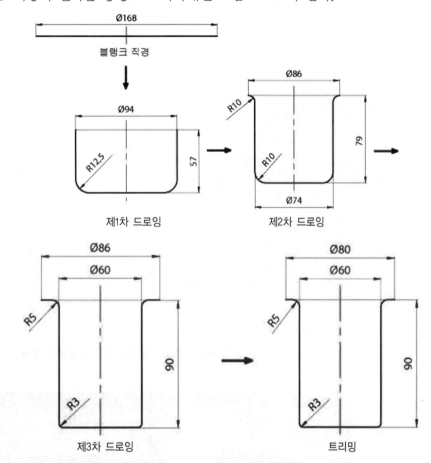

∴ 그림 12-54 플랜지 있는 원통컵 드로잉 공정 설계 사례

∴ 그림 12-55 원통컵 드로잉 공정 서례 사례

사각 드로잉이란 정사각형, 직사각형 또는 직육면체 등의 용기를 말하며 원형 드로잉에 비하여 금형의 설계, 제작 및 블랭크 형상 결정 등이 어렵다. 왜냐하면 그림 12-56(a)에서와 같이 각형 드로잉에서는 직선부는 단순한 굽힘을 받는 부분이지만, 곡선부는 원통형 용기의 드로잉과 같은 굽힘과 원주방향으로 압축응력이 동시에 발생한다. 곡선부와 직선부의 경계역에서 재료의 유입속도가 다르기 때문에 드로잉 가공 조건이 적절치 못하면 그림 12-56(b)와 같이 용기의 곡선부에서 결함이 발생한다.

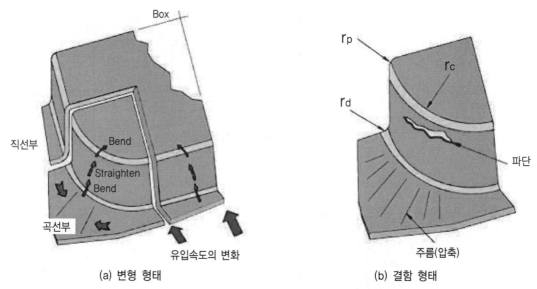

(a) 변형 형태　　　　　　　(b) 결함 형태

:: 그림 12-56 사각 드로잉의 특성과 결함

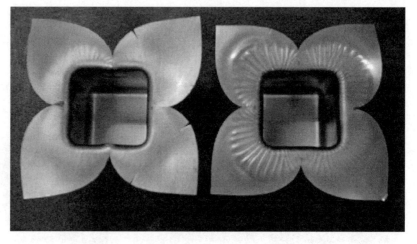

:: 그림 12-57 사각드로잉 제품

① 변형 특성

사각 드로잉의 변형은 크게 직선부에서 굽힘 변형과 곡선부에서의 압축변형을 고려할 수 있다. 그림 12-58에서와 같이 곡선부에서는 원통컵 드로잉에서와 같이 플랜지에서의 압축력에 의해 주름이 발생할 수 있다. 또 직선부에서는 곡선부와의 연결된 소재의 유입 속도가 그림에서처럼 직선 중앙부가 제일 빠르고, 곡선부로 갈수록 느리게 되는 속도차이가 발생하고 이로 인해 주름이 발생할 수 있다.

특히 직선부에서 속도가 빠르게 되면 그림 12-58(b)에서처럼 측벽에 여분의 재료가 많아 휘어지는 캐닝(canning) 현상이 발생되기 때문에, 이를 방지하기 위해 그림 12-59(a)에서처럼 직선부에 비드(bead)를 설치하여 곡선부의 유입저항과 비슷하게 조절해주면 양호한 제품을 드로잉 할 수 있다.

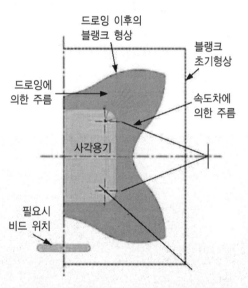

∷ 그림 12-58 사각용기의 플랜지 변형 특성

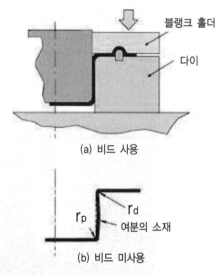

∷ 그림 12-59 비드 사용에 따른 측벽 변화

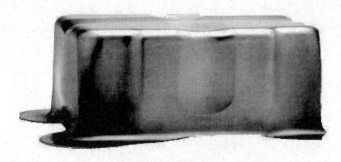

∷ 그림 12-60 사각드로잉 제품

② 틈새(Clearance)

① 곡선부에서 두께가 두꺼워지기 때문에 직선부, 곡선부의 틈새를 그림 12-61에서 다르게 취하는 것이 원칙임

② 그러나 보통 표 12-11에서와 같이 드로잉 방법에 따라 틈새를 직선부, 곡선부를 동일하게 처리하고 있음

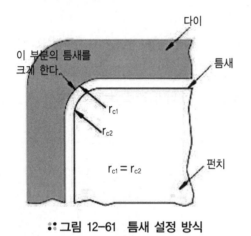

:• 그림 12-61 틈새 설정 방식

표 12-15	각통용기의 틈새
가공방식	틈새
초기 드로잉	(1.05~1.35)t
재드로잉	(1.1~1.4)t
리스트라이킹	(0.9~1.1)t
아이오닝	(0.8~0.9)t

:• 그림 12-62 드로잉 공정

③ 펀치 코너 반경(r_p), 다이 코너 반경(r_d)

① 다이 곡률 반경은 직선부, 곡선부를 다르게 하는데 일반적으로 곡선부에서의 저항이 크기 때문에 곡선부의 r_d를 더 크게 설계함

r_d 설계 기준 : 직선부 4t, 곡선부(8~12)t

② 펀치 곡률 반경은 원통 드로잉에서와 같이 결정함

㉮ r_p 설계 기준 : (4~12)t

㉯ 펀치 코너 반경(r_c)에 따른 펀치 곡률 반경(r_p) 설계 기준(표 12-16 참조)

표 12-16	사각용기의 펀치 곡률 반경
성 형 깊 이(h)	**r_p**
2 r_c	(7~8)t
(3~4) r_c	(10~15)t
6 r_c	20t

④ 블랭크 치수 설계

1) 1회 드로잉 제품을 위한 블랭크 설계

① **곡선부** : 원형컵 드로잉으로 고려하여 블랭크 반경(r_c)계산

② **직선부** : 굽힘으로 고려하여 전개 길이 계산

㉮ 사각 제품 치수

L_1, L_2 : 제품의 단변, 장변의 길이

W_1, W_2 : 제품 밑면의 평면부의 단변, 장변의 길이

r_c : 제품 코너 반경

r_p : 펀치 곡률 반경

h_1 : 제품 측벽의 직선부 높이

h_2 : 제품 측벽 높이

㉯ 블랭크 치수

L_1, L_2 : 블랭크의 단변, 장변의 길이

R_c : 블랭크의 코너 반경

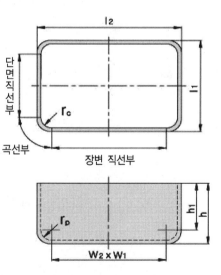

∷ 그림 12-63 사각 제품의 치수

ⓐ 단변부 블랭크 길이(굽힘 전개 길이 계산)

$$L_1 = W_1 + 2h_1 + \pi r_p$$

$$W_1 = l_1 - 2(r_p + t)$$

$$h_1 = h - (r_p + t)$$

ⓑ 장변부 블랭크 길이

$$L_2 = W_2 + 2h_1 + \pi r_p$$

$$W_2 = l_2 - 2(r_p + t)$$

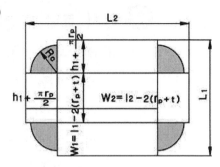

:: 그림 12-44 블랭크 치수

ⓒ 곡선부 블랭크 반경 (표면적의 일정 조건을 이용)

$$R_c = \sqrt{r_c^2 + 2r_c h_1 + 1.14 r_c r_p} \approx \sqrt{r_c^2 + 2r_c h - 0.86 r_c r_p - 0.14 r_p^2}$$

㉯ Rc 값에 따른 blank corner 부위의 설계 및 형상

ⓐ $R_c = 0.54\left(h_1 + \dfrac{\pi}{2} r_p\right)$ 일 때

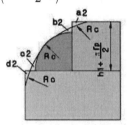

면적, a2=b2=o2=d2

:: 그림 12-65 블랭크 코너부의 설계 및 형상

ⓑ $R_c > 0.54\left(h_1 + \dfrac{\pi}{2} r_p\right)$ 일 때

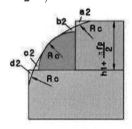
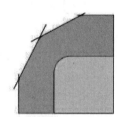

면적, a2=b2=o2=d2

:: 그림 12-66 블랭크 코너부의 설계 및 형상

ⓒ $R_c < 0.54\left(h_1 + \dfrac{\pi}{2} r_p\right)$ 일 때

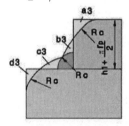
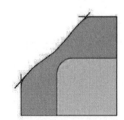

면적, a3=b3=c3=d3

:: 그림 12-67 블랭크 코너부의 설계 및 형상

⑤ 직사각용기의 드로잉 하중 계산

1) 크레인의 일반 실용식

$$P_{\max} = \sigma_b \cdot t \cdot (2\pi r_c C_1 + l' C_2)$$

t : 판 두께

r_c : 용기 모서리부 반지름

σ_b : 인장강도

l' : 직변부 전체 길이

C_1 : 0.5 매우 얕은 것

2.5 깊이가(5~6) r_c 인 것

C_2 : 0.2 틈새가 충분하고 블랭크 홀더가 없을 때

0.3 블랭크 홀딩력이 $P_{\max}/3$ 정도일 때

1.0 매우 드로잉하기 곤란할 때

2) 얕은 직사각 용기

$$P_{\max} = (2l_1 + 2l_2 - 1,\ 72r_c) \cdot t \cdot \sigma_b \cdot K_n$$

l_1 : 단변 길이

l_2 : 장변 길이

r_c : 사각 단면의 코너 반경

σ_b : 재료 인장 강도

H : 제품 높이.

보정계수(K_n) ($\sigma_b = 32 \sim 45 \mathrm{kg/mm^2}$)

표 12-17   보정 계수 값

상대 성형 깊이 H/ʎ				K_n				
t/D (%)				$r_c/\ l_1$				
21.~5	1.5~1.0	1.0~0.6	0.6~0.3	0.3	0.2	0.15	0.10	0.05
1.0	0.95	0.90	0.85	0.7	–	–	–	–
0.90	0.80	0.75	0.70	0.6	0.7	–	–	–
0.75	0.70	0.65	0.60	0.5	0.6	0.7	–	–
0.60	0.55	0.50	0.45	0.4	0.5	0.6	0.7	–
0.40	0.35	0.30	0.25	0.3	0.4	0.5	0.6	0.7

⑥ 드로잉 공정 수 설계 자료

사각 드로잉의 공정 설계는 원통 컵과는 달리 발표된 공정 설계 자료가 아주미흡한 상태이고, 지금까지 발표된 자료를 취합하면 다음의 6가지 경우로 요약될 수 있다.

1) C 0.1% 탄소강에서의 1회 성형 가능한 깊이(h/r_c)

r_c/l_1	정사각형			직사각형		
	t/D (or L_1) × 100(%)					
	0.1~0.3	0.3~1	1~2	0.1~0.3	0.3~1	1~2
0.4	2.2	2.5	2.8	2.5	2.8	3.1
0.3	2.8	3.2	3.5	3.2	3.5	3.8
0.2	3.5	3.8	4.2	3.8	4.2	4.6
0.1	4.5	5.0	5.5	4.5	5.0	5.5
0.05	5.0	5.0	6.0	5.0	5.5	6.0

2) 재질에 따른 공정수와 제품 코너 반경(r_c)과의 관계

($h = krc$, 여기서 k는 아래표의 보정계수)

재질 공정 수	STS 304	STS 430	디프 드로잉 강판	연질 알루미늄
1공정	~6, max 7	~3		
2공정	6~12	3~6	5~6	5~6
3공정	12~17	6~9		
4공정	17~24	9~12		

3) 가공 난이도(K)에 따른 공정 수 결정

$$K = \frac{h^2}{r_c\, l_1}$$ 여기서, K≤5 일 때 : 1회 작업 가능

4) r_c와 h의 대략적 관계

표12-19   보정 계수

r_c	h/r_c
~5	8
5~10	7
10~13	6
13~19	5
19~	4

5) 연강판의 사각 드로잉에서의 성형계수 및 성형 깊이

표12-19   사각 드로잉에서의 성형계수($f_m = \sqrt{r_c/2h}$)

r_c/l_1	t/L_1 × 100(%)			
	2.0	1.0	0.6	0.3
0.4	0.4	0.42	0.44	0.48
0.3	0.36	0.38	0.40	0.42
0.2	0.33	0.34	0.36	0.38
0.1	0.25	0.25	0.25	0.25
0.05	0.15	0.15	0.15	0.15

계산된 f 값 〉 표의 f_m 값이면, 성형 가능 판단

r_c/l_1	$t/L_1 \times 100(\%)$			
	2.0~1.5	1.5~1.0	1.0~0.6	0.6~0.3
0.3	1.00	0.95	0.90	0.85
0.2	0.90	0.82	0.76	0.70
0.15	0.75	0.70	0.65	0.60
0.10	0.60	0.55	0.50	0.45
0.05	0.40	0.35	0.30	0.25

표12-20 1공정으로 성형할 수 있는 연강판 소재의 깊이(h_1/L_1)

6) ASTME의 기술 자료(1회 작업 가능한 높이)

$$\left(\frac{h}{l_1}\right)_{\max} = C\sqrt{\frac{l_2}{l_1}}$$

여기서 : C=0.8, (연강, 구리, 황동) C=0.7~0.75(알루미늄)

일반적으로 성형 가능한 최대 드로잉 높이 $h_{\max} = (1 \sim 1.4)l_1$

⑦ 드로잉 공정 설계 사례

그림 12-68과 같은 정사각형 상자를 성형할 수 있는 드로잉 금형을 설계하시오.

코너 반경(r_c)=12mm, 폭(L)=60mm, 높이(h)=40mm,

바닥곡률반경(r_p)=5mm, 두께(t)=1.0mm, 재질=연강판

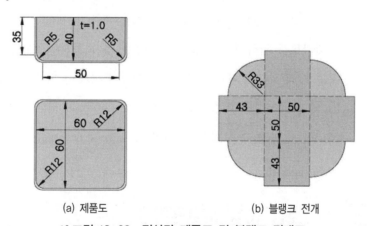

(a) 제품도   (b) 블랭크 전개

그림 12-68 정사각 제품도 및 블랭크 전개도

각형 드로잉형의 설계순서는 원형의 경우와 차이가 없으며 다음과 같은 순서로 한다.

1) 블랭크 치수 및 형상을 결정한다

바닥 평면 부분의 폭은 $W_1 - 2r_p = 60 - (2 \times 5) = 50$mm, 바닥곡률 반경 $r_p = 5$mm를 포함

한 측벽 높이의 계산 : $h + \dfrac{\pi r_p}{2} = 35 + \dfrac{3.14 \times 5}{2} = 43$mm

부채꼴 부분은 $r_c=12\text{mm}$, $h=35\text{mm}$, $r_p=5\text{mm}$를 다음 공식에 대입한다.

$$R = \sqrt{2r_c h + r_c^2 + 1.41 r_c \cdot r_p} = \sqrt{2\times12\times35 + 12^2 + 1.41\times12\times5} \approx 33\,\text{mm}$$

이것으로 기본 전개도가 그림 12-69에서처럼 완성 되었으므로 코너부분을 부드럽게 연결하여 수정하는데, 제품이 정사각 단면일 경우엔 최적의 블랭크 형상은 일반적으로 원형이기 때문에 이를 그림 12-49와 같이 근사화 시키면 $D=136.5\text{mm}$가 된다.

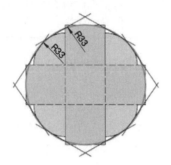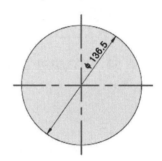

∷ 그림 12-69   블랭크 크기 결정

2) 공정수를 결정한다

각형 드로잉에서 가장 중요한 것으로 먼저 4곳의 코너반경 r_c와 드로잉 높이 h의 관계를 구한다. 7.4.6의 판별법 (4)을 활용하면 $\dfrac{h_d}{r_c} = \dfrac{40}{12} \approx 3.3 < 6$이므로 : 1회 공정 가능함 즉, 높이가 r_c의 3.3배이므로 1공정으로 가능하나 측벽 직선부분이 36mm로 r_c에 비하여 상당히 작기 때문에 단정할 수는 없다.

재검토를 위하여 7.4.6의 판별법 (1)을 적용하면 $r_c/L_1=12/60=0.2$ 또한 두께 t와 직경 D의 상대적 관계 $t/D\times100$의 값은 $t/D\times100 = 1\,/\,136\,\times\,100 = 0.735 \approx 0.74\%$ 이 경우 표로부터 h/r_c 값은 3.8이 된다. 즉, 깊이 h는 r_c의 3.8배까지 1공정으로 할 수 있음을 의미하기 때문에 3.3배는 안전하다. 따라서 이 가공은 1공정으로 결정된다.

---

07   드로잉 공정 시뮬레이션

드로잉 공정은 다른 프레스 공정과는 달리 제품이 복잡해지면 2회 이상의 드로잉을 필요로 하게 되고, 이때 공정설계를 잘못하게 되면 성형품에 주름, 파단 등의 결함이 발생하기 쉽다. 따라서 최적의 공정설계를 위해선 금형설계를 하기 전에 먼저 컴퓨터에 의한 CAE 해석을 통해 결함 발생 가능성, 제품의 성형 품질 등을 체크하는 것이 중요하다. 최근 들어 대기업을 중심으로 상용 소프트웨어 활용도가 점점 높아지고 있어 이에 대한 사용 예로 프레스 성형 해석 프로그램인

Z-stamp에 의한 결과를 간단히 기술하고자 한다.

> **예제** 두께 0.5mm의 연강판 블랭크 직경 100mm의 소재를 가지고 직경 65mm의 펀치로
> 드로잉 할 때의 변형 분포, 하중, 두께 분포 등을 조사한다.

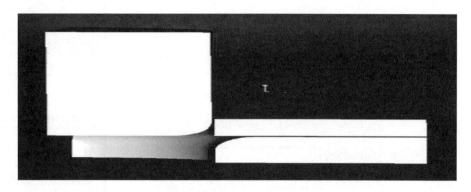

:• 그림 12-70 Modeling 예

[순서 1] 드로잉 작업을 위한 금형과 소재를 모델링한다.

  ① 3D 모델러는 Pro/Engineer를 사용한다.

  ② 모델링시 좌표축의 위치를 일정하게 한다.

  ③ 다이와 블랭크 홀더 사이는 재료 두께 만큼 떨어지게 한다.

  ④ 좌표축은 블랭크의 중심에 오도록 한다.

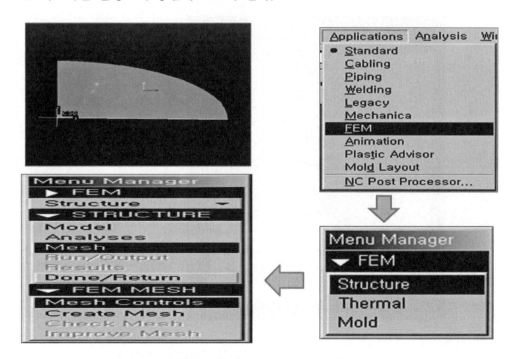

:• 그림 12-71 Mesh generation 예

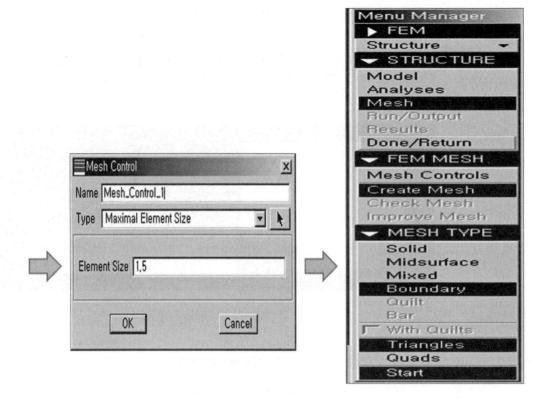

∷그림 12-72 Mesh generation 예

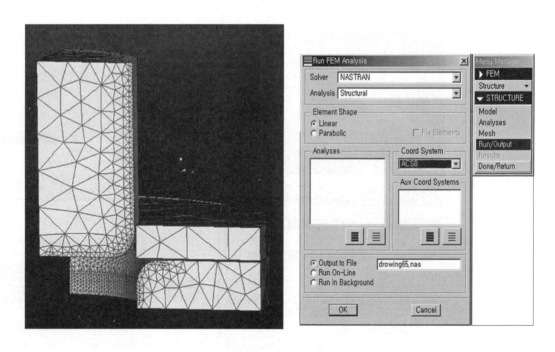

∷그림 12-73 Mesh generation 예

[순서 2] 금형 부품과 블랭크의 메시 생성

① 메시(mesh) 생성은 Pro/Mesh를 이용하여 생성한다.

② 금형에는 삼절점 삼각형 요소로 생성한다.

③ 각 블랭크에는 사절점 사각형 요소로 생성한다.

④ 블랭크의 메쉬 크기는 다이나 펀치, 블랭크 홀더보다 작게 한다.

⑤ 다이, 펀치, 블랭크 홀더는 블랭크와 닿는 부분에 메쉬를 생성하며, 라운드 부분은 좀더 조밀하게 메쉬를 생성한다.

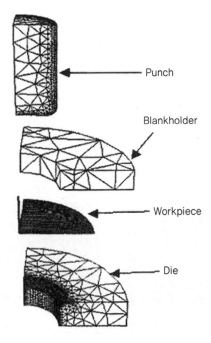

∷그림 12-74 Mesh 생성 예

[순서 3] 해석에 필요한 자료의 입력

항 목	데 이 터
스트로크(mm)	40
블랭크 홀딩력(K_N)	8
종탄성계수 E(N/m²)	21.00×1010
포아송비 (Poisson's Ratio)	0.30
밀도(g/cm²)	7.83
랭크포드상수, rm	1.71
소성계수, K(N/m²)	547.42×107
가공경화지수, *n*	0.27
두께(mm)	0.50

• Mater type의 data는 위와 같이 입력한다.

• Curve type는 위와 같이 Power Law에서의 *K*값, 값 *n*을 기입하는 방식과 table에서의 Curve tale을 이용한 방식 두 가지가 있다.

[순서 4] 해석 결과의 출력

1) 하중시간 선도

① 성형 시간 경과에 따른 드로잉
   하중 변화를 나타낸다.

② 하중(N), 시간(×103 sec)의 그
   래프이며 성형 하중은 위 값의
   4배이다.

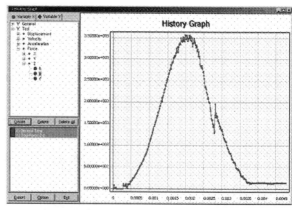

:• 그림 12-75 하중 시간 선도

2) strocke에 따른 변형 패턴 및 두께 분포

① 드로잉 진행시 각 단계별 두께 변화를 알아 볼 수 있다.

② 이외에도 성형품의 응력, 변형률, 유효 변형률 분포 등을 자세히 조사할 수 있다.

:• 그림 12-76 변형 패턴과 두께 변화

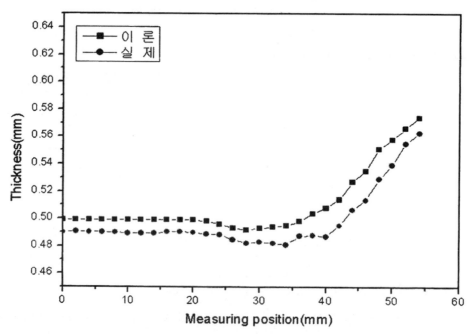

:• 그림 12-77 SPCC ∅ 100 → ∅ 50로 초기 드로잉 시 이론 및 실제 두께 분포의 비교

① 블랭크 홀더 없는 단순 드로잉 금형

① 금형 구조는 전체적으로 전단금형구조와 유사하고, 단지 차이는 틈새, r_p, r_d, 펀치 길이 등의 설계차이 이다.

② t/D 100이 2.5% 이상일 경우엔 주름 발생 가능성이 없기 때문에 블랭크홀더 설치가 필요 없다.

③ 작업 종료 후 제품 밑면의 진공 현상에 의한 평면도 불량 예방을 위해 펀치 에 공기구멍을 설치한다.

④ 제품 치수가 작고, 성형품 정밀도가 중요하지 않을 경우엔 관통형 다이를 사용할 수 있다.

⑤ 원형 블랭크를 다이 중심에 세팅할 수 있도록 위치 결정판을 설치한다.

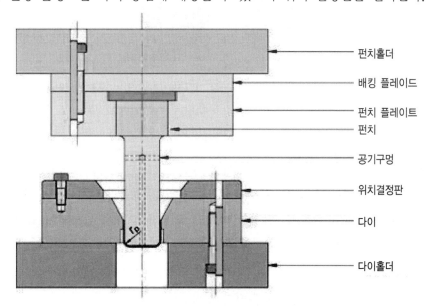

펀치홀더
배킹 플레이드
펀치 플레이트
펀치
공기구멍
위치결정판
다이
다이홀더

:: 그림 12-78   블랭크 홀더 없는 단순 드로잉 금형

② 블랭크 홀더 있는 드로잉 금형

① 주름 발생 우려가 있는 경우엔 블랭크 홀더를 반드시 설치한다.

② 블랭크 홀더에 압력을 부가하는 방식은 스프링에 의한 방식 또는 프레스 하부에 설치되어 있는 다이 쿠션에 의한 유압 부가 방식의 2가지가 있다.

③ 다이 쿠션을 이용한 경우엔 반드시 펀치가 하형에 설치되어야 한다. 스프링을 사용하는 경우엔 성형 깊이가 아주 깊지 않은 경우에만 사용한다.

④ 블랭크 홀딩력 조절 볼트는 성형 후반부에 블랭크 홀딩력 전달을 차단시키는데 사용될
수 있다.(성형후반부엔 다이면의 플랜지 소재가 적은 상태에서 블랭크 홀딩력이 과다할
때 파단 될 수 있는 것을 예방)

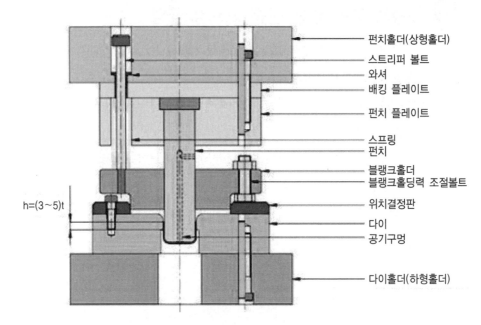

:• 그림 12-79 블랭크 홀더 있는 드로잉 금형

③ 재 드로잉 금형

① 일반 재 드로잉 방식에 의한 디프 드로잉 금형으로 다이쿠션을 이용하여 블랭크 홀딩력을
제공하기 때문에, 펀치와 블랭크 홀더가 하형에 설치되어 있다.
② 성형품은 프레스 녹아웃 장치에 의한 힘을 받아 녹아웃 플레이트에의 해이젝팅 된다.
③ 일반 재 드로잉용의 블랭크 홀더 형상은 1차 드로잉의 블랭크 홀더와 다르게 가는 링
형상을 하고 있어 파손되기 쉽다.

:• 그림 12-80 드로잉제품

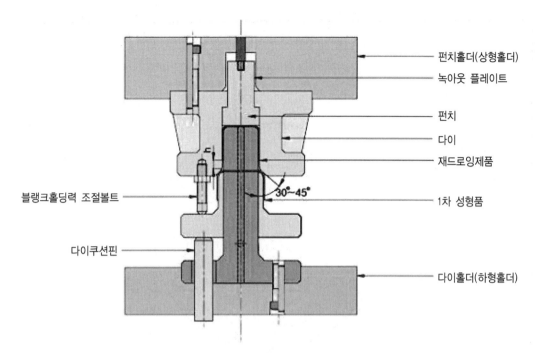

:• 그림 12-81 일반 재드로잉 금형

펀치홀더(상형홀더)
녹아웃 플레이트
펀치
다이
재드로잉제품
블랭크홀딩력 조절볼트
30°~45°
1차 성형품
다이쿠션핀
다이홀더(하형홀더)

④ 드로잉 금형설계 예제

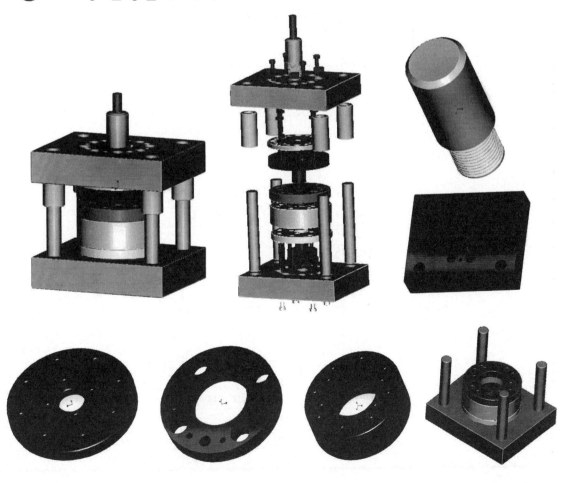

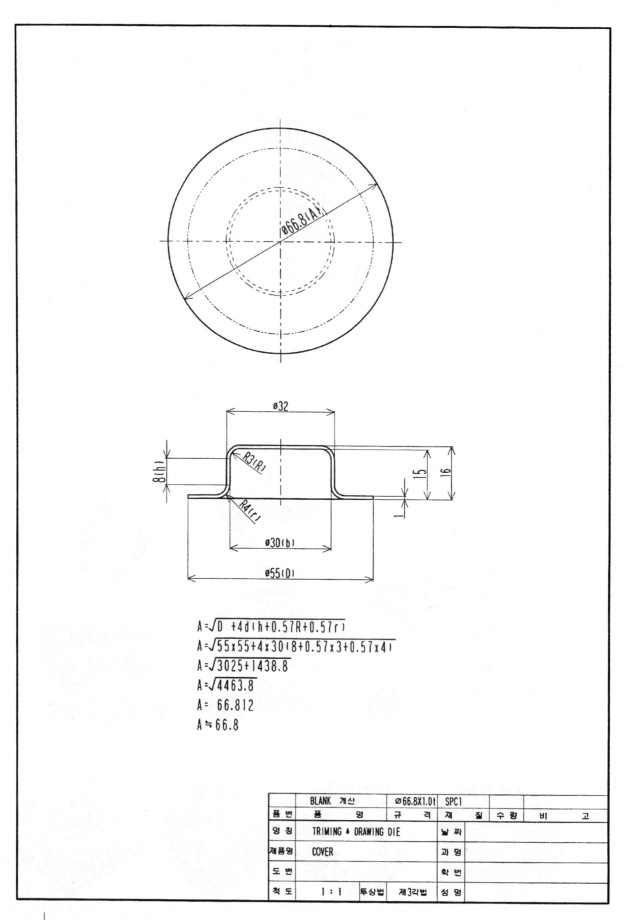

$$A = \sqrt{D^2 + 4d(h + 0.57R + 0.57r)}$$
$$A = \sqrt{55 \times 55 + 4 \times 30(8 + 0.57 \times 3 + 0.57 \times 4)}$$
$$A = \sqrt{3025 + 1438.8}$$
$$A = \sqrt{4463.8}$$
$$A = 66.812$$
$$A \fallingdotseq 66.8$$

품번	BLANK 계산		∅66.8X1.0t	SPC1				
	품 명		규 격	재 질	수 량	비 고		
명 칭	TRIMING & DRAWING DIE			날 짜				
제품명	COVER			과 명				
도 번				학 번				
척 도	1 : 1	투상법	제3각법	성 명				

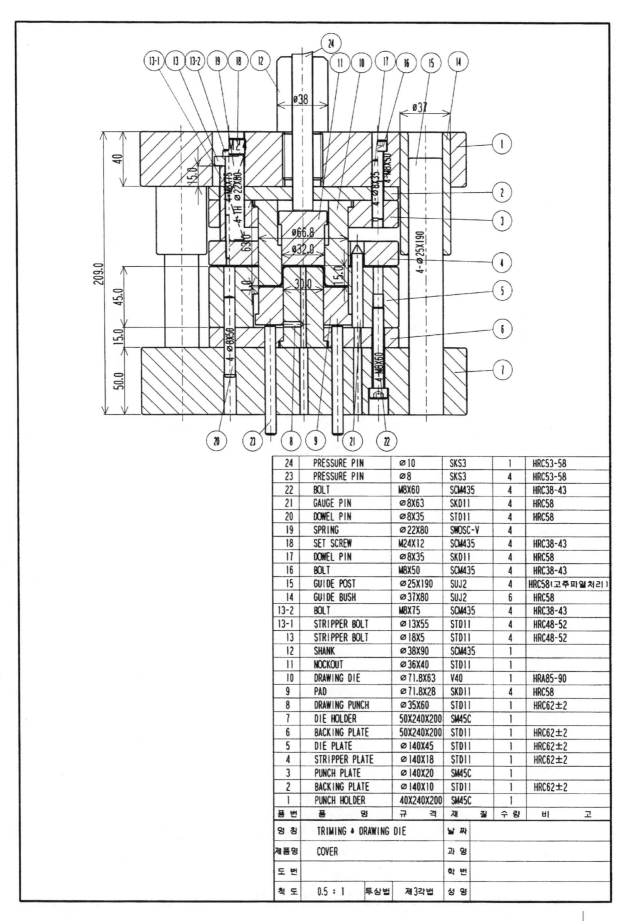

24	PRESSURE PIN	⌀10	SKS3	1	HRC53-58
23	PRESSURE PIN	⌀8	SKS3	4	HRC53-58
22	BOLT	M8X60	SCM435	4	HRC38-43
21	GAUGE PIN	⌀8X63	SKD11	4	HRC58
20	DOWEL PIN	⌀8X35	STD11	4	HRC58
19	SPRING	⌀22X80	SWOSC-V	4	
18	SET SCREW	M24X12	SCM435	4	HRC38-43
17	DOWEL PIN	⌀8X35	SKD11	4	HRC58
16	BOLT	M8X50	SCM435	4	HRC38-43
15	GUIDE POST	⌀25X190	SUJ2	4	HRC58(고주파열처리)
14	GUIDE BUSH	⌀37X80	SUJ2	6	HRC58
13-2	BOLT	M8X75	SCM435	4	HRC38-43
13-1	STRIPPER BOLT	⌀13X55	STD11	4	HRC48-52
13	STRIPPER BOLT	⌀18X5	STD11	4	HRC48-52
12	SHANK	⌀38X90	SCM435	1	
11	NOCKOUT	⌀36X40	STD11	1	
10	DRAWING DIE	⌀71.8X63	V40	1	HRA85-90
9	PAD	⌀71.8X28	SKD11	4	HRC58
8	DRAWING PUNCH	⌀35X60	STD11	1	HRC62±2
7	DIE HOLDER	50X240X200	SM45C	1	
6	BACKING PLATE	50X240X200	STD11	1	HRC62±2
5	DIE PLATE	⌀140X45	STD11	1	HRC62±2
4	STRIPPER PLATE	⌀140X18	STD11	1	HRC62±2
3	PUNCH PLATE	⌀140X20	SM45C	1	
2	BACKING PLATE	⌀140X10	STD11	1	HRC62±2
1	PUNCH HOLDER	40X240X200	SM45C	1	
품 번	품 명	규 격	재 질	수 량	비 고

명 칭	TRIMING & DRAWING DIE	날 짜	
제품명	COVER	과 명	
도 번		학 번	
척 도	0.5 : 1	투상법	제3각법	성 명	

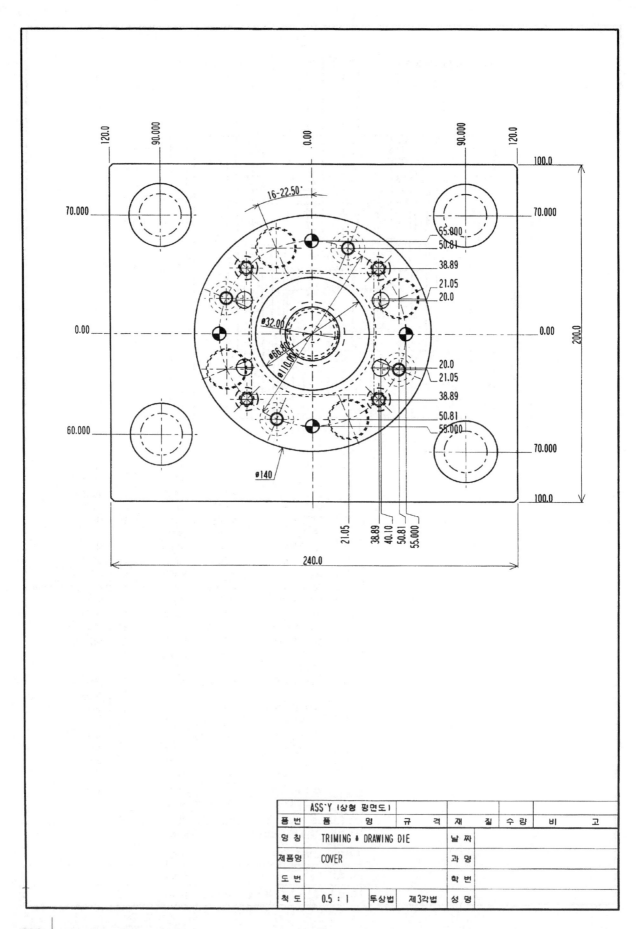

	ASS'Y (상형 평면도)							
품 번	품 명		규 격	재 질		수 량	비	고
명 칭	TRIMING & DRAWING DIE			날 짜				
제품명	COVER			과 명				
도 번				학 번				
척 도	0.5 : 1	투상법	제3각법	성 명				

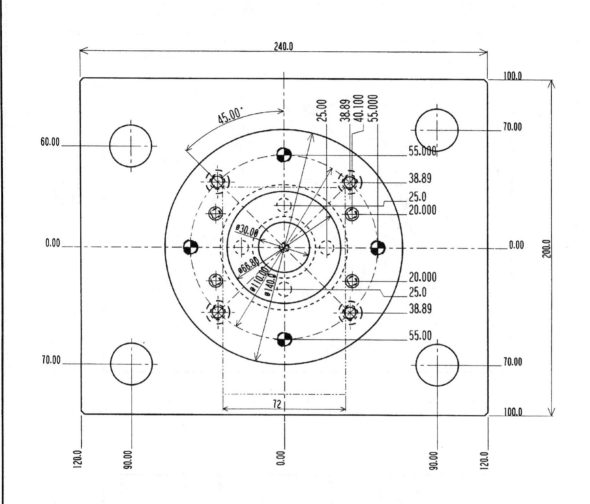

1. 재료규격 : SPC1 1.0tX72wX69ρ
2. CLEARANCE : 편측 0.05t mm (1.0x0.05=0.05mm)
3. CLEARANCE는 상형에 적용할 것.

품 번	ASS`Y (하형 평면도)						
품 번	품 명	규 격	재	질	수 량	비	고
명 칭	TRIMING & DRAWING DIE			날 짜			
제품명	COVER			과 명			
도 번				학 번			
척 도	0.5 : 1	투상법	제3각법	성 명			

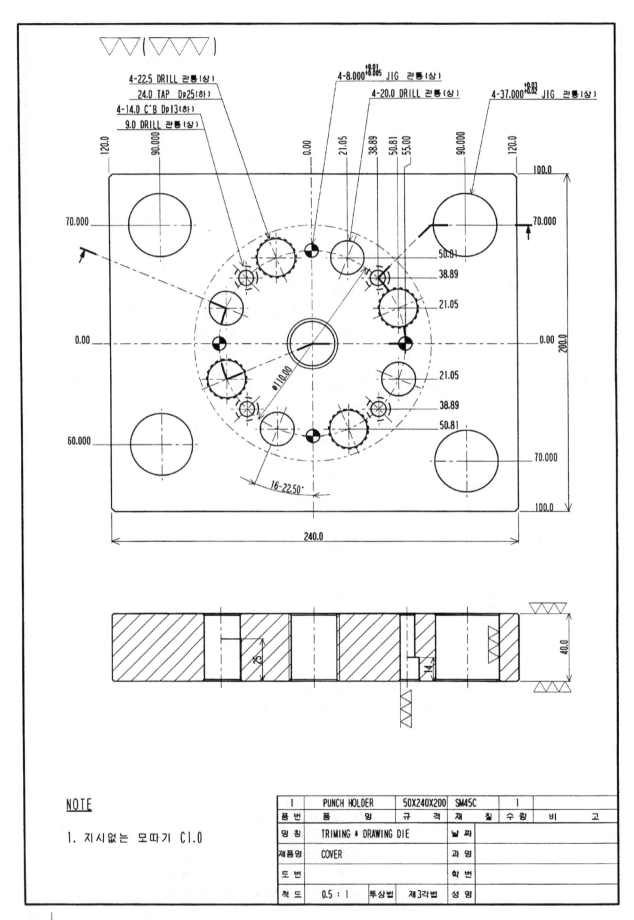

4-22.5 DRILL 관통(상)
24.0 TAP Dp25(하)
4-14.0 C´B Dp13(하)
9.0 DRILL 관통(상)

4-8.000$^{+0.01}_{+0.005}$ JIG 관통(상)
4-20.0 DRILL 관통(상)

4-37.000$^{+0.03}_{+0.02}$ JIG 관통(상)

120.0
90.000
0.00
21.05
38.89
50.81
55.00
90.000
120.0

100.0

70.000   70.000

50.81
38.89
21.05

0.00   0.00   200.0

Ø110.00   21.05
38.89
50.81

60.000   70.000

16-22.50°   100.0

240.0

25
14

40.0

NOTE

1. 지시없는 모따기 C1.0

I	PUNCH HOLDER	50X240X200	SM45C	1	
품 번	품 명	규 격	재 질	수 량	비 고
명 칭	TRIMING & DRAWING DIE		날 짜		
제품명	COVER		과 명		
도 번			학 번		
척 도	0.5 : 1	투상법	제3각법	성 명	

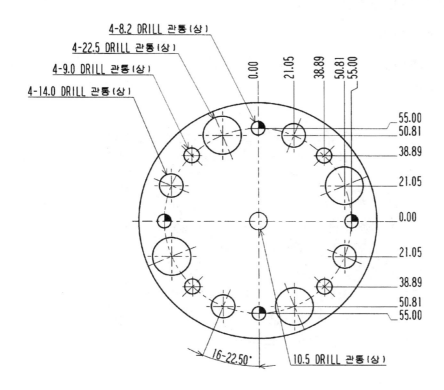

4-8.2 DRILL 관통(상)
4-22.5 DRILL 관통(상)
4-9.0 DRILL 관통(상)
4-14.0 DRILL 관통(상)

0.00
21.05
38.89
50.81
55.00

55.00
50.81
38.89
21.05
0.00
21.05
38.89
50.81
55.00

16-22.50°   10.5 DRILL 관통(상)

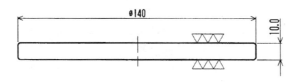

ø140

10.0

NOTE

1. 일반 모따기 C1.0

2	BACKING PLATE	ø140X10	STD11		1	HRC62±2
품 번	품 명	규 격	재 질		수 량	비 고
명 칭	TRIMING ♦ DRAWING DIE			날 짜		
제품명	COVER			과 명		
도 번				학 번		
척 도	0.5 : 1	투상법	제3각법	성 명		

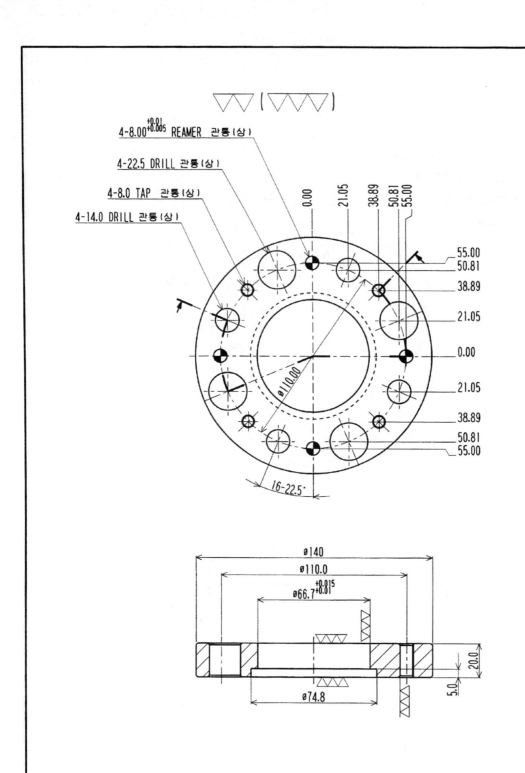

∇∇ (∇∇∇)

4-8.00$^{+0.01}_{+0.005}$ REAMER 관통(상)

4-22.5 DRILL 관통(상)

4-8.0 TAP 관통(상)

4-14.0 DRILL 관통(상)

0.00　21.05　38.89　50.81　55.00

55.00
50.81
38.89
21.05
0.00
21.05
38.89
50.81
55.00

∅110.00

16-22.5°

∅140
∅110.0
∅66.7$^{+0.015}_{+0.01}$
20.0
5.0
∅74.8

NOTE

1.지시없는 모따기 C1.0

3	PUNCH PLATE	∅140X20	SM45C	1		
품 번	품 명	규 격	재 질	수 량	비	고
명 칭	TRIMING & DRAWING DIE		날 짜			
제품명	COVER		과 명			
도 번			학 번			
척 도	0.5 : 1	투상법	제3각법	성 명		

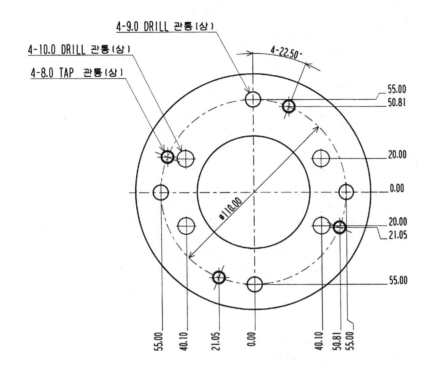

4-9.0 DRILL 관통(상)

4-10.0 DRILL 관통(상)

4-8.0 TAP 관통(상)

4-22.50°

55.00
50.81

20.00

0.00

20.00
21.05

55.00

ø110.00

55.00 40.10 21.05 0.00 40.10 50.81 55.00

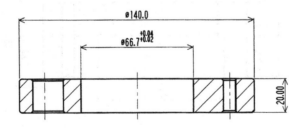

ø140.0

ø66.7 $^{+0.04}_{+0.02}$

20.00

NOTE

1.일반 모따기 C1.0

4	STRIPPER PLATE	ø140X15	STD11		1		HRC60
품 번	품 명	규 격	재 질	수 량		비 고	
명 칭	TRIMING & DRAWING DIE		날 짜				
제품명	COVER		과 명				
도 번			학 번				
척 도	0.5 : 1	투상법	제3각법	성 명			

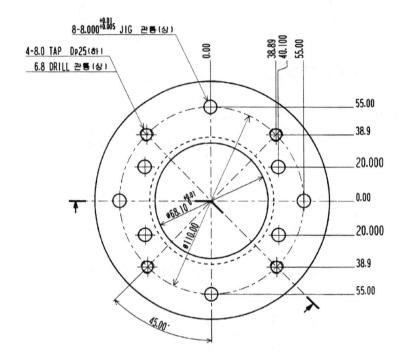

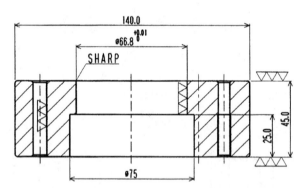

NOTE

1. 일반 모따기 C1.0

5	DIE PLATE	Ø140X45	STD11	1	HRC62±2
품 번	품 명	규 격	재 질	수 량	비 고
명 칭	TRIMING & DRAWING DIE		날 짜		
제품명	COVER		과 명		
도 번			학 번		
척 도	0.5 : 1	투상법	제3각법	성 명	

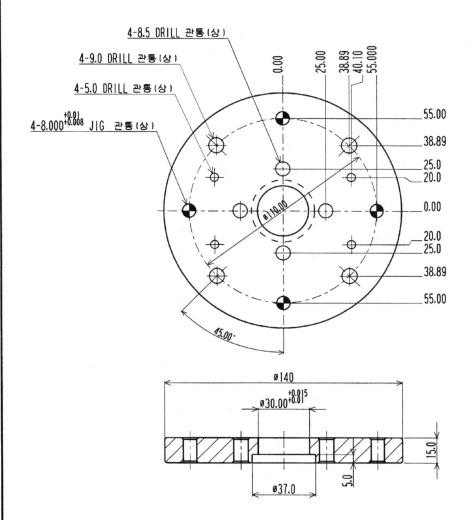

4-8.5 DRILL 관통(상)
4-9.0 DRILL 관통(상)
4-5.0 DRILL 관통(상)
4-8.000 +0.01 +0.008 JIG 관통(상)

ø110.00

45.00°

0.00 25.00 38.89 40.10 55.000

55.00
38.89
25.0
20.0
0.00
20.0
25.0
38.89
55.00

ø140
ø30.00 +0.015 +0.01
15.0
5.0
ø37.0

NOTE

1.지시없는 모따기 C1.0

6	BACKING PLATE	Ø140X15	STD11	1	HRC60
품 번	품　　　　명	규　격	재　질	수 량	비　　　고
명 칭	TRIMING & DRAWING DIE		날 짜		
제품명	COVER		과 명		
도 번			학 번		
척 도	0.5 : 1	투상법	제3각법	성 명	

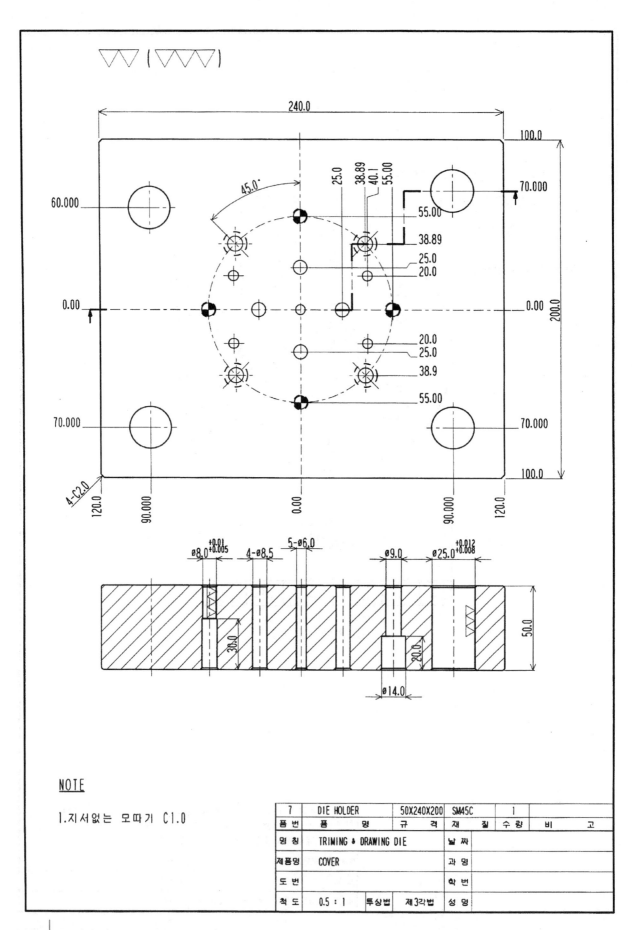

NOTE

1.지서없는 모따기 C1.0

7	DIE HOLDER	50X240X200	SM45C		1		
품 번	품 명	규 격	재 질	수 량	비 고		
명 칭	TRIMING & DRAWING DIE		날 짜				
제품명	COVER		과 명				
도 번			학 번				
척 도	0.5 : 1	투상법	제3각법	성 명			

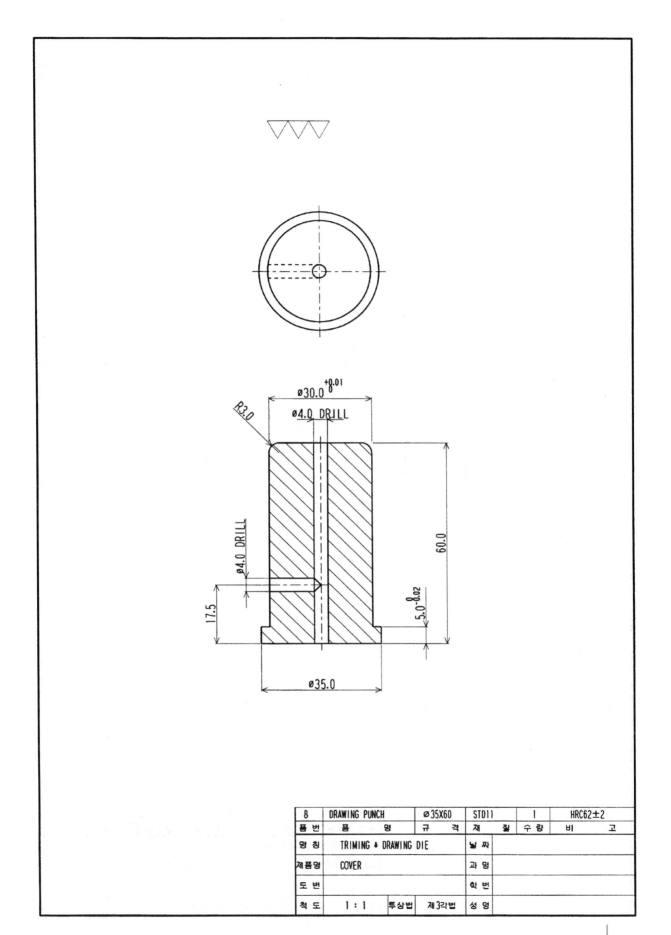

8	DRAWING PUNCH	⌀35X60	STD11		I	HRC62±2
품 번	품 명	규 격	재	질	수 량	비 고
명 칭	TRIMING & DRAWING DIE		날 짜			
제품명	COVER		과 명			
도 번			학 번			
척 도	1 : 1	투상법	제3각법	성 명		

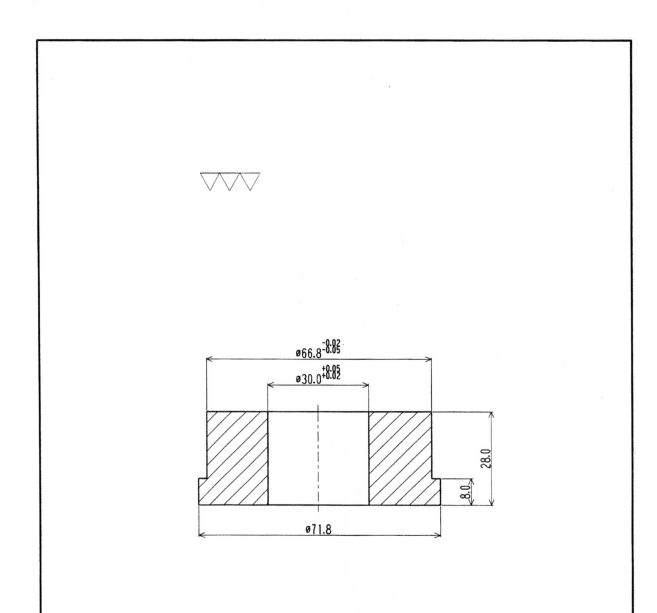

9	PAD			∅71.8X28	STD11		1	HRC62±2	
품 번	품		명	규 격	재	질	수 량	비	고
명 칭	TRIMING & DRAWING DIE				날 짜				
제품명	COVER				과 명				
도 번					학 번				
척 도	1 : 1	투상법	제3각법		성 명				

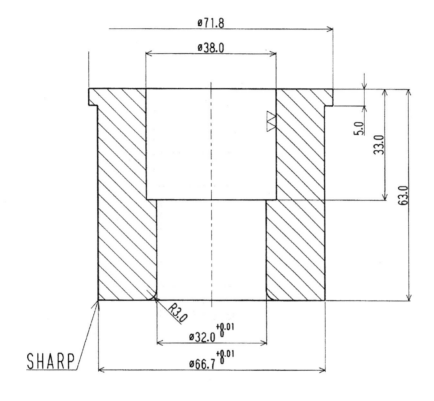

ø71.8

ø38.0

5.0

33.0

63.0

R3.0

ø32.0 +0.01 0

ø66.7 +0.01 0

SHARP

10	DRAWING DIE		ø77.8X63	V40		1	HRA85-90	
품 번	품	명	규 격	재	질	수 량	비	고
명 칭	TRIMING & DRAWING DIE			날 짜				
제품명	COVER			과 명				
도 번				학 번				
척 도	1 : 1	투상법	제3각법	성 명				

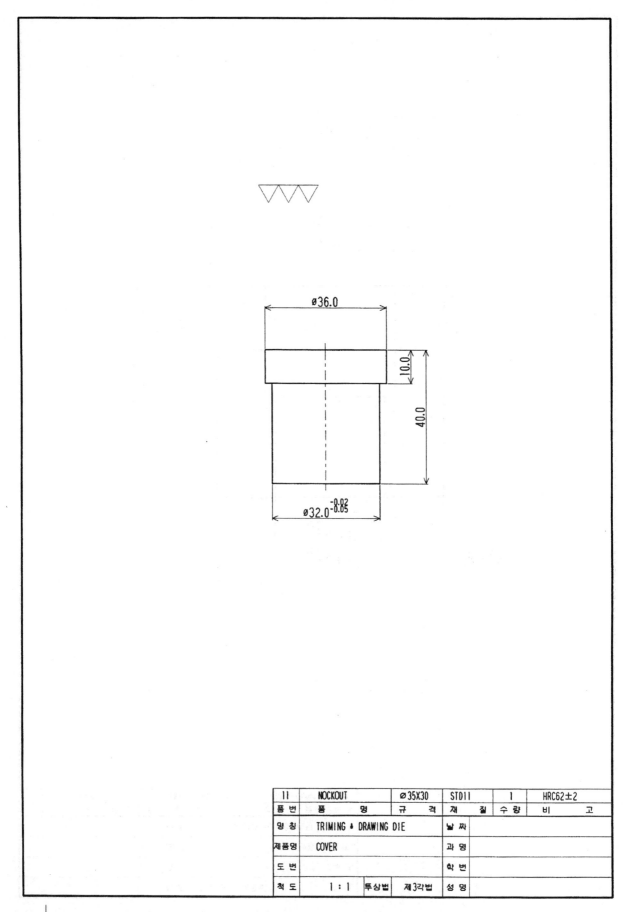

∅36.0

10.0

40.0

∅32.0 $-0.82 \atop -0.85$

11	NOCKOUT	∅35X30	STD11	1	HRC62±2
품 번	품 명	규 격	재 질	수 량	비 고
명 칭	TRIMING & DRAWING DIE		날 짜		
제품명	COVER		과 명		
도 번			학 번		
척 도	1 : 1	투상법	제3각법	성 명	

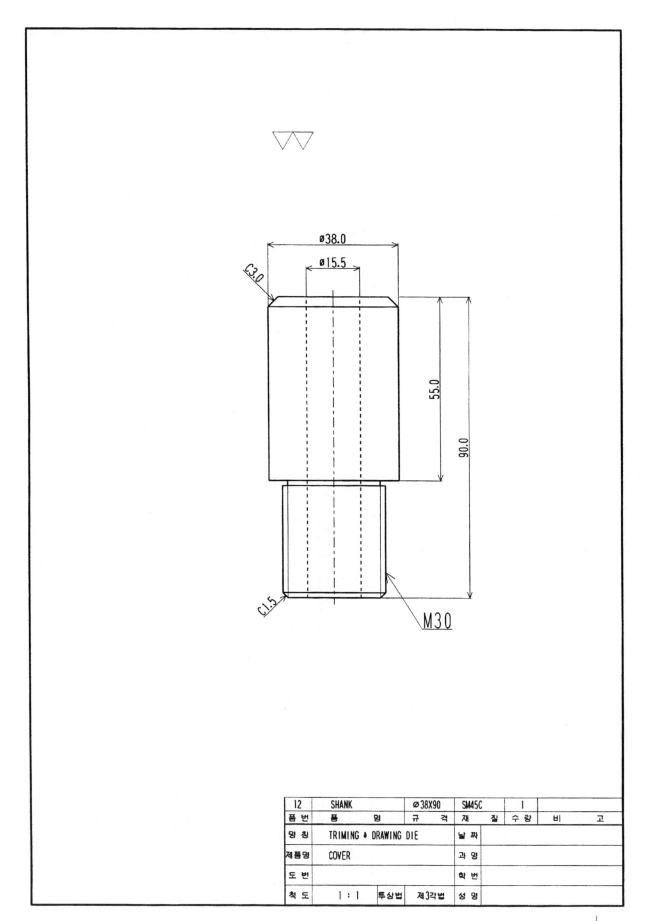

12	SHANK		∅38X90	SM45C		I	
품 번	품	명	규 격	재 질	수 량	비	고
명 칭	TRIMING ♠ DRAWING DIE			날 짜			
제품명	COVER			과 명			
도 번				학 번			
척 도	1 : 1	투상법	제3각법	성 명			

ø18.0
ø8.5
5.0

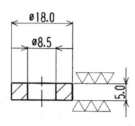

ø13.0
ø8.5
55.0

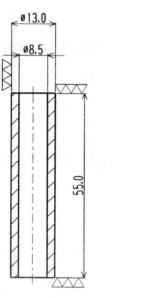

NOTE

1.일반 모따기 C0.3

품번	품 명	규 격	재 질	수 량	비 고
13-1	STRIPPER BOLT	ø13X55	SM45C	4	HRC48-52
13	STRIPPER BOLT	ø18X5	SM45C	4	HRC48-52

명칭	TRIMING & DRAWING DIE		날 짜	
제품명	COVER		과 명	
도 번			학 번	
척 도	1 : 1	투상법	제3각법	성 명

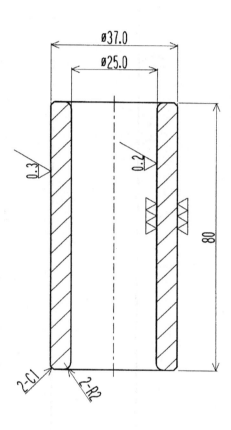

14	GUIDE BUSH		Ø37X80	SUJ2		4	HRC58-60	
품 번	품	명	규 격	재	질	수 량	비	고
명 칭	TRIMMING & DRAWING DIE			날 짜				
제품명	COVER			과 명				
도 번				학 번				
척 도	1 : 1	투상법	제3각법	성 명				

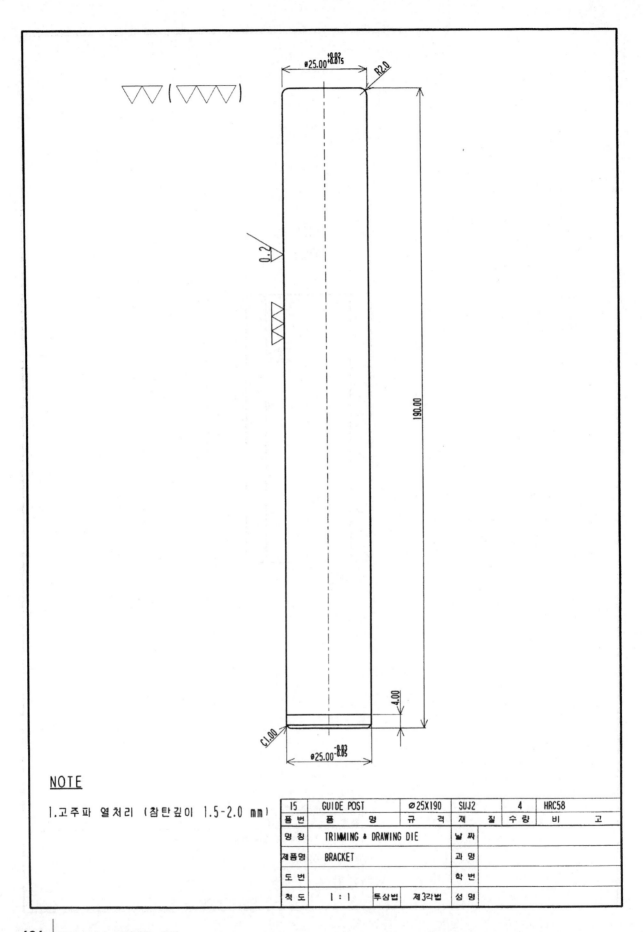

⌵⌵ (⌵⌵⌵)

∅25.00 +0.02 / +0.015

R2.0

0.2

190.00

4.00

C1.00

∅25.00 -0.03 / -0.05

NOTE

1.고주파 열처리 (참탄깊이 1.5-2.0 mm)

15	GUIDE POST		∅25X190	SUJ2		4	HRC58	
품번	품	명	규 격	재	질	수 량	비	고
명칭	TRIMMING & DRAWING DIE			날 짜				
제품명	BRACKET			과 명				
도 번				학 번				
척 도	1 : 1	투상법	제3각법	성 명				

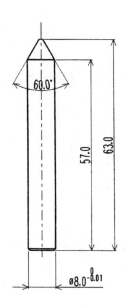

60.0°

63.0

57.0

$\varnothing 8.0 \, ^{0}_{-0.01}$

21	GAUGE PIN		Ø8X63	STD11		4	HRC62±2	
품 번	품	명	규 격	재	질	수 량	비	고
명 칭	TRIMING & DRAWING DIE			날 짜				
제품명	COVER			과 명				
도 번				학 번				
척 도	1 : 1	투상법	제3각법	성 명				

문제 1 드로잉의 정의 및 드로잉 성공 기본조건을 설명하시오.

문제 2 드로잉 가공 특성을 설명하시오.

문제 3 드로잉의 성공조건을 설명하시오.

문제 4 원형 용기 초기 드로잉 블랭크 홀딩력 계산식을 정리하시오.

문제 5 드로잉 율의 계산식을 정리하시오.

문제 6 펀치 코너 반경(r_p), 다이 코너 반경(r_d) 값의 적정 여부에 대하여 설명하시오.

문제 7 원통 용기의 Drawing 압력(P)의 계산식을 정리하시오.

문제 8 펀치 하중(punch force)의 계산식을 정리하시오.

문제 9 직사각 용기의 Drawing 압력의 계산(크레인의 일반 실용식)식을 정리하시오.

최신 프레스 금형설계·제작

금형제작용
공작기계

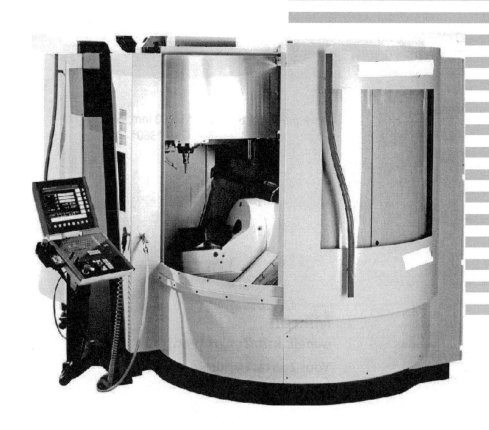

chapter 13 금형 제작용 공작기계

01 개 요

금형 가공에 사용되는 기계는 가공물의 형상과 가공된 형태에 따라 선정된다. 가공의 형상에는 평판, 블록, 이형, 총형, 등이 있다. 또한 가공의 형태에는 원형, 이형이 있고, 각 요소에 있어서 가공물의 대소, 재질, 소재 가공이 주가공인 황삭 가공이나, 다듬질 가공이나, 다듬질면의 가공정도, 가공 Cost 등이 관련된다.

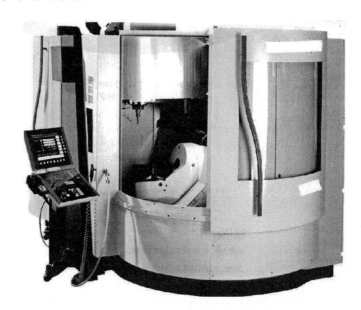

표 13-1에 금형 가공용에 많이 사용되는 각종 기계의 종류가 표시되어 있으나, 아래와 같은 용도에 따라 크게 분류할 수 있다.

1) 소재로부터 황삭 가공 및 전(前) 가공
2) 형상 가공에 능률을 발휘하는 기계
3) 고정도 가공에 능률을 발휘하는 기계
4) 열처리 및 고경도 부품 가공에 사용되는 기계

5) 작업 효율 및 자동화를 할 수 있는 수치제어(CNC) 기계 등이 있다.

따라서 기계 중에는 고가인 설비도 있고, 적소 적절하게 기계를 선정함에 있어서 충분한 지식이 필요하다.

표13-1 금형 가공에 많이 사용되는 공작기계

분 류	기계의 종류	가공분류	금형에의 응용
일반 공작 기 계	콘터 M/C 선반 밀링 드릴 M/C 평면 연삭기 레 디알 드릴 프레스	 선 삭 말링가공 구멍가공 연삭 구멍가공	윤곽 형상 절단 원 및 원통 가공 형상 가공 구멍 및 탭가공(소) 형상 가공 구멍 가공(대)
고 정밀도 기 계	성형 연삭기 프로화일연삭기 지그보링 M/C 지그그라인더	연삭 연삭 구멍 연삭	정밀 형상 가공 정밀형상 및 총형가공 정밀 구멍 가공 정밀 구멍 가공
방 전 가 공	형조방전가공기 와이어 방전 가공기	방전가공 방전가공	형상가공(저부형) 형상가공(관통형)
수 치 제 어 기 계	CNC 선반 CNC 드릴 M/C CNC 밀링 M/C CNC 지그 보링 M/C CNC 지그 그라인더 CNC 머시닝센터	선삭 구멍 밀링가공 구멍 연삭 구멍, 나사 가공 NC 밀링 가공	원형, 이형 구멍, 탭 가공 곡선, 곡면을 포함한 형상가공 정밀 구멍 가공 정밀 구멍 및 총형 형상가공 금형의 전반적인 가공

02 각종 금형 가공용 공작기계의 종류 및 특성

① 범용공작기계

1) 콘터 머신(Band Sawing M/C)

금형 공장에는 반드시 1대 이상 있는 기계로서, 폭이 좁고 길이가 긴 띠 톱날을 회전시켜 피가공 물에 압력을 가하면서 절삭하는 윤곽 가공의 절단 가공을 주로 한다.

① 절삭면은 거칠고, 가공 속도는 빠르지 않지만, 가공이 빠르고 능률적이며, 조작이 간단하다.

② 작은 코너(R)부 및 폭이 좁은 가공은 할 수 있다.

③ 판재 가공에 있어서 비교적 큰 구멍 가공에 효율적이다.

④ 띠톱의 폭은 보통 1.5~13가지 있으며 그 형의 크기와 곡선의 곡률에 따라서 사용한다.

⑤ 기계의 가격이 비교적 싸다.

2) 밀링 머신(Milling machine)

금형 부품 가공에는 각진 부분에 많이 사용되는 기계로서 피가공물을 고정 시키고 회전하는 각종 절삭 공구(Cutter, Endmill, Facemili 등)에 의해 소정의 형상을 가공한다.

① 가공 정도가 좋고, 최종 마무리 작업 기계로도 이용이 가능하다.

② 평면 절삭, 형상 가공, 외형 가공, Punch, Die의 인선 가공이 가능하다.

③ 구조에 있어서 수직형, 수평형, 만능형의 형식으로 분류할 수 있다.

:•: 그림 13-1 수직형 밀링머신

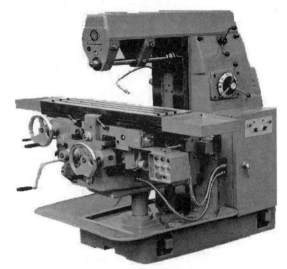

:•: 그림 13-2 수평형 밀링머신

아버

:•: 그림 13-3 밀링머신의 부속장치

:: 그림 13-4 밀링머신 가공 장면

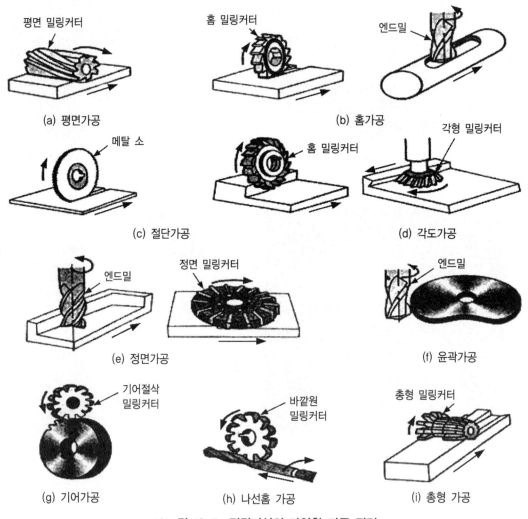

:: 그림 13-5 밀링머신의 다양한 가공 장면

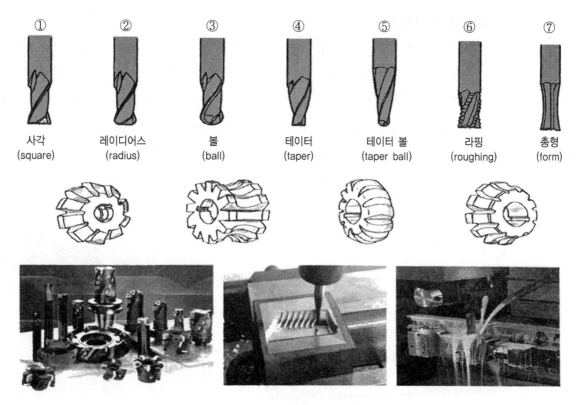

| ① 사각
(square) | ② 레이디어스
(radius) | ③ 볼
(ball) | ④ 테이터
(taper) | ⑤ 테이터 볼
(taper ball) | ⑥ 라핑
(roughing) | ⑦ 총형
(form) |

:: 그림 13-6 각종 밀링 절삭공구

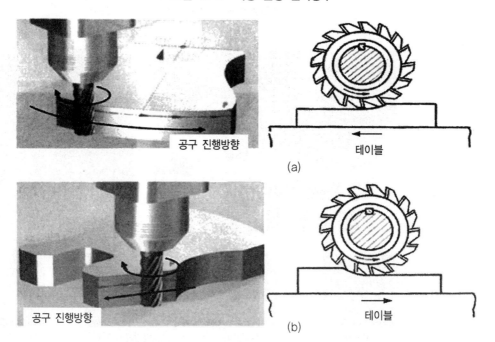

공구 진행방향

테이블

(a)

공구 진행방향

테이블

(b)

:: 그림 13-7 상향 밀링가공과 하향 밀링가공(up & down milling)

- **상향 밀링(up milling)가공** : 절삭력이 수평보다 위를 향하여 절삭하거나, 밀링 커터의 회전방향과 반대 방향으로 공작물을 이송하는 것이다.
- **하향 밀링(up milling)가공** : 절삭력이 수평보다 아래를 향하여 절삭하거나, 밀링 커터의 회전방향과 같은 방향으로 공작물을 이송하는 것이다.

3) 선반(Lathe)

가장 기본적인 기계로서 종류도 많지만 금형 가공에는 보통 선반이 많이 사용된다. 보통 열처리 전, 원형 부품 가공에 사용된다. 공작물에 회전력을 주고 중심선상에 설치한 바이트에 절삭 깊이와 이송을 주어 주로 원통 면을 절삭하는 가장 기본적인 공작기계(turning)로서, 원통깎기(turning), 정면깎기(facing), 구멍뚫기(drilling), 보링(boring), 나사깎기(threadimg), 절단(cut off) 등이 있다.

그림 13-8(a)는 일반범용 선반이고, 그림 13-8(b)는 CNC선반이다. 그림 13-9에 각종 선반 가공 예를 나타내었다.

:: 그림 13-8 범용 선반과 CNC 선반

홈가공

선삭가공

외경모방가공

단면 선삭가공

외경 언더컷팅

가공 내경홈가공

내경 모망가공

내경 언더컷팅 가공

:: 그림 13-5 선반에 의한 가공 예

※ **공작물의 고정** : 고속회전하므로 공작물 형상, 가공부분, 가공 공정에 따라 안전설치가 중요하다.

　　고정방법 : 척 작업과 센서 작업이 있다.

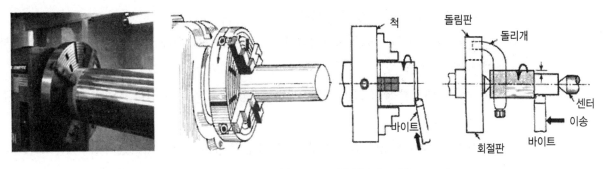

:• 그림 13-10　공작물의 고정

※ **바이트의 고정** : 바이트의 선단은 공작물의 중심선 높이에 설치(낮으면 공작물을 파고 들어감)

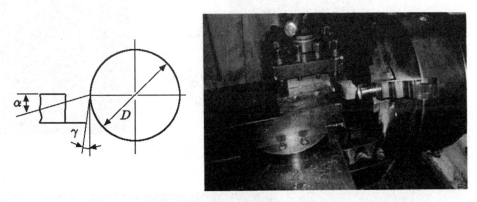

:• 그림 13-11 바이트의 고정

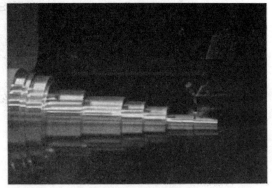

:• 그림 13-12　원형공작물 가공 예

4) 평면 연삭기(Surface Grinder)

연삭 가공은 경도가 높은 입자를 결합한 숫돌을 고속으로 회전시켜 입자에 의한 절삭으로 재료를 소량씩 절삭 깊이 : 수 미크론 정도 제거하는 가공으로 절삭 속도가 고속이므로 가공면과 치수 정밀도가 우수하다.

금형 부품 가공은 물론 전단형의 인선의 재 연삭을 위해 금형의 보수 정비에 있어서 많이 사용된다.

① 치수 정도, 형상 정도(진직도, 평면도, 평행도, 직각도 등), 표면 거칠기 등이 아주 뛰어나다.

② 연삭 숫돌의 선택에 있어서 열처리하지 않은 부품에서 열처리된 부품 가공, 초경합금 등 재질의 경도에 관계없이 연삭 가능하다.

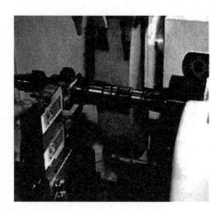

:: 그림 13-6 평면연삭기

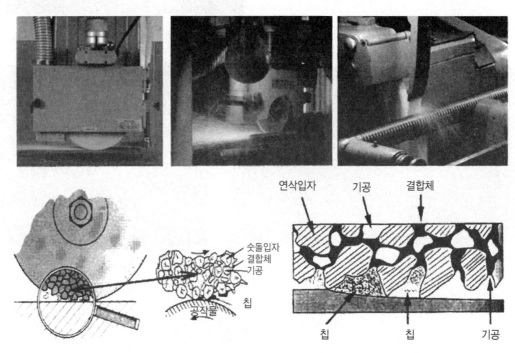

:: 그림 13-14 연삭가공 예

※ 연삭가공의 적용

① 기계가공 완료 후 높은 다듬질 가공이나 치수 정밀도 필요로 하는 부분

② 경도가 높거나 취성이 큰 재료 등의 절삭이 어려운 경우

③ 가공에 의한 치수변화가 적으며 표면거칠기를 양호하게 할 경우

④ 입자가공 : 연삭가공과 정밀입자가공

⑤ 가공의 마무리 단계 공정에 적용한다.

표13-2   연삭숫돌의 입자의 분류

기 호	종별	KS	상품명	목 적
A	흑갈색 알루미나 (약 95%)	2A	알런덤알록사이드	인장강도가 크고(30kg/mm²) 인성이 큰 재료의 강력 연삭, 절단작업용
WA	흰색 알루미나 (99.5%)	4A	38 알런덤 AA알록사이드	인장강도가 매우 크며(50kg/mm²), 인성이 많은 재료로서 발열 피하고 연삭깊이 얕은 정밀 연삭용
C	흑갈색 알루미나 (약 97%)	2C	37 크리스탈론 카버런덤	주철과 같이 인장강도가 작고, 취성이 있는 재료, 절연성이 높은 비철금속, 석재, 고무, 플라스틱, 유리, 도자기 등
GC	녹색 탄화규소 (98% 이상)	4C	39 크리스탈론 녹색 카버런덤	강도가 매우 높고 발열하면 안되는 초경합금, 특수강 등

※ 숫돌 표기 : WA – 46 – H – M – V

WA : 숫돌입자백색 알루미나   46 : 입도(중립)

H : 결합도(연한 숫돌)   M : 조직

V : 비트리파이드(V) 결합제 사용한 숫돌

❖ 그림 13-15   여러 가지 연삭숫돌(※연삭가공의 적용)

(a) Surface Grinding   (b) Sharpening

∷ 그림 13-16 원통 내경 연삭가공 예

∷ 그림 13-17 여러 가지 연삭가공 예

❷ 방전 가공기(Electric Discharge Maching)

1) 형조 방전 가공기(EDM)

절연성이 있는 가공액(케로신) 중에서 공구(전극)와 피가공물(공작물) 사이에 방전작용으로 피가공물을 제거하는 가공 기계이다.

그림 13-18에 방전 가공의 원리 및 기본 구성을 나타내었다.

① 공구(전극)가 피가공물에 직접 접촉하지 않고 전기적으로 가공되기 때문에 기계적인 힘은 필요하지 않다. 따라서 전극의 가공이 가능하면 어떠한 재질과 형상도 전도체면 가공이 가능하다.

② 열처리된 부품도 경도에 관계없이 가공이 가능하다.

③ 전극 제작이 필요하다.

④ 가공면에 가공 변질층이 생긴다.

:: 그림 13-18 방전가공기(EDM)

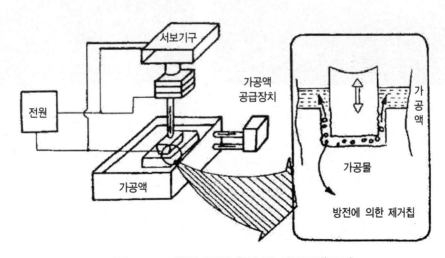

:: 그림 13-19 방전가공의 원리 및 기본구성(EDM)

:: 그림 13-20 방전가공(EDM) 전극

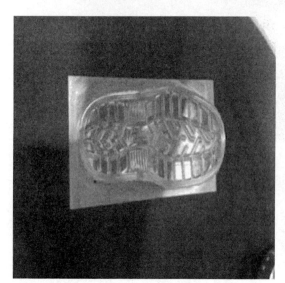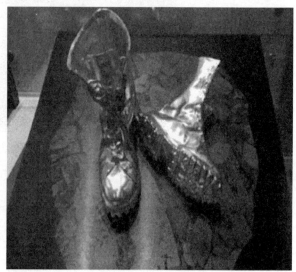

:: 그림 13-21

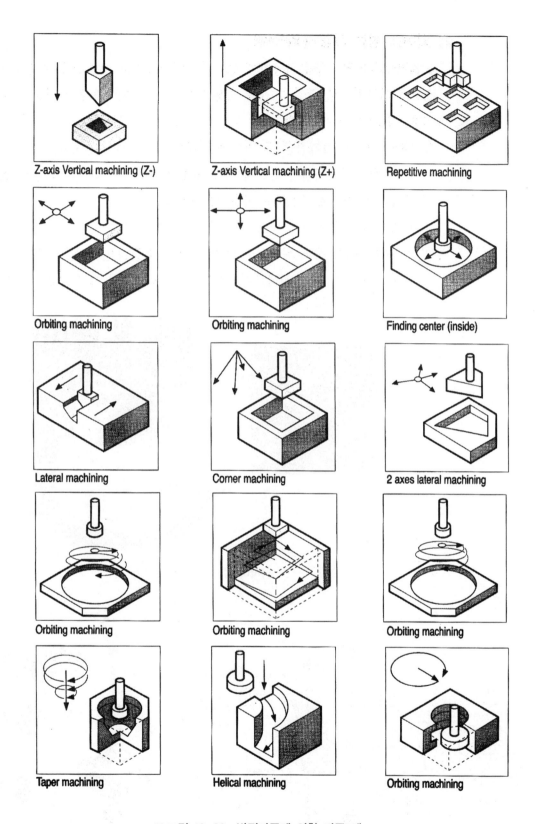

Z-axis Vertical machining (Z-)   Z-axis Vertical machining (Z+)   Repetitive machining

Orbiting machining   Orbiting machining   Finding center (inside)

Lateral machining   Corner machining   2 axes lateral machining

Orbiting machining   Orbiting machining   Orbiting machining

Taper machining   Helical machining   Orbiting machining

:: 그림 13-22 방전가공에 의한 가공 예

2) 와이어 방전 가공기(WEDM)

일반적으로 형조 방전 가공기의 전극 대신에 동, 황동, 텅스텐 등의 직격 0.2~0.3mm 정도의 대단히 가는 금속 Wire를 사용하여 피 가공물을 소정의 형상으로 이동하면서 방전가공을 하는 기계이다.

① 열처리된 강, 초경합금 등 경도에 관계없이 가공이 가능하다.

② 형조 방전 가공기와는 다르게 제품 형상에 맞추어진 형전극을 만들 필요가 없다.

③ 가공면이 비교적 안정하고 형상 정도가 높다.

④ 관통형의 구멍 형상에 사용되고 저부형 구멍 가공은 할 수 없다.

⑤ 가공에 있어서 잔류 응력으로 변형이 쉽고, 분할 가공 표면 변질층은 연화층으로 된다. 그림 13-24에 원리도와 그림 13-26에 와이어 가공 예를 나타내었다.

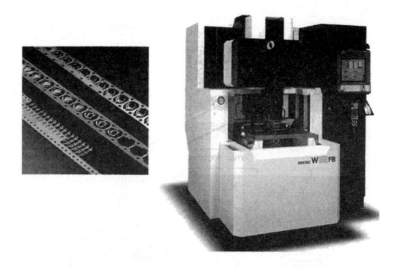

∷ 그림 13-10　와이어 방전 가공기(WEDM)

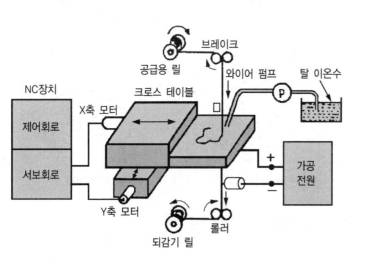

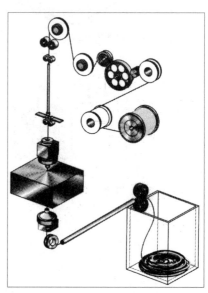

∷ 그림 13-24　와이어 방전 가공 원리도

:: 그림 13-25 와이어 방전가공기(WEDM)에 의한 제품

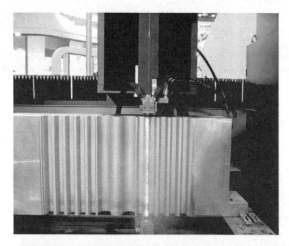

:: 그림 13-26 와이어 방전 가공 예

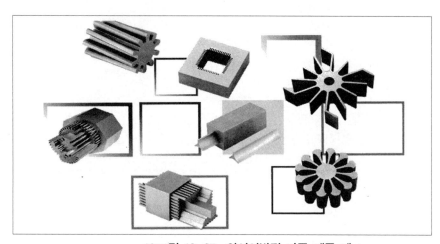

:: 그림 13-27 와이어방전 가공 제품 예 1

:: 그림 13-28 와이어방전 가공 제품 예 2

표 13-3 형조 방전 가공기(EDM)와 와이어 방전 가공기(WEDM)의 비교

분 류	형조 방전 가공(EDM)	와이어 방전 가공(WEDM)
원 리	방전 : 전류펄스폭 tp가 길다.	tp가 짧다.
가 공 액	유중(케로신)	수중(이온수)
전 원	트랜지스터 펄스 회로	트렌지스터 펄스 전원, 콘덴서 방전
전극제작	특정 형상의 전극이 필요함	특정 전극이 불필요, NC테이프 작성 필요
가공정도	전극과 공작물 맞춤적 형상으로 공차의 조절이 곤란 가공에 의한 변형이 적다 (주로 재가공이 필요).	NC에 의한 X, Y의 합성잔류 응력에 의한 변형이 있다(2차 가공이 필요).
가공형상의 특징	3차원 형상의 자유 곡면 가공 가능	2차원 형상, Blanking punch, die동시 가공가능, 전극, 부품가공(기어, 캠 등)
가공속도	가공 면적에 따라 광범위	소면적의 가공에 쓰이므로 면적효과는 적다.
변 질 층	침타에 의한 경화층 두께는 마무리 거칠기의 약 2배, 사상면 조도에 대응, 재가공하기 때문에 변형은 적다.	소면적의 가공에 쓰이므로 면적효과는 적다. 연화층(전극재인 동 및 동합금)의 고용(사상면 조도에 대응) 변형이 생기기 쉽다. 적당한 열처리 및 2차 가공이 필요함.
안전문제	액중 방전 가공을 하므로 안전장치가 있어도 사용상 부주의에 위한 발화의 가능성이 있다.	수중 가공을 하므로 발화될 수 없고, 안전한 연속가공이 가능함.

3) 수퍼 드릴머신

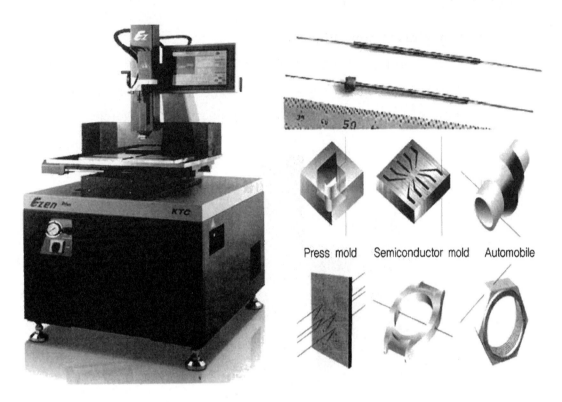

Press mold   Semiconductor mold   Automobile

:: 그림 13-29 수퍼드릴 가공 예1

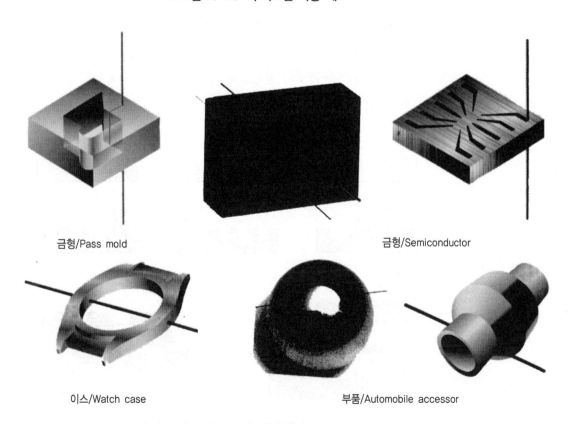

금형/Pass mold   금형/Semiconductor

이스/Watch case   부품/Automobile accessor

:: 그림 13-30 수퍼드릴 가공 예 2

③ 고정밀도 가공기계

1) 성형 연삭기(Form Grinder)

금형 제작에 있어서, 성형 연삭 가공은 부품 중에 비교적 복잡한 형상을 한 Punch 및 분할 다이, 굽힘 성형부의 형상 다듬질 가공, 방전 가공용 전극의 가공 등에 사용되고, 고정도의 순차 이송형의 부품 가공에 없어서는 안 될 기계이다.

∷ 그림 13-31   성형연삭기

성형 연삭에는 숫돌을 필요한 형상으로 만들어 그 형상을 피가공물에 옮기는 방법과 가공형상을 정확하게 그린 확대도를 스크린에 설치하고, 가공 중의 공작물과 숫돌을 투영되게 하여 공작물이 확대도의 형상으로 되는 것과 같이 가공하는 방법의 2가지가 있다. 그림 13-33에 프로파일 연삭기를 나타내었다.

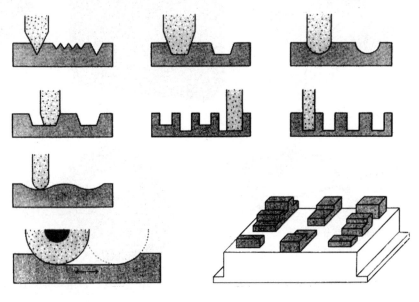

∷ 그림 13-32   성형연삭 가공 예

2) 지그 그라인더(Jig grinder)

금형 부품에는 열처리에 의한 변형이나 뒤틀림이 생긴다. 특히 열처리 된 부품의 구멍가공(원형, 이형, 총형 등)을 고정밀하게 가공하는데 사용된다. 특징을 살펴보면 다음과 같다.

① 미크론 단위까지의 가공이 가능하다.

② 직경 0.3mm~100mm 정도의 가공이 가능하다.

③ 공작물 setting에 있어서 숙련이 필요하다.

④ 구멍의 피치 정밀도가 좋다.

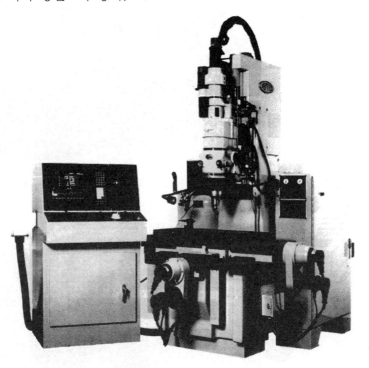

:•: 그림 13-20   CNC 지그연삭기

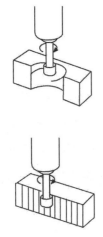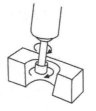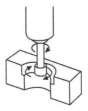
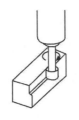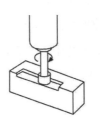

:•: 그림 13-34   지그 연삭가공의 방법

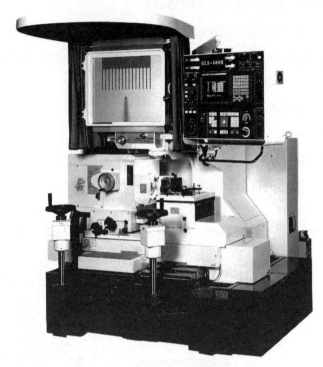

∷ 그림 13-35   프로파일 연삭기

∷ 그림 13-36   프로파일 연삭가공 부품 예

3) 래핑머신(lapping machine)

래핑작업은 마모현상을 가공에 응용한 것으로 공작물과 랩 공구(lap tool)사이에 미분말 상태의 랩제와 윤활유를 넣고 이들 사이에 상대운동을 시켜 표면을 매끈하게 가공하는 방법을 래핑가공(lapping work)이라고 한다. 블록게이지, 리미트 게이지, 등은 물론 볼, 로울러, 내연기관용 연료분사펌프, 정밀금형부품, 정밀기계부품 및 렌즈프리즘 등 광학기계용 유리 기구는 모두 래핑가공을 한다.

① 장점

㉮ 가공면이 매끈한 거울면(mirror finish)을 얻을 수 있다.

㉯ 정밀도가 높은 제품을 만들 수 있다.

ⓓ 가공된 면은 내식성, 내마모성이 좋다.

ⓔ 작업방법이 간단하고 대량생산을 할 수 있다.

② **단점**

　ⓐ 가공면에 랩제가 잔류하기 쉽고, 비산하는 래핑입자가 다른 기계 또는 제품에 부착하면 마모의 원인이 된다.

　ⓑ 아주 높은 정밀도를 가진 공작물을 만들려면 숙련이 필요하다.

③ **래핑입자 및 래핑류**

　다이아몬드분말, 탄화붕소, 탄화규소, 산화알루미나, 산화크롬등, 래핑류에는 석유, 기계류, 올리브류, 돈류, 경유, 벤졸, 물 등이 있다.

꞉꞉그림 13-37　래핑머신과 래핑가공 예

4) 초정밀 비구면 가공기

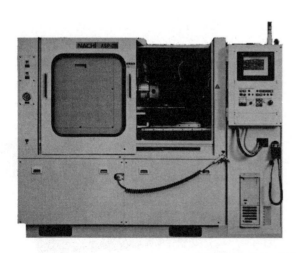

꞉꞉그림 13-24　초정밀 비구면가공기

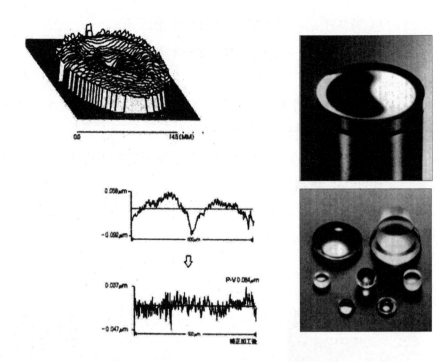

:: 그림 13-39 초정밀 비구면 가공 예

④ 고속 금형 가공기

1) 고속 가공기 및 고속 가공기술

　　고속가공기란 기존의 보통 머시닝 센터에 비해 가공의 전 공정을 고속으로 가공하는 신개념의 기계를 말한다. 다시 말하면, 황삭, 중삭, 중 정삭 및 정삭의 전 공정을 고속 초정밀로 가공한다. 일부의 공정(정삭공정 등) 만을 고속으로 가공하는 것은 고속 정삭기계라고 말 할 수 있다. 고속 가공기에 대하여 다음과 같이 잘못 이해되고 있는 경우가 있다.

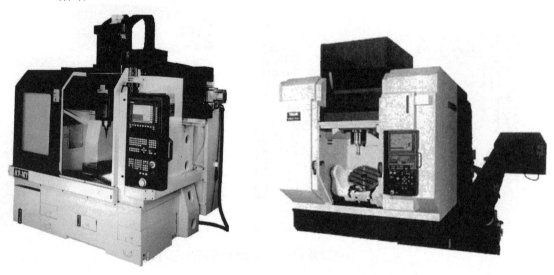

:: 그림 13-40 고속 가공기

① **스핀들 회전이 고속이면 고속가공기이다.**

모든 조각기는 스핀들 회전이 고속이지만 조각기 일 뿐이다. 고속회전 에서 강력절삭이 가능해야 고속가공기이다.

② **급속 이송속도가 고속이면 고속가공기이다.**

꼭 그렇지는 않다. 볼 스크류 피치가 넓은 것을 사용하고 기계의 셋업파 파라메타 중 G00 속도를 높게 세팅하는 것과 불과한 경우가 허다하다.

③ **절삭이송속도가 고속이면 고속가공기이다.**

꼭 그렇지는 않다. 일반적으로 컨트롤의 셋업파라메타 중 G01 속도를 높게 세팅한 것에 불과한 경우가 허다하다. 실제로 운전할 때 기계에 무리가 따르지 않으면서 높은 속도로 가공이 되어야 한다.

④ **컨트롤러의 연산속도가 고속이면 고속가공기이다.**

꼭 그렇지는 않다. PC-base 컨트롤은 연산속도가 빠르다. 연산속도 뿐 만 아니라 고속도로 가공이 되면서도 고정밀도 컨트롤 할 수 있어야 하며, 기계가 따라 주어야 한다.

⑤ **고속가공기로는 주로 정삭하는 데 쓰이고 황삭은 보통의 기계로 한다.**

절대로 그렇지 않다. 다음 표를 보면 확실해 진다.

금형가공시	보통 머시닝 센터에서 걸리는 시간	정삭하는 고속가공기 혹은 소경 공구로 황삭하는 고속 가공기	대경공구(ϕ52mm 이상)로 고속 황삭하고 소경공구로 정삭을 하는 고속 가공기
황삭	100 HR	80~100 HR	10 HR
정삭	100 HR	35 HR	30 HR
합계	약 200 HR	약 115~135 HR	약 40 HR

정삭에서는 시간절약이 적고, 황삭에서 고속으로 가공해야 전체 가공 시간이 격감한다. 황삭과 정삭을 단 한번 세팅으로 적정한 공수를 사용 하여 고속으로 가공 완료해야 완벽한 고속가공기이다. 고속 가공기는 기계에서 아예 3차원 측정까지 끝낸다.

2) 고속가공기의 응용

그렇다면 어떻게 가공하는 것이 고속가공인가? 당연히 이런 의문이 들게 된다. 다음과 같은 실례를 소개한다.

① 보통 머시닝센타로 45분 걸리는 황삭 가공을, 고속 가공기로는 단 6분에 가공완료 한다.

② ϕ2mm 볼 엔드밀로 경도는 HRC 70 까지도 가공이 된다.

3) 고속 가공기의 기계적 실체

그렇다면 고속 가공기는 어떻게 만들어지는 것인가?

① 기계의 구조가 아주 다르다. 가장 좋은 타입은 캔츄리타입이고 그 다음이 브릿지 타입(문형)이다. 각 축의 파워도 대단하다. 그리고 고강력 파워에도 견딜 수 있는 고강성 구조에 공강성 드라이브 시스템을 탑재 한다.

② 장시간 가동시에도 정밀도가 유지 되도록 하기 위하여 원천적으로 볼 스크류와 스핀들의 온도상승을 막을 수 있는 설계 이어야 한다.

③ 기계의 진동이 없어야 한다. 이를 위해 특수 설계를 하고 특히 저주파 진동을 원천적으로 없애는 설계가 필요하다.

④ 스핀들은 모터의 샤프트가 바로 스핀들인(차세대 모타 기술의 결정체) 모타 스핀들을 사용한다. 보통 스핀들 모터로는 고속 장시간 가동이 불가능 하다.

⑤ 절삭조건(피삭재와 공구에 열 발생이 거의 없어야 한다.)

4) 고속 가공의 정의

황삭에서의 고속가공이라 함은 분담 Removal rate(cm³)가 높은 것을 의미하고, 정삭에서 고속이라 함은 정밀도를 살리면서 절삭 이송속도(mm/min)가 높은 것을 의미한다.

5) 고속가공기의 성공적인 운영을 위한 필수조건 4가지

① 진정한 고속가공 기계(구조, 스핀들, 컨트롤)

② 가공제품에 적정한 고속가공용 CAM

③ 정밀하고, 튼튼한, 고속가공용 공구(툴홀더 및 절삭공구)

④ 고속가공 테크놀로지

이 4개의 요소 중 하나라도 빠지면 성공적인 고속가공이 불가능하다. 하나하나가 너무나 중요하다. 고속가공의 실현은, 세계 최고 수준의 진정한 고속 가공기계, 세계 최고수준의 고속가공용 CAM, 세계 최고수준의 고속 가공용 공구, 그리고 새로운 차원의 고속가공 테크놀로지가 있어야 비로소 실현 가능한 기계가공의 혁명이며, 이는 미처 경험해보지 못했던 고속가공의 신세계이다.

(A)

(B)

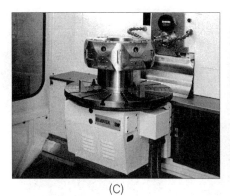

(C)   (D)

∷ 그림 13-41 고속가공 사례

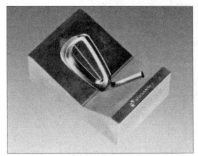
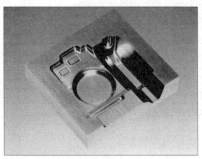
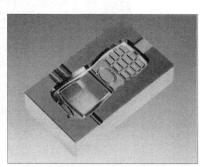

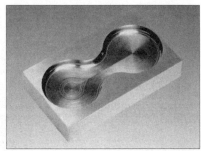

∷ 그림 13-42 고속가공 금형 부품 예

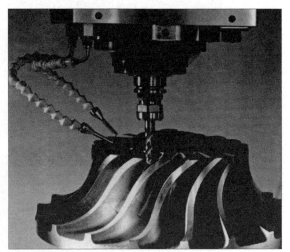

∷ 그림 13-43 고속 가공기

∴ 그림 13-44 고속 가공기 금형 부품 예

∴ 그림 13-45 고속 가공기 금형 부품 예

6) Roll Forming법

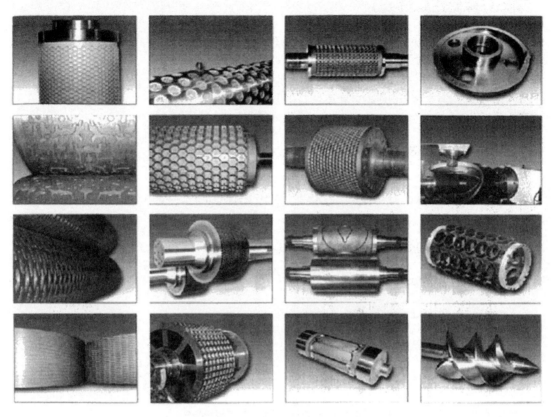

:: 그림 13-48   Roll Forming 공구들

⑤ 기타 금형 가공법

① 전해 가공(Electrochemical Machining)

② 전해 연마(Electroytic Polishing)

③ 도금(Plating)

④ 전주(Electro forming)

⑤ 화학 가공(Chemical Machining)

⑥ 화학 연마(Chemical Polishing)

⑦ 플라즈마(Plasma Machining)

⑧ 레이저 가공(Laser Machining)

⑨ 전자 빔 가공(Electron beam Machining)

⑩ 이온 빔 가공(Ion beam Machining)

문제 1 금형 가공에 많이 사용되는 공작기계를 분류하여 간단히 설명하시오.

문제 2 범용 공작기계를 종류별로 간단히 설명하시오.

문제 3 연삭가공에 대하여 설명하시오.

문제 4 형조방전 가공(EDM) 및 와이어 방전가공(WEDM)에 대하여 설명하시오.

문제 5 고정밀도 가공기계에 대하여 다음을 설명하시오.

1) 성형 연삭기(Form Grinder)

2) 지그 그라인더(Jig grinder)

3) 프로파일 연삭기

4) 래핑머신(lapping machine)

문제 6 고속 가공기 및 고속 가공기술에 대하여 설명하시오.

문제 7 기타 금형 가공법에서 다음을 간단히 설명하시오.

1) 전해 가공(Electrochemical Machining)

2) 전해 연마(Electrolytic Polishing)

3) 도금(Plating)

4) 전주(Electro forming)

5) 화학 가공(Chemical Machining)

6) 화학 연마(Chemical Polishing)

7) 플라즈마(Plasma Machining)

8) 레이저 가공(Laser Machining)

9) 전자 빔 가공(Electron beam Machining)

10) 이온 빔 가공(Ion beam Machining)

CHAPTER

14

최신 프레스 금형설계·제작

금형 재료

chapter 14

금형 재료

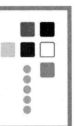

01 개 요

금형용강은 그 용도에 따라 냉간 및 열간 공구강으로 대별된다. 또한 기계공업의 발전으로 인한 난삭제의 출원으로 고성능의 공구강(고속도강, 분말 고속도강, 합금 공구강 등), 특수 공구강 등도 모두 이 두 분야에 분류·사용되고 있다.

금형으로서 그 성능을 충분히 발휘하기 위해서는 금형재의 선정, 형가공, 열처리, 다듬질 가공에 이르기까지 주의해야 할 점이 많이 있다. 따라서 각종 금형 재료의 종류 및 특성(기계적 성질, 화학적 성질) 등을 알 알지 못하면, 완성된 금형을 제작할 수 없게 된다.

02 금형 재료의 구비조건

① 내마모성이 우수할 것
② 내압축 강도, 인장 강도가 우수할 것
③ 내충격성이 클 것
④ 내피로 강도가 우수할 것
⑤ 담금질성이 좋고, 경도가 클 것
⑥ 피절삭성, 연삭성이 좋을 것
⑦ 열처리 변형이 작을 것
⑧ 열처리가 용이할 것
⑨ 가격이 적정할 것
⑩ 시장성이 있어 구입이 용이할 것

그러나 이 같은 조건들을 모두 만족시키기는 매우 어렵다. 예를 들면, 내마모성이 좋으면 절삭이 어렵고, 경도가 높으면 이성이 부족하고, 구비 조건을 거의 만족시키는 재료는 가격이 비싸,

사실상 구입이 어렵게 된다. 또한 최근 Press 가공은 2분화가 되어 있다. 반도체 리드 브레임 등과 같이 고정밀도와 고속 대량 생산과, 다종 소량 생산 방식으로 프레스 가공비가 다소 상승되더라도, 금형 제작 가격을 낮추어, 제작하려는 사고 방식이다. 따라서 형재료눈 제품의 수량, 형상 및 제품의 정밀도, 가공 재료기계적 성질, 가공 방법 등을 고려하여 가장 적합한 재질을 선택하여야 한다.

03 금형 재료의 종류

① 고탄소 공구강

탄소 함유량이 0.6% 이상인 강으로 Blanking 형에서 박판의 중소형 부품을 소량 생산하는데 사용한다. STC 1~7(나1~7)까지 7종이 있으며, 풀림(Anneaing)은 740~780℃에서 서냉, 담금질(Quenching)은 760~820℃에서 수내, 뜨임(Tempering) 150~200℃에서 공냉시킨다. 담금질 경도는 HRC 61~63이다.

Bending die 에서 박판의 중소형 부품을 중소량 생산하는 Punch, Die 압력 Pad에 사용, 또한 Drawing die에서 Punch, die, blank-holder, Knock out pin 등에 사용한다. 일반적으로 줄칼, 바이트, 펜촉, 면도날 재료로 사용된다.

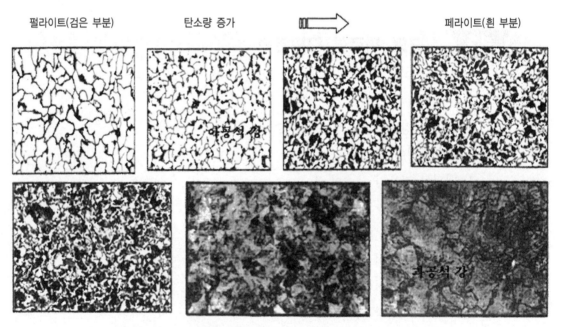

펄라이트(검은 부분)   탄소량 증가   ⇒   페라이트(흰 부분)

❖ 그림 14-1 탄소강의 현미경 조직도

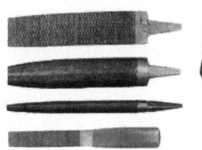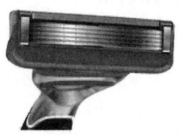

:: 그림 14-2   고탄소강의 제품 예

② 합금 공구강

탄소강에 Cr, W, V, Mo 등을 가한 것으로 냉간용과 열간용으로 구분 사용된다. 냉간용으로는 STS-3(SKS-3), STD-11(SKD 11, HMD-1)등이 주로 사용된다.

일반적으로 STS-3 TAP, 샤링칼, 커터 재료로 사용되고, Blanking, Bending, Drawing 금형의 양산용으로 사용된다. 750~800℃에서 서냉 풀림을 하고, 800~~850℃에서 유냉 담금질하고, 150~200℃에서 공랭으로 뜨임한다. 경도는 HRC 60 정도이다. STD-11 은 850~900℃에서 서냉으로 풀림하고, 1,000~1,050℃에서 공랭 담글질하며, 150~200℃에서 공랭으로 뜨임한다. 경도는 HRC 61, 용도는 Roller, 커터 게이지이다.

Blanking 금형, Bending 금형, Drawing 금형 등 프레스 금형의 Punch, Die 재료로 많이 사용된다. 또한 HMD-1은 열처리가 용이하여 양산용 냉간 금형 재료로 사용된다.

열간용 합금 공구강으로는 STD-61(SKD 61), STD-5(낭-5), STF-4(SKT-4)등이 사용되고 있으며, STD-61은 플라스틱 금형, 다이캐스팅, 열간 프레스, 압축 다이스 등에 사용되고, STD-5 는 열간 압출 다이스, 다이캐스팅형, STD-4 는 다이블록, 열가 단조용 금형 재료로 사용된다.

:: 그림 14-3   합금공구강의 금형 부품

③ 고속도 공구강(H.S.S)

고온 경도가 커서 고속 절산에 사용할 수 있어 고속도강이라 한다. SKH-2~51, SKH-52~57종 이 있다. 고속도강은 절삭 능력과 내마모성이 우수한 반면 담글질 온도가 높아 (1,200~1,300℃)산화 탈탄의 우려가 있어 열처리 후에는 표면 연마를 하여 사용하는 것이 바람직하다. 또한 고온단조에 있어서 연화에 대한 저항이 크고, 고온 강도와 고온 경도가 커 내마모성이 우수하다. 따라서 소형의 금형 Punch 나 die 인서트재, 가열 Blanking 등의 고온 가공형에 사용된다. SKH-51은, 인성과 내력이 우수하여 부하 응력이 높은 냉간 단조 금형에, SKH-55는 내마모성이 요구되는 고속중절삭 공구, 커터, Punch, 바이트 등의 냉간형재에 주로 사용된다.

④ 초경합금

초경합금은 금속 탄화물(Wc, Tic, Tac)에 철계금속인 (Co)로 결합한 분말형의 금속 원소를 분말야금법으로 압축 성형한 다음 1,400~1,450℃로 가열 소결하여 만든 초결정의 합금으로 경도가 대단히 높고, 내열성, 내마멸성이 높다. 일반적으로 초경합금의 조성은 C=5.2~5.8%, W=82~88%, Co=5~13%, Fe=2% 정도이며, 대표적인 상품명으로는 Widea, tungalloy, intetalloy, tridia 등이 있다. 또한 초경합금의 인성이 낮아 충격에 약한, 고온에서의 내구력은 대단히 크다. 다른 금형재에 비해 가격이 비싸고, 가공이 어렵지만 경도가 높고, 내마모성이 커서 금형의 수명이 강재의 금형강에 비하여 5~10배 정도 길기 때문에 대량 생산용 금형 밎 고정밀도 금형의 중요한 부분인 Punch 나 Die부에 인서트하여 사용한다.

그 밖에, 초경합금의 종류에는

① Wc-Co계 초경합금   ② HIP(Hot isostatic press)열간 정수압프레스

③ 초미립자 초경합금(AE 60)   ④ Ferro-tic 등이 재료로서 사용되고 있다.

표14-1   초경합금

종류		기호 W	화학성분 %				경도 (HRA)	저항력 (kgf/mm²)	용도
			W	N	Co	C			
1종 (S종)	특호	SF	53~72	15~30	5~6	8~13	92 이상	80 이상[785 이상]	강의정밀절삭용 강의 절삭용
	1호	S1	72~78	10~15	5~6	7~9	91 이상	90 이상[833 이상]	
	2호	S2	75~83	6~10	5~7	6~8	90 이상	100 이상[981 이상]	
	3호	S3	78~85	3~6	5~7	5~7	89 이상	110 이상[1079 이상]	
2종 (G종)	특호	SF							주물, 비철금속 비금속 재료의 절삭용매마모 기계부품용
	1호	S1	89~92	–	3~5	5~7	90 이상	120 이상[1177 이상]	
	2호	S2	87~90	–	5~7	5~7	89 이상	130 이상[1275 이상]	
	3호	S3	83~88		7·10	4~6	89 이상	140 이상[1375 이상]	
3종 (D종)	특호	SF							드로인 공구용 내마모 기계부품용
	1호	S1	88~92	–	3~6	5~7	89 이상	120 이상[1177 이상]	
	2호	S2	86~92	–	6~8	5~7	88 이상	130 이상[1275 이상]	
	3호	S3	83~97	–	8~11	4~6	88 이상	140 이상[1375 이상]	

표14-2 초경합금의 기계적 및 열적 특성

분류	재 종	경 도 (HRA)	항절력 (kgf/㎟)	영 률 (+104(kgf/㎟)	열전도도 (Cal/㎝·sec℃)	압축강도 (kgf/㎟)	열팽창계수 (×10⁻⁴/℃)
P종	ST 10P	91.7	165	4.8	0.06	500	6.2
	SP 20E	91.2	175	5.6	0.10	490	5.2
	ST30E	90.3	200	5.3	0.10	425	5.2
	A 30	90.6	200	5.3	—	—	5.2
	ST 40E	90.0	200	—	0.18	—	
M종	UIOE	92.2	160	4.7	—	600	—
	U2	91.0	195	—	0.21	—	—
	U40	88.9	260	—	0.32	—	—
K종	H2A	92.7	165	6.1	0.25	624	4.4
	A1	92.4	180	6.4	0.16	620	4.7
	H1 OE	92.1	185	—	0.26	—	—
	G1 OE	91.0	195	6.3	0.25	585	—
초미립 자합금	N70-FO	95.5	160	8.0	—	750	4.5
	N70-FI	93.0	200	6.7	—	750	4.7
	N70-AI	92.0	260	5.4	—	650	5.1
	N70-CC	91.5	210	—	—	—	

⑤ 초미립자 초경합금

인성이 작은 결점을 보완하여 일본의 미츠비시 금속에서 상품명 UF20,30을 개발한 것으로 초경합금과 같은 정도의 경도 유지와 인성(항장력)을 대폭 향상시킨 공구 재료로서 합금 조성은 초미립자 Wc와 고 Co로 구성되었다. UF 20은 자동기계, 정밀보링. 엔드밀. 드릴, 탭 리머, 호브, 금형 재료 등으로 사용되고, UF-30은 앤드밀, 호브 등으로 사용되고 있다.

⑥ 기타 자기질 공구재료

Tic를 주성분으로 Ni합금(Ni-Mo-Cr)를 결합재로 1,350~1,450℃에서 소결시켜 고온결도, 내마모성, 내용착성이 우수한 서멧(cermet)재료가 있고, A12O3를 주성분으로 Si, Mg을 가하여 1,700~1,800℃ 정도에서 소결하여 고온 경도가 크고, 압축강도, 내마모성, 내열성이 크나, 인성 충격에 약한 꿈의 절삭 공구 재료 세라믹(ceramic), 초경합금에 비해 4~5배의 공구 수명을 가지고, 다이아몬드 다음으로 고경도, 세라믹보다 높은 인성을 갖는 초고압성 공구인 CBN(Cubic boron Nitride)이 있다.

현존 물질 중 가장 경도가 높고(H87000), 어떠한 순수 물질보다는 열팽창이 적으며, 전도체로서는 좋지 않고, 금속에 대한 용착성이 적으므로 절삭시 마찰 계수가 적어 구성 인선이 생기지 않는 공구 재료로서 다이아몬드가 있다.

표14-3 생산 수량에 따른 금형 부품의 재질 기준

부 품 명			생 산 량 구 분		
			50,000 이하	5,000,000 이하	500,000 이상
펀치			프리하든강, STS 3,(STD 11)	STS 3, STD 11 (SKH51)	STD 11, SKH51 분말 하이스, 페로틱, 오경합금
다이	요크(테)타입 또는 인서트 타입	코어	–	STS 3, STD 11 (SKH 51)	
		플레이트	–	프리하든강, STC 3, STD3	프리하든강, STS 3, STD 11
	일체식		프리하든강. STS 3, (STD 11)	SKS 3, STD 11	STD 11
백플레이트	펀치용		STC	STC 4, STS 3	
	스트리퍼용		–		
	다이용		–		
펀치플레이트			SM 50 C	STS 3, (STD 11)	
스트리퍼	코어		–	STS 3, STD 11 SKH 51	STD 11, SKH 51 분말 하이스, 페로틱, 초경합금
	플레이트		–	프리하든강, STS 3	(프리하든강) STS 3, STD 11
	일체식		SM 50 C, STC 4	STS 3, STD 11	(STS3), STD 11
스톡가이드(플레이트)			STC 4, STS 3		STC 4, STS 3 (초경합금인서트)
펀치 및 다이홀더			FC 20, SM 50C, SS41		FC 20, SM 50C SS41, AI 합금

04 열처리(용어 해설)

열처리란 금속을 "**가열**", "**냉각**"하는 것. 가열은 불의 가감, 냉각은 탕의 가감 즉, 가열 냉각에 의해서 강의 체질개선을 도모하는 조작

∴ 그림 14-4 합금공구강의 금형 부품

① 담글질(HQ : Quanching)

강의 경도와 강도를 향상시키기 위하여 ϒ(Austenite) 상태로부터 급냉시키는 열처리 조작이다.

② 뜨임(HT : Tempering)

담금질 또는 불림한 강의 잔류 응력을 제거하고, 인성을 증대시키기 위하여, A1 변태점(730℃) 이하의 온도로 가열 후 냉각시키는 조작이다.

③ 불림(HNR : Normalizing)

강의 완전 Annealing 과 같은 온도로 충분한 시간 가열한 다음 공기 중에 냉각하여 가공 조직의 균일화, 결정립의 미세화, 기계적 성질 등을 향상시키는 열처리 조작이다.

④ 풀림(HA : Annealing)

강의 연화, 결정 조직의 조정, 내부 응력을 제거하여 기계 가공을 쉽게 하기 위하여 A3 or A1 변태점 이상 가열하여 노중에서, 임계 구역(550℃)까지 냉각 후 공냉시키는 열처리 조작이다.

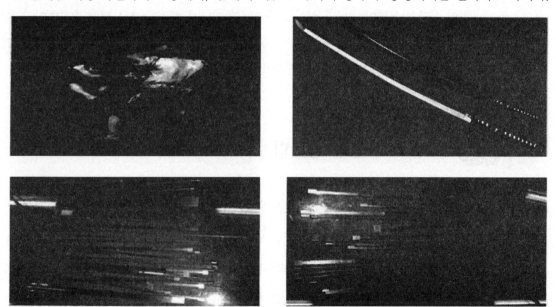

:: 그림 14-5 열처리에 의한 금형 부품

⑤ 표면 강화 열처리

부품의 사용 목적에 따라 표면은 경도가 높고, 내부는 유연성, 인성이 큰 것이 요구될 때 즉 물체의 표면만을 경화하여 내마모성을 증대시키고, 내부는 충격에 견딜 수 있도록 인성을 크게 하는 열처리 조작을 표년 경화 열처리(Surface hardening)라 한다. 따라서 화학적인 방법과 물리적 방법을 있다.

① 침탄법(HCS. Solid Carburlzing)

강의 표면에 탄소를 확산 침투시켜 고탄소강으로 한 다음, 담금질하여 경화하는 방법으로 침탄제의 종류는 고체 침탄법, 액체 침탄법, 가스 침탄법이 있다.

- **조직** : 표면 = Martensite, 심부=Ferrite+pearlite

② 질화법(HNT : Nitriding)

강의 표면에 질소를 침투시켜 경화하는 방법으로 담금질이 필요없다. 종류로는 가스질화, 액체질화, 연질화(액체 침질의 일종)등이 있다. 장점으로는 마모 및 부식 저항이 크고, 변형이 적으며, 경화층은 얇으나 경도는 침탄보다 높다.

③ 청화법(Cyaniding)

CN이 철과 작용하여 침탄과 질화를 동시에 일어나게 하는 것으로 침탄 질화법이라 한다. 청화제로는 NaCN(청산소다), KCN(청산가리) 등이 있다. 장점으로는 균일한 가열이 이루어지므로 변형이 적고, 산화가 방지되며 온도 조절이 용이하다.

강 표면의 화학 성분은 변화시키지 않고 담금지만으로 경화하는 방법

① 화염 경화법(HQF : Flame hardening)

산소- 아세틸렌($O_2-C_2H_2$) 화염으로 제품의 표면을 외부로부터 가열하여 수냉으로 급랭하여 표면만을 경화시키는 방법으로 제품의 표면이 녹지 않도록 주의할 것.

② 고주파 경화법(HQI : induction hardening)

가열에 고주파 전류를 이용하는 방법으로 강 부품의 얇은 표피에 급속히 맴돌아 전류가 유도되어 표피만을 가열 담글질하는 방법으로 가열 온도는 Austenite화 온도보다 $30 \sim 50 ℃$ 높게 가열, 분출수, 폴리머, 담금질액 또는 Oil을 사용하여 급랭시킨다. SM35C~45C에 적합하다.

③ 방전 경화법(Spark hardening)

방전 현상을 이용한 경화법으로 흑연봉을 양극으로 하고 WC, Tic 등의 초경합금을 음극으로 하여, 공구 표면에 방전을 일으켜 WC나 Tic 등을 용착시키고 그 열로 주위를 경화시키는 방법이다.

표14-1 강의 규격과 M당 중량표(kg/m)

(비중 : 8.00)

환 봉				특수강판재		철 판			
직 경	중 량 kg/m	직 경	중 량 kg/m	두 께	중 량 kg/m	규 격	3′×6′	4′×8′	5′×10′
10∅	0.62	130	106.13	6t×205	9.84	2.0	26.3	46.7	72.9
13	1.06	140	123.08	8×205	13.12	2.3	30.2	53.7	83.9
16	1.60	150	141.30	10×205	16.40	3.0	39.4	70.0	109
19	2.26	160	160.76	13×205	21.32	3.2	42.0	74.7	117
22	3.03	170	181.49	16×205	26.24	4.0	55.5	93.3	146
25	3.92	180	203.47	19×305	46.36	4.5	59.1	105	164
28	4.92	190	226.70	22×305	53.68	5.0	65.6	117	182
30	5.65	200	251.20	25×305	61	6.0	78.8	140	219
32	6.43	210	276.94	28×305	68.32	7.0	91.9	163	255
35	7.69	220	303.95	32×305	78.08	8.0	105	187	292
38	9.60	230	332.21	35×305	85.40	9.0	118	210	328
40	10.04	240	361.71	38×305	92.72	10	131	233	365
42	11.07	250	392.50	45×305	109.80	12	158	280	438
45	12.71	260	424.52	50×305	122	15	197	350	547
50	15.70	270	457.81	55×305	134.20	16	210	373	583
55	18.99	280	492.35	60×305	146.40	18	236	420	656
60	22.60	290	528.14	65×305	158.60	19	249	443	693
65	26.53	300	565.20	70×305	170.8	22	289	513	803
70	30.77	310	603.50	75×305	183	25	328	583	911
75	35.32	320	643.07	80×305	185.20	28	368	653	1021
80	40.19	330	683.89	85×305	207.4	32	420	747	1167
85	45.37	340	725.96	90×305	219.6	38	499	887	1386
90	50.86	350	769.30	100×305	244	45	591	1050	1641
95	56.67	380	906.83	110×305	268.4	50	656	1167	1823
100	62.80	400	1004.80	120×305	292.8	65	853	1517	2370
110	75.98	450	1271.70	130×305	317.20	75	984	1750	1733
120	90.43	500	1570	150×305	366	80	1050	1870	2920
						90	1180	2100	3282
						100	1310	2330	3650

④ 금속 침투법(cememtion)

철강 표면에 타금속, Cr, A1, B, Si 등을 침투시켜 그 표면에 합금층 또는 금속 피막을 만드는 방법을 말한다.

종류에는

    ① 크로마이징(Chromizing) Cr 침투

    ② 칼로라이징(Calorizing) A1 침투

    ③ 실리콘나이징 (Siliconizing) Si 침투

    ④ 보로나이징 (Boronizing) B 침투

    ⑤ 세라다이징 (Sherardizing) Zn이 침투 등이 있다.

그밖에 강부품 특히 공구의 표면에 TiM이나 TiC fm 증착시키는 CVD(Chemical Vapour Deposition : 화학적 증착법)과 PVD(Physical Vapour Deposition :물리적 증착법)이 있다. 특징으로는 내마모성이 우수하여 STD 11, SKH재 표면 경화에 많이 적용되고 있다.

07 코팅 펀치의 사용사례

※ CVD, PVD, PCVD, TD Process

    (1) CVD = chermical vapour deposition(화학적 증착법)

    (2) PVD = physical vapour deposition(물리적 증착법)

    (3) PCVD = Plasma chermical vapour deposition

    (4) TD Process(TOYOTA Diffusion Process)의 약어

① CVD = chermical vapour deposition(화학적 증착법)

1) CVD의 특징

    ① 다층박막이 가능, 코팅층의 균일성이 뛰어나고, 윤활성, 내마모성 뛰어남

    ② Tic 코팅막의 경도는 무려 $3,200 \text{kg/mm}^2$로 초경합금을 능가함.

    ③ 코팅층은 모재와 강한 금속결합을 하므로 밀착강도가 강함

2) CVD의 적용

초경공구에 적용하면 가장 좋다. 공구강에는 고속도강이나 SKD11, SKD61종 등에 적용, 비처리품에 비해 10배 이상의 공구 수명

② PVD = physical vapour deposition(물리적 증착법)

1) PVD의 특징 및 적용

① PVD의 적용분야는 절삭공구와 금형 등으로 다양하다.

② 코팅물질은 TiN이 대두분이며, TiAlN, TiZrN 등 3원계 코팅에도 적용된다.

③ 코팅층의 경도는 코팅법에 따라 다소 차이가 있으나 Hv2400 정도 초경합금보다 우월한 경도값

④ Cold Forging, Cold Forming, Deep drawing, Trimming 등에서 3~10배 금형 수명 연장 효과

⑤ 알루미늄 die-casting 및 열간 단조에서 괄목할 만한 효과가 있다.

표14-5 TD, CVD, PVD 코팅의 비교

TD treatment	PVD coating	CVD coating
Toyoda Diffusion 토요다 (열)확산 처리	Physical Vapor Deposition (발저스) 물리 기상 증착	Chemical Vapor Deposition 화상 기상 증착
약 1,000℃	250~550℃	~1,000℃ (PACVD : 300~600℃)
고경도 내마모 코팅 VC(vanadium carbide)	고경도 내마모 내부식성 코팅 TiN, TiCN, TiAlN, CrN 등	고경도 내마모 코팅 TiN, TiC, TiCN, Al$_2$O$_3$ 등
• 표면에 V(vanadium) 복합탄화물 형성 • 밀착력 우수 • 극한 조건의 금형에 적용 • 어느 정도의 탄소량이 있는 강종에만 적용 가능 • 고온에서 작업하여 성능은 우수하나 금형의 치수변형이 심함.	• 이온 플레이팅으로 인한 코팅층의 치밀성 및 밀착력 우수 • 금형을 비롯한 다양한 포밍, 펀칭 공구와 절삭공구에 적용 가능 • 타 코팅 공정에 비해 저온 코팅으로 고온 템퍼링이 실시된 제품은 치수 및 경도 변화 없음 • 환경친화적인 코팅기술 • 코팅두께 관리가 용이	• 화학반응에 의한 밀착력 우수 • 고온공정에 의한 치수변화 및 변형 발생이 과다 • TiCl$_4$ gas 다량 사용으로 인한 환경 오염물 발생 • 입자 크기가 PVD에 비해 조대함 • 공정변소의 제어의 어려움 • 고온 공정으로 인한 코팅처리 후의 Q.T 처리 필요

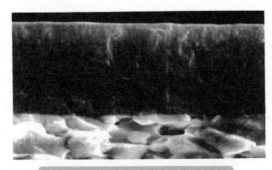

1μm
PVD coated (BALINITA)

1μm
CVD coated

⁂ 그림 14-6 PVD and CVD coatings(TiN) on cemented carides

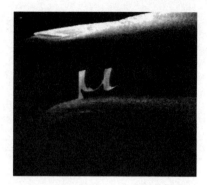

1미크론 : 0.001mm
경질코팅 : 0.003mm
담배종이 : 0.03mm
인간의 머리카락 : 0.05mm
신문 : 0.08mm
돼지털 : 0.1mm

∷ 그림 14-7 미크론은 얼마인가?

2) PVD 코팅을 위한 공구의 조건

1. 표면에 산화물 층이나 미세한 크랙이 없어야 → **밀착력 불량의 원인**

2. 연삭 과정에서 edge부의 열적 산화나 버(burr)가 없어야 → **코칭 성능저하의 원인**

3. 호모처리된 제품은 코팅전 호모처리층을 제거해야 → **코팅층 박리의 원인**

4. 질화처리된 제품은 코팅전 거친 질화층 제거를 위한 전처리가 필요 → **코팅층 박리의 원인**

5. EDM 처리된 제품은 코팅전 백색층을 충분히 제거해야 → **코팅층 박리의 원인**

6. 경면처리된 제품은 코팅전 연마 잔류물이 제거되어야 → **밀착력 불량의 원인**

7. 공구의 표면은 왁스, 페인트, 이형제 등 불순물이 없어야 → **코팅층 박리의 원인**

8. 연삭 과정에서 발생한 자력을 제거하여야 → **코팅층 박리의 원인**

9. 공구의 표면은 지문이나 연삭유나 절삭유 등의 오일 성분이 없어야 → **진공파괴의 원인**

10. 공구강류는 500℃ 이상의 온도에서 템퍼링이 2회 이상 실시되어야 → **소재 경도/치수 변화 원인**

3) PCVD(Plasma chemical vapor deposition)

① PCVD의 특징

- 경도는 TiN의 경우 Hv2000, TiC는 Hv3000 정도이다.

- TiCN은 TiN과 TiC의 중간 정도

- PCVD는 PVD의 단점인 밀착성, 균일성 보완하고, CVD에서 야기되는 변형과 치수변화 방지로 냉간 가공용 금형, 다이캐스팅, 압출금형, 특히 플라스틱 금형 중 CD, LD 금형 등 고경면 금형에 적용

4) TD Process(TOYOTA Diffusion Process)의 약어

TD프로세스는 일본의 (주)TOYOTA 중앙연구소에서 개발함. 강 표면에 주요 코팅 피막인 VC, NbC, CrC 등의 탄화물층 피복법으로 탄화물층은 매우 치밀하고 모재와의 밀착성이 크기 때문에 극히 우수한 내마모성 내산화, 내식성 및 내열 충격성 등이 우수하여 냉간단조, 제관용 공구, 성형롤 초경합금 대용으로 적용. 피막층이 두꺼워 내식성이 뛰어남.

① TD의 특징

- 초경합금보다 높은 경도값(Hv 3500 정도)
- 초경합금과 동등 또는 그 이상의 내마모성
- 스테인리스강보다 우수한 내식성
- 스테인리스강보다 우수한 내산화성
- Cr 도금. PVD법 등에 의한 표면층보다 우수한 내박리성
- 우수한 절삭 및 전단 특성

 사례 : 디코트 Punch와 TiCN 코팅 Punch

1. 디코트 Punch

1) 개요

디코트 펀치는 TD 프로세스에 의해 형성된 바나듐 탄화물층의 뛰어난 특성을 살린 획기적인 표준 펀치이다. 표면경도는 Hv 3200~3800 내마모용, 내열처리용 펀치로서 그 특성을 발휘할 뿐만 아니라 전체적인 비용절감을 기대할 수 있다. 이 방법은 특정의 원소(탄화물)을 확산, 침투시켜 금속표면에 뛰어난 내마모성, 내열 처리성을 가진 표면층을 형성할 수가 있다. 프레스금형, 냉 간단 조금형, 주조금형 등의 날끝, 지그, 기계부품 등의 성능 향상 목적에 널리 이용되고 있다.

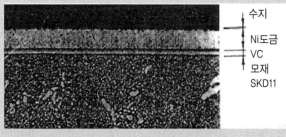

수지
Ni도금
VC
모재
SKD11

∴그림 1 코팅펀치의 표면

2) 특징

① **내마모성** : 표면경도

- 디코트 펀치의 날끝부는 4~7μm 바나듐 탄화물(VC) 층이 코팅되어있다.
- VC는 아주 단단하며(Hv 3200~3800), 모든 물질에 대하여 내마모성이 뛰어나다.

② **내열처리성** : 내 흠집성

- 디코트 펀치는 모든 재질에 대하여 내 열처리성이 아주 뛰어나다. 펀치에 흠집이 잘 안 생기고 제품 표면도 매끈하다.

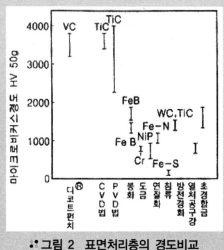

∴그림 2 표면처리층의 경도비교

③ 인성

- VC 피복은 모재의 인성을 저하시키지 않는다. 또한 고온에서 탬퍼링되어 있기 때문에 인성이 높고, 일반 펀치와 비교하여 절손의 위험성이 작다는 이점이 있다.

3) 디코트 Punch의 장점

① 디코트 펀치는 광범위한 사용조건에서 내마모성, 내열처리성을 발휘한다. 특히, 다음과 같은 경우에는 단순한 펀치 수명의 향상 효과를 기대할 수 있다.

- 일반 펀치에서는 마모가 심하고, 재 연마 여유가 큰 경우. 재 연마 여유가 작기 때문에 재 연마 소요시간이 짧다. 불용까지의 재 연마 가능 횟수가 증가하여 수명까지의 전 가공수가 증가한다.
- 버 높이로 품질 관리 되어져 있는 경우, 버 높이의 증대 속도가 작기 때문에 버 관리 공수가 감소한다.
- 제품 표면을 중시하는 경우 흠집이 생기지 않으므로 표면이 좋은 제품을 안정적으로 얻을 수 있다.
- 작업성이 나쁜 윤활제, 혹은 고가의 윤활제를 사용하고 있는 경우, 흠집이 잘 안 생기고, 마모가 작기 때문에 윤활제에 구애를 받지 않는다. 또는 사용량을 줄일 수 있다.

② 디코트 펀치 적용 피가공재

강 제	SS, SPC, SPH, SC, SCM, SK, US, 고장력강, 규소강등
표면처리강판	Sn도금강, Zn도금강, 알루미늄도금강, 플라스틱 코팅강
비 철	Al, Al합금, Cu, Cu합금, Zn합금, Ni합금 등
비금속	고무, 직물함유고무, 석면, 직물함유 베이크라이트 등

③ 금형 수리시간의 절감

그림 14-3은 00 사에서 사용하고 있는 프로그레시브 금형의 금형 수리시간과 TD의 적용효과와의 관련성을 조사한 결과이다. 이 금형의 수리시간은 벤딩, 전단펀치의 재 연마, 사용 오류로 인한 사고 등 모든 것을 포함한 시간이다. 이 금형에 적용되는 TD제품은 벤딩 펀치와 다이 뿐입니다만, 적용시기와 금형 수리시간의 사이에는 밀접한 관계가 있으며, 10만개 생산 당 수리시간은 TD 적용 전 약 50시간이, TD 적용 후에서는 15시간으로 절감되었다. 생산량이 많은 회사의 경우 이 이익은 크다고 생각된다.

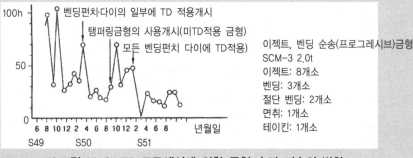

• 그림 14-3 TD 프로세서에 의한 금형 수리 지수의 변화

2. TiCN 코팅 Punch

1) 개요

　　TiCN 코팅 펀치는 PVD 방식(물리적 처리방법)의 하나인 이온 플레팅법에 의한 TiCN 코팅을 한 펀치이다. TiCN코팅은 고경도, 저마찰 계수 등 뛰어난 성질을 갖고 있으며, 펀치의 내마모성을 향상시켜 생산성이나 제품의 품질 향상 및 공구수명을 연장 시킨다. 또한 고진공(高眞空) 500℃ 이하에서 처리되므로 마무리 온도가 500℃ 이상인 모재를 경도저하 혹은 열변형을 일으키지 않고 코팅할 수 있으며 코팅 후에도 펀치날끝이 날카롭게 유지되는 것도 이 방법의 큰 이점이다. 코팅 펀치는 코팅 후의 치수정밀도가 보증되므로 치수를 관리함에 있어서 코팅 층의 두께를 고려할 필요가 없다.

표	TiCN 코팅의 기술 제원
경도(HV)	3000
막 두께(μm)	3~5
마모 계수(강에 대해, 건조 상태로)	0.3
내열성(℃)	~400
색조	청회색

2) 특징

① 고경도

　　TiCN코팅은 초경(超硬)보다 더 경한 Hv3000의 경도를 갖고 있다. 따라서 날 끝이 잘 손상되지 않아서 재 연삭까지 종래 제품에 비해 최고 10배의 수명을 갖는다.

② 저마모 계수

　　TiCN 코팅은 강에 대한 마찰 계수가 작고, 화학적으로도 안정하다. 이로 인해 균열발생의 원인이 되는 표면피로를 피할 수 있다. 이 코팅 처리는 펀치 표면과 피 가공재 표면의 접점을 분리하므로 절삭제가 활성을 잃은 경우에도 윤활 효과를 발휘한다. 또한 미끄럼 특성이 좋으므로 좀 더 고속으로 프레스가공을 할 수 있다. 점착 경향이 강한 피 가공재(경금속, 비철 금속, 스테인레스 등)에는 한층 효과를 기대할 수 있다.

① 플라스틱 금형강

아삽 제품명	규격(참조)	사용경도(HRC)	특 징	용도 예
IMPAX-HI HARD	P-20 개량	34~39 (HB350·360)	프리하든 경면	양산금형용, 대형금형, 방전가공용, 포토에칭용
RAMAX-S	신강종 고합금강	34~37 (HB330·360)	프리하든, 스텐레스 강	내식성몰드베이스양산용 몰드베이스
ORVAR SUPREME	H123,SKD61 개량	45~55	내열성, 탄성	금형고온부위, 코어핀
STAVAX ESR	420J2 개량	32~38 50~55	내식, 경면, 열처리변화취소	렌즈, CD금형, UL규격용금형
IMPAX-HI HARD	P-20 개량	34~39 (HB350·360)	프리하든 경면	양산금형용, 대형금형, 방전가공용, 포토에칭용
RAMAX-S	신강종 고합금강	34~37 (HB330·360)	프리하든, 스텐레스 강	내식성몰드베이스양산용 몰드베이스
ORVAR SUPREME	H123, SKD61개량	45~55	내열성, 탄성	금형고온부위, 코어핀
STAVAX ESR	420J2 개량	32~38 50~55	내식, 경면, 열처리변화취소	렌즈, CD금형, UL규격용금형
RIGOR	A2M SKD12	54~59	양산내마모용, 탄성	엔플라용금형, G.F.첨가수지용
ELMAX	신강종 고합금강	57~62	내식, 내마모용	슈퍼엔플라 ,G.F. 첨가, UL규격용금형
ASP23	M3 : 2 분말	56~65	양산내마모용	엔플라용금형, G.F.첨가수지용
CALMAX	신강종 고합금강	55~60	양산내마모용	G.F.첨가수지용
CORRAX	신강종 스테인레스 프리하든강	32~50	내식성, 용접성, 칫수안정성	사출, 압출, 엔지니어링
MOLDMAX	신소재 고열전도 고경도	LH : 30 HH : 40	강의3~4배 열전도도 고경도, 고경면성	사출, 블로우금형
PROTHERM	신소재 고열전도	20	강의9~10배 열전도도	호트런너, 특수핀사출, 압출금형

② 냉간가공 금형강

아삽 제품명	규격(참조)	사용경도(HRC)	특 징	용도 예
CARMO	신강종 고합금강	24~28	프리하든	자동차보디금형, 화염소입형
CALMAX	신강종 고합금강	55~60	내마모성, 탄성을 겸비	냉간작업용금형, 양식기금형
RIGOR	A2 SKD12	54~59	내마모성, 탄성양호	포오밍, 블랭킹
XW-41	D2 SKD11	55~60	고탄소, 고크롬, 공기소입강	다량생산용프레스형, 포오밍용
SEVERKER3	D6	58~64	내마소성이우수	인발형, 재단용, 소결합금 금형
CARMO	신강종 고합금강	24~28	프리하든	자동차보디금형, 화염소입형
CALMAX	신강종 고합금강	55~60	내마모성, 탄성을 겸비	냉간작업용금형 양식기금형
RIGOR	A2 SKD12	54~59	내마모성, 탄성양호	포오밍, 블랭킹
XW-41	D2 SKD11	55~60	고탄소, 고크롬, 공기소입강	다량생산용프레스형, 포오밍용
SEVERKER3	D6	58~64	내마소성이우수	인발형, 재단용 , 소결합금 금형
ASP23	M3:2 분말	56~66	최고의 내마모성	초양산용금형, 프레스, 냉간단조
VANADIS-4	신강종 분말합금강	58~60	고탄성, 내마모	스텐레스타발, 포밍금형
ASP30	분말고속도강	62~67	분말고속도공구강	초양산용금형, 프레스, 냉간단조
VANADIS-10	신강종 분말합금강	61~65	최고의 내마멸마모	경질재 고속타발
ASP60	분말고속도강	65~69	분말고속도공구강	초양산용금형, 프레스, 냉간단조
XXF-12	초초미립자 초경	92.5HRA	IC트리밍	IC트리밍
XF-12	초미립자 초경	90.8HRA	리이드프레임	분말압축성형금형
G5	초경합금	88.8HRA	프레스금형	절단 및 포밍

③ 열간가공 금형강

아삽 제품명	규격 (참조)	사용경도 (HRC)	특 징	용도 예
ORVAR SUPREME	H13, SKD61 개량	40~53	각 방향에 균등한 기계적 특성을 보유	내히이트체크성, 내용손성 다이케스팅형, 단조형
QRO 90 SUPREME	신강종 고합금강	38~53	고온강도, 내열충격성, 내열피로성	동합금용, 열간단조, 다이케스팅형
HOTVAR	신강종	55~57	열간마모, 변형방지	열간단조, AL압출 프레그레 시브
DIEVAR	신강종	40~53	최고 연성보유	내히이트체크성, 다이케스팅금형

문제 1 금형재료의 개요에 대하여 설명하시오.

문제 2 금형재료의 구비조건을 설명하시오.

문제 3 금형재료의 종류 중 다음을 설명하시오.

1) 고탄소 공구강

2) 합금 공구강

3) 고속도 공구강(H.S.S)

4) 초경합금

5) 초미립자 초경합금

6) 기타 자기질 공구재료

문제 4 열처리(Heat treatment)의 개요를 설명하시오.

문제 5 열처리(Heat treatment)의 종류 중 다음을 간단히 설명하시오.

1) 담금질(HQ : Quanching)

2) 뜨임(HT : Tempering)

3) 불림(HNR : Normalizing)

4) 풀림(HA : Annealing)

문제 6 표면경화 열처리(Heat treatment)의 종류 중 화학적인 표면경화법을 설명하시오.

문제 7 표면경화 열처리(Heat treatment)의 종류 중 물리적인 표면경화법을 설명하시오.

문제 8 CVD = chemical vapour deposition(화학적 증착법)을 설명하시오.

문제 9 PVD = physical vapour deposition(물리적 증착법)을 설명하시오.

문제 10 PCVD(Plasma chemical vapor deposition)의 특징을 설명하시오.

문제 11 TD Process와 특징을 설명하시오.

문제 12 TiCN 코팅 Punch에 대하여 설명하시오.

CHAPTER

15

최신 프레스 금형설계·제작

부 록

국제단위계 SI

※ JIS Z 8203(1985)에서 발췌

01 국제단위계(SI)와 그 사용법

① 적용범위

이 규격은 국제단위계(SI)에 의한 단위 사용법과, 국제단위계에 의한 단위와 병용해도 좋은 단위에 대해 규제한다.

② 용어와 정의

이 규격 중에서 사용되는 용어의 정의는 다음과 같다.

① **국제단위계(SI)** : 국제도량형총회에서 채용, 권고된 일관된 단위계, 기본 단위, 보조단위 및 이 두 가지 단위를 조립한 조립 단위와 이들 단위의 10의 정수배로 이루어진다.

② **SI 단위** : 국제단위계(SI) 중 기본 단위, 보조 단위 및 조립 단위의 총칭

③ **기본단위** : 표 1에 나타내는 것을 기본단위로 한다.

④ **보조단위** : 표 2에 나타내는 것을 보조단위로 한다.

표 1   기본 단위

양	단위의 명칭	단위기호	정 의
길이	미터	m	미터는 빛이 진공상태에서 $\dfrac{1}{299\ 792\ 458}$ 초의 시간 동안 진행하는 거리
질량	킬로그램	kg	킬로그램은(중량 도 힘도 아닌) 질량의 단위로서, 국제 킬로그램 원기(프로토 타입)의 질량과 같다.
시간	초	s	초는 세슘 133원자의 기저 상태에 있는 2개의 초미세 준위 사이의 전이에 대응하는 방사선의 9 192 631 770 주기의 지속시간이다.
전류	암페어	A	암페어는 무한히 길고 무한의 작은 원형 단면적을 가진 2개의 평행한 직선 도체가 진공 속에서 1미터 간격으로 유지될 때에, 2 도체 사이에 1미터 마다 2×10^{-7} 뉴턴의 힘을 생기게 하는 일정한 전류
열역학 온도	켈빈	K	켈빈은 물과 얼음과 수증기가 공존하는 물의 3중점의 열역학 온도의 $\dfrac{1}{237.16}$

양	단위의 명칭	단위기호	정 의
물질량	몰	mol	몰은, 0.012 킬로그램의 탄소 12속에 존재하는 원자수와 같은 수의 요소입자(1)또는 요소 입자의 집합체(조성이 명확한 것에 한정함)로 구성된 어떤 계의 물질량으로, 요소 입자 또는 요소 입자의 집합체를 규정하는데 사용된다.
광도	칸델라	cd	칸델라는 주파수 540×10^{12} 헤르츠의 단색광을 방출하는 광원의 방사 강도가 일정방향에 대해 매 스테라디안마다 $\frac{1}{683}$ 와트일 때, 이 방향에 대한 광도 이다.

주 1) 여기서 말하는 요소 입자란 원자, 분자, 이온, 전자 및 기타 입자를 말한다.

표 2 보조 단위

양	단위의 명칭	단위기호	정 의
평면각	라디안	rad	라디안은, 원주 위에서 그 반지름의 길이와 같은 호를 잘라내는 2개의 반지름 사이에 포함되는 평면각
입체각	스테라디안	sr	스테라디안은 구의 중심을 정적으로 하고, 그 구의 반지름을 한 변으로 하는 정사각형의 면적과 같은 면적을 그 구의 표면 위에서 잘라낸 입체각

⑤ **조립단위** : 기본 단위 및 보조 단위를 이용하여 대수적인 방법으로(곱하기, 나누기의 수학 기호를 사용하여) 나타내는 단위를 조립 단위로 한다. 또한 고유의 명칭을 가진 조립 단위는 표 4와 같다.

표 3 기본 단위에서 출발한 조립 단위의 예

량	조립 단위	
	명 칭	기 호
면 적	제곱미터	m^2
체 도	세제곱미터	m^3
속 도	미터 당 초	m/s
가 속 도	미터 당 제곱 초	m/s^2
파 수	미터	m−1
밀 도	킬로그램 매 세제곱미터	kg/m^3
전 류 밀 도	암페어 당 제곱미터	A/m^2
자기장의 강도	암페어 당 미터	A/m
(물질량의)농도	몰 당 세제곱미터	$m,ol/m^3$
비 체 적	세제곱미터 당 킬로그램	m^3/kg
휘 도	칸델라 당 제곱미터	cd/m^2

량	조 립 단 위		기본단위 또는 보조단위에 의한 조리
	명 칭	기 호	법 또는 다른 조립단위에 의한 조립법
주파수	헤르츠	Hz	$1\ Hz=1s-1$
힘	뉴턴	N	$1\ N=1kgCm^2/s$
압력, 응력	파스칼	Pa	$1\ Pa=1N/m^2$
에너지, 작업열량	줄	J	$1\ J=1NCm$
작업률, 공사, 동력, 전력	와트	W	$1\ W=1J/s$
전하, 전기량	쿨롱	C	$1\ C=1ACs$
전위, 전위차, 전압, 기전력	볼트	V	$1\ V=1J/C$
정전용량, 커패시턴스	패럿	F	$1\ F=1C/V$
전기저항	옴	Ω	$1\ \Omega=1V/A$
컨덕턴스	지멘스	S	$1\ S=1\Omega-1$
자속	웨이버	Wb	$1\ Wb=1VCs$
자속밀도, 자기유도	테슬러	T	$1\ T=1Wb/m^2$
인덕턴스	헨리	H	$1\ H=1Wb/A$
셀시우스 속도	셀시우스도 또는 도	A	$1\ t=(t+273.15)K$
광속	루멘	lm	$1\ lm=1cdCsr$
조도	럭스	lx	$1\ lx=1lm/m^2$
방사능	베크렐	Bq	$1\ Bq=1s-1$
흡수선량	그레이	Gy	$1\ Gy=1J/kg$
선량당량	시버트	Sv	$1\ Sv=1J/kg$

③ SI단위의 승 수배

① 접두어 SI단위의 10의 승 수배를 구성하기 위해 배수, 접두어의 명칭 및 접두어의 기호는 표 5와 같다.

단위에 곱해지는 배수	접 두 어		단위에 곱해지는 배수	접 두 어		단위에 곱해지는 배수	접 두 어	
	명칭	기호		명칭	기호		명칭	기호
10^{18}	헥사	E	102	헥트	h	10^{-9}	나노	n
10^{15}	베타	P	10	데카	da	10^{-12}	피코	p
10^{12}	테라	T	10-1	데시	d	10^{-15}	펨토	f
10^{9}	기가	G	10-2	센티	c	10^{-18}	아토	a
10^{6}	메가	M	10-3	밀리	m			
10^{3}	킬로	k	10-6	마이크로	μ			

힘	N	dyn	kgf
	1	$1×10^5$	$1.019\ 72×10^{-1}$
	$1×10^{-5}$	1	$1.019\ 72×10^{-6}$
	$9.806\ 65$	$9.806\ 65×10^5$	1

점도	Pa·s	cP	P
	1	$1×10^3$	$1×10$
	$1×10^{-3}$	1	$1×10^{-2}$
	$1×10^{-1}$	$1×10^{-2}$	1

주) 1P=1 dyn·s/cm²=1g/cm·s, 1PaCs=1N·S/m², 1cP=1mPa·s

응력	Pa 또는 N/m²	MPa 또는 N/mm²	kgf/mm²	kgf/cm²
	1	$1×10^6$	$1.019\ 72×10^{-7}$	$1.019\ 72×10^{-5}$
	$1×10^6$	1	$1.019\ 72×10^{-1}$	$1.019\ 72×10$
	$9.806\ 65×10^6$	$9.806\ 65$	1	$1×10^2$
	$9.806\ 65×10^4$	$9.806\ 65×10^{-2}$	$1×10^{-2}$	1

주) 1 Pa=1 N/m² , 1Mpa N/mm²

동점도	m²/s	cSt	St
	1	$1×10^6$	$1×10^4$
	$1×10^{-6}$	1	$1×10^{-2}$
	$1×10^{-4}$	$1×10^2$	1

주) 1St=1cm²/s, 1cSt=1mm²/S

응력	Pa	kPa	MPa	bar	kgf/cm²	atm	mmh₂O	mmHg 또는 Torr
	1	$1×10^{-3}$	$1×10^{-6}$	$1×10^{-6}$	$1.019\ 72×10^{-5}$	$9.869\ 23×10^{-6}$	$1.019\ 72×10^{-1}$	$7.500\ 62×10^{-3}$
	$1×10^3$	1	$1×10^{-3}$	$1×10^{-3}$	$1.019\ 72×10^{-2}$	$9.869\ 23×10^{-3}$	$1.019\ 72×10^2$	$7.500\ 62$
	$1×10^6$	$1×10^3$	1	1	$1.019\ 72×10$	$9.869\ 23$	$1.019\ 72×10^5$	$7.500\ 62×10^3$
	$1×10^5$	$1×10^2$	$1×10^{-1}$	$1×10^{-1}$	$1.019\ 72$	$9.869\ 23×10^{-1}$	$1.019\ 72×10^4$	$7.500\ 62×10^2$
	$9.806\ 65×104$	$9.806\ 65×10$	$9.806\ 65×10^{-2}$	$9.806\ 65×10^{-2}$	1	$9.678\ 41×10^{-1}$	$1×10^4$	$7.355\ 59×10^2$
	$1.013\ 25×105$	$1.013\ 25×102$	$1.013\ 25×10^{-1}$	$1.013\ 25×10^{-1}$	$1.033\ 23$	1	$1.033\ 23×10^4$	$7.600\ 00×10^2$
	$9.806\ 65$	$9.806\ 65×10^{-3}$	$9.806\ 65×10^{-6}$	$9.806\ 65×10^{-6}$	$1×10^{-4}$	$9.678\ 41×10^{-5}$	1	$7.355\ 59×10^{-2}$
	$1.333\ 22×102$	$1.333\ 22×10^{-1}$	$1.333\ 22×10^{-4}$	$1.333\ 22×10^{-4}$	$1.359\ 51×10^{-3}$	$1.315\ 79×10^{-3}$	$1.359\ 51×10$	1

주) 1Pa=1 N/m²

일·에너지·열량	J	kW·h	kgf·m	kcal
	1	$2.777\ 78×10^{-7}$	$1.019\ 72×10^{-1}$	$2.388\ 89×10^{-4}$
	$3.600\ \ ×10^6$	1	$3.670\ 98×10^5$	$8.600\ \ 0×10^2$
	$9.806\ 65$	$2.724\ 07×10^{-6}$	1	$2.342\ 70×10^{-3}$
	$4.185\ 05×10^3$	$1.162\ 79×10^{-3}$	$4.268\ 58×10^2$	1

주) 1J= W·s, 1J=1N·m

일률공률 · 동역열류	W	kgf·m/s	PS	kcal/h
	1	$1.019\ 72\times10^{-1}$	$1.359\ 62\times10^{-3}$	$8.600\ 0\times10^{-1}$
	9.806 61	1	$1.333\ 33\times10^{-2}$	8.433 71
	7.355×10^{2}	7.5×10	1	$6.325\ 29\times10^{2}$
	1.162 79	$1.158\ 72\times10^{-1}$	$1.580\ 95\times10^{-3}$	1

주) 1W=1J/s, PS : 불마력

열전도율	W/(m·k)	kcal/(h·m·℃)
	1	$8.600\ 0\times10^{-1}$
	1.162 79	1

열전달 계수	W/(m·k)	kcal/(h·m·℃)
	1	$8.600\ 0\times10^{-1}$
	1.162 79	1

비열	J/(kg·K)	kcal/(kg·A), cal/(g·A)
	1	$2.388\ 89\times10^{-4}$
	$4.186\ 05M10^{-3}$	1

■ 철강 재료의 열처리

명 칭	비커스 경도 (HV)	담금질 깊이 (mm)	변형	처리할 수 있는 재료	대표적 재료	비 고
전체 담금질	750 이하	전체	재료에 따라 다름	고탄소강 C〉0.45%	SKS3 SKS21 SUJ2 SKH51 SKS93 SK4 S45C	·스핀들처럼 길이가 긴 물건이나 정밀부품에는 사용하지 않는 것이 좋다.
침탄 담금질	750 이하	표준0.5	중간	저탄소강 C〈0.3%	SCM415 SNCM²20	·부분 담금질 가능 ·담금질 깊이를 도면으로 지시할 것 ·정밀 부품에 적합하다
고주파 담금질	500 이하	1~2	대	중탄소강 C0.3~0.5%	S45C	·부분 담금질 가능 ·소량일 경우 코스트가 높아진다. ·피로에 견디는 특성이 뛰어나다.
질화 담금질	900~1000	0.1~0.2	작음	질화강	SACM645	·담금질 경도가 가장 크다. ·정밀 부품에 적합하다. ·미끄럼 베어링용 스핀들에 적합하다
테프트라이드	탄소강 500 스테인리스 1,000	0.01~0.02	작음	철강재료	S45C SCM415 SK3 스테인리스	·피로와 마모에 견디는 특성이 양호함 ·내식성은 아연 도금과 같은 정도 ·열처리 후의 연마는 불가능 하므로 정밀부품에는 적합하지 않음 ·무급유 윤활에 적합함
블루잉				선재(線材)	SWP-B	·저온 어닐링이다. ·성형시 내부 응력을 제거하여 탄성을 높인다.

■경도 시험범의 종류와 그 적용 부품

시험방법	원 리	적용 열처리 부품	특 색	비 고
1. 브리넬 경도	·구압자(球壓子, 강 또는 초경 합금)로 시험면을 눌렀을 때의 시험 하중을 움푹 패인 직경에 서 구한 표면적으로 나눈 값	·어닐링한 부품 ·표준화한 부품 ·고정한 등을 한 부분	① 패인 부분인 크므로 경도가 불균일한 재료나 소재, 주조 품에 적합하다. ② 시료가 크기가 작거나 얇을 경우는 적합하지 않다.	JISZ2243
2. 록웰 경도	·다이아몬드 압자나 구압자를 이용하여 기준하중, 시험 하중 을 을 가하였을 때 시험기의 지시 장치에 표시된 경도값에 서 구한다.	·담금질-재가열한 부품 ·침탄 표면 ·질화 표면 ·강, 황동, 청동 등 두께가 얇은 판	① 단시간에 경도 값을 구할 수 있다. ② 현물을 이용한 중간 검사에 적합하다. ③ 30종류나 되므로 각별한 주 의를 요한다.	JISZ2245
3. 쇼어 경도	·시료의 시험면 위에 일정한 높 이에서 해머를 떨어뜨렸을 때, 해머가 튀어 오르는 높이를 기 준으로 경도를 구한다.	·담금질-재가열 부품 ·질화처리 ·침탄 처리등을 한 대형 부품	① 조작이 아주 간단하며, 단시 간에 데이터를 얻을 수 있다. ② 대형 부품에 적합하다 ③ 들어간 부분이 얕아서 잘 눈 에 띄지 않으므로 실제 제품 에 적합하다. ④ 작고 가벼워서 잦고 다닐 수 있다.	JISZ2246
4. 비커스 경도	·대면각 136도의 다이아몬드 4 각 추 압자로 시험 면을 줄렀을 때의 시험 하중과, 움푹 들어 간 부분의 대각선 길이에서 구한 들어간 부분의 표면적으로 경 도를 산출한다. (환산은 자동적)	·고주파 담금질, 침탄, 질화, 전기 도금, 세라믹 코팅 등 경화층이 얇은 것 ·침탄, 질화처리품의 경화층 깊이	① 작고 얇은 시료에 적합하다. ② 압자가 다이아몬드 이므로 재료가 아무리 딱딱해도 시 험할 수 있다.	JISZ2244

■ 강(鋼)의 록웰C경도에 대한 근사적 환산 값[3]

| (HRC) 록웰 C 스케일 경도 | (HV) 비커스 경도 | 브리넬 경도 (HB) 10mm 구 하중 300kgf | | 록웰 경도[3] | | | 록웰 표면 강도 다이아몬드 원추 입자 | | | (Hs) 쇼어 경도 | 인장 강도 (근사 값) MPa (kgf/ mm²)[1] | (록펠 C스케일 경조[2] |
		표준 구(表)	텅스텐 카바이드구	(HRA) A 스케일 하중 60kgf 다이아몬드 원추입자	(HRA) B스케일 하중 100kgf 직경1.6mm (1/16in)구	(HRA) D스케일 하중100kgf 다이아몬드 원추입자	15-N 스케일 하중 15kgf	30-N 스케일 하중 30kgf	45-N 스케일 하중 45kgf			
68	940	–	–	85.6	–	76.9	93.2	84.4	75.4	97		
67	900	–	–	85.0	–	76.1	92.9	83.6	74.2			
66	865	–	–	84.5	–	75.4	92.5	82.8	73.3			
65	832	–	(739)	83.9	–	74.5	92.2	81.9	72.0			
64	800	–	(722)	83.4	–	73.8	91.8	81.1	71.0			
63	772	–	(705)	82.8	–	73.0	91.4	80.1	69.9			
62	746	–	(688)	82.3	–	72.2	91.1	79.3	68.8			
61	720	–	(670)	81.8	–	71.5	90.7	78.4	67.7			
60	697	–	(654)	81.2	–	70.7	90.2	77.5	66.6			
59	674	–	(634)	80.7	–	69.9	89.8	76.6	65.5			
58	653	–	615	80.1	–	69.2	89.3	75.7	64.3			
57	633	–	595	79.6	–	68.5	88.9	74.8	63.2			
56	613	–	577	79.0	–	67.7	88.3	73.9	62.0			
55	595	–	560	78.5	–	66.9	87.9	73.0	60.9			
54	577	–	543	78.0	–	66.1	87.4	72.0	59.8			
53	560	–	525	77.4	–	65.4	86.9	71.2	58.6			
52	544	(500)	512	76.8	–	64.6	86.4	70.2	57.4			
51	528	(487)	496	76.3	–	63.8	85.9	69.4	56.1			
50	513	(475)	481	75.9	–	63.1	85.5	68.5	55.0			
49	498	(464)	469	75.2	–	62.1	85.0	67.6	53.8			
48	484	451	455	74.7	–	61.4	84.5	66.7	52.5			
47	471	442	443	74.1	–	60.8	83.9	65.8	51.4			
46	458	432	432	73.6	–	60.0	83.5	64.8	50.3			
45	446	421	421	73.1	–	59.2	83.0	64.0	49.0			
44	434	409	409	72.5	–	58.5	82.5	63.1	47.8			
43	423	400	400	72.0	–	57.7	82.0	62.2	46.7			
42	412	390	390	71.5	–	56.9	81.5	61.3	45.5			

(HRC) 록웰 C 스케일 경도	(HV) 비커스 경도	브리넬 경도(HB) 10mm 구 하중 300kgf		록웰 경도			록웰 표면 강도 다이아몬드 원추 입자			(Hs) 쇼어 경도	인장 강도 (근사 값) MPa (kgf/mm²)	(록펠 C 스케일 경조)
		표준 구(表)	텅스텐 카바이드구	(HRA) A 스케일 하중60kgf 다이아몬드 원추입자	(HRA) B스케일 하중100kgf 직경1.6mm (1/16in)구	(HRA) D스케일 하중100kgf 다이아몬드 원추입자	15-N 스케일 하중 15kgf	30-N 스케일 하중 30kgf	45-N 스케일 하중 45kgf			
41	402	381	381	70.9	−	56.2	80.9	60.4	44.3			
40	392	371	371	70.4	−	55.4	80.4	59.5	43.1			
39	392	362	362	69.9	−	54.6	79.9	58.6	41.9			
38	372	353	353	69.4	−	53.8	79.4	57.7	40.8			
37	363	344	344	68.9	−	53.1	78.8	56.8	39.6			
36	354	336	336	68.4	(109.0)	52.3	78.3	55.9	98.4			
35	345	327	327	67.9	(108.5)	51.5	77.7	55.0	87.2			
34	336	319	319	67.4	(108.0)	50.8	77.2	54.2	36.1			
33	327	311	311	66.8	(107.5)	50.0	76.6	53.3	34.9			
32	318	301	301	66.3	(107.0)	49.2	76.1	52.1	33.7			
31	310	294	294	65.8	(106.0)	48.4	75.6	51.3	32.5			
30	302	286	286	65.3	(105.5)	47.7	75.0	50.4	31.3			
29	294	279	279	64.7	(104.5)	47.0	74.5	49.4	30.1			
28	286	271	271	64.3	(104.0)	46.1	73.9	48.6	28.9			
27	279	264	264	63.8	(103.0)	45.2	73.3	47.7	27.8			
26	272	258	258	63.3	(102.5)	44.6	72.8	46.8	26.7			
25	266	253	253	62.8	(101.5)	43.8	72.2	45.9	25.5			
24	260	247	247	62.4	(101.0)	43.1	71.6	45.0	24.3			
23	254	243	243	62.0	100.0	42.1	71.0	44.0	23.1			
22	248	237	237	61.5	99.0	41.6	70.5	43.2	22.0			
21	243	231	231	61.0	98.5	40.9	69.9	42.3	20.7			
20	238	226	226	60.5	97.8	40.1	69.4	41.5	19.6			
(18)	230	219	219	−	96.7	−						
(16)	222	212	212	−	95.5	−	−	−	−			
(14)	213	203	203	−	93.9	−	−	−	−			
(12)	204	194	194	−	92.3	−	−	−	−			
(10)	196	187	187	−	90.7	−	−	−	−			
(8)	188	179	179	−	89.5	−	−	−	−			
(6)	180	171	171	−	87.1	−	−	−	−			
(4)	173	165	165	−	85.5	−	−	−	−			
(2)	166	158	158	−	83.5	−	−	−	−			
(0)	160	152	152	−	81.7	−	−	−	−			

1) 1MPa=1N/mm²=1/9.80665kgf/mm²
2) 표 속의 괄호 ( ) 안의 숫자는 별로 많이 이용되지 않는 범위의 것으로서 참고로 제시하였다.
3) 청색 숫자는 ASTM E 140표1에 따름(SAE·ASM·ASTM)이 공동으로 조정한 것이다.

■ 표면조도의 종류

공업 제품의 표면 조도(거칠기)를 나타내는 파라미터로서 산술 평균 조도(Ra), 최대 높이(Ry), 10점 평균 조도(Rz), 요철의 평균 가격(Sm), 국부 정점의 평균 가격(S), 부하 길이 비율(tp)의 정의 및 표시에 대해 규정한다. 여기서, 표면 조도란 대상물의 표면에서 무작위로 선정한 각 부분에서의 각각의 산술 평균 값이다.

[중신선 평균 조도(Ra75)는 JIS B 0031·JIS B 0061의 부속서에 규정되어 있다.]

표 1　　　**표면조도를 구하는 대표적인 방법**

산술 평균 조도 Ra 조도 곡선에서 그 평균선 방향으로 기준 길이만큼을 추출하여 그 추출한 그 부분의 평균선 방향으로 X축을 종배율(縱倍率)방향으로 Y축을 놓고, 조도 곡선을 $y=f(x)$로 나타내었을 때에는 다음 식으로 구해지는 값을 마이크로미터(μm)로 나타낸 것을 말한다.	$Ra = \dfrac{1}{\ell}\displaystyle\int_0^{\ell}|f(x)|dx$ 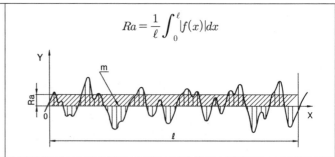
최대 높이 Rv 조도 곡선에서 그 평균선 방향으로 표준 길이만큼을 추출하여, 이 추출한 부분의 꼭대기 선과 골짜기 선의 간격을 조도 곡선의 종배율 방향으로 측정하여, 이 값을 마이크로미터로(μm)나타낸 것을 말한다. 비고 Rv를 구할 경우에는 홈집으로 보이는 부분을 피하여 높은 꼭대기 및 낮은 골짜기가 없는 부분에서 평균 길이만큼 선정한다.	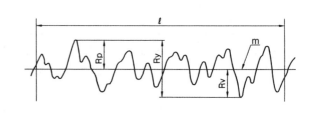 $Ry = Rp + Rv$
10개소 평균 조도 Rz 조도 곡선에서 그 평균선 방향으로 표준 길이만큼을 추출하여 이 부분의 평균선에서 종배율의 방향으로 측정한, 가장 높은 꼭대기에서 5번째까지 꼭대기의 표고(Yp) 절대 값의 평균값의 합을 구하여, 이 값을 마이크로미터(μm)로 나타낸 것을 말한다.	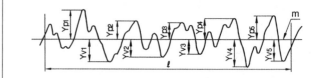 $Rz = \dfrac{|Y_{p1}+Y_{p2}+Y_{p3}+Y_{p4}+Y_{p5}|+|Y_{v1}+Y_{v2}+Y_{v3}+Y_{v4}+Y_{v5}|}{5}$ $Y_{p1}+Y_{p2}+Y_{p3}+Y_{p4}+Y_{p5}$: 기준길이 L에 대한 추출 부분의 가장 높은 꼭대기에서 5번째 꼭대기까지의 표고 $Y_{v1}+Y_{v2}+Y_{v3}+Y_{v4}+Y_{v5}$: 기준길이 L에 대한 추출 부분의 가장 낮은 골짜기 부분에서 5번째까지의 골짜기의 표고

산술 평균 조도 Ra			최대 높이 Ry	10점 평균 조도 Rz	$Ry \cdot Rz$ 기준 길이 L(mm)	종래의 마무리 기호
표준 수 예	Cut-off 값 c(mm)	표면 상태에 대한 표시	표준 수 열			
0.012a	0.08	0.012~0.2	0.05s	0.05z	0.08	▽▽▽▽
0.025a	0.25		0.1 s	0.1 z		
0.05 a			0.2 s	0.2 z	0.25	
0.1 a			0.4 s	0.4 z		
0.2 a			0.8 s	0.8 z		
0.4 a	0.8	0.4~1.6	1.6 s	1.6 z	0.8	▽▽▽
0.8 a			3.2 s	3.2 z		
1.6 a			6.3 s	6.3 z		
3.2 a	0.25	3.2~6.3	12.5 s	12.5 z	0.25	▽▽
6.3 a			25 s	25 z		
12.5 a	8	12.5~25	50 s	50 z	8	▽
25 a			100 s	100 z		
50 a		50~100	200 s	200 z		~
100 a	—		400 s	400 z	—	

※ 3 종류의 상호 관계는 편의상 위와 같이 구분하였으며 엄격하게 일치하지는 않는다.
※ $Ra : Ry$, Rz의 평가 길이는 Cut-off 값, 기준 길이를 각각 5배 한 값이다.

제도-표면 상태에서 대한 그림 표시 방법

※ JISS Z B 0031-1994에서 발췌

■ 표면 지시 기호에 대한 각 지시 기호의 위치

표면 상태에 대한 지시 기호는 면의 지시 기호에 대해 표면 조도 값, Cut-off 값 또는 표준 길이, 가공 방법, 주름 방향에 대한 기호, 표면 요철 등을 그림 16에서 나타내는 위치에 배치하여 나타낸다.

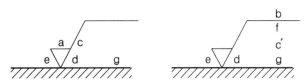

:∗ 그림 7 각 지시 기호의 기입 위치

a : Ra의 값　　　　　b : 가공 방법
c : Cut-off 값·평가 길이　　c′: 기준길이·평가길이
d : 날 방향에 대한 기호
f : Ra 이외의 파라미터(tp일 때는 파라미터/절단 레벨)
g : 표면 요철(JIS B 0610에 따른다.)

비고　a 와 f 이외는 필요에 따라 기입한다.

기 호	의 미	설 명 도
=	가공에 의한 절삭 공구의 날 방향이 기호를 기입한 그림의 투영면에 평행 예) 형삭면	절삭 공구의 날 방향
⊥	가공에 의한 절삭 공구의 날 방향이 기호를 기입한 그림의 투영면에 직각 예) 형삭면(홈에서 보는 상태) 선삭, 원통 연삭면	절삭 공구의 날 방향
X	가공에 의한 절삭 공구의 날 방향이 기호를 기입한 그림의 투영면에 비스듬하게 2방향으로 교차 예) 호닝 마무리면	절삭 공구의 날 방향
M	가공에 의한 절삭 공구의 날 줄무늬 방향이 여러 방향으로 교차하거나 일정한 방향이 없는 상태 예) 래핑(Rapping) 마무리면, 초마무리며, 가로 이송 정면 밀 또는 엔드 밀로 가공한 선삭	
C	가공에 의한 절삭 공구의 날이 기호를 기입한 면의 중심에 대해 거의 동신원상인 상태 예) 면삭 면	
R	가공에 의한 절삭 공구의 날이 기호를 기입한 면의 중신에 대해 거의 방사상인 상태	

- **표면 상태에 대한 표시 예**

면의 지시 기호

제거 가공을 요하는 면의 지시 기호

제거 가공을 해서는 안 되는 면의 지시 기호

줄 무늬 방향을 지시한 예

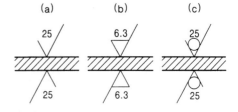
Ra의 상한하한을 지시한 예

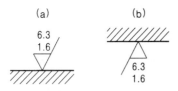
Ra의 상한·하한을 지시한 예

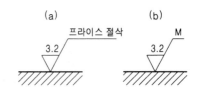
가공 방법을 지시한 예

각종 가공법에 의한 조도(粗度)의 범위

산술 평균 조도 Ra	0.025	0.05	0.1	0.2	0.4	0.8	1.6	3.2	6.3	12.5	25	50	100
최대 높이 Rmax	0.1-S	0.2-S	0.4-S	0.8-S	1.6-S	3.2-S	6.3-S	12.5-S	25-S	50-S	100-S	200-S	400-S
기준 길이의 표준 값(mm)	0.25				0.8			2.5		8		25	
마무리 기호	▽▽▽▽				▽▽▽			▽▽		▽		–	
단조								정	밀				
주조								정	밀				
다이캐스트								◄	─	─	─	─	►
열간압연								◄	─	─	─	─	►
냉간압연								◄	►				
인발(引拔)								◄	─	─	►		
압출				◄	─	─	─	─	►				
텀블링(tumbling)						◄	─	─	►				
샌드블라스트(sand blast)						◄	─	─	►				
압연롤링( )		◄	─	─	►								
정면밀링						정	밀	◄	─	─	►		
평삭				◄	─	─	►						
조삭(彫削)(입조(立彫)를포함)													
밀링						정	밀						
정밀보링													
줄마무리						정	밀						
환삭(丸削)				정밀		상		중			거침		
보링						정	밀						
드릴링													
리밍(reaming)					정	밀							
브로치그라인딩					정	밀							
셰이빙													
연삭		정밀	상			중			거침				
혼(hone)마무리		정	밀										
초(超)마무리	정	밀											
버프마무리			정	밀									
사포마무리			정	밀									
래핑마무리	정	밀											
액체호닝			정	밀									
버니싱(burnishing)마무리													
롤러마무리													
방전형조													
와이어컷방전													
화학연마						정밀							
전해연마		정	밀										

종래의 조도 표기 / 가공법

■ 기하학 공차의 종류와 그 기호

공차의 종류		기호	공 차 의 정 의	표 시 예 와 해 석
형상공차	진직도 공차	—	공차역을 나타내는 수치 앞에 기호 ∅가 붙어 있는 경우에는 이 공차역은 직경이 1인 원통 속의 영역이다.	통의 직경을 나타내는 치수에 공차 기입란이 붙어 있는 경우 에는 그 원통의 축선은 직경이 0.08mm인 원통 내에 있어야 한다.
	평면도 공차	▱	공차역은 t 만큼 떨어진 2개의 평행한 평면 사이에 끼어 있는 영역이다.	이 표면은 0.08mm 만큼 떨어진 2개의 평행한 평면 사이에 있어야 한다.
	진원도 공차	○	대상으로 하는 평면 내에서의 공차역은 t 만큼 떨어진 2개의 동심원 사이에 있는 영역이다.	임의의 축 직각 단면에서의 외경은 동일 평면산에서 0.1mm 만큼 떨어진 2개의 동심원 사이에 있어야 한다.
	원통도 공차	⌀	공차역은 t 만큼 떨어진 2개의 동축 원동 사이에 있는 영역이다.	대상으로 하는 면은 0.1mm 만큼 떨어진 2개의 동축 원통면 사이에 있어야 한다.
	선의 윤곽도 공차	⌒	공차역은, 이론적으로 정확한 윤곽선위에 중심을 둔 직경이 t 인 원이 만드는 2개의 포락선 사이에 끼어 있는 영역이다.	투영면에 평행한 임의의 단면에서 대상으로 하는 윤곽은 이론적으로 정확한 윤곽을 가진 선 위에 중심을 둔 직경 0.04mm의 원이 이루는 2개의 포락면 사이에 있어야 한다.
	면의 윤곽도 공차	⌓	공차역은 이론적으로 정확한 윤곽 면 위에 중심을 둔, 직경이 t인 구가 만드는 2개의 포락면 사이에 끼어 있는 영역이다.	대상으로 하는 면은 이론적으로 정확한 윤곽은 이론적으로 가진 면 위에 중심을 둔 직경 0.02mm의 구가 이루는 2개의 포락면 사이에 있어야 한다.
자세공차	평행도 공차	∥	공차역은 데이터(datum)평면에 평행하고, t 만큼 떨어진 2개의 평행한 평면 사이에 끼어있는 영역이다.	지시선의 화살표로 나타내는 면은 데이텀 평면 A에 평행하고, 지시선의 화살표 방향으로 0.01mm 만큼 떨어진 2개의 평면 사이에 있어야 한다.

공차의 종류		기호	공 차 의 정 의	표 시 예 와 해 석
자세공차	직각도 공차	⊥	공차를 나타내는 수치 앞에 기호 ∅가 붙어 있는 경우에는 이 공차역은 데이텀 평면에 수직이고 직경이 t 인 원통 속의 영역이다.	지시선의 화살표로 나타내는 원통의 축선은 데이텀 평면 A에 수직이고 직경이 0.01mm인 원통 속에 있어야 한다.
	경사도 공차	∠	공차역은 데이텀(datum) 평면에 평행하고 t 만큼 떨어진 2개의 평행한 평면 사이에 끼어 있는 영역이다.	지시선의 화살표로 나타내는 면은 데이텀 평면 A에 대해 이론적으로 정확하게 40° 기울어지고, 지시선의 화살표 방향으로 0.08mm 만큼 떨어진 2개의 평행한 평면 사이에 있어야 한다.
위치공차	위치도 공차	⊕	공차역은 대상으로 하는 점의 이론적으로 정확한 위치(이하 진 위치라고 함)를 중심으로 하는 직경인 원이나 구속의 영역이다.	지시선의 화살표로 나타낸 점은 데이텀 직선A에서 60mm 데이텀 직선 B에서 100mm 떨어진 진위치를 중심으로 하며 직경이 0.03 mm인 원 속에 있어야 한다.
위치공차	동축도 공차 또는 동심도 공차	◎	공차를 나타내는 수치 앞에 기호 ∅가 붙어 있는 경우에는 이 공차역은 데이텀 축 직선과 일치하는 축선을 가진 직경 t 의 원통 속의 영역이다.	지시선의 화살표로 나타낸 축선은 데이텀 축 지선A를 축선으로 하는 0.01mm의 원통 속에 있어야 한다.
	대칭도	≡	공차역은 데이텀 중심 평면에 대해 대칭으로 배치되며, 서로 t 만큼 떨어진 2개의 평행한 평면 사이에 끼어 있는 영역이다.	지시선의 화살표로 나타낸 중심면은 데이텀 중심 평면 A에 대칭으로 0.08mm의 간격을 가진, 평행한 2개의 평면 사이에 있어야 한다.
편차공차	원주 편차 공차	⁄	공차역은 데이텀 축 직선에 수직인 임의의 측정 평면상에서 데이텀 축진선과 일치하는 중심을 갖고, 반지름 방향으로 t 만큼 떨어진 2개의 동심원 사이의 영역이다.	지시선의 화살표로 나타낸 원통면의 반지름 방향의 편차는 데이텀 축 직선 A–B를 기준으로 1회전시켰을 때 데이텀 축 직선에 수직임 임의의 측정 평면상에서 0.1mm를 넘지 않아야 한다.
	전체 편차 공차	⁄⁄	공차역은 데이텀 축 직선에 일치하는 축선을 가지고, 반지름 방향으로 t 만큼 떨어진 2개의 동추 원통 사이의 영역이다	지시선의 화살표로 나타낸 원통면의 반지름 방향의 전체 편차는 데이텀 축 직선 A–B를 기준으로 원통 부분을 회전시켰을 때 원통표면상의 임의의 점에서 0.1mm를 넘지 않아야 한다.

공차역을 정의하는데 사용되고 있는 선은 다음과 같은 의미를 갖는다.
두꺼운 실선 또는 파선 : 형체가는 1접 쇄선 : 중심 축
두꺼운 1점 쇄선 : 데이텀가는 2점 쇄선 : 보충 투영면 또는 절다면
가는 실선 또는 파선 : 공차역 두꺼운 2점 쇄선 : 보충 투영면 또는 절단면에 대한 형체에 투영

끼워 맞춤 선택의 기초

※ JIS사용법 시리즈제도 매뉴얼(정확도 편)에서 발췌

			H6	H7	H8	H9	적용 부문	기능상의 분류	적용 예
부품을 상대적으로 움직일 수 있다	헐거운 끼워 맞춤	느스한 맞춤				c9	특별히 큰 틈이 있어도 좋거나, 틈이 필요한 동작 부분. 조립을 용이하게 하기 위해 틈을 크게 해도 좋은 부분. 고온 시에도 적당한 틈을 필요로 하는 부분.	기능상 큰 틈이 필요한 부분 {평행한다. 위치오차가크다. 끼워맞춤길이가가길다.} 비용을 낮추고 싶다 {제작 비용 보수 비용}	피스톤 링과 링 홈 느슨한 고정 핀의 끼워 맞춤
		가벼운 구름 맞춤			d9	d9	큰 틈이 있어도 좋거나 틈이 필요한 부분.		크랭크 웹과 판 베어링(옆면) 배기 밸브 부시와 끼워 맞춤 받이 동작 부분 피스톤 링고 링 홈
		구름 맞춤		e7	e8	e9	다소 큰 틈이 있어도 좋거나 틈이 필요한 동작 부분. 약간 큰 틈으로 윤활이 좋은 베어링 부. 고온·저속·고부하의 베어링 부(고도의 강제 윤활)	일반 회전 부분 또는 주 동작 부분(윤활성이 좋아야 함)	배기 밸브 시트의 끼워 맞춤 크랭크축용 주 베어링 일반 주 동작 부분 **스트리퍼 볼트 MSB(e9)**
		구름 맞춤	f6	f7	f7 f8		적당한 틈이 있어도 운동할 수 있는 끼워 맞춤(질 좋은 끼워 맞춤) 그리스·윤활유의 일반 상온 베어링 부	보통 끼워 맞춤 부분 (분해하는 일이 많다)	냉각식 배기 밸브 부시 삽입부 일반적인 축과 부시 가이드 리프터 (g6) 링 장치 레버와 부시
		정밀 구름 맞춤	g5	g6			가벼운 정밀 기계의 연속 회전 부분 틈이 작아야 운동이 가능한 끼워 맞춤(마개, 위치 결정) 정밀한 주 동작 부분	거의 틈이 없는 정밀한 운동이 요구되는 부분	링 장치 핀과 레버 키와 키 홈 정밀한 제어 밸브 봉
부품을 상대적으로 움직일수 없다	중간 끼워 맞춤	미끄럼 맞춤	h5	h6	h7 h8	h9	윤활제를 사용하면 손으로 움직일 수 있는 끼워 맞춤 (질 좋은 위치 결정) 특히 정밀한 주 동작 부분 중요하지 않은 정지 부분	끼워 맞춤을 결합력만으로 동력을 전달 할 수 없다.	림(rim)과 보스(boss)의 끼워 맞춤 **맞춤판 MSTH(h7)** 정밀한 기어 장치의 기어 끼워 맞춤
		압입	h5 h6	js6			다소의 여유가 있어도 되는 체결 부분 사용 중 서로 움직이지 않도록 하는 높은 정확도의 위치 결정 난무해머·납 해머로 조립·분해할 수 있을 정도의 끼워 맞춤		커플링 플랜지 사이의 끼워 맞춤 거버너 웨이와 핀 기어 림과 보스의 끼워 맞춤
		타입	js6	k6			조립·분해에 철 해머·핸드 프레스를 사용해야 하는 정도의 끼워 맞춤(부품 상호간의 축회전 방지에는 키 등이 필요) 높은 정확도이 위치 결정	부품을 손상하지 않고 분해·조립 할 수 있다.	기어 펌프 축과 케이싱과의 고정 리버 볼트
		타입	k5	m6			조립·분해에 대해서는 위와 같음 약간의 틈도 허용되지 않는 고 정확도의 위치 결정		리머 볼트 맞춤핀 MSTM(m6) 유압 기기 피스톤과 축의 고정 커플링 플랜지와 축의 끼워 맞춤
		경 압 입	m5	n6			조립·분해에 상당한 힘을 필요로 하는 끼워 맞춤. 고 정확도이 고정 조립(큰 토크의 동력 전달에는 키 등이 필요)	작은 동력 정도는 끼워 맞춤의 결합력으로 전달할 수 있다.	휨 축 커플링과 기어(수동 쪽)고 정확도 끼워 맞춤 펀치 SPA등 (m5) 흡입 밸브,밸브 가이드 삽입 다이 MHD등 (m5)

			H6	H7	H8	H9	적 용 부 문	기능상의 분류	적 용 예
부품을 상대적으로 움직일 수 없다	억지 끼워 맞춤	압입	n5 n6	p6			조립분해에 큰 힘을 필요로 하는 끼워 맞춤(큰 토크의 동력 전달에는 키 등이 필요) 단, 비철 부품끼리인 경우에는 눌러 넣는 힘은(경압입) 정도로 한다. 철과 철, 총동과 동의 표준적인 압인 고정	부품을 손상하지 않고는 분해하기 어렵다.	작은 동력 정도는 끼워 맞춤의 결합력으로 전달할 수 있다.	흡입 밸브, 밸브 가이드 삽입 **스트레이트 다이 MSD등(n5)** 기어와 축의 고정(작은 토크) 휨 커플링 축과 기어(구동 쪽)
		강압입 · 열간압입 · 냉간압입	p5	r6			조립분해에 대해서는 위와 같음 큰 치수의 부품에는 가열 끼워 맞춤, 냉각 끼워 맞춤 강 압입으로 한다.		끼워 맞춤의 결합력으로 상당한 동력을 전달 할 수 있다.	커플링과 축
			r5		s6 t6 u6 x6		서로 단단히 고정되어야 하는 부분. 조립시 가열 끼워 맞춤, 냉각 끼워 맞춤, 강 압입을 필요로 하며 분해할 수 없는 영구적 조립. 경합금의 경우에는 압입 정도로 한다.			베어링 부시의 끼워 맞춤 고정
										흡입밸브, 밸브 시트 삽입 **맞춤 핀 MST(p6)** 커플링 플랜지아 축 고정(큰 토크)
										구동 기어 림과 보스의 고정 베어링 부시 끼워 맞춤 고정

※ **진한 문자**는 프레스 금형부품을 적용예에 계제 되어 있습니다.

1.1 상용하는 홀 기준 끼워 맞춤

기준 홀	축의 공차 범위의 등급																
	헐거운 끼워 맞춤							중간끼워맞춤			억지 끼워 맞춤						
	b	c	d	e	f	g	h	js	k	m	n	p	r	s	t	u	x
H6						g5	h5	js5	k5	m5							
H6					f6	g6	h6	js6	k6	m6	n6*	p6*					
H7					f6	g6	h6	js7	k6	m6	n6	p6*	r6*	s6	t6	u6	x6
H7				e7	f7		h7	js8									
H8					f7		h7										
H8				e8	f8		h8										
H8			d9	e9													
H9			d8	e8			h8										
H9		c9	d9	e9			h9										
H10	b9	c9															

[주] * 이들 끼워 맞춤은 치수 구분에 따라서 예외가 있다.

1.2 상용하는 홀 기준 끼워 맞춤에 있어서 공차 범위의 상호관계

기준 홀	H6	H7	H8	H9	H10
끼워 맞춤	헐거운 끼워 맞춤 / 중간 끼워 맞춤 / 억지 끼워 맞춤	헐거운 끼워 맞춤 (미끄럼 맞춤) / 중간끼워맞춤 (타입) / 억지 끼워 맞춤 (압입, 강압입, 가열 끼워 맞춤)	헐거운 끼워 맞춤 (노슨한 구름 맞춤, 가벼운 구름 맞춤, 구름 맞춤)	헐거운 끼워 맞춤	헐거운 끼워 맞춤
축의 공차 범위 등급	f6 g5 g6 h5 h6 js5 js6 k5 k6 m5 m6 n6 p6	e7 f6 f7 g6 h6 h7 js6 js7 k6 m6 n6 p6 r6 s6 t6 u6 x6	d9 d8 e8 e9 f7 f8 h7 h8	c9 d8 d9 e8 e9 g8 h8 h9	b9 c9 d9

치수차 (μm): 50, 0, -50, -100, -150, -200

* 위 표는 기준 치수 18mm 초과 30mm이하인 경우입니다.

2.1 상용하는 축 기준 끼워 맞춤

기준 홀	축의 공차 범위의 등급																
	헐거운 끼워 맞춤							중간끼워맞춤			억지끼워맞춤						
h5							H6	JS6	K6	M6	N6*	P6					
h6					F6	G6	H6	JS6	K6	M6	N6	P6*					
					F7	G7	H7	JS7	K7	M7	N7	P7*	R7	S7	T7	U7	X7
h7				E7	F7		H7										
					F8		H8										
h8			D8	E8	F8		H8										
			D9	E9			H9										
h9			D8	E8			H8										
		C9	D9	E9			H9										
	B10	C10	D10														

[주] *이들 끼워 맞춤은 치수 구분에 따라서 예외가 있다.

2.2 상용하는 축 기준 끼워 맞춤에 있어서 공차 범위의 상호관계

기준 홀	h5		h6				h7	h8	h9
끼워 맞춤	헐거운 끼워 맞춤	중간 끼워 맞춤 / 억지 끼워 맞춤	헐거운 끼워 맞춤	중간 끼워 맞춤	억지 끼워 맞춤		헐거운 끼워 맞춤	헐거운 끼워 맞춤	헐거운 끼워 맞춤

축의 공차 범위 등급: M6 JS6 K5 M6 N6 P6 F6 F7 G6 G7 H6 H7 JS6 JS7 K6 K7 M6 M7 N6 N7 P6 P7 R7 S7 T7 U7 X7 E7 F7 F8 H7 H8 D8 D9 E8 E9 F8 H8 B10 C9 C10 D8 D9 D10 E8 E9 H8 H9

치수차 (㎛): 200 150 100 50 0 -50

H5 H6 H6 H7 H8 H9

* 위 표는 기준 치수 18mm 초과 30mm이하인 경우입니다.

상용하는 끼워 맞춤의 치수 공차(홀)

※ JIS B 0401(1986)에서 발췌

상용하는 끼워 맞춤에서 이용하는 홀의 치수 허용차 · 홀의 공차역별 위 등급단위 (단위: μm)

초과	이하	B10	C9	C10	D8	D9	D10	E7	E8	E9	F6	F7	F8	G6	G7	H6	H7	H8	H9	H10	JS6	JS7	K6	K7	M6	M7	N6	N7	P6	P7	R7	S7	T7	U7	X7
—	3	+180/+140	+85/+60	+100/+60	+34/+20	+45/+20	+60/+20	+24/+14	+28/+14	+39/+14	+12/+6	+16/+6	+20/+6	+8/+2	+12/+2	+6/0	+10/0	+14/0	+25/0	+40/0	±3	±5	0/-6	0/-10	-2/-8	-2/-12	-4/-10	-4/-14	-6/-12	-6/-16	-10/-20	-14/-24	—	-18/-28	-20/-30
3	6	+188/+140	+100/+70	+118/+70	+48/+30	+60/+30	+78/+30	+32/+20	+38/+20	+50/+20	+18/+10	+22/+10	+28/+10	+12/+4	+16/+4	+8/0	+12/0	+18/0	+30/0	+48/0	±4	±6	+2/-6	+3/-9	-1/-9	0/-12	-5/-13	-4/-16	-9/-17	-8/-20	-11/-23	-15/-27	—	-19/-31	-24/-36
6	10	+208/+150	+116/+80	+138/+80	+62/+40	+76/+40	+98/+40	+40/+25	+47/+25	+61/+25	+22/+13	+28/+13	+35/+13	+14/+5	+20/+5	+9/0	+15/0	+22/0	+36/0	+58/0	±4.5	±7	+2/-7	+5/-10	-3/-12	0/-15	-7/-16	-4/-19	-12/-21	-9/-24	-13/-28	-17/-32	—	-22/-37	-28/-43
10	14	+220/+150	+138/+95	+165/+95	+77/+50	+93/+50	+120/+50	+50/+32	+59/+32	+75/+32	+27/+16	+34/+16	+43/+16	+17/+6	+24/+6	+11/0	+18/0	+27/0	+43/0	+70/0	±5.5	±9	+2/-9	+6/-12	-4/-15	0/-18	-9/-20	-5/-23	-15/-26	-11/-29	-16/-34	-21/-39	—	-26/-44	-33/-51
14	18	+220/+150	+138/+95	+165/+95	+77/+50	+93/+50	+120/+50	+50/+32	+59/+32	+75/+32	+27/+16	+34/+16	+43/+16	+17/+6	+24/+6	+11/0	+18/0	+27/0	+43/0	+70/0	±5.5	±9	+2/-9	+6/-12	-4/-15	0/-18	-9/-20	-5/-23	-15/-26	-11/-29	-16/-34	-21/-39	—	-26/-44	-38/-56
18	24	+244/+160	+162/+110	+194/+110	+98/+65	+117/+65	+149/+65	+61/+40	+73/+40	+92/+40	+33/+20	+41/+20	+53/+20	+20/+7	+28/+7	+13/0	+21/0	+33/0	+52/0	+84/0	±6.5	±10	+2/-11	+6/-15	-4/-17	0/-21	-11/-24	-7/-28	-18/-31	-14/-35	-20/-41	-27/-48	—	-33/-54	-46/-67
24	30	+244/+160	+162/+110	+194/+110	+98/+65	+117/+65	+149/+65	+61/+40	+73/+40	+92/+40	+33/+20	+41/+20	+53/+20	+20/+7	+28/+7	+13/0	+21/0	+33/0	+52/0	+84/0	±6.5	±10	+2/-11	+6/-15	-4/-17	0/-21	-11/-24	-7/-28	-18/-31	-14/-35	-20/-41	-27/-48	-33/-54	-40/-61	-56/-77
30	40	+270/+170	+182/+120	+220/+120	+119/+80	+142/+80	+180/+80	+75/+50	+89/+50	+112/+50	+41/+25	+50/+25	+64/+25	+25/+9	+34/+9	+16/0	+25/0	+39/0	+62/0	+100/0	±8	±12	+3/-13	+7/-18	-4/-20	0/-25	-12/-28	-8/-33	-21/-37	-17/-42	-25/-50	-34/-59	-39/-64	-51/-76	—
40	50	+280/+180	+192/+130	+230/+130	+119/+80	+142/+80	+180/+80	+75/+50	+89/+50	+112/+50	+41/+25	+50/+25	+64/+25	+25/+9	+34/+9	+16/0	+25/0	+39/0	+62/0	+100/0	±8	±12	+3/-13	+7/-18	-4/-20	0/-25	-12/-28	-8/-33	-21/-37	-17/-42	-25/-50	-34/-59	-45/-70	-61/-86	—
50	65	+310/+190	+214/+140	+260/+140	+146/+100	+174/+100	+220/+100	+90/+60	+106/+60	+134/+60	+49/+30	+60/+30	+76/+30	+29/+10	+40/+10	+19/0	+30/0	+46/0	+74/0	+120/0	±9.5	±15	+4/-15	+9/-21	-5/-24	0/-30	-14/-33	-9/-39	-26/-45	-21/-51	-30/-60	-42/-72	-55/-85	-76/-106	—
65	80	+320/+200	+224/+150	+270/+150	+146/+100	+174/+100	+220/+100	+90/+60	+106/+60	+134/+60	+49/+30	+60/+30	+76/+30	+29/+10	+40/+10	+19/0	+30/0	+46/0	+74/0	+120/0	±9.5	±15	+4/-15	+9/-21	-5/-24	0/-30	-14/-33	-9/-39	-26/-45	-21/-51	-32/-62	-48/-78	-64/-94	-91/-121	—
80	100	+360/+220	+257/+170	+310/+170	+174/+120	+207/+120	+260/+120	+107/+72	+126/+72	+159/+72	+58/+36	+71/+36	+90/+36	+34/+12	+47/+12	+22/0	+35/0	+54/0	+87/0	+140/0	±11	±17	+4/-18	+10/-25	-6/-28	0/-35	-16/-38	-10/-45	-30/-52	-24/-59	-38/-73	-58/-93	-78/-113	-111/-146	—
100	120	+380/+240	+267/+180	+320/+180	+174/+120	+207/+120	+260/+120	+107/+72	+126/+72	+159/+72	+58/+36	+71/+36	+90/+36	+34/+12	+47/+12	+22/0	+35/0	+54/0	+87/0	+140/0	±11	±17	+4/-18	+10/-25	-6/-28	0/-35	-16/-38	-10/-45	-30/-52	-24/-59	-41/-76	-66/-101	-91/-126	-131/-166	—
120	140	+420/+260	+300/+200	+360/+200	+208/+145	+245/+145	+305/+145	+125/+85	+148/+85	+185/+85	+68/+43	+83/+43	+106/+43	+39/+14	+54/+14	+25/0	+40/0	+63/0	+100/0	+160/0	±12.5	±20	+4/-21	+12/-28	-8/-33	0/-40	-20/-45	-12/-52	-36/-61	-28/-68	-48/-88	-77/-117	-107/-147	—	—
140	160	+440/+280	+310/+210	+370/+210	+208/+145	+245/+145	+305/+145	+125/+85	+148/+85	+185/+85	+68/+43	+83/+43	+106/+43	+39/+14	+54/+14	+25/0	+40/0	+63/0	+100/0	+160/0	±12.5	±20	+4/-21	+12/-28	-8/-33	0/-40	-20/-45	-12/-52	-36/-61	-28/-68	-50/-90	-85/-125	-119/-159	—	—
160	180	+470/+310	+330/+230	+390/+230	+208/+145	+245/+145	+305/+145	+125/+85	+148/+85	+185/+85	+68/+43	+83/+43	+106/+43	+39/+14	+54/+14	+25/0	+40/0	+63/0	+100/0	+160/0	±12.5	±20	+4/-21	+12/-28	-8/-33	0/-40	-20/-45	-12/-52	-36/-61	-28/-68	-53/-93	-93/-133	-131/-171	—	—
180	200	+525/+340	+355/+240	+425/+240	+242/+170	+285/+170	+355/+170	+146/+100	+172/+100	+215/+100	+79/+50	+96/+50	+122/+50	+44/+15	+61/+15	+29/0	+46/0	+72/0	+115/0	+185/0	±14.5	±23	+5/-24	+13/-33	-8/-37	0/-46	-22/-51	-14/-60	-41/-70	-33/-79	-60/-106	-105/-151	—	—	—
200	225	+565/+380	+375/+260	+445/+260	+242/+170	+285/+170	+355/+170	+146/+100	+172/+100	+215/+100	+79/+50	+96/+50	+122/+50	+44/+15	+61/+15	+29/0	+46/0	+72/0	+115/0	+185/0	±14.5	±23	+5/-24	+13/-33	-8/-37	0/-46	-22/-51	-14/-60	-41/-70	-33/-79	-63/-109	-113/-159	—	—	—
225	250	+605/+420	+395/+280	+465/+280	+242/+170	+285/+170	+355/+170	+146/+100	+172/+100	+215/+100	+79/+50	+96/+50	+122/+50	+44/+15	+61/+15	+29/0	+46/0	+72/0	+115/0	+185/0	±14.5	±23	+5/-24	+13/-33	-8/-37	0/-46	-22/-51	-14/-60	-41/-70	-33/-79	-67/-113	-123/-169	—	—	—
250	280	+690/+480	+430/+300	+510/+300	+271/+190	+320/+190	+400/+190	+162/+110	+191/+110	+240/+110	+88/+56	+108/+56	+137/+56	+49/+17	+69/+17	+32/0	+52/0	+81/0	+130/0	+210/0	±16	±26	+5/-27	+16/-36	-9/-41	0/-52	-25/-57	-14/-66	-47/-79	-36/-88	-74/-126	-138/-190	—	—	—
280	315	+750/+540	+460/+330	+540/+330	+271/+190	+320/+190	+400/+190	+162/+110	+191/+110	+240/+110	+88/+56	+108/+56	+137/+56	+49/+17	+69/+17	+32/0	+52/0	+81/0	+130/0	+210/0	±16	±26	+5/-27	+16/-36	-9/-41	0/-52	-25/-57	-14/-66	-47/-79	-36/-88	-78/-130	-150/-202	—	—	—
315	355	+830/+600	+500/+360	+590/+360	+299/+210	+350/+210	+440/+210	+182/+125	+214/+125	+265/+125	+98/+62	+119/+62	+151/+62	+54/+18	+75/+18	+36/0	+57/0	+89/0	+140/0	+230/0	±18	±28	+7/-29	+17/-40	-10/-46	0/-57	-26/-62	-16/-73	-51/-87	-41/-98	-87/-144	-169/-226	—	—	—
355	400	+910/+680	+540/+400	+630/+400	+299/+210	+350/+210	+440/+210	+182/+125	+214/+125	+265/+125	+98/+62	+119/+62	+151/+62	+54/+18	+75/+18	+36/0	+57/0	+89/0	+140/0	+230/0	±18	±28	+7/-29	+17/-40	-10/-46	0/-57	-26/-62	-16/-73	-51/-87	-41/-98	-93/-150	-187/-244	—	—	—
400	450	+1010/+760	+595/+440	+690/+440	+327/+230	+385/+230	+480/+230	+198/+135	+232/+135	+290/+135	+108/+68	+131/+68	+165/+68	+60/+20	+83/+20	+40/0	+63/0	+97/0	+155/0	+250/0	±20	±31	+8/-32	+18/-45	-10/-50	0/-63	-27/-67	-17/-80	-55/-95	-45/-108	-103/-166	-209/-272	—	—	—
450	500	+1090/+840	+635/+480	+730/+480	+327/+230	+385/+230	+480/+230	+198/+135	+232/+135	+290/+135	+108/+68	+131/+68	+165/+68	+60/+20	+83/+20	+40/0	+63/0	+97/0	+155/0	+250/0	±20	±31	+8/-32	+18/-45	-10/-50	0/-63	-27/-67	-17/-80	-55/-95	-45/-108	-109/-172	-229/-292	—	—	—

참고: 이 표 속의 각 단에서 위쪽 수치는 위 치수 허용차, 아래쪽 수치는 아래 치수 허용차를 가리킨다.

상용하는 끼워 맞춤의 치수 공차(홀)

※ JIS B 0401(1986)에서 발췌

상용하는 끼워 맞춤에서 이용하는 틈새 끼움 치수 허용차

단위 μm

축의 공차범위 등급단위

기준 치수(mm) 구분 초과	이하	x6	u6	t6	s6	r6	p6	n6	n5*	m6	m5	k6	k5	js7	js6	js5	h9	h8	h7	h6	h5	h4	g6	g5	f8	f7	f6	e9	e8	e7	d9	d8	c9	b9
–	3	+26 / +20	+24 / +18	–	+20 / +14	+16 / +10	+12 / +6	+10 / +4	+8 / +4	+8 / +2	+6 / +2	+6 / 0	+4 / 0	±5	±3	±2	0 / -25	0 / -14	0 / -10	0 / -6	0 / -4	0 / -3	-2 / -8	-2 / -6	-6 / -20	-6 / -16	-6 / -12	-14 / -39	-14 / -28	-14 / -24	-20 / -45	-20 / -34	-60 / -85	-140 / -165
3	6	+36 / +28	+31 / +23	–	+27 / +19	+23 / +15	+20 / +12	+16 / +8	+13 / +8	+12 / +4	+9 / +4	+9 / +1	+6 / +1	±6	±4	±2.5	0 / -30	0 / -18	0 / -12	0 / -8	0 / -5	0 / -4	-4 / -12	-4 / -9	-10 / -28	-10 / -22	-10 / -18	-20 / -50	-20 / -38	-20 / -32	-30 / -60	-30 / -48	-70 / -100	-140 / -170
6	10	+43 / +34	+37 / +28	–	+32 / +23	+28 / +19	+24 / +15	+19 / +10	+16 / +10	+15 / +6	+12 / +6	+10 / +1	+7 / +1	±7	±4.5	±3	0 / -36	0 / -22	0 / -15	0 / -9	0 / -6	0 / -4	-5 / -14	-5 / -11	-13 / -35	-13 / -28	-13 / -22	-25 / -61	-25 / -47	-25 / -40	-40 / -76	-40 / -62	-80 / -116	-150 / -186
10	14	+51 / +40	+44 / +33	–	+39 / +28	+34 / +23	+29 / +18	+23 / +12	+20 / +12	+18 / +7	+15 / +7	+12 / +1	+9 / +1	±9	±5.5	±4	0 / -43	0 / -27	0 / -18	0 / -11	0 / -8	0 / -5	-6 / -17	-6 / -14	-16 / -43	-16 / -34	-16 / -27	-32 / -75	-32 / -59	-32 / -50	-50 / -93	-50 / -77	-95 / -138	-150 / -193
14	18	+56 / +45								+23 / +12																								
18	24	+67 / +54	+54 / +41	–	+48 / +35	+41 / +28	+35 / +22	+28 / +15	+24 / +15	+21 / +8	+17 / +8	+15 / +2	+11 / +2	±10	±6.5	±4.5	0 / -52	0 / -33	0 / -21	0 / -13	0 / -9	0 / -6	-7 / -20	-7 / -16	-20 / -53	-20 / -41	-20 / -33	-40 / -92	-40 / -73	-40 / -61	-65 / -117	-65 / -98	-110 / -162	-160 / -212
24	30	+77 / +61								+28 / +15																								
30	40	+96 / +76	+64 / +48	–	+59 / +43	+50 / +34	+42 / +26	+33 / +17	+28 / +17	+25 / +9	+20 / +9	+18 / +2	+13 / +2	±12	±8	±5.5	0 / -62	0 / -39	0 / -25	0 / -16	0 / -11	0 / -7	-9 / -25	-9 / -20	-25 / -64	-25 / -50	-25 / -41	-50 / -112	-50 / -89	-50 / -75	-80 / -142	-80 / -119	-120 / -182	-170 / -232
40	50		+70 / +54																														-130 / -192	-180 / -242
50	65		+85 / +66	–	+72 / +53	+60 / +41	+51 / +32	+39 / +20	+33 / +20	+30 / +11	+24 / +11	+21 / +2	+15 / +2	±15	±9.5	±6.5	0 / -74	0 / -46	0 / -30	0 / -19	0 / -13	0 / -8	-10 / -29	-10 / -23	-30 / -76	-30 / -60	-30 / -49	-60 / -134	-60 / -106	-60 / -90	-100 / -174	-100 / -146	-140 / -214	-190 / -264
65	80		+94 / +75		+78 / +59	+62 / +43																									-150 / -224	-150 / -174	-150 / -224	-200 / -274
80	100		+121 / +91	–	+93 / +71	+73 / +51	+59 / +37	+45 / +23	+38 / +23	+35 / +13	+28 / +13	+25 / +3	+18 / +3	±17	±11	±7.5	0 / -87	0 / -54	0 / -35	0 / -22	0 / -15	0 / -10	-12 / -34	-12 / -27	-36 / -90	-36 / -71	-36 / -58	-72 / -159	-72 / -126	-72 / -107	-120 / -207	-120 / -174	-170 / -257	-220 / -307
100	120		+104 / +113																														-180 / -267	-240 / -327
120	140		+147 / +117	+122 / +88	+90 / +63	+68 / +43		+52 / +27	–	+40 / +15	+33 / +15	+28 / +3	+21 / +3	±20	±12.5	±9	0 / -100	0 / -63	0 / -40	0 / -25	0 / -18	0 / -12	-14 / -39	-14 / -32	-43 / -106	-43 / -83	-43 / -68	-85 / -185	-85 / -148	-85 / -125	-145 / -245	-145 / -208	-200 / -300	-260 / -360
140	160			+159+ / +125	+100 / +65		+68 / +43																		-50~79 /								-210 / -310	-280 / -380
160	180			+134 / +100	+133 / +93																												-230 / -330	-310 / -410
180	200			+171 / +133	+108 / +68		+79 / +50	+60 / +31	–	+46+17 /	+37 / +17	+33 / +4	+24 / +4	±23	±14.5	±10	0 / -115	0 / -72	0 / -46	0 / -29	0 / -20	0 / -14	-15 / -44	-15 / -35	-50 / -122	-50 / -96	-50 / -79	-100 / -215	-100 / -172	-100 / -146	-170 / -285	-170~2 / 42	-240 / -355	-340 / -455
200	225			+146 /	+150 / +109																												-260 / -375	-380 / -495
225	250				+169 / +113	+114 /																											-280 / -395	-420 / -535
250	280			–	+94 / +88	+130 /	+88 / +56	+66 / +34	–	+52 / +20	+43 / +20	+36 / +4	+27 / +4	±26	±16	±11.5	0 / -130	0 / -81	0 / -52	0 / -32	0 / -23	0 / -16	-17 / -49	-17 / -40	-56 / -137	-56 / -108	-56 / -88	-110 / -240	-110 / -191	-110 / -162	-190 / -330	-190 / -271	-300 / -430	-480 / -610
280	315																																-330 / -460	-540 / -670
315	355			–	+144 / +98	+62 /	+98 / +62	+73 / +37	–	+57 / +21	+46 / +21	+40 / +4	+29 / +4	±28	±18	±12.5	0 / -140	0 / -89	0 / -57	0 / -36	0 / -25	0 / -18	-18 / -54	-18 / -43	-62 / -151	-62 / -119	-62 / -98	-125 / -265	-125 / -214	-125 / -182	-210 / -350	-210 / -299	-360 / -500	-600 / -740
355	400					+114 /																											-400 / -540	-680 / -820
400	450			–	+166 / +108	+126 /	+108 / +68	+80+40 /	–	+63 / +23	+50 / +23	+45 / +5	+32 / +5	±31	±20	±13.5	0 / -155	0 / -97	0 / -63	0 / -40	0 / -27	0 / -20	-20 / -60	-20 / -47	-68 / -165	-68 / -131	-68 / -108	-135 / -290	-135 / -232	-135 / -198	-230 / -385	-230 / -327	-440 / -595	-760 / -915
450	500				+172 / +132		+126 / +68																										-480 / -635	-840 / -995

참 고 표 속의 각 단에서 위쪽 수치는 위 치수 허용차, 아래쪽 수치는 아래 치수 허용차를 가리킨다. [주] • n5는 구 JIS 규격에서만 미.ᄂ의 제품 중 해당되는 부분에 해당되므로 개재되었다.

금속 프레스 가공품, 금속판 전단 가공품의 보통 공차

※ JIS B 0408(1991)
JIS B 0401(1991)에서 발췌

03 금속 프레스 가공품의 보통 치수 공차 (JIS B 0408-1991)

■표1 펀치 가공의 보통 공차 허용공차   [단위 : mm]

기준 치수의 구분		등 급		
		A급	B급	C급
	6이하	±0.05	±0.1	±0.3
6초과	30이하	±0.1	±0.2	±0.5
30초과	120이하	±0.15	±0.3	±0.8
120초과	400이하	±0.2	±0.5	±1.2
400초과	1000이하	±0.3	±0.8	±2
1000초과	2000이하	±0.5	±1.2	±3

[참고] A급,B급 및 C급은 각각 JIS B 0405의 공차 등급 f, m및 c에 상당한다.

■표2 벤딩 및 드로잉 가공의 보통 치수 허용공차   [단위 : mm]

기준 치수의 구분		등 급		
		A급	B급	C급
	6이하	±0.05	±0.1	±0.3
6초과	30이하	±0.1	±0.2	±0.5
30초과	120이하	±0.15	±0.3	±0.8
120초과	400이하	±0.2	±0.5	±1.2
400초과	1000이하	±0.3	±0.8	±2
1000초과	2000이하	±0.5	±1.2	±3

[참고] A급,B급 및 C급은 각각 JIS B 0405의 공차 등급 m, c및 v에 상당한다.

■표1 전단 폭의 보통 치수 허용공차

[단위 : mm]

기준 치수의 구분		판 두께 (t)의 구분							
		t ≦ 1.6		1.6 ⟨ t ≦ 3		3 ⟨ t ≦ 6		6 ⟨ t ≦ 12	
		등 급							
		A급	B급	A급	B급	A급	B급	A급	B급
	300이하	±0.1	±0.3	–	–	–	–	–	–
30초과	1200이하	±0.2	±0.5	±0.3	±0.5	±0.8	±1.2	–	±1.5
120초과	4000이하	±0.3	±0.8	±0.4	±0.8	±1	±1.5	–	±2
400초과	10000이하	±0.5	±1	±0.5	±1.2	±1.5	±2	–	±2.5
1000초과	20000이하	±0.8	±1.5	±0.8	±2	±2	±3	–	±3
2000초과	40000이하	±1.2	±2	±1.2	±2.5	±3	±4	–	±4

■표2 진직도의 보통 공차

[단위 : mm]

전단 길이의 호칭 치수 구분		판 두께 (t)의 구분							
		t ≦ 1.6		1.6 ⟨ t ≦ 3		3 ⟨ t ≦ 6		6 ⟨ t ≦ 12	
		등 급							
		A급	B급	A급	B급	A급	B급	A급	B급
	300이하	0.1	0.2	–	–	–	–	–	–
30초과	1200이하	0.2	0.3	0.2	0.3	0.5	0.8	–	1.5
120초과	4000이하	0.3	0.5	0.3	0.5	0.8	1.5	–	2
400초과	10000이하	0.5	0.8	0.5	1	1.5	2	–	3
1000초과	20000이하	0.8	1.2	0.8	1.5	2	3	–	4
2000초과	40000이하	1.2	2	1.2	2.5	3	5	–	6

■표3 직각도의 보통 공차

[단위 : mm]

짧은 변의 호칭 길이 구분		판 두께 (t)의 구분					
		t ≦ 3		3 ⟨ t ≦ 6		6 ⟨ t ≦ 12	
		등 급					
		A급	B급	A급	B급	A급	B급
	300이하	–	–	–	–	–	–
30초과	1200이하	0.3	0.5	0.5	0.8	–	1.5
120초과	4000이하	0.8	1.2	1	1.5	–	2
400초과	10000이하	1.5	3	2	3	–	3
1000초과	20000이하	3	6	4	6	–	6
2000초과	40000이하	6	10	6	10	–	10

가공 치수의 보통 허용공차

※ JIS B 0405(1991)
JIS B 0419(1991)에서 발췌

05 절삭 가공 치수의 보통 허용차 (JIS B 0405-1991)

■ 면취 부분을 제외한 길이 치수에 대한 허용공차　　　　　　　　　[단위 : mm]

공차 등급		기준 치수의 구분							
기호	설명	0.5[(1)] 이상 3 이하	3 초과 6 이하	6 초과 30이하	30초과 120이하	120초과 400이하	400초과 1000이하	1000초과 2000이하	2000초과 4000이하
		허용공차							
f	정급(精級)	±0.05	±0.05	±0.1	±0.15	±0.2	±0.3	±0.5	–
m	중급(中級)	±0.1	±0.1	±0.2	±0.3	±0.5	±0.8	±1.2	±2
c	조급(粗級)	±0.2	±0.3	±0.5	±0.8	±1.2	±2	±3	±4
v	극조급(極粗級)	–	±0.5	±1	±1.5	±2.5	±4	±6	±8

주(1) 0.5mm미만의 기준 치수에 대해서는 그 기준 치수에 이어 허용공차를 각각 지시한다.

06 면취 부분의 길이 치수(모서리의 둥글리기 및 모서리의 면취 지수)에 대한 허용공차

[단위 : mm]

공차 등급		기준 치수의 구분		
기호	설명	0.5[(1)] 이상 3 이하	3 초과 6 이하	6 초과 30이하
		허용공차		
f	정급(精級)	±0.2	±0.5	±1
m	중급(中級)			
c	조급(粗級)	±0.4	±1	±2
v	극조급(極粗級)			

주(1) 0.5mm미만의 기준 치수에 대해서는 그 기준 치수에 이어 허용공차를 각각 지시한다.

07 각도 치수의 허용공차

[단위 : mm]

공차 등급		기준 치수의 구분				
		10 이하	10 초과 50 이하	50 초과 120 이하	120 초과 400 이하	400 초과
기호	설명	허용공차				
f	정급(精級)	±1°	±30′	±20′	±10′	± 5′
m	중급(中級)					
c	조급(粗級)	±1°30′	±1°	±30′	±15′	±10′
v	극조급(極粗級)	±3°	±2°	±1°	±30′	±20′

08 직각도의 보통 공차 JIS B 0419-1991

[단위 : mm]

공차 등급	짧은 쪽 변의 호칭 길이 구분			
	100 이하	100 초과 300 이하	300 초과 1000 이하	1000 초과 3000 이하
	직각도 공차			
H	0.2	0.3	0.4	0.5
K	0.4	0.6	0.8	1
L	0.6	1	1.5	2

09 진직도 및 평면도 보통 공차 JIS B 0419-1991

[단위 : mm]

공차 등급	호칭 길이의 구분					
	10 이하	10 초과 30 이하	30 초과 100 이하	100 초과 300 이하	300 초과 1000 이하	1000 초과 3000 이하
	진직도 공차 및 평면도 공차					
H	0.02	0.05	0.1	0.2	0.3	0.4
K	0.5	0.1	0.2	0.4	0.6	0.8
L	0.1	0.2	0.4	0.8	1.2	1.6

10 각부의 치수

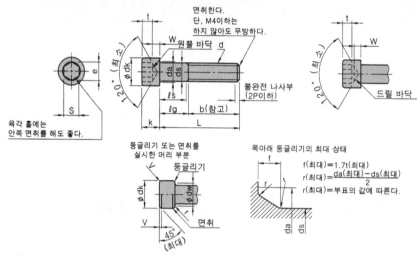

면취한다.
단, M4이하는
하지 않아도 무방하다.

육각 홀에는
안쪽 면취를 해도 좋다.

둥글기기 또는 면취를
실시한 머리 부분

드릴 바닥

목아래 둥글기기의 최대 상태

$f(최대) = 1.7t(최대)$
$r(최대) = \dfrac{da(최대) - ds(최대)}{2}$
$r(최대) = 부표의 값에 따른다.$

나사의 호칭(d)[15]		M3	M4	M5	M6	M8	M10	M12	(M14)	M16	(M18)	M20	(M22)	M24	(M27)	M30
나사의 피치(P)		0.5	0.7	0.8	1	1.25	1.5	1.75	2	2	2.5	2.5	2.5	3	3	3.5
b	참 고	18	20	22	24	28	32	36	40	44	48	52	56	60	66	72
dk	최대 (기준 치수)*	5.5	7	8.5	10	13	16	18	21	24	27	30	33	36	40	45
	최 대**	5.68	7.22	8.72	10.22	13.27	16.27	18.27	21.33	24.33	27.33	30.33	33.39	36.39	40.39	45.39
	최 소	5.32	6.78	8.28	9.78	12.73	15.73	17.73	20.67	23.67	26.67	29.67	32.61	35.61	39.61	44.61
da	최 대	3.6	4.7	5.7	6.8	9.2	11.2	13.7	15.7	17.7	20.2	22.4	24.4	26.4	30.4	33.4
ds	최대(기준 치수)	3	4	5	6	8	10	12	14	16	18	20	22	24	27	30
	최 소	2.86	3.82	4.82	5.82	7.78	9.78	11.73	13.73	15.73	17.73	19.67	21.67	23.67	26.67	29.67
e	최 소	2.87	3.44	4.58	5.72	6.86	9.15	11.43	13.72	16.00	16.00	19.44	19.44	21.73	21.73	25.15
f	최 대	0.51	0.60	0.60	0.68	1.02	1.02	1.45	1.45	1.45	1.87	2.04	2.04	2.04	2.89	2.89
k	최대(기준 치수)	3	4	5	6	8	10	12	14	16	18	20	22	24	27	30
	최 소	2.86	3.82	4.82	5.70	7.64	9.64	11.57	13.57	15.57	17.57	19.48	21.48	23.48	26.48	29.48
r	최 소	0.1	0.2	0.2	0.25	0.4	0.4	0.6	0.6	0.6	0.6	0.8	0.8	0.8	1	1
s	호칭(기준 치수)	2.5	3	4	5	6	8	10	12	14	14	17	17	19	19	22
	최 소	2.52	3.02	4.02	5.02	6.02	8.025	10.025	12.032	14.032	14.032	17.050	17.050	19.065	19.065	22.065
	최대(14) 1란	2.580	3.080	4.095	5.140	6.140	8.175	10.175	12.212	14.212	14.212	17.230	17.230	19.275	19.275	22.275
	최대(14) 2란	2.560	3.080	4.095	5.095	6.095	8.115	10.115	12.142	14.142	14.142					
t	최 소	1.3	2	2.5	3	4	5	6	7	8	9	10	11	12	13.5	15.5
v	최 소	0.3	0.4	0.5	0.6	00.8	1	1.2	1.4	1.6	1.8	2	2.2	2.4	2.7	3
dw	최 소	5.07	6.53	8.03	9.38	12.33	15.33	17.23	20.17	23.17	25.87	28.87	31.81	34.81	38.61	43.61
w	최 소	1.15	1.4	1.9	2.3	3.3	4	4.8	5.8	6.8	7.7	8.6	9.5	10.4	12.1	13.1

주(14) s(최대)의 1란은 강도구분 8.8 및 10.9의 제품 및 성상 구분 A2-50, A2-70의 제품에 적용하며, 2란은 강도 구분 12.9의 제품에 적용한다. 단,계약 당사자간의 협정에 의해 강도 구분 12.9의 것에 1란을 적용할 수 있다. 또한 나사의 호칭M20 이상의 s(최대)는 모든 강구 구분 및 성상 구분의 제품에 적용한다.
주(15) 나사의 호칭에 괄호를 붙인 것은 가급적 쓰지 않는다.

참고 1. 머리 부분 옆면에는 외날 또는 겹날의 널링(knurling) [JIS B 0951(널링 공구 눈)참조] 을 붙인다. dk(최대)는 이표에 제시한 **표시의 값으로 한다. 널링이 필요 없을 때는 주문자가 지정한다. 다만, 그 dk(최대)는 이 표에 제시한 *표시의 값으로 한다.
2. 나사의 호칭에 대해 권장하는 호칭 길이(L)는 굵은 선 안의 것으로 한다.
   다만, L 이 점선의 위치보다 짧은 것은 모든 나사로 하고, 목 아래부의 불완전 나사부 길이는 약 3P로 한다.
3. 호칭 길이(L)이 점선의 위치보다 긴 것에 대한 Lg(최대) 및 Ls(최소)는 다음 식에 따른다.
   Lg (최대)=호칭길이(L)-b   Ls (최소)=Lg (최대)-5P

11 육각 홀부착 볼트의 L과 l_s 및 l_g

호칭길이 L — ℓs min 및 ℓg max (각 나사 호칭별 ℓs min / ℓg max)

호칭길이	L min	L max	M3 ℓs	M3 ℓg	M4 ℓs	M4 ℓg	M5 ℓs	M5 ℓg	M6 ℓs	M6 ℓg	M8 ℓs	M8 ℓg	M10 ℓs	M10 ℓg	M12 ℓs	M12 ℓg	(M14) ℓs	(M14) ℓg	M16 ℓs	M16 ℓg	(M18) ℓs	(M18) ℓg	M20 ℓs	M20 ℓg	(M22) ℓs	(M22) ℓg	M24 ℓs	M24 ℓg	(M27) ℓs	(M27) ℓg	M30 ℓs	M30 ℓg
5	4.76	5.24																															
6	5.76	6.24																															
8	7.71	8.29																															
10	9.71	10.29																															
12	11.65	12.35																															
16	15.65	16.35																															
20	19.58	20.42																															
25	24.58	25.42	4.5	7																												
30	29.58	30.42	9.5	12	6.5	10	4	8																								
35	34.5	35.5			11.5	15	9	13	6	11																						
40	39.5	40.5			16.5	20	14	18	11	16	5.75	12																				
45	44.5	45.5					19	23	16	21	10.75	17	5.5	13																		
50	49.5	50.5					24	28	21	26	15.75	22	10.5	18	5.25	14																
55	54.4	55.6							26	31	20.75	27	15.5	23	10.75	19																
60	59.4	60.6							31	36	25.75	31	20.5	28	15.25	24	10	20	6	16												
65	64.4	65.6									30.75	37	25.5	33	20.25	29	15	25	11	21	4.5	17										
70	69.4	70.6									35.75	42	30.5	38	25.25	34	20	30	16	26	9.5	22	5.5	18								
80	79.4	80.6									45.75	52	40.5	48	35.25	44	30	40	26	36	19.5	32	15.5	28	11.5	24						
90	89.3	90.7											50.5	58	45.25	54	40	50	36	46	29.5	42	25.5	38	21.5	34	15	30	9	24		
100	99.3	100.7											60.5	68	55.25	64	50	60	46	56	39.5	52	35.5	48	31.5	44	25	40	19	34	10.5	28
110	109.3	110.7													66.25		60	70	56	66	49.5	62	45.5	58	41.5	54	35	50	29	44	20.5	38
120	119.3	120.7													75.25	84	70	80	66	76	59.5	72	55.5	68	51.5	64	45	60	39	54	30.5	48
130	129.2	130.8															80	90	76	86	69.5	82	65.5	78	61.5	74	55	70	49	64	40.5	58
140	139.2	140.8															90	100	86	96	79.5	92	75.5	88	71.5	84	65	80	59	74	50.5	68
150	149.2	150.8																	96	106	89.5	102	85.5	98	81.5	94	75	90	69	84	60.5	78
160	159.2	160.8																	106	116	99.5	112	95.5	108	91.5	104	85	100	79	94	70.5	88
180	179.2	180.8																			119.5	132	115.5	128	111.5	124	105	120	99	114	90.5	108
200	199.05	200.95																					135.5	148	131.5	144	125	140	119	134	110.5	128
220	219.05	220.95																											139	154	130.5	148
240	239.05	240.95																											159	174	150.5	168
260	258.95	261.95																											179	194	170.5	188
280	278.95	281.05																											199	214	190.5	208
300	298.95	301.05																											219	234	210.5	228

참고 : 육각 홀부착 볼트에 대한 스폿 페이싱 및 볼트 홀의 치수

[단위 : mm]

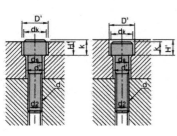

나사의 호칭(d)	M3	M4	M5	M6	M8	M10	M12	M14	M16	M18	M20	M22	M24	M27	M30
d_s	3	4	5	6	8	10	12	14	16	18	20	22	24	27	30
d'	3.4	4.5	5.5	6.6	9	11	14	16	18	20	22	24	26	30	33
d_k	5.5	7	8.5	10	13	16	18	21	24	27	30	33	36	40	45
D'	6.5	8	9.5	11	14	17.5	20	23	26	29	32	35	39	43	48
k	3	4	5	6	8	10	12	14	16	18	20	22	24	27	30
H^{I}	2.7	3.6	4.6	5.5	7.4	9.2	11	12.8	14.5	16.5	18.5	20.5	22.5	25	28
H^{II}	3.3	4.4	5.4	6.5	8.6	10.8	13	15.2	17.5	19.5	21.5	23.5	25.5	29	32
d_2	2.6	3.4	4.3	5.1	6.9	8.6	10.4	12.2	14.2	15.7	17.7	19.7	21.2	24.2	26.7

12 미터 보통 나사

나사의 호칭	최소 치수 2급 3급	최대치수	
		2 급	3 급
M 1×0.25	0.73	0.78	–
M 1.1×0.25	0.83	0.89	–
M 1.2×0.25	0.83	0.98	–
M 1.4×0.3	1.08	1.14	–
M 1.6×0.35	1.22	1.32	–
M 1.7×0.35	1.33	1.42	–
M 1.8×0.35	1.42	1.52	–
M 2×0.4	1.57	1.67	–
M 2.2×0.45	1.71	1.84	–
M 2.3×0.4	1.87	1.97	–
M 2.5×0.45	2.01	2.14	–
M 2.6×0.45	2.12	2.23	–
M 3×0.5	2.46	2.60	2.64
M 3.5×0.6	2.85	3.01	3.05
M 4×0.7	3.24	3.42	3.47
M 4.5×0.75	3.69	3.88	3.92
M 5×0.8	4.13	4.33	4.38
M 6×1	4.92	5.15	5.22
M 7×1	5.92	6.15	6.22
M 8×1.25	6.65	6.91	6.98
M 9×1.25	7.65	7.91	7.98
M 10×1.5	8.38	8.68	8.75
M 11×1.5	9.38	9.68	9.75
M 12×1.75	10.11	10.44	10.53
M 14×2	11.84	12.21	12.31
M 16×2	13.84	14.21	14.31
M 18×2.5	15.29	15.74	15.85
M 20×2.5	17.29	17.74	17.85
M 22×2.5	19.29	19.74	19.85
M 24×3	20.75	21.25	21.38
M 27×3	23.75	24.25	24.38
M 30×3.5	26.21	26.77	26.92
M 33×3.5	29.21	29.77	29.92
M 36×4	31.67	32.27	32.42
M 39×4	34.67	35.27	35.42
M 42×4.5	37.13	37.80	37.98
M 45×4.5	40.13	40.80	40.98
M 48×5	42.59	43.30	43.49

나사의 호칭	최소 치수 2급 3급	최대치수	
		2 급	3 급
M 2.5×0.35	2.12	2.22	–
M 3×0.35	2.62	2.72	–
M 4×0.5	3.46	3.60	3.64
M 4.5×0.5	3.96	4.10	4.14
M 5×0.5	4.46	4.60	4.64
M 5.5×0.5	4.96	5.10	5.14
M 6×0.75	5.19	5.38	5.42
M 7×0.75	6.19	6.38	6.42
M 8×1	6.92	7.15	7.22
M 8×0.75	7.19	7.38	7.42
M 9×1	7.92	8.15	8.22
M 9×0.75	8.19	8.38	8.42
M 10×1.25	8.65	8.91	8.98
M 10×1	8.92	9.15	9.22
M 10×0.75	9.19	9.38	–
M 11×1	9.92	10.15	10.22
M 11×0.75	10.19	10.38	10.42
M 12×1.5	10.38	10.68	10.75
M 12×12.5	10.65	10.91	10.98
M 12×1	10.92	11.15	11.22
M 14×1.5	12.38	12.68	12.75
M 14×1	12.92	13.15	13.22
M 15×1.5	13.38	13.68	13.75
M 15×1	13.92	14.15	14.22
M 16×1.5	14.38	14.68	14.75
M 16×1	14.92	15.15	15.22
M 17×1.5	15.38	15.68	15.75
M 17×1	15.92	16.15	16.22
M 18×2	15.84	16.21	16.31
M 18×1.5	16.38	16.68	16.75
M 18×1	16.92	17.15	17.22
M 20×2	17.84	18.21	18.31
M 20×1.5	18.38	18.68	18.75
M 20×1	18.92	19.15	19.22

나사의 호칭	최소 치수	최대치수	
	2급 3급	2 급	3 급
M 22×2	19.84	20.21	20.31
M 22×1.5	20.38	20.68	20.75
M 22×1	20.92	21.15	21.22
M 24×2	21.84	22.21	22.32
M 24×1.5	22.38	22.68	22.75
M 24×1	22.92	23.15	23.22
M 25×2	22.84	23.21	23.21
M 25×1.5	23.38	23.68	23.75
M 25×1	23.92	24.15	24.22
M 26×1.5	24.38	24.68	24.75
M 27×2	24.84	25.21	25.31
M 27×1.5	25.38	25.68	25.75
M 27×1	25.92	26.15	26.22
M 28×2	25.84	26.21	26.31
M 28×1.5	26.38	26.68	26.75
M 28×1	26.92	27.15	27.22
M 30×3	26.75	27.25	27.38
M 30×2	27.84	28.21	28.31
M 30×1.5	28.38	28.68	28.75
M 30×1	28.92	29.15	29.22
M 32×2	29.84	30.21	30.31
M 32×1.5	30.38	30.68	30.75
M 33×3	29.75	30.25	30.38
M 33×2	30.84	31.21	31.31
M 33×1.5	31.38	31.68	31.75
M 35×1.5	33.38	33.68	33.75
M 36×3	32.75	33.25	33.38
M 36×2	33.84	34.21	34.31
M 36×1.5	34.38	34.68	34.75
M 38×1.5	36.38	36.68	36.75
M 39×3	35.75	36.25	36.38
M 39×2	36.84	37.21	37.31
M 39×1.5	37.38	37.68	37.75

나사의 호칭	최소 치수 2급 3급	최대치수	
		2 급	3 급
M 40×3	36.75	37.25	37.38
M 40×2	37.84	38.21	38.31
M 40×1.5	38.38	38.68	38.75
M 42×4	37.67	38.27	38.42
M 42×3	38.75	39.25	39.38
M 42×2	39.84	40.21	40.31
M 42×1.5	40.38	40.68	40.75
M 45×4	40.67	41.27	41.42
M 45×3	41.75	42.25	42.38
M 45×2	42.84	43.21	43.31
M 45×1.5	43.38	43.68	43.75
M 48×4	43.67	44.27	44.42
M 48×3	44.75	45.25	45.38
M 48×2	45.84	46.21	46.31
M 48×1.5	46.38	46.68	46.75
M 50×3	46.75	47.25	47.38
M 50×2	47.84	48.21	48.31
M 50×1.5	48.38	48.68	48.75

■ 볼트로 체결할 때의 체결 축력 및 피로한도

- 볼트를 체결할 때의 적정체결 축력의 산출은 토크법에서 규격 내력의 70%를 최대로 하는 탄성내역으로 할 것.
- 반복 하중에 의한 볼트의 피로강도가 허용치를 초과하지 않을 것.
- 볼트 및 너트의 카운터 보어에서 피 체결물을 함몰시키지 않을 것.
- 체결에 의해서 피 체결물을 파손하지 않을 것.

> 볼트의 체결 방법으로써는, 토크법·토크구배법·회전각법·신장을 측정법 등이 있습니다.
> 토크법이 간편하기 때문에 널리 이용되고 있다.

■ 체결축력과 체결 토크의 계산

체결축력Ff의 관계는 (1)식으로 나타냅니다.

$$Ff = 0.7 \times \sigma y \times As \cdots\cdots\cdots (1)$$

체결토크 T_{fA} (2)식으로 구합니다.

$$T_{fA} = 0.35k(1+1/Q)\sigma y \cdot As \cdot d \cdots\cdots (2)$$

k : 토크계수
d : 볼트의 호칭 직경 [cm]
Q : 체결토크
σy : 내력(강도구분 12.9일 때 1126kgf/mm²)
As : 볼트의 유효단면적(mm²)

■ 계산 예

연강과 연강을 육각홀붙이 M6(강도구분12.9) 으로 오일 윤활의 상태에서 체결할 때의 적정 토크의 축력을 구합니다.

- 적정토크는 (2) 식에서

$$T_{fA} = 0.35k(1+1/Q)\sigma y \cdot As \cdot d$$

$$= 0.35 \cdot 0.17(1+1/1.4)112 \cdot 20.1 \cdot 0.6$$

$$= 138[kgf \cdot cm]$$

- 측력 Ff는 (1)식에서

$$Ff = 0.7 \times \sigma y \times As$$

$$= 0.7 \times 112 \times 20.1$$

$$= 1576[kgf]$$

■ 볼트의 표면처리와 피체결물 및 암나사재질의 조합에 의한 토크계수

볼트의 표면 처리 윤활	토크계수 k	조합 피체결물의 재질 – 암나사재질 (a)　　　　(b)
강 볼트 흑색 산화피막 오일 윤활	0.145	SCM–FC FC–FC SUS–FC
	0.155	S10C–FC SCM–S10C SCM–SCM FC–S10C FC–SCM
	0.165	SCM–SUS FC–SUS AL–FC SUS–S10C SUS–SCM SUS–SUS
	0.175	S10C–S10C S10C–SCM S10C–SUS AL–S10C AL–SCM
	0.185	SCM–AL FC–AL AL–SUS
	0.195	S10C–AL SUS–AL
	0.215	AL–AL
강볼트 흑색 산화피막 무 윤활	0.25	S10C–FC SCM–FC FC–FC
	0.35	S10C–SCM SCM–SCM FC–S10C FC–SCM AL–FC
	0.45	S10C–S10C SCM–S10C AL–S10C AL–SCM
	0.55	SCM–AL FC–AL AL–AL

S10C : 미조질연강　SCM : 조질강(35HRC)　FC : 주철(FC200)　AL : 알루미늄　SUS : 스테인리스(SUS304)

■ 체결계수 Q의 표준치

체결 계수 Q	체결방법	표면상태		윤활상태
		볼트	너트	
1.25	토크렌치	망간인산염	무처리 또는 인산염	오일 윤활 또는 MoS2페이스트
1.4	토크렌치	무처리 또는 인산염		
	토크제한 붙이 렌치			
1.6	임팩트렌치			
1.8	오크렌치	무처리 또는 인산염	무처리	무처리
	토크제한 붙이 렌치			

■ 표시강도의 표시방법

12.9
└─ └─ 내력(항복응력) : 인장강도의 최소치 90%
└── 인장강도의 최소치가 1120N/mm²{124kgf/mm²}

10.9
└─ └─ 내력(항복응력) : 인장강도의 최소치 90%
└── 인장강도의 최소치가 1040N/mm²{124kgf/mm²}

■ 초기 체결력과 체결토크

나사호칭	유효 단면적 As mm²	강도구분											
		12.9			10.9			8.8			4.8		
		항복 하중	초기 체결력	체결 토크	항복 하중	초기 체결력	체결 토크	항복 하중	초기 체결력	체결 토크	항복 하중	초기 체결력	체결 토크
		kgf	kgf	kgf·cm	kgf	kgf	kgf·cm	kgf	kgf	kgf·cm	kgf	kgf	kgf·cm
M 3×0.5	5.03	563	394	17	482	338	15	328	230	10	175	122	5
M 4×0.7	8.78	983	688	40	842	589	34	573	401	23	305	213	12
M 5×0.8	14.2	1590	1113	81	1362	953	69	927	649	47	493	345	25
M 6×1	20.1	2251	1576	138	1928	1349	118	1313	919	80	697	488	43
M 8×1.25	36.6	4099	2869	334	3510	2457	286	2390	1673	195	1270	889	104
M10×1.5	58	6496	4547	663	5561	3894	567	3787	2651	386	2013	1409	205
M12×1.75	84.3	9422	6609	1160	8084	5659	990	5505	3853	674	2925	2048	358
M14×2	115	12880	9016	1840	11029	7720	1580	7510	5257	1070	3991	2796	570
M16×2	157	17584	12039	2870	15056	10539	2460	10252	7176	1670	5448	3814	889
M18×2.5	192	21504	15053	3950	18413	12889	3380	12922	9045	2370	6662	4664	1220
M²0×2.5	245	27440	19208	5600	23496	16447	4790	16489	11542	3360	8502	5951	1730
M²2×2.5	303	33936	23755	7620	29058	20340	6520	20392	14274	4580	10514	7360	2360
M²5×3	353	39536	27675	9680	33853	23697	8290	23757	16630	5820	12249	8574	3000

(주) • 체결조건 : 토크렌치사용(표면 오일 윤활 토크계수 k＝0.17 체결계수 Q＝1.4)
　　• 토크계수는 사용조건에 따라 변하기 때문에 본 표는 대략적인 참고로 사용하여 주십시오.
　　• 본 표는 주식회사 극동제작소의 가다로그에서 발췌하여 편집한 것입니다.

■ 볼트의 강도

1) 볼트가 인장하중을 받는 경우

$$P_t = \sigma t \times As \quad \cdots\cdots\cdots \quad (1)$$

$$= \pi d2\sigma t/4 \quad \cdots\cdots\cdots \quad (2)$$

P_t : 축방향의 인장하중[kgf]

σ_b : 볼트의 항복응력[kgf/mm²]

σ_t : 볼트의 혀용응력[kgf/mm²] ($\sigma_t = \sigma_b/$안전율 α)

As : 볼트의 유효단면적[mm²] $As = Qd^2/4$

d : 볼트의 유효직경(곡경)[mm]

■ 인장강도를 기준으로 한 Unwin의 안전율

재료	정하중	반복하중		충격하중
		편진	양진	
강	3	5	8	12
주철	4	6	10	15
동, 유연한 금속	5	5	9	15

허용응력 $= \dfrac{\text{기준강도}}{\text{안전율} \alpha}$ 기준강도 : 연성(延性)재료의 경우 항복응력 무른성질 재료의 경우 파괴응력

예 1개의 육각 홀붙이 볼트로 P=200kgf의 인장하중을 반복하여(편진) 받기에 적정한 크기를 구합니다.

(육각홀붙이 볼트는 재질 : SCM435, 38~43G/HRC, 강도구분 12.9로 합니다.)

(1) 식에서 $As = Pt/\sigma t$

　　　　　=200/22.4

　　　　　=8.9[mm²]

∴ 이것으로부터 큰 값의 유효면적을 우측
의 표로부터 구한 14.2[mm²]의 M5를 선정하면 좋습니다.
또한, 피로강도를 고려하면, 표의 강도구분 12.9로부터
허용하중 213kgf의 M6을 선정합니다.

2) 스트리퍼 볼트와 같이 인장의 충격하중을 받을 경우에
는 피로강도로부터 선정합니다.(동일하게 200kgf의 하
중을 받는 스트리퍼 볼트는 재질 : SCM435, 33~
38HRC. 강도구분 10.9로 합니다.)

우측표에서 강도구분 10.9의 허용하중이 200kgf이상
일때는 318[kgf] M8이 됩니다. 따라서, M8의 나사부를
가진 축경 10mm의 MSB10을 선정합니다. 또한, 선단하
중을 받는 경우에는 맞춤 핀을 병용하여 주십시오.

강도구분12.9의 항복응력 σ_b=112[kgf/mm²]

허용응력 $\sigma_t = \sigma_b/$안전율(우 표에서 안전율 5)

　　　　　　=112/5 =22.4[kgf/mm²]

■ 볼트의 피로강도(나사의 경우 : 피로강도는 200만회)

나사 호칭	유효 단면적 As mm²	강도구분			
		12.9		10.9	
		피로강도* kgf/mm²	허용하중 kgf	피로강도* kgf/mm²	허용하중 kgf
M 4	8.78	13.1	114	9.1	79
M 5	14.2	11.3	160	7.8	111
M 6	20.1	10.6	213	7.4	149
M 8	36.6	8.9	326	8.7	318
M10	58	7.4	429	7.3	423
M12	84.3	6.7	565	6.5	548
M14	115	6.1	702	6	690
M16	157	5.8	911	5.7	895
M20	245	5.2	1274	5.1	1250
M24	353	4.7	1659	4.7	1659

피로강도*는「소나사류,볼트 및 너트용 미터 나사의 피로 한도
의 측정치」(야마모트)에서 발췌하여 수정한 것입니다.

■ 스크류 플러그의 강도

스크류 플러그MSW30이 충격하중을 받는 경우의 허용하중P를 구합니다.

(MSW30의 재질 S45C,34~43HRC의 인장강도 σ_b는 65kgf/mm²로 합니다.)

MSW골직경부분에서 선단을 받아서 파손한다고 하면,

허용하중 $P = \tau_t \times A$

$\qquad = 3.9 \times 107.4 = 4190[kgf]$

탭이 연한 재질일 경우 끼워 넣는 나사의 골직경으로부터 허용선단을 구합니다.

선단면적A=골직경$d_1 \times \pi 0131$L (골직경$d_1 ≒ M-P$)

$\qquad A = (M-P)\pi L = (30-1.5)\pi \times 12$

$\qquad\qquad = 1074[mm^2]$

항복응력≒0.9×인장강도 $\sigma_b = 0.9 \times 65 = 58.2$

선단응력≒0.8×항복응력 =46.6

허용선단응력 τ_t=선단응력/안전율12

$\qquad\qquad = 46.6/12 = 3.9[kgf/mm^2]$

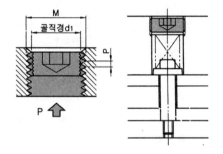

■ 맞춤 핀의 농도

맞춤 핀 1개의 800kgf의 반복(편진) 선단하중이 걸릴 때의 적정 사이즈를 구합니다.

(맞품 핀의 재질은 SUJ2 경도58HRC~)

$P = A \times \tau = \pi D^2 \tau / 4$

$D = \sqrt{(4P)/(\pi\tau)}$

$\quad = \sqrt{(4 \times 800)/(3.14 \times 19.2)} ≒ 7.3$

SUJ2의 항복응력대응 $\sigma_b = 120[kgf/mm^2]$

허용선단강조 $\tau = \sigma_b \times 0.8/$안전율 α

$\qquad\qquad = 120 \times 0.8/5$

$\qquad\qquad = 19.2[kgf/mm^2]$

∴　MS의 맞춤 핀이면 D8이상의 크기를 선정합니다.

　　또한, 맞춤 핀의 크기를 약간 크게 통일하면 공군가 재고등을 삭감할 수 있습니다.

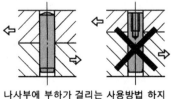

나사부에 부하가 걸리는 사용방법 하지 마십시오.

여기에 게재한 것은 어디까지나 강도의 구하는 법의 하나의 예입니다. 실제로는 홀 간 피치정밀도, 홀의 수직도, 면조도, 진원도, 플레이트의 재질, 평행도, 열처리의 유무, 프레스 기계의 정밀도, 제품의 생산수량, 공구의 마모 등 다양한 조건을 고려할 필요가 있습니다.

입체	체적V	입체	체적V	입체	체적V
플랜지 절단 원주	$V = \dfrac{\pi}{4}d^2h$ $= \dfrac{\pi}{4}d^2\left(\dfrac{h_1+h_2}{2}\right)$	중공 원주(관)	$V = \dfrac{\pi}{4}h(D^2-d^2)$ $= \pi th(D-t)$ $= \pi th(d+t)$	원뿔	$V = \dfrac{\pi}{3}r^2h$ $= 1.0472r^2h$
각뿔	$V = \dfrac{h}{3}A = \dfrac{h}{6}arn$ A=바닥면적 r=내접원의 반경 a=정다각형의 변의길이 n=정다각형의 변의수	플랜지 절단 원주	$V = \dfrac{h}{3}(A+a+\sqrt{Aa})$ A,a=양단면의 면적	구	$V = \dfrac{4}{3}\pi r^3 = 4.1888r^3$ $= \dfrac{Q}{6}d^3 = 0.5236d^3$
구관(球冠)	$V = \dfrac{\pi h^2}{3}(3r-h)$ $= \dfrac{\pi h^2}{6}(3a^2+h^2)$ a는 반경	구분(球分)	$V = \dfrac{2}{3}\pi r^2h$ $= 2.0944r^2h$	구대(球帶)	$V = \dfrac{\pi h}{6}(3a^2+3b^2+h^2)$
타원체	$V = \dfrac{4}{3}\pi abc$ 회전타원(b=c)일 때는 $V = \dfrac{4}{3}\pi ab^2$	원 고리	$V = 2\pi^2Rr^2$ $= 19.739Rr^2$ $= \dfrac{\pi^2}{4}Dd^2$ $= 2.4674Dd^2$	나무통 모양	원주가 원호와 같은 만곡을 이룰 때는 $V = \dfrac{\pi\ell}{12}(2D^2+d^2)$ 주위가 포물선과 같은 만곡을 이룰 때는 $V = 0.209\ell(2D^2Dd+1/4d^2)$

■ 중량의 구하는 법

하중W[g]=체적 [cm³]×밀도
[예] 재질 : 연강
∅D=16 L=50mm의 중량은

$$W = \dfrac{\pi}{4}D^2 \times L \times 밀도$$
$$= \dfrac{\pi}{4} \times 1.6^2 \times 5 \times 7.85 ≒ 79[g]$$

■ 열팽창에 의한 치수변화의 구하는 법

[예] 재질 : SKD11

∅D=2 L=100mm의
핀이 100℃ 상승한 때의
치수 변화량 δ은

δ=열 팽창계수×전장×온도변화
=11.7×10⁻⁶×100mm×100℃
=0.117[mm]

■ 금속재료의 물리적 성질

재질	밀도 [g/cm³]	종탄성 계수E [Kgf/mm²]	열팽창 계수 [M10-6/A]
연강	7.85	21000	11.7
SKD11	7.85	21000	11.7
분말하이스강(HAP40)	8.07	23300	10.1
초경 V30	14.1	56000	6.0
주철	7.3	7500~10500	9.2~11.8
SUS304	8.0	19700	17.3
무산소동 C1020	8.9	11700	17.6
6/4황동 C2801	8.4	10300	20.8
알루미늄 A1100	2.7	6900	23.6
두랄루민 A7075	2.8	7200	23.6
티탄	4.5	10600	8.4

1Kgf/mm²=9.80665×10⁶Pa

■ 종 탄성계수 E에 의한 치수변화 구하는법

[예] ∅10 × L60의 핀에 하중P=1000kgf를 가한 경우의 변화량 λ를 구한다.
(재질 : SKD11)

$$E = \dfrac{PL}{A\lambda}$$
$$\lambda = \dfrac{PL}{AE} = \dfrac{1000 \times 60}{78.5 \times 21000} ≒ 0.036mm$$

단면적 $A = \dfrac{\pi}{4}D^2 = 78.5$

면적·중심·단면 2차 모멘트의 계산

단면	단면적 A	중심의 거리 e	단면 2차 모멘트 I	단면 계수 Z=I/e
	bh	$\dfrac{h}{2}$	$\dfrac{bh^3}{12}$	$\dfrac{bh^2}{6}$
	h^2	$\dfrac{h}{2}$	$\dfrac{h^4}{12}$	$\dfrac{h^3}{6}$
	h^2	$\dfrac{h}{2}\sqrt{2}$	$\dfrac{h^4}{12}$	$0.1179h^3 = \dfrac{\sqrt{2}}{12}h^3$
	$\dfrac{bh}{2}$	$\dfrac{2}{3}h$	$\dfrac{bh^3}{36}$	$\dfrac{bh^2}{24}$
	$(2b+b_1)\dfrac{h}{2}$	$\dfrac{1}{3}\times\dfrac{3b+2b_1}{2b+b_1}h$	$\dfrac{6b^2+6bb_1+b_1^2}{36(2b+b)}h^3$	$\dfrac{6b^2+6bb_1+b_1^2}{12(3b+2b_1)}h^2$
	$\dfrac{3\sqrt{3}}{2}r^2 = 2.598r^2$	$\sqrt{\dfrac{3}{4}}r = 0.866r$	$\dfrac{5\sqrt{3}}{16}r^4 = 0.5413r^4$	$\dfrac{5}{8}r^3$
		r		$\dfrac{5\sqrt{3}}{16}r^3 = 0.5413r^3$
	$2.828r^2$	$0.924r^2$	$\dfrac{1+2\sqrt{2}}{6}r^4 = 0.6381r^4$	$0.6906r^3$
	$0.8284a^2$	$b=\dfrac{2}{1+\sqrt{2}}=0.4142a$	$0.0547a4$	$0.1095a^3$
	$\pi r^2 = \dfrac{\pi d^2}{4}$	$\dfrac{d}{2}$	$\dfrac{\pi d^4}{64}=\dfrac{\pi r^4}{4}$ $=0.0491d^4$ $\fallingdotseq 0.05d^4$ $=0.7854r^4$	$\dfrac{\pi d^3}{32}=\dfrac{\pi r^3}{4}$ $=0.0982d^3$ $\fallingdotseq 0.1d^3$ $=0.7854r^3$
	$r^2\left(1-\dfrac{\pi}{4}\right)=0.2146r^2$	$e_1=0.2234r$ $e_2=0.7766r$	$0.0075r^4$	$\dfrac{0.0075r^4}{e_2}=0.00966r^3$ $\fallingdotseq 0.01r^3$

단면	단면적 A	중심의 거리 e	단면 2차 모멘트 I	단면 계수 Z=I/e
	πab	a	$\dfrac{\pi}{4}ba^3 = 0.7854\,ba^3$	$\dfrac{4}{\pi}ba^2 = 0.7854\,ba^2$
	$\dfrac{\pi}{2}r^2$	$e_1 = 0.4244r$ $e_2 = 0.5756r$	$\left(\dfrac{\pi}{8}-\dfrac{8}{9\pi}\right)r^4 = 0.1098\,r^4$	$Z_1 = 0.2587r^3$ $Z_2 = 0.1908r^3$
	$\dfrac{\pi}{4}r^2$	$e_1 = 0.4244r$ $e_2 = 0.5756r$	$0.0055r^4$	$Z_1 = 0.1296\,r^3$ $Z_2 = 0.0956\,r^3$
	$b(H-h)$	$\dfrac{H}{2}$	$\dfrac{b}{12}(H^3-h^3)$	$\dfrac{b}{6H}(H^3-h^3)$
	A^2-a^2	$\dfrac{A}{2}$	$\dfrac{A^4-a^4}{12}$	$\dfrac{1}{6}\dfrac{A^4-a^4}{A}$
	A^2-a^2	$\dfrac{A}{2}\sqrt{2}$	$\dfrac{A^4-a^4}{12}$	$\dfrac{A^4-a^4}{12A}\sqrt{2}$ $=\dfrac{0.1179(A^4-a^4)}{A}$
	$\dfrac{\pi}{4}\left(d_2^2-d_1^2\right)$	$\dfrac{d_2}{2}$	$\dfrac{\pi}{64}(d_2^4-d_1^4)$ $=\dfrac{\pi}{4}(R^4-r^4)$	$\dfrac{\pi}{32}\left(\dfrac{d_2^4-d_1^4}{d_2}\right)$ $=\dfrac{\pi}{4}\times\dfrac{R^4-r^4}{R}$
	$a^2-\dfrac{\pi d^2}{4}$	$\dfrac{a}{2}$	$\dfrac{1}{12}\left(a^4-\dfrac{3\pi}{16}d^4\right)$	$\dfrac{1}{6a}\left(a^4-\dfrac{3\pi}{16}d^4\right)$
	$2b(h-d)$ $+\dfrac{\pi d^2}{4}$	$\dfrac{h}{2}$	$\dfrac{1}{12}\left\{\dfrac{3\pi}{16}d^4\right.$ $+b(h^3-d^3)$ $\left.+b^3(h-d)\right\}$	$\dfrac{1}{6h}\left\{\dfrac{3\pi}{16}d^4\right.$ $+b(h^3-d^3)$ $\left.+b^3(h-d)\right\}$
	$2b(h-d)+$ $\dfrac{\pi}{4}(d_1^2-d^2)$	$\dfrac{h}{2}$	$\dfrac{1}{12}\left\{\dfrac{3\pi}{16}(d_1^4-d^4)\right.$ $+b(h^3-d_1^3)$ $\left.+b(h^3-d_1)\right\}$	$\dfrac{1}{6h}\left\{\dfrac{3\pi}{16}(d_1^4-d^4)\right.$ $+b(h^3-d_1^3)$ $\left.+b(h^3-d^3)\right\}$

θ (쎄타) deg(각도°)	deg (각도) =0° 00′ ~ 11° 50′ 의 경우					
	sinθ의 진수	cosθ의 진수	tanθ의 진수	cotθ의 진수		
0° 00′	.0000	1.0000	.0000	∞	90°	00′
10	.0029	1.0000	.0029	343.77		50
20	.0058	1.0000	.0058	171.89		40
30	.0087	1.0000	.0087	114.59		30
40	.1116	0.9999	.0116	85.940		20
50	.0145	.9999	.0145	68.750		10
1° 00′	.0175	.9998	.0175	57.290	89°	00′
10	.0204	.9998	.0204	49.104		50
20	.0233	.9997	.0233	42.964		40
30	.0262	.9997	.0262	38.188		30
40	.0291	.9996	.0291	34.368		20
50	.0320	.9995	.0320	31.242		10
2° 00′	.0349	.9994	.0349	26.636	88°	00′
10	.0378	.9993	.0378	26.432		50
20	.0407	.9992	.0407	24.542		40
30	.0436	.9990	.0437	22.904		30
40	.0465	.9989	.0466	21.470		20
50	.0494	.9988	.0495	20.206		10
3° 00′	.0523	.9986	.0524	19.081	87°	00′
10	.0552	.9985	.0553	18.075		50
20	.0581	.9983	.0582	17.169		40
30	.0610	.9981	.0612	16.350		30
40	.0640	.9980	.0641	15.605		20
50	.0669	.9978	.0670	14.924		10
4° 00′	.0698	.9976	.0699	14.301	86°	00′
10	.0727	.9974	.0729	13.727		50
20	.0756	.9971	.0758	13.197		40
30	.0785	.9969	.0787	12.706		30
40	.0814	.9967	.0816	12.251		20
50	.0843	.9964	.0846	11.826		10
5° 00′	.0872	.9962	.0875	11.430	85°	00′
10	.0901	.9959	.0904	11.059		50
20	.0929	.9957	.0934	10.712		40
30	.0958	.9954	.0963	10.385		30
40	.0987	.9951	.0992	10.078		20
50	.1016	.9948	.1022	9.7882		10
6° 00′	.1045	.9945	.1051	9.5144	84°	00′
10	.1074	.9942	.1080	9.2553		50
20	.1103	.9939	.1110	9.0098		40
30	.1132	.9936	.1139	8.7769		30
	cosθ의 진수	sinθ의 진수	cotθ의 진수	tanθ의 진수	deg(각도°)	
	deg (각도) =78° 10′ ~ 90° 00′ 의 경우				θ (쎄타)	

θ (쎄타) deg(각도°)	deg (각도) =12° 00′ ~23° 50′ 의 경우					
	sinθ의 진수	cosθ의 진수	tanθ의 진수	cotθ의 진수		
40	.1161	.9932	.1169	8.5555		20
50	.1190	.9929	.1198	8.3450		10
7° 00′	.1219	.9925	.1228	8.1443	83°	00′
10	.1248	.9922	.1257	7.9530		50
20	.1276	.9918	.1287	7.7704		40
30	.1305	.9914	.1317	7.5958		30
40	.1334	.9911	.1346	7.4287		20
50	.1363	.9907	.1376	7.2687		10
8° 00′	.1392	.9903	.1405	7.1154	82°	00′
10	.1421	.9899	.1435	6.9682		50
20	.1449	.9894	.1465	6.8269		40
30	.1478	.9890	.1495	6.6912		30
40	.1507	.9886	.1524	6.5606		20
50	.1536	.9881	.1554	6.4348		10
9° 00′	.1564	.9877	.1584	6.3138	81°	00′
10	.1593	.9872	.1614	6.1970		50
20	.1622	.9868	.1644	6.0844		40
30	.1650	.9863	.1673	5.9758		30
40	.1679	.9858	.1703	5.8708		20
50	.1708	.9853	.1733	5.7694		10
10° 00′	.1736	.9848	.1763	5.6713	80°	00′
10	.1765	.9843	.1793	5.5764		50
20	.1794	.9838	.1823	5.4845		40
30	.1822	.9833	.1853	5.3955		30
40	.1851	.9827	.1883	5.3093		20
50	.1880	.9822	.1914	5.2257		10
11° 00′	.1908	.9816	.1944	5.1446	79°	00′
10	.1937	.9811	.1974	5.0658		50
20	.1965	.9805	.2004	4.9894		40
30	.1994	.9799	.2035	4.9152		30
40	.2022	.9793	.2065	4.8430		20
50	.2051	.9787	.2095	4.7729	78°	10
12° 00′	.2079	.9781	.2126	4.7046	78°	00′
10	.2108	.9775	.2156	4.6382		50
20	.2136	.9769	.2186	4.5736		40
30	.2164	.9763	.2217	4.5107		30
40	.2193	.9757	.2247	4.4494		20
50	.2221	.9750	.2278	4.3897		10
13° 00′	.2250	.9744	.2309	4.3315	77°	00′
10	.2278	.9737	.2339	4.2747		50
	cosθ의 진수	sinθ의 진수	cotθ의 진수	tanθ의 진수	deg(각도°)	
	deg (각도) =66° 10′ ~ 78° 00′ 의 경우				θ (쎄타)	

왼쪽 표

θ(쎄타) deg(각도°)	sinθ의 진수	cosθ의 진수	tanθ의 진수	cotθ의 진수	deg(각도°) = 24° 00′ ~ 35° 50′ 의 경우	
20	.2306	.9730	.2370	4.2193		40
30	.2334	.9724	.2401	4.1653		30
40	.2363	.9717	.2432	4.1126		20
50	.2391	.9710	.2462	4.0611		10
14° 00′	.2419	.9703	.2493	4.0108	76°	00′
10	.2447	.9696	.2524	3.9617		50
20	.2476	.9689	.2555	3.9136		40
30	.2504	.9681	.2586	3.8667		30
40	.2532	.9674	.2617	3.8208		20
50	.2560	.9667	.2648	3.7760		10
15° 00′	.2588	.9659	.2679	3.7321	75°	00′
10	.2616	.9652	.2711	3.6891		50
20	.2644	.9644	.2742	3.6470		40
30	.2672	.9636	.2773	3.6059		30
40	.2700	.9628	.2805	3.5353		20
50	.2728	.9621	.2836	3.5261		10
16° 00′	.2784	.9613	.2867	3.4874	74°	00′
10	.2778	.9605	.2899	3.4495		50
20	.2812	.9596	.2931	3.4124		40
30	.2840	.9588	.2962	3.3759		30
40	.2868	.9580	.2994	3.3402		20
50	.2896	.9572	.3026	3.3052		10
17° 00′	.2924	.9563	.3057	3.2709	73°	00′
10	.2952	.9555	.3089	3.2371		50
20	.2979	.9546	.3121	3.2041		40
30	.3007	.9537	.3153	3.1716		30
40	.3035	.9528	.3185	3.1397		20
50	.3062	.9520	.3217	3.1084		10
18° 00′	.3090	.9511	.3249	3.0777	72°	00′
10	.3118	.9502	.3281	3.0475		50
20	.3145	.9492	.3314	3.0178		40
30	.3173	.9483	.3346	2.9887		30
40	.3201	.9474	.3348	2.9600		20
50	.3228	.9465	.3411	2.9319		10
19° 00′	.3256	.9455	.3443	2.9042	71°	00′
10	.3283	.9446	.3476	2.8770		50
20	.3311	.9436	.3508	2.8502		40
30	.3338	.9426	.3541	2.8239		30
40	.3365	.9417	.3574	2.7980		20
50	.3393	.9407	.3607	2.7725		10
	cosθ의 진수	sinθ의 진수	cotθ의 진수	tanθ의 진수	deg(각도°)	
	deg(각도) =54° 10′ ~ 66° 00′ 의 경우				θ(쎄타)	

오른쪽 표

θ(쎄타) deg(각도°)	sinθ의 진수	cosθ의 진수	tanθ의 진수	cotθ의 진수	deg(각도°) = 36° 00′ ~ 45° 00′ 의 경우	
20° 00′	.3420	.9397	.3640	2.7475	70°	00′
10	.3448	.9387	.3673	2.7228		50
20	.3475	.9377	.3706	2.6985		40
30	.3502	.9367	.3739	2.6746		30
40	.3529	.9356	.3772	2.6511		20
50	.3557	.9346	.3805	2.6279		10
21° 00′	.3584	.9336	.3839	2.6051	69°	00′
10	.3611	.9325	.3872	2.5826		50
20	.3638	.9315	3906	2.5605		40
30	.3664	.9304	.3939	2.5386		30
40	.3692	.9293	.3973	2.5172		20
50	.3719	.9283	.4006	2.4960		10
22° 00′	.3746	.9272	.4040	2.4751	68°	00′
10	.3773	.9261	.4074	2.4545		50
20	.3800	.9250	.4108	2.4342		40
30	.3827	.9239	.4142	2.4142		30
40	.3854	.9228	.4176	2.3945		20
50	.3881	.9216	.4210	2.3750		10
23° 00′	.3907	.9205	.4245	2.3559	67°	00′
10	.3934	.9194	.4279	2.3369		50
20	.3961	.9182	.4314	2.3183		40
30	.3987	.9171	.4348	2.2998		30
40	.4014	.9159	.4383	2.2817		20
50	.4041	.9147	.4417	2.2637	66°	10
24° 00′	.4067	.9135	.4452	2.2460	66°	00′
10	.4094	.9124	.4487	2.2286		50
20	.4120	.9112	.4522	2.2113		40
30	.4147	.9100	.4557	2.1943		30
40	.4173	.9088	.4592	2.1775		20
50	.4200	.9075	.4628	2.1609		10
25° 00′	.4226	.9063	.4663	2.1445	65B	00′
10	.4253	.9051	.4699	2.1283		50
20	.4279	.9038	.4734	2.1123		40
30	.4305	.9026	.4770	2.0965		30
40	.4331	.9013	.4806	2.0809		20
50	.4358	.9001	.4841	2.0655		10
26° 00′	.4384	.8988	.4877	2.0503	64°	00′
10	.4410	.8975	.4913	2.0353		50
20	.4436	.8962	.1950	2.0204		40
30	.4462	.8949	.4986	2.0057		30
	cosθ의 진수	sinθ의 진수	cotθ의 진수	tanθ의 진수	deg(각도°)	
	deg(각도) =45° 10′ ~ 54° 00′ 의 경우				θ(쎄타)	

θ (쎄타) deg(각도°)	deg (각도) =24° 00′~35° 50′ 의 경우 sinθ의 진수	cosθ의 진수	tanθ의 진수	cotθ의 진수		
40	.4488	.8936	.5022	1.9912		20
50	.4514	.8923	.5059	1.9768		10
27° 00′	.4540	.8910	.5095	1.9626	63° 00′	
10	.4566	.8897	.5132	1.9486		50
20	.4592	.8884	.5169	1.9347		40
30	.4317	.8870	.5206	1.9210		30
40	.4643	.8857	.5243	1.9074		20
50	.4669	.8843	.5280	1.8940		10
28° 00′	.4695	.8829	.5317	1.8807	62° 00′	
10	.4720	.8816	.5354	1.8676		50
20	.4746	.8802	.5392	1.8546		40
30	.4772	.8788	.5430	1.8418		30
40	.4797	.8774	.5467	1.8291		20
50	.4823	.8760	.5505	1.8165		10
29° 00′	.4848	.8746	.5543	1.8040	61° 00′	
10	.4874	.8732	.5581	1.7917		50
20	.4899	.8718	.5619	1.7796		40
30	.4924	.8704	.5658	1.7675		30
40	.4950	.8689	.5696	1.7556		20
50	.4975	.8675	.5735	1.7437		10
30° 00′	.5000	.8660	.5774	1.7321	60° 00′	
10	.5025	.8646	.5812	1.7205		50
20	.5050	.8631	.5851	1.7090		40
30	.5075	.8616	.5890	1.6977		30
40	.5100	.8601	.5930	1.6864		20
50	.5125	.8587	.5969	1.6753		10
31° 00′	.5150	.8572	.6009	1.6643	59° 00′	
10	.5175	.8557	.6048	1.6534		50
20	.5200	.8542	.6088	1.6426		40
30	.5225	.8526	.6128	1.6319		30
40	.5250	.8511	.6168	1.6212		20
50	.5275	.8496	.6208	1.6107		10
32° 00′	.5299	.8480	.6249	1.6003	58° 00′	
10	.5324	.8465	.6289	1.5900		50
20	.5348	.8450	.6330	1.5798		40
30	.5373	.8434	.6371	1.5697		30
40	.5398	.8418	.6412	1.5597		20
50	.5422	.8403	.6453	1.5497		10
33° 00′	.5446	.8387	.6494	1.5399	57° 00′	
10	.5471	.8371	.6536	1.5301		50
20	.5495	.8355	.6577	1.5204		40
30	.5519	.8339	.6619	1.5108		30
	cosθ의 진수	sinθ의 진수	cotθ의 진수	tanθ의 진수	deg(각도°)	
	deg (각도) =54° 10′ ~ 66° 00′ 의 경우				θ (쎄타)	

θ (쎄타) deg(각도°)	deg (각도) =36° 00′ ~ 45° 00′ 의 경우 sinθ의 진수	cosθ의 진수	tanθ의 진수	cotθ의 진수		
40	.5544	.8323	.6661	1.5013		20
50	.5568	.8307	.6703	1.4919		10
34° 00′	.5592	.8290	.6745	1.4826	56° 00′	
10	.5616	.8274	.6787	1.4733		50
20	.5640	.8258	.6830	1.4641		40
30	.5664	.8241	.6873	1.4550		30
40	.5688	.8225	.6916	1.4460		20
50	.5712	.8208	.6959	1.4370		10
35° 00′	.5736	.8192	.7002	1.4281	55° 00′	
10	.5760	.8175	.7046	1.4193		50
20	.5783	.8158	.7089	1.4106		40
30	.5807	.8141	.7133	1.4019		30
40	.5831	.8124	.7177	1.3934		20
50	.5854	.8107	.7221	1.3848	54° 10′	
36° 00′	.5878	.8090	.7265	1.3764	54° 00′	
10	.5901	.8073	.7310	1.3680		50
20	.5925	.8056	.7355	1.3597		40
30	.5948	.8039	.7400	1.3514		30
40	.5972	.8021	.7445	1.3432		20
50	.5995	.8004	.7490	1.3351		10
37° 00′	.6018	.7986	.7536	1.3270	53B 00′	
10	.6041	.7969	.7581	1.3190		50
20	.6065	.7951	.7627	1.3111		40
30	.6088	.7934	.7673	1.3032		30
40	.6111	.7916	.7720	1.2954		20
50	.6134	.7898	.7766	1.2876		10
38° 00′	.6157	.7880	.7813	1.2799	52° 00′	
10	.6180	.7862	.7860	1.2723		50
20	.6202	.7844	.7907	1.2647		40
30	.6225	.7826	.7954	1.2572		30
40	.6248	.7808	.8002	1.2497		20
50	.6271	.7790	.8050	1.2423		10
39° 00′	.6293	.7771	.8098	1.2349	51° 00′	
10	.6316	.7753	.8146	1.2276		50
20	.6338	.7735	.8195	1.2203		40
30	.6361	.7716	.8243	1.2131		30
40	.6383	.7698	.8292	1.2059		20
50	.6406	.7679	.8342	1.1988		10
40° 00′	.6428	.7660	.8391	1.1918	50° 00′	
10	.6450	.7642	.8441	1.1847		50
20	.6472	.7623	.8491	1.1778		40
30	.6494	.7604	.8541	1.1708		30
	cosθ의 진수	sinθ의 진수	cotθ의 진수	tanθ의 진수	deg(각도°)	
	deg (각도) =45° 10′ ~ 54° 00′ 의 경우				θ (쎄타)	

θ (쎄타)	deg (각도) =36° 00′~45° 00′ 의 경우					
deg(각도°)	sinθ의 진수	cosθ의 진수	tanθ의 진수	cotθ의 진수		
40	.6517	.7585	.8591	1.1640		20
50	.6539	.7566	.8642	1.1571		10
41° 00′	.6561	.7547	.8693	1.1504	49°	00′
10	.6583	.7528	.8744	1.1436		50
20	.6604	.7509	.8796	1.1369		40
30	.6626	.7490	.8847	1.1303		30
40	.6648	.7470	.8899	1.1237		20
50	.6670	.7451	.8952	1.1171		10
42° 00′	.6691	.7431	.9004	1.1106	48°	00′
10	.6713	.7412	.9057	1.1041		50
20	.6734	.7392	.9110	1.0977		40
30	.6756	.7373	.9163	1.0913		30
40	.6777	.7353	.9217	1.0850		20
50	.6799	.7333	.9271	1.0786		10
43° 00′	.6820	.7314	.9325	1.0724	47°	00′
10	.6841	.7294	.9380	1.0661		50
20	.6862	.7274	.9435	1.0599		40
30	.6884	.7254	.9490	1.0538		30
40	.6905	.7234	.9545	1.0477		20
50	.6926	.7214	.9601	1.0416		10
44° 00′	.6947	.7193	.9657	1.0355	46°	00′
10	.6967	.7173	.9713	1.0295		50
20	.6988	.7153	.9770	1.0235		40
30	.7009	.7133	.9827	1.0176		30
40	.7030	.7112	.9884	1.0117		20
50	.7050	.7092	.9942	1.0058		10
45° 00′	.7071	.7071	1.0000	1.0000	45°	00′
	cosθ의 진수	sinθ의 진수	cotθ의 진수	tanθ의 진수	deg(각도°)	
	deg (각도) =45° 10′ ~ 54° 00′ 의 경우				θ (쎄타)	

$$a = \frac{b}{\cos\theta} \quad , \qquad \frac{c}{\sin\theta}$$
$$b = a\cdot\cos\theta \quad , \qquad \frac{c}{\tan\theta}$$
$$c = a\cdot\sin\theta \quad , \qquad b\cdot\tan\theta$$

■ **진수표에서 삼각함수의 진수를 구하는 방법**

deg (각도)가 0° 00′~ 45° 00′ 의 경우

① 진수표 왼쪽의 θ란을 선택하여
  deg(각도)를 찾는다.

② 진수표 위족에 기재되어 있는 삼각
  함수 종류를 확인하고, 목적하는
  deg(각도)의 진수를 구하면 된다

ex.) sin 5° = 0.0872
  cos 5° = 0.9962
  tan 5° = 0.0875
  cot 5° = 11.430

deg (각도)가 45° 00′~ 90° 00′ 의 경우

① 진수표 왼족의 θ란을 선택하여
  deg(각도)를 찾는다.

② 진수표 위족에 기재되어 있는 삼각
  함수 종류를 확인하고, 목적하는
  deg(각도)의 진수를 구하면 된다.

ex.) sin 85° = 0.9962
  cos 85° = 0.0872
  tan 85° = 11.430
  cot 85° = 0.0875

ⓑ deg(각도)에 소수점 아래가 붙어 있는 경우도 도 °분′으로
  환산하여 사용한다.

  ex.) 5.5°는 5°30′(5도30분) 이 된다. (1도=60분)

■ 기계 구조 탄소강 · 합금강 관계

일본공업규격		외국 규격 관련 강(鋼) 종류					
구격번호 번호	기 호	ISO 683/1.10.115)	AISI SAE	BS 970Part1.3 BS EN 10083-1.2	DIN EN 10084 DIN EN 10083-1.2	NF A35-551 NF EN 10083-1.2	ГOCT 4543
JIS G 4051 기계 구조용 탄소강 강재	S10C	C10	1010	040A10 045A10 045M10	C10E C10R	XC10	–
	S12C	–	1012	040A12	–	XC12	–
	S15C	C15E4 C15M²	1015	055M15	C15E C15R	–	–
	S17C	–	1017	–	–	XC18	–
	S20C	–	1020	070M²0 C22 C22E C22R	C22 C22E C22R	C22 C22E C22R	–
	S22C		1023	–	–	–	–
	S25C	C25 C25E4 C25M²	1025	C25 C25E C25R	C25 C25E C25R	C25 C25E C25R	–
	S28C	–	1029	–	–	–	25Г
	S30C	C30 C30E4 C30M²	1030	080A30 080M30 C30 C30E C30R	C30 C30E C30R	C30 C30E C30R	30Г
	S33C	–	–	–	–	–	30Г
	S35C	C35 C35E4 C35M²	1035	C35 C35E C35R	C35 C35E C35R	C35 C35E C35R	35Г
	S38C	–	1038	–	–	–	35Г
	S40C	C40 C40E4 C40M²	1039 1040	080M40 C40E C40E C40R	C40 C40E C40R	C40 C40E C40R	40Г
	S43C	–	1042 1043	080A42	–	–	40Г
	S45C	C45 C45E4 C45M²	1045 1046	C45 C45E C45R	C45 C45E C45R	C45 C45E C45R	45Г
	S48C	–	–	080A47	–	–	45Г
	S50C	C50 C50E4 C50M²	1049	080M50 C50 C50E C50R	C50 C50E C50R	C50 C50E C50R	50Г
	S53C	–	1050 1053	–	–	–	50Г
	S55C	C55 C55E4 C55M²	1055	070M55 C55 C55E C55R	C55 C55E C55R	C55 C55E C55R	–

일본공업규격		외국 규격 관련 강(鋼) 종류					
구격번호 번호	기 호	ISO 683/1.10.115)	AISI SAE	BS 970Part1.3 BS EN 10083-1.2	DIN EN 10084 DIN EN 10083-1.2	NF A35-551 NF EN 10083-1.2	ГOCT 4543
JIS G 4051 기계 구조용 탄소강 강재	S58C	C60 C60E4 C60M²	1059 1060	C60 C60E C60R	C60 C60E C60R	C60 C60E C60R	60Г
	S09CK	–	–	045A10 045M10	C10E	XC10	–
	S15CK	–	–	–	C15E	XC12	–
	S20CK	–	–	–	–	XC18	–
JIS G 4102 니켈 크롬강 강재	SNC236	–	–	–	–	–	40XH
	SNC236	–	–	–	–	–	–
	SNC236	–	–	–	–	–	30XH3A
	SNC236	15NiCr13	–	655M13	15NiCr13	–	–
	SNC236	–	–	–	–	–	–
JIS G 4103 니켈 크롬 몰리브덴강 강재	SNCM²20	20NiCrMo2 20NiCrMoS2	8615 8617 8620 8622	805A20 805M²0 805A22 805M²2	20NiCrMo2 20NiCrMoS2	20NCD2	–
	SNCM²40	41NiCrMo2 41NiCrMoS2	8637 8640	–	–	–	–
	SNCM415	–	–	–	–	–	–
	SNCM420	–	4320	–	–	–	20XH2M(20XHM)
	SNCM431	–	–	–	–	–	–
	SNCM439	–	4340	–	–	–	–
	SNCM447	–	–	–	–	–	–
	SNCM616	–	–	–	–	–	–
	SNCM625	–	–	–	–	–	–
	SNCM630	–	–	–	–	–	–
	SNCM815	–	–	–	–	–	–
JIS G 4104 크롬강 강재	SCr415	–	–	–	17Cr3 17CrS3	–	15X 15XA
	SCr420	20Cr4 20CrS4	5120	–	–	–	20X
	SCr430	34Cr4 34CrS4	5130 5132	34Cr4 34CrS4	34Cr4 34CrS4	34Cr4 34CrS4	60X
	SCr435	34Cr4 34CrS4 37Cr4 37CrS4	5132	37Cr4 37CrS4	37Cr4 37CrS4	37Cr4 37CrS4	35X
	SCr440	37Cr4 37CrS4 41Cr4 41CrS4	5140	530M40 41Cr4 41CrS4	41Cr4 41CrS4	41Cr4 41CrS4	40X
	SCr445	–	–	–	–	–	45X

일본공업규격		외국 규격 관련 강(鋼) 종류					
구격번호 번호	기 호	ISO 683/1.10.115)	AISI SAE	BS 970Part1.3 BS EN 10083-1.2	DIN EN 10084 DIN EN 10083-1.2	NF A35-551 NF EN 10083-1.2	ГOCT 4543
JIS G 4105 크롬 몰리브덴강 강재	SCM415	–	–	–	–	–	–
	SCM418	18CrMo4 18CrMoS4	–	–	18CrMo4 18CrMoS4	–	20XM
	SCM420	–	–	708M²0	–	–	20XM
	SCM421	–	–	–	–	–	–
	SCM430	–	4131	–	–	–	30XM 30XMA
	SCM432	–	–	–	–	–	–
	SCM435	34CrMo4 34CrMoS4	4137	34CrMo4 34CrMoS4	34CrMo4 34CrMoS4	34CrMo4 34CrMoS4	35XM
	SCM440	42CrMo4 42CrMoS4	4140 4142	708M40 709M40 42CrMo4 42CrMoS4	42CrMo4 42CrMoS4	42CrMo4 42CrMoS4	–
	SCM445	–	4145 4147	–	–	–	–
	SCM822	–	–	–	–	–	–
JIS G 4106 기계구조용 망간강 강재 및 망간크롬 강 강재	SMn 420	22Mn6	1522	150M19	–	–	–
	SMn433	–	1534	150M36	–	–	30r2 35r2
	SMn438	36Mn6	1541	150M36	–	–	35r2 40r2
	SM443	42Mn6	1541	–	–	–	40r2 45r2
	SMnC420	–	–	–	–	–	–
	SMnC443	–	–	–	–	–	–
JIS G 4202 알루미늄 크롬 몰리브덴 강재	SACM645	41CrAlMo74	–	–	–	–	–
JIS G 4052 열처리성을 보증한 구조용강 강재(H강)	SMn420H	22Mn6	1522H	–	–	–	–
	SMn433H	–	–	–	–	–	–
	SMn438H	36Mn6	1541H	–	–	–	–
	SMn443H	42Mn6	1541H	–	–	–	–
	SMnC420H	–	–	–	–	–	–
	SMnC443H	–	–	–	–	–	–
	SCr415H	–	–	–	17Cr3 17CrS3	–	15X
	SCr420H	20Cr4 20CrS4	5120H	–	–	–	20X
	SCr430H	34Cr4 34CrS4	5130H 5132H	34Cr4 34CrS4	34Cr4 34CrS4	34Cr4 34CrS4	30X
	SCr435H	34Cr4 34CrS4 37Cr4 37CrS4	5135H	37Cr4 37CrS4	37Cr4 37CrS4	37Cr4 37CrS4	35X

일본공업규격		외국 규격 관련 강(鋼) 종류					
구격번호 번호	기 호	ISO 683/1.10.115)	AISI SAE	BS 970Part1.3 BS EN 10083–1.2	DIN EN 10084 DIN EN 10083–1.2	NF A35–551 NF EN 10083–1.2	ГOCT 4543
JIS G 4052 열처리성을 보증한 구조용강 강재(H강)	SCr440H	37Cr4 37CrS4 41Cr4 41CrS4	5140H	41Cr4 41CrS4	41Cr4 41CrS4	41Cr4 41CrS4	40X
	SCM415H	–	–	–	–	–	–
	SCM418H	18CrMo4 18CrMoS4	–	–	18CrMo4 18CrMoS4	–	–
	SCM420H	–	–	708H20	–	–	–
	SCM435H	34CrMo4 34CrMoS4	4135H 4137H	34CrMo4 34CrMoS4	34CrMo4 34CrMoS4	34CrMo4 34CrMoS4	–
	SCM440H	42CrMo4 42CrMoS4	4140H 4142H	42CrMo4 42CrMoS4	42CrMo4 42CrMoS4	42CrMo4 42CrMoS4	–
	SCM445H	–	4145H 4147H			–	–
	SCM822H	–	–	–	–	–	–
	SNC415H	–	–	–	–	–	–
	SNC631H	–	–	–	–	–	–
	SNC815H	15NiCr13	–	655H13	15NiCr13	–	–
	SNCM²20H	20NiCrMo2 20NiCrMoS2	8617H 8620H 8622H	805H17 805H20 805H22	–	20NCD2	–
	SNCM420H	–	4320H	–	–	–	–
JIS G 4107 고온용 합금강	SNB5	–	501	–	–	–	–
	SNB7	42CrMo4 42CrMoS4	4140 4142 4145	708M40 709M40 42CrMo41)	42CrMo42)	42CrMo44)	–
	SNB16	–	–	40CrMoV4–61)	40CrMoV473)	40CrMoV4–64)	–
JUS G 4108 특수용도 합금강 볼트용 봉강	SNB21 –1~5	–	–	40CrMoV4–61)	40CrMoV473)	40CrMoV4–64)	–
	SNB22 –1~5	42CrMo4 42CrMoS4	4142H	–	42CrMo42)	–	–
	SNB23 –1~5	–	E4340H	–	–	–	–
	SNB24 –1~5	–	4340	–	–	–	–

ISO : International Organization for Standardization (국제표준화 기구) DIN : Deutsches Institut für Nŏrmung (독일규격협회)
AISI : American Iron and Steel Institute (아메리카 철강협회) EN : European Standards (유럽 표준화 위원회)
SAE : Society of Automotive Engineers (자동차 기술자협회) NF : Norme Francaise (프랑스 국가규격)
BS : British Standards (영국규격) ГOCT : 구 소련의 국가규격

주 1) BS EN 10259 2) DIN 1654 Part 4 3) DIN 17240 4) NF EN 10259
   5) ISO683-1,10,11는 JIS G 7501, G 7502 G 7503로써 번역 JIS 발행되고 있다.

공구강의 명칭

일반구조용 압연강	SS400·········Steel (강)·Structure·400N/mm²	고속도공구강	SKH51·······Steel·공구·High Speed·51종
기계구조용탄소강	S45C·······Steel·0.45%C	고탄소 크롬베어링강	SUJ2··········Steel·Use·베어링·2종
크롬 몰리브덴강	SCM435·····Steel·Cr·Mo 435	스테인리스강	SUS304·····Steel·Use·Stainless·304종
니켈 크롬 몰리브덴강	SNCM435···Steel·Ni·Cr·Mo 220	회색주철	FC250········Ferrum(철)·Cast·250N/mm²
탄소공구강	SK105·········Steel·공구·105종 (구SK3)		
합금공구강 〃	SKS3·········Steel·공구·Special·3종 SKD11·······Steel·공구·Dies·11종		

■ 스테인리스강 · 내열강 관계

일본공업규격		국제규격	외국구격		
규격번호· 명칭 (스테인리스강 약)	JIS	ISO TR 15510 LCNo.	미국		영국
			UNS	AISU	BS
JIS G 4303~	SUS 201	12	S20100	201	
4305	SUS 202		S20200	202	284S16
봉	SUS 301	5	S30100	301	301S21
열간압연판 및 대	SUS 301L	4			
냉간아연판 및 대	SUS 301J1				
JIS G 4308~	SUS 302		S30200	302	302S25
4309	SUS 302B		S30215	302B	
선재	SUS 303	13	S30300	303	303S21
선	SUS 303Se		S30323	303Se	303S41
	SUS 303Cu				
JIS G 4313~	SUS 304	6	S30400	304	304S31
4315	SUS 304L	1	S30403	304L	304S11
		2			
스프링용 대	SUS 304N1	10	S30451	304N	
스프링용 선	SUS 304N2		S30452		
냉간압조용 선	SUS 304LN	3	S30453	304LN	
JIS G 4317~	SUS 304J1				
4320	SUS 304J2				
열간압연등변신청강	SUS 304J3		S30431	S30431	
냉간마무리 봉	SUS 305	8	S30500	305	305S19
단강품용강편	SUS 305J1				
냉간성형등변산형강	SUS 309S	X6CrNi23–14	S30908	309S	
	SUS 310S	X6CrNi25–21	S31008	310S	310S31
	SUS 315J1				
	SUS 315J2				
	SUS 316	26	S31600	316	316S31
	SUS 316F	27			
	SUS 316L	19	S31603	316L	316S11
		20			
	SUS 316N		S31651	316N	
	SUS 316LN	22	S31653	316LN	
		23			
	SUS 316Ti	28	S31635		
	SUS 316J1				
	SUS 316J1L				
	SUS 317		S31700	317	317S16

외국구격			유럽규격	
독일	프랑스	러시아(구 소련)	EN	
DIN	NF	ГОСТ	종류	번호
	Z12CMN17-07Az		X12CrMnNiN17-7-5	1.4372
		12X17r9AH4	X12CrMnNiN18-9-5	1.4373
X12CrNi17 7	Z11CN17-08	07X16H6	X5CrNi17-7	1.4319
X2CrNiN18-7			X2CrNiN18-7	1.4318
X12CrNi17 7				
	Z12CN18-09	12X18H9		
X10CrNiS18 9	Z8CNF18-09		X8CrNiS18-9	1.4305
		12X18H10E		
X5CrNi18 10	Z7CN18-09	08X18H10	X4CrNi18-10	1.4301
X2CrNi19 11	Z3CN19-11	03X18H11	X2CrNi19-11	1.4307
				1.4307
	Z6CN19-09Az		X2CrNi18-9	1.4306
X2CrNiN18 10	Z3CN18-10Az		X2CrNiN18-10	1.4311
X5CrNi18 12	Z8CN18-12	06X18H11	X4CrNi18-12	1.4303
	Z10CN24-13			
	Z8CN25-20	10X23H18	X6CrNi25-20	
X5CrNiMo17 122	Z7CND17-12-02		X4CrNiMo17-12-2	1.4401
X5CrNiMo17 133	Z6CND18-12-03		X4CrNiMo17-13-3	1.4436
X2CrNiMo17 132	Z3CND17-12-02		X2CrNiMo17-12-2	1.4404
X2CrNiMo17 143	Z3CND17-13-03	03X17H14M3	X2CrNiMo17-13-3	1.4432
			X2CrNiMo18-14-3	1.4435
X2CrNiMoN17 122	Z3CND17-11Az		X2CrNiMoN17-11-2	1.4406
X2CrNiMoN17 133	Z2CND17-12Az		X2CrNiMoN17-13-3	1.4429
X6CrNiMoTi17 122	Z6CNDT17-12	08X17H13M²T	X6CrNiMoTi17-12-2	1.4571

일본공업규격		국제규격	외국구격		
규격번호· 명칭 (스테인리스강 약)	JIS	ISO TR 15510 LCNo.	미국		영국
			UNS	AISU	BS
	SUS 317L	21	S31703	317L	317S12
	SUS 317LN		S31753		
	SUS 317J1				
	SUS 317J2				
	SUS 317J3L				
	SUS 836L		N08367		
	SUS 890L	31	N08904	N08904	904S14
	SUS 321	15	S32100	321	321S31
	SUS 347	17	S34700	347	347S31
	SUS 384	9	S38400	384	
	SUS XM7	D26(1)	S30430	304Cu	394S17
	SUS XM15J1		S38100		
	SUS 329J1		S32900	329	
	SUS 329J3L	33	S32940	S31803	
	SUS 329J4L	34	S39275	S31260	
	SUS 405	40	S40500	405	405S17
	SUS 410L				
	SUS 429		S42900	429	
냉간성형등변산형강	SUS 430	41	S43000	430	430S17
	SUS 430F	42	S43020	430F	
	SUS 430LX	44	S43035		
	SUS 430J1L				
	SUS 434	34	S43400	434	434S17
	SUS 436L		S43600	436	
	SUS 436J1L				
	SUS 444	46	S44400	444	
	SUS 445J1				
	SUS 445J2				
	SUS 447J1		S44700		
	SUS XM²7		S44627		
	SUS 403		S40300	403	
	SUS 410	48	S41000	410	410S21
	SUS 410S	39	S41008	410S	403S17
	SUS 410F2				
	SUS 410J1		S41025		
	SUS 416	49	S41600	416	416S21
	SUS 420J1	50	S42000	420	420S29
	SUS 420J2	51	S42000	420	420S37
	SUS 420F		S42020	420F	

| 외국구격 | | | 유럽규격 | |
| 독일 | 프랑스 | 러시아(구 소련) | EN | |
DIN	NF	ГOCT	종류	번호
X2CrNiMo18 164	Z3CND19–15–04		X2CrNiMo18–15–4	1.4438
	Z3CND19–14Az		X2CrNiMoN18–12–4	1.4434
			X2CrNiMoN17–13–5	1.4439
	Z2NCDU25–20		X1CrNiMoCuN25–25–5	1.4539
X6CrNiTi18 10	Z6CNT18–10	08X18H10T	X6CrNiTi18 10	1.4541
X6CrNiNb18 10	Z6CNNb18–10	08X18H125	X6CrNiNb18 10	1.4550
	Z6CN18–16			
	Z2CNU18–10		X3CrNiCu18–9–4	1.4587
	Z15CNS20–12		X1CrNiSi18–15–4	1.4381
	Z3CNDU22–05Az	08X21H6M²T	X2CrNiMoN22–5–3	1.4462
	Z3CNDU25–07Az		X2CrNiMoCuN25–6–3	1.4507
X6CrAl13	Z8CA12		X6CrAl13	1.4002
	Z3C14			
X6Cr17	Z8C17	12X17	X6Cr17	1.4016
X7CrMoS18	Z8CF17		X6CrMoS17	1.4105
X6CrTi17	Z4CT17		X3CrTi17	1.4510
X6CrNb17			X2CrTi17	1.4520
	Z4CNb17		X3CrNb17	1.4511
X6CrMo17 1	Z8CD17–01		X1CrMo17–1	1.4113
			X1CrMoTi16–1	1.4513
	Z3CDT18–02		X2CrMoTi18–2	1.4521
	Z1CD26–01			
X10Cr13	Z13C13		X12Cr13	1.4006
X6Cr13	Z8C12	08X13	X6Cr13	1.4000
	Z11CF13		X12CrS13	1.4005
X20Cr13	Z20C13	20X13	X20Cr13	1.4021
X30Cr13	Z33X13	30X13	X30Cr13	1.4028
	Z30CF13		X29CrS13	1.4029

일본공업규격		국제규격	외국구격		
규격번호· 명칭 (스테인리스강 약)	JIS	ISO TR 15510 LCNo.	미국		영국
			UNS	AISU	BS
냉간성형등변산형강	SUS 420F2				
	SUS 429J1				
	SUS 431	57	S43100	431	431S29
	SUS 440A		S44002	440A	
	SUS 440B		S44003	440B	
	SUS 440C		S44004	440C	
	SUS 440F		S44020	S44020	
	SUS 630	58	S17400	S17400	
	SUS 631	59	S17700	S17700	
	SUS 632J1				
JIS G 4311~ 4315 내열 강봉 내열 강판	SUH 31				331S42
	SUH 35	X53CrMnNi214 (2)			349S52
	SUH 36		S63008		349S54
	SUH 37		S63017		381S34
	SUH 38				
	SUH 309		S30900	309	309S24
	SUH 310		S31000	310	310S24
	SUH 330		N08330	N08330	
	SUH 660		S66286		
	SUH 661		R30155		
	SUH 21				
	SUH 409	37	S40900	409	409S19
	SUH 409L	36			
	SUH 446	X15Crn26(2)	S44600	446	
	SUH 1	X45CrSi9−3(2)	S65007		401S45
	SUH 3				
	SUH 4				443S65
	SUH 11	X50CrSi18−2(2)			
	SUH 600				
	SUH 616		S42200		

외국구격			유럽규격	
독일	프랑스	러시아(구 소련)	EN	
DIN	NF	ГOCT	종류	번호
X20CrNi17 2	Z15CN16−02	20X15H2	X19CrNi17 2	1.4057
	Z70C15		X70CrMo15	1.4109
	Z100CD17	95X18	X105CrMo17	1.4125
	Z6CNU17−04		X5CrNiCuNb16−4	1.4542
X7CrNiAl17 7	Z9CNA17−07	09X17H7 IO	X7CrNiAl17−7	1.4568
	Z35CNWS14−14	45X14H14B2M		
	Z52CMN21−09Az			
X53CrMnNi21 9	Z55CMN21−09Az	55X20 r9AH4		
CrNi2520	Z15CN24−13	20X25H20C2		
	Z15CN25−30			
	Z12NCS35−16			
	Z6NCTV25−20			
CrAl1205				
X6CrTi12	Z6CT12		X2CrTi12	1.4512
	Z3CT12			
	Z12C25			
X45CrSi9 3	Z45CS9	15X28		
	Z40CSD10			
	Z80CSN20−02	40X10C2M		
		40X 9C2		
		20X12HM∅r		

비고 1. ISO는, ISO TR 15510 : 1997에 의거. 기호는 EN 표시와 동일. 단, (1)은 ISO 4954, (2)는 ISO683 · 15에 의거.
　　 2. 미국은, UNS 등록번호와 AIS강재 매뉴얼을 참조하였다.
　　 3. 유럽규격은 EN10088-1 : 1995에 의거
　　 4. 유럽국가는 BS, DIN, NF 등을 참조하였지만, EN의 규정에 따라 각국의 규격은 폐지된 것으로 되어 있다.
　　 5. ГOCT는 5632에 의거.

■ 공구강 관계

일본공업규격		외국 규격 관련 강(鋼) 종류					
규격번호·명칭	기호	ISO	AISI ASTM	BS	DIN VDEh	NF	ГОСТ
JIS G 4401 탄소 공구강 강재	SK140(구SK1)	TC140	–	–	–	C140E3U	У13
	SK120(구SK2)	TC120	W1–111/2	–	–	C120E3U	У12
	SK105(구SK3)	TC105	W1–10	–	C105W1	C105E2U	У11
	SK95 (구SK4)	TC 90	W1– 9	–	–	C 90E2U	У10
	SK85 (구SK5)	TC 90 TC 80	W1– 8	–	C 80W1	C 90E2U C 80E2U	У8Г У9
	SK75 (구SK6)	TC 80 TC 70	–	–	C 80W1	C 80E2U C 70E2U	У8
	SK65 (구SK7)	–	–	–	C 70W2	C 70E2U	У7
JIS G 4403 고속도 공구강 강재	SKH 2	HS18–0–1	T 1	BT 1	–	HS18–0–1	Р18
	SKH 3	HS18–1–1–5	T 4	BT 4	S18–1–2–5	HS18–1–1–5	–
	SKH 4	HS18–0–1–10	T 5	BT 5	–	HS18–0–2–9	–
	SKH10	HS12–1–1–5	T15	T15	HS12–1–4–5	HS12–1–1–5	–
	SKH51	HS 6–5–2	M^2	BM^2	S 6–5–2	HS 6–5–2	–
	SKH52	–	M3–1	–	–	–	–
	SKH53	HS 6–5–3	M3–2	–	S 6–5–3	HS 6–5–3	–
	SKH54	–	M4	BM 4	–	HS 6–5–4	–
	SKH55	HS 6–5–2–5	–	BM35	S 6–5–2–5	HS 6–5–2–5HC	Р6М5К5
	SKH56	–	M36	–	–	–	–
	SKH57	HS10–4–3–10	–	BT42	S10–4–3–10	HS10–4–3–10	–
	SKH58	HS 2–9–2	M7	–	–	HS 2–9–2	–
	SKH59	HS 2–9–1–8	M42	BM42	S 2–10–1–8	HS 2–9–1–8	–
JIS G 4404 합금 공구강 강재	SKS11	–	F2	–	–	–	ХВ4
	SKS 2	10WCr1	–	–	105WCr6	105WCr5	ХВГ
	SKS21	–	–	–	–	–	–
	SKS 5	–	–	–	–	–	–
	SKS51	–	L6	–	–	–	–
	SKS 7	–	–	–	–	–	–
	SKS 8	–	–	–	–	C140E3UCr4	13Х
	SKS 4	–	–	–	–	–	–
	SKS41	–	–	–	–	–	–
	SKS43	YCV105	W2–91/2	BW2	–	100V2	–
	SKS44	–	W2–8	–	–	–	–
	SKS 3	–	–	–	–	–	9ХВГ
	SKS31	105WCr1	–	–	105WCr6	105WCr5	ХВГ
	SKS93	–	–	–	–	–	–
	SKS94	–	–	–	–	–	–
	SKS95	–	–	–	–	–	–
	SKD 1	210Cr12	D3	BD3	X210Cr12	X200Cr12	Х12

일본공업규격		외국 규격 관련 강(鋼) 종류					
규격번호·명칭	기호	ISO	AISI ASTM	BS	DIN VDEh	NF	ГOCT
JIS G 4404 합금 공구강 강재	SKS11	–	F2	–	–	–	XB4
	SKS 2	10WCr1	–	–	105WCr6	105WCr5	XBГ
	SKS21	–	–	–	–	–	–
	SKS 5	–	–	–	–	–	–
	SKS51	–	L6	–	–	–	–
	SKS 7	–	–	–	–	–	–
	SKS 8	–	–	–	–	C140E3UCr4	13X
	SKS 4	–	–	–	–	–	–
	SKS41	–	–	–	–	–	–
	SKS43	YCV105	W2–91/2	BW2	–	100V2	–
	SKS44	–	W2–8	–	–	–	–
	SKS 3	–	–	–	–	–	9XBГ
	SKS31	105WCr1	–	–	105WCr6	105WCr5	XBГ
	SKS93	–	–	–	–	–	–
	SKS94	–	–	–	–	–	–
	SKS95	–	–	–	–	–	–
	SKD 1	210Cr12	D3	BD3	X210Cr12	X200Cr12	X12
	SKD11	–	D2	BD2	–	X160CrMoV12	–
	SKD12	100CrMoV5	A2	BA2	–	X100CrMoV5	–
	SKD 4	30WCrV5	–	–	–	X32WCrV3	–
	SKD 5	30WCrV9	H21	BH21	–	X30WCrV9	–
	SKD 6	–	H11	BH11	X38CrMoV51	X38CrMoV5	4X5MØC
	SKD61	40CrNuV5	H13	BH13	X40CrMoV51	X40CrMoV5	4X5MØ1C
	SKD62	–	H12	BH12	–	X35CrWMoV5	3X3M3Ø
JIS G 4004 (계속)	SKD 7	30CrMoV3	H10	BH10	X32CrMoV32	32CrMoV12–18	–
	SKD 8	–	H19	BH19	–	–	–
	SKD 3	–	–	–	–	55CrNiMoV4	–
	SKD 4	55NiCrMoV2	–	BH224/5	55NiCrMoV6	55NiCrMoV7	5XHM

■ 특수용도 강 관계

일본공업규격		외국 규격 관련 강(鋼) 종류						
규격번호·명칭	기호	ISO	AISI ASTM	BS	DIN VDEh	NF	ГOCT	
JIS G 4801 스프링강 강재	SUP 3	–	1075 1078	–	–	–	75 85	80
	SUP 6	59Si7	–	–	–	60Si7	60C2	
	SUP 7	59Si7	9260	–	–	60Si7	60C2Г	
	SUP 9	55Cr3	5155	–	55Cr3	55Cr3	–	
	SUP 9A	–	5160	–	–	60Cr3	–	
JIS G 4801 스프링강 강재	SUP10	51CrV4	6150	735A51,735H51	50CrV4	51CrV4	XFA50XГØA	
	SUP11A	60CrB3	51B60	–	–	–	50XГP	
	SUP12	55SiCr63	9254	685A57,685H57	54SiCr6	54SiCr6	–	
	SUP13	60CrMo33	4161	705A60,705H60	–	60CrMo4	–	
JIS G 4804 유황 및 유황 복합 쾌삭강 강재	SUM11	–	1110	–	–	–	–	
	SUM12	–	1108	–	–	–	–	
	SUM21	9 S20	1212	–	–	–	–	
	SUM22	11SMn28	1213	(230M07)	9 SMn28	S250	–	
	SUM22L	11SMnPb28	12L13	–	9 SMnPb28	S250Pb	–	
	SUM23	–	1215	–	–	–	–	
	SUM23L	–	–	–	–	–	–	
	SUM24L	11SMnPb28	12L14	–	9 SMnPb28	S250Pb	–	
	SUM25	12SMn35	–	–	9 SMn36	S300	–	
	SUM31	–	1117	–	15S10	–	–	
	SUM31L	–	–	–	–	–	–	
	SUM32	–	–	210M15,210A15	–	(13MF4)	–	
	SUM41	–	1137	–	–	(35MF6)	–	
	SUM42	–	1141	–	–	(45MF6.1)	–	
	SUM43	44SMn28	1144	(226M44)	–	(44MF6.3)	–	
JIS G 4805 고 탄소 크롬 베어링강 강재	SUJ 1	–	51100	–	–	–	–	
	SUJ 2	B1혹은100Cr6	52100	–	100Cr6	100Cr6	ШX15	
	SUJ 3	B2혹은100CrMnSi4-4	ASTM A 485 Grade 1	–	–	–	–	
	SUJ 4	–	–	–	–	–	–	
	SUJ 5	–	–	–	–	–	–	

프레스용 강 브랜드 대조표

■ 프레스용 강 브랜드 대조표

분류	JIS	국제규격관련 기호 AISI	DIN	ISO	히타치금속	아이치제강	쿠베제강소	산요특수강	다이도특수강	일본고주파강업	후지코시	이런제강	웃데홀름(스웨덴)	부러(독일)
탄소공구강	SK105(구SK3)	W1-10		TC105	YC3	SK3		QK3	YK3	K3				K960
	SKS93				YCS3	SK301		QKSM	YK30	K3M	SK3M			K460
	SKS3				SGT	SKS3		QKS3	GOA	KS3	SKS3	RS3	ARNE	K100
합금공구강	SKD1	D3		X210Cr12	CRD	SKD1		QC1	DC1	KD1	CDS11		SVERJER3	K107
	SKD11	D2	X210Cr12	X210Cr12W12	SLD	SKD11		QC11	DC11	KD11		RD11	SVERKER21	K105
	SKD 11(개)				SLD8	AUD15		QCM8	DC53	KD11S	MDS9		SLEIPNER	K110
	메트릭스계C&SKD				SLD10			QCM10		KD21				K340
	SKD12	A2		X1000CrMoV5	ARK1	SXACE		QCM7	DCX	KD12			RIGOR	K305
					SCD	SKD12			DC12	KAP95			IMPAX	
	프리하든40HRC				HPM1T				GO40F	RC55				
					PRE2				GX1					
	프리하든50HRC이상				HMD5	SX105V		QF3	GO5	FH5			FERNO	
	화염 열처리강				HMD1	SX4			GO4	KSM				
	저온 공법강				ACD37	AK33								
	내충격강				YSM	AKS4		QF1	GS5	KTV5	SRS6		PREGA COMPAX CALMAX VIKING ELMAX	K630
	그외				ACD8	AUD11 SX5 SX44					ICS22 MCR1		VANADIS4 VANADIS6 VANADIS10	K190
고속도공구강	SKH51	M2	H6.5.2	HS6-5-2	YXM1			QH51	MH51	H51	SKH9	RHM1		S600
	SKH55계		S6.2.5	HS6-5-2-5	YXM4				MH55	HM35	HM35 HS55M HS53R	RHM5		S705
	SKH57계		S10-4-3-10	HS10-4-3-10	XVC5				MH8	MV10	HS98M FM38V MDS1	RHM7		S700
	메트릭스계				YCR33 YXR3 YXR7			QHZ	MH85 MH88	KXM KMX2 KMX3	MDS3 MDS7 MARTX2 ATM3			
분말 고속도공구강	SKH40			HS6-5-3-8	HAP40 HAP5R			SPM23	DEX40 DEX-M1 DEX-M3		FAX38		ASP30	S590
	메트릭스계				HAP10 HAP50			SPM60	DEX21 DEX60 DEX61 DEX80		FAX31 FAX55 FAXG1 FAX18 FAXG2		ASP23	S690 S790 S390
	그외				HAP72								ASP60	

참고자료 : 「특수강」 2001년11월호

매트릭스계: 절삭가공을 함에 있어서 공구마멸을 촉진시켜 인성저하의 요인이 되는 큰 사이즈의 탄화물을 절감하여 절삭가공성이나 인성을 높인 타입의 공구강.

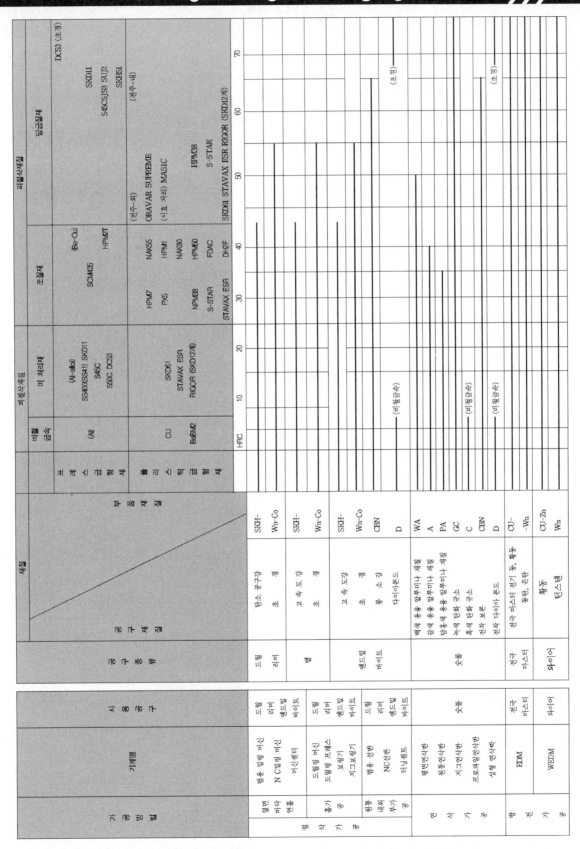

참고문헌

- 이종구(2007). 최신프레스 금형 설계. 도서출판 세진사
- 박원규, 이훈, 이종구, 이종향, 우영환(2010). 실용기계공작법. 청문각
- 프레스금형표준부품집(2006). (주)한국미즈미

□ 저자 약력 □

■ 이 종 구

경기과학기술대학교 금형디자인과 교수

알기 쉬운 **최신개정판**

프레스 금형설계, 제작

값 32,000원

저 자	이 종 구
발행인	문 형 진

2013년 2월 28일 제1판 제1쇄 발행
2014년 8월 25일 제1판 제2쇄 발행
2015년 9월 9일 제1판 제3쇄 발행
2017년 4월 12일 제1판 제4쇄 발행
2018년 3월 14일 제2판 제1쇄 발행

발행처 세 진 사

㉾02859 서울특별시 성북구 보문로 38 세진빌딩
TEL : 02)922-6371~3, 923-3422 / FAX : 02)927-2462
Homepage : www.sejinbook.com
〈등록. 1976. 9. 21 / 서울 제307-2009-22호〉